TECHNOLOGIE DER TEXTILFASERN

HERAUSGEGEBEN VON

DR. R. O. HERZOG
PROFESSOR, DIREKTOR DES KAISER WILHELM-INSTITUTS FÜR FASERSTOFFCHEMIE
BERLIN-DAHLEM

V. BAND, 1. TEIL, 3. ABT.

LEINENWEBEREI

VON

F. BÜHRING, A. SCHNEIDER, M. KAULFUSS
UND H. SCHREIBER

BERLIN
VERLAG VON JULIUS SPRINGER
1933

LEINENWEBEREI

LEICHTES LEINENGEWEBE UND GEBILDWEBEREI / DIE TASCHEN-TUCHWEBEREI / SCHWERWEBEREI

BEARBEITET VON

F. BÜHRING, STEINHUDE · M. KAULFUSS, ZILLER-THAL i. RIESENGEB. · A. SCHNEIDER, LAUBAN
DR. H. SCHREIBER, BERLIN-CHARLOTTENBURG

MIT 330 TEXTABBILDUNGEN

BERLIN
VERLAG VON JULIUS SPRINGER
1933

ISBN-13: 978-3-642-98758-8 e-ISBN-13: 978-3-642-99573-6
DOI: 10.1007/978-3-642-99573-6

Reprint of the original edition 1933

Inhaltsverzeichnis.

II. Die Taschentuchweberei.

Von **A. Schneider**, Lauban.

III. Schwerweberei.

Von **M. Kaulfuß**, Zillerthal im Riesengebirge.

Einleitung.

Die Arbeiten zur Gewinnung von Leinengeweben sind bei den sehr mannigfachen Verwendungszwecken der letzteren recht verschieden. Daher kommt es, daß streng voneinander verschiedene Fabrikationszweige entstanden sind, die in besonderen selbständigen Werken betrieben werden. Nur einzelne größere und größte Betriebsstätten widmen sich der gleichzeitigen Herstellung verschiedener Fabrikationstypen, wobei aber fast stets eine Hauptgruppe vorwiegt und die Erzeugnisse der anderen mehr nebenbei geschaffen werden.

So entwickelte sich als selbständiger Zweig der Fabrikation die Herstellung der leichteren Leinengewebe in ihren außerordentlich zahlreichen Sorten, die vielfach wieder unter sich spezialisiert sind. Ferner die Gebildweberei, die in Sonderbetrieben auf eine hohe Stufe der Entwicklung gebracht wurde, die Taschentuchweberei, die sich in Deutschland als eine der wenigen exportfähigen Branchen ausbildete, und endlich die Schwerweberei, die eine stattliche Anzahl von Vertretern zu verzeichnen hat.

In diesem Bande werden diese Zweige der Leinenweberei wohl zum ersten Male eingehend dargestellt. Da in vielen Punkten große Ähnlichkeit bzw. Gleichartigkeit mit der Herstellung von Baumwollgeweben besteht, bildet dieser Teilband zugleich eine Ergänzung zum Bande IV/2B dieses Handbuches (Baumwolle); in einzelnen Abschnitten (z. B. Taschentuchweberei) ist die Gewinnung des Baumwollgewebes — das heute in diesem Zweige vielleicht 95% der Produktion ausmacht — gleichzeitig eingehend beschrieben. Da trotz aller Gemeinsamkeit der allgemeinen technischen Verfahren für eine völlig fachgemäße Darstellung sehr spezielle Kenntnisse notwendig sind, wurde jedes für sich abgeschlossene Gebiet von einem Sonderfachmann behandelt, ferner sind für das betr. Gewebe wichtige Nachbehandlungsweisen — wie das Imprägnieren der Schwergewebe — eingehend erörtert.

Mit dem vorliegenden Buch ist in den drei Abteilungen des Bandes V/1 wohl die eingehendste Darstellung der Flachspflanze und der Leinenindustrie abgeschlossen, die das Schrifttum aufzuweisen hat. Die Berechtigung, die wichtigste einheimische Faserpflanze in solchem Umfange zu behandeln, ergibt sich nicht nur aus Vergangenheit und Gegenwart, sondern mag vielleicht erst recht aus einer zukünftigen Entwicklung hervorgehen.

Der Herausgeber.

I. Leichteres Leinengewebe und Gebildweberei.

Von **F. Bühring**, Steinhude.

Als leichtere Leinengewebe und Gebildweberei bezeichnet man glattes Leinen, Tischtücher, Handtücher und Taschentücher. Die Herstellung der Taschentücher soll jedoch in einem gesonderten Abschnitt behandelt werden.

Die Herstellung der Gewebe kann aus rohen, ¼, ½, ¾ und voll gebleichten Garnen erfolgen. Wird die Ware nach dem Weben nicht mehr im Stück gebleicht, so spricht man von stuhl- oder weißgarniger Ware. Da diese nach dem Verweben keiner Kochung bzw. Naßbehandlung mehr ausgesetzt ist, so läuft sie bei den späteren Wäschen bedeutend mehr ein als die im Stück gebleichte Ware, sie ist also nicht krumpffrei. Die besseren Leinenqualitäten werden sämtlich im Stück gebleicht.

Die fertig gesponnenen Garne werden teils mehr oder weniger gebleicht, für manche Zwecke auch angestärkt. Auf die Garnbleiche einzugehen verbietet der zur Verfügung stehende Raum[1].

Die gebündelten Leinengarne werden auf Flanschenspulen aufgespult, um dann in der Schärerei zur Kette oder in der Schußspulerei zu Kopsen (Pirnuskopsen, Schlauchkopsen usw.) verarbeitet zu werden. Nachdem die Kette geschlichtet ist, kann das Verweben, d. h. Eintragen des Schusses in die im Webstuhl eingelegte Kette, beginnen. Beim Verweben ist die Einleitung der Fachbildung (Exzenter, Schaftmaschine, Jacquardmaschine) bedeutungsvoll. Die vom Webstuhl abgezogene Ware wird von Schlingen, kleinen Fehlern und Schmutzstellen befreit. Die weißgarnige Ware gelangt jetzt zur Mangelei (Appretur), während die übrige Ware erst die Stückbleiche durchläuft. Nachdem die Ware in der Mangelei das gewünschte „Gesicht" bekommen hat, wird sie in die einzelnen Längen (z. B. bei Tischtüchern) zerschnitten, gesäumt, bei Handtüchern gebändert und gelegt. Ein Pressen der gelegten Stücke beendet die Behandlung, sodaß sie nun zum Versand bereit ist.

A. Das Vorwerk.

Die Arbeiten im Vorwerk haben den Zweck, sowohl die zur Kette als die zum Schuß bestimmten Fäden so anzuordnen, wie sie für den Gebrauch des Webers nötig sind. Sie können daher einmal eingeteilt werden in: 1. die Vorbereitung der Kette und 2. die Vorbereitung des Schusses.

Da in der Leinenweberei auch der Schuß umgespult wird, soll die Bearbeitung nach den untenstehenden Produktionsmitteln gebracht werden:

1. Scheibenspulerei,
2. Schußspulerei,
3. Schärerei und Zettelei,
4. Schlichterei.

1. Die Scheibenspulerei oder Treiberei.

Zweck der Spulerei. Von der Spinnerei bzw. von der Garnbleiche wird das Leinengarn im Bündel (Haspel) abgeliefert. Diese Form ist notwendig, da ein

[1] Aus gleichem Grunde konnte die Warenbleiche, Konfektion (Näherei) nicht behandelt werden. Auch andere Abteilungen (z. B. Kreuzspulerei, Automatenwebstühle, Organisation) mußten zum Leidwesen des Verfassers gekürzt bzw. weggelassen werden.

Kochen oder Bleichen von Leinengarnspulen nicht möglich ist. Um das Garn für die weitere Verarbeitung in geeignete Form zu bringen, wird es in der Spulerei auf Spulen aufgewickelt. Hierbei wird erreicht, daß sich auf der Spule ein zusammenhängender Faden ohne Fehler (frei von Knoten und Unreinigkeiten, wie Schebe usw.) von bestimmter Länge befindet. Für die weitere Verarbeitung ist letzteres wichtig, da ungleichmäßige Fadenlängen zu Zeitverlusten beim Schären führen.

In früherer Zeit betrachtete man die Spulerei nur als ein notwendiges Übel. Im Laufe der Jahre ist man jedoch zu der Überzeugung gekommen, daß eine gut geführte Spulerei von außerordentlichem Einfluß auf die Leistungsfähigkeit des einzelnen Betriebes ist. Die Fehler der Spinnerei, wie falsche Knoten, schwache Stellen, Schlingen usw., können in der Spulerei leichter als bei der späteren Verarbeitung beseitigt werden. Bricht ein Faden auf der Kettenspulmaschine und wird er dort innerhalb etwa 0,32 Min. angeknüpft und wieder in Betrieb gesetzt, so steht eben nur ein Faden für diese Dauer still. Bricht dagegen ein Kettenfaden auf dem Webstuhl, ebenfalls einen Stillstand von obengenannter Dauer erzeugend, so ist der Produktionsausfall erheblich größer, weil eben nicht nur ein, sondern die vielen hundert Fäden der Kette auf diese Dauer stillstehen müssen.

A B

Abb. 1. Scheibenspule A leer und B voll.

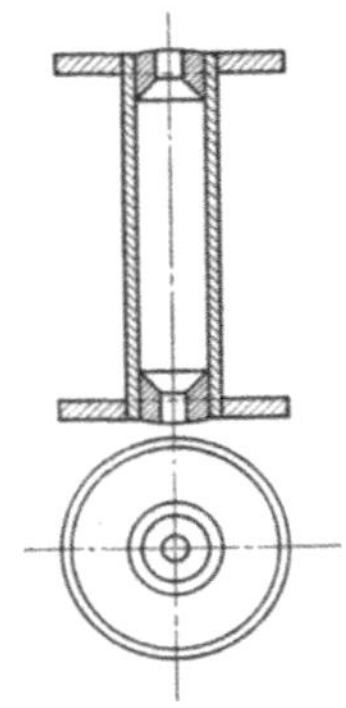

Abb. 2. Schnitt einer Scheibenspule.

Maschinenarten. Entsprechend den Garnträgern, Spulen, unterscheidet man:

1. Maschinen, die das Garn auf Papp- oder Holzspulen, welche mit seitlichen Flanschen versehen sind, in parallelen Windungen aufspulen, Abb. 1 sowie Abb. 2 und

Abb. 3. Ansicht der Scheibenspulmaschine, Ausführung 3 B der Firma Rudolph Voigt, Chemnitz.

2. Kreuzspulmaschinen, bei denen der Faden im Kreuzwickel auf einen Dorn läuft und sich durch diese Wickelart selbst hält.

In den Leinenwebereien findet man meist die Scheibenspulmaschinen, doch dürften sich die Kreuzspulmaschinen, namentlich die, welche Sonnenspulen herstellen, einführen. Leider kann auf die Kreuzspulmaschine wegen Platzmangels nicht näher eingegangen werden.

Die Beschreibung der Maschinen. Als typischen Vertreter zeigen die Abb. 3 und 4 die Scheibenspulmaschine Ausführung 3 B der Firma Rudolph Voigt, Chemnitz. Das Gestell ist aus Gußeisen und dient zur Lagerung bzw. Befestigung der übrigen Vorrichtungen. Der Antrieb befindet sich an einem Kopfende des Gestells. Die Ausführung richtet sich nach der Art des Antriebes, ob durch Riemen (Transmission) oder direkt mittels durch Zahnrad und Ritzel gekuppelten Motors. Beim Antrieb durch Riemen sitzen die Antriebs- und die Leerlaufscheiben auf einem Ende einer Triebwelle. Ein Ausrücker mit Gabel sorgt dafür, daß der Riemen auf der betreffenden Scheibe verbleibt. Beim elektrischen Einzelantrieb wird der Motor auf einem besonderen Bock befestigt. Dieser Bock kann auf einem besonderen Fundament gelagert oder besser starr mit dem Gestell verbunden sein.

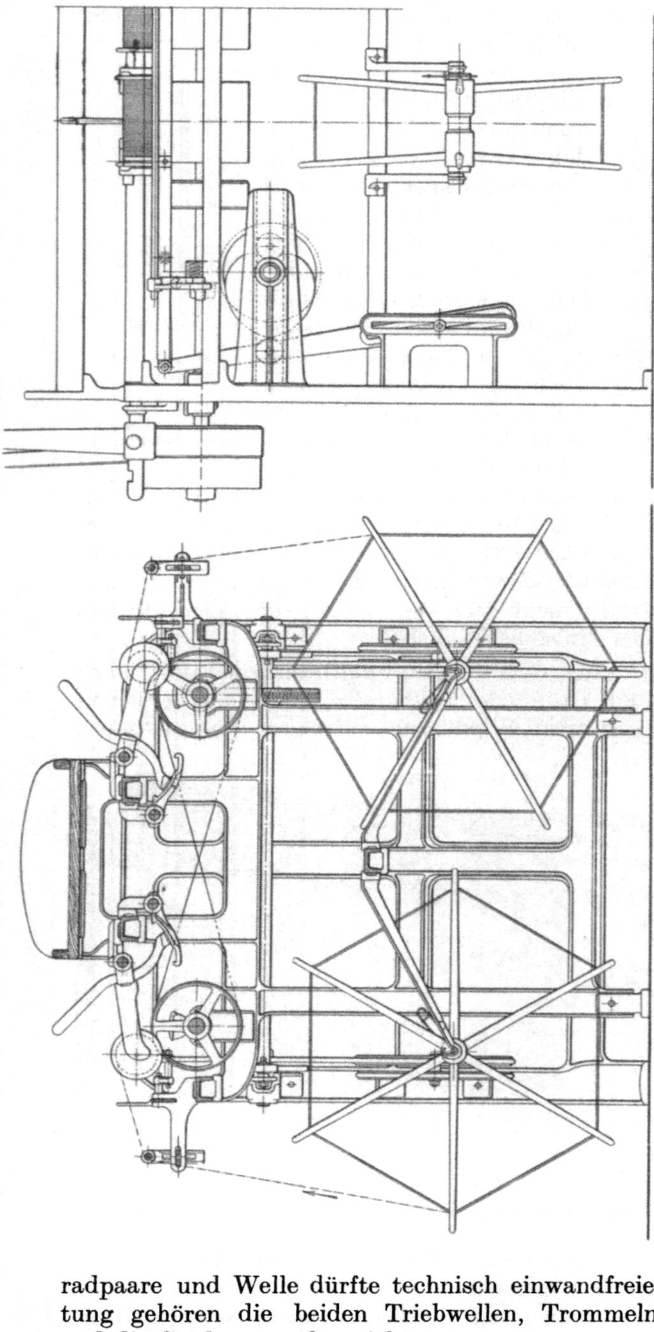

Abb. 4. Schnitt der Scheibenspulmaschine, Ausführung 3 B der Firma Rudolph Voigt, Chemnitz.

Der Antrieb der zweiten Triebwelle erfolgt am entgegengesetzten Kopfende der Maschine. Hier sitzt auf jeder Triebwelle eine Riemenscheibe, die beide durch einen gekreuzten Riemen verbunden sind. Der Antrieb durch zwei Stirnradpaare und Welle dürfte technisch einwandfreier sein. Zur Aufwickelvorrichtung gehören die beiden Triebwellen, Trommeln, Spulspindeln, Backenarme und die Spulenanpreßvorrichtung.

Auf den Triebwellen sitzen die Trommeln (Abb. 5), die eine gleichmäßige Fadengeschwindigkeit durch Friktion bewirken. Oberhalb jeder Trommel be-

Abb. 5. Teilansicht des Oberteils einer Scheibenspulmaschine.

findet sich ein Paar Backenarme, welches zwischen sich die Scheibenspule, auf die das Garn gespult werden soll, aufnimmt. Die Backen tragen ein auswechselbares Kopfstück mit Aussparungen, in welche eine Spindel eingelegt werden kann. Auf diese Spindeln werden vor dem Einlegen die Scheibenspulen geschoben. Die Backen sind um eine Achse schwenkbar, so daß die Spule im eingeschalteten Zustande auf der Trommel liegt. Außer durch die Schwere wird die Scheibenspule noch durch nachstellbares Gewicht oder Feder gegen die Trommel gepreßt und bei deren Drehung in entgegengesetzter Richtung mitgenommen.

Abb. 6. Fadenbremse und Fadenreiniger der Firma Eisenwerke Sandau A. G., Prag, von der Seite.

Die gut gelagerte Leitstange trägt die verstellbaren Fadenführer und geht von einem Ende der Maschine zum anderen. Die Schlitze der Fadenführer können der Garnnummer angepaßt werden. Die Fadenspannung wird beim Spulen durch Fadenbremsung und Fadengeschwindigkeit erzeugt. Die Bremsung ist ein Reibungswiderstand, der im quadratischen Verhältnis zur Fadengeschwindigkeit wächst.

Die Fadenbremsung findet am Haspel, zwischen Haspel-Fadenführer und Spule statt. Die Fadenbremsung am Haspel ist richtig, wenn sich der Garnhaspel gleichmäßig dreht. Ist er zu wenig gebremst, so erhält er eine Beschleunigung und eilt vor. Der hierdurch im Vorrat gelieferte Faden verursacht eine Unterbrechung des Haspelantriebes. Ist der im Vorrat gelieferte Faden aufgewickelt, so wird der Haspel mit einem Ruck weitergedreht. Eine zu starke Haspelbremsung schiebt die Fäden auf dem Haspel zusammen, sodaß ein Verwirren der Fäden auf dem Haspel eintritt (siehe Abb. 11). Da die Haspelbremsung allein meist für Kettenfäden zur Ausmerzung der wenig haltbaren Stellen nicht ausreicht, so ist man gezwungen, eine besondere Bremsung anzubringen. Für diesen Zweck hat sich die regulierbare Kugelfadenbremse der Eisenwerke Sandau A. G., Prag (Abb. 6 und 7) gut bewährt. Der Kugelkäfig ist drehbar angeordnet und wird in jeder Stellung durch Federkraft festgehalten. Ist der Käfig beliebig, etwa wie in Abb. 7, gedreht, so wird der Faden in einer Ringnut am Außenumfang des Kugelkäfigs geführt und erhält dadurch eine Bremsung, die man durch beliebiges Drehen des Käfigs einregulieren kann. Durch eine Exzentervorrichtung (Abb. 8) am Kopfende der Maschine wird die Leitstange in der Längsrichtung derart verschoben, daß die Fadenführer das Garn gleichmäßig auf die Scheibenspulen aufwickeln lassen. Vor der Maschine angebrachte Leitschienen mit Glasstäben sorgen für gutes Ablaufen der Garne vom Haspel zu dem Fadenführer. Die abzuspulenden Haspel liegen drehbar in Armen, die im unteren Teile des Gestells befestigt sind.

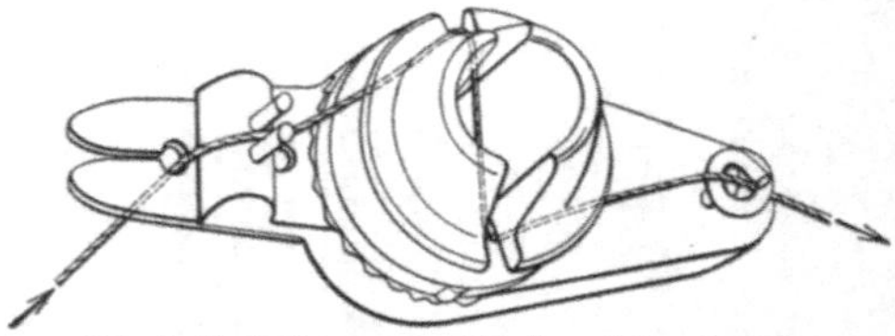

Abb. 7. Fadenbremse und Fadenreiniger der Firma Eisenwerke Sandau A. G., Prag, von oben.

Bei einer anderen Ausführung liegen die Haspel oberhalb der Maschine. Bei dieser sind die Winden wohl leichter zu übersehen, doch wird bei der ersten Ausführung der Faden sauberer erhalten, da hier die den Garnen anhaftenden Schäbe- und Schmutzteilchen sowie Fadenenden nicht mit aufgespult werden, sondern auf den Boden fallen.

Abb. 8. Exzentervorrichtung bei einer Scheibenspulmaschine.

Die Arbeitsweise. Die Antriebsscheibe nimmt die Triebwelle und die auf ihr sitzenden Trommeln mit. Werden nun die Spulenbacken mit Spindeln und Spulen gesenkt bzw. eingeschaltet, so legen sich die Spulen mit ihrem zylindrischen Teil auf die Trommeln und werden so durch die Reibung mitgenommen. Ist vorher das Fadenende des auf dem Haspel befindlichen Garnstranges an der Spule befestigt, so wickelt sich der Faden auf der Spule auf und setzt den Haspel durch Abwickeln des Garnes in Drehung.

Zur Ermittlung der erforderlichen Anzahl Spulspindeln können für einen allgemeinen Überschlag für einen Webstuhl 1½ bis 2 Spulspindeln gerechnet werden, wobei eine Fadengeschwindigkeit von 150 m in der Minute und ein Nutzeffekt von 80 bis 85% angenommen ist. In anderen Fällen muß mit 2 bis 4 Trommeln je Webstuhl gerechnet werden.

Platzbedarf. Unter Berücksichtigung genügenden Platzes für die Bedienung würde eine Maschine von 40 Spindeln, 1,80 m Breite und 5,20 m Länge folgende Grundfläche benötigen:

Maschine 5,20 × 1,80	9,36 m²
Arbeitsplatz 5,20 × 2,00	10,40 „
Platz für Material.	1,20 „
	20,96 m².

Stellt man zwei Maschinen parallel auf, so kann man mit dem Abstand auf 1,60 m herabgehen.

Die Firma Rudolph Voigt gibt für ihre zweiseitig gebauten Maschinen mit 125 mm Spindelteilung folgende Längen an:

Trommelzahl . .	20	40	60	80	100	120
Länge in m . .	3,10	5,48	7,97	10,22	12,80	14,96

Abb. 9. Sternhaspel ohne Garn.

Abb. 10. Sternhaspel mit Garn.

Der **Kraftbedarf** einer Spulmaschine mit 40 Spindeln soll bei einer Fadengeschwindigkeit von 125 m je Minute 0,5 PS sein. Verfasser stellte bei einigen Maschinen in obiger Größe einen Kraftbedarf von 0,4 bis 0,5 kWh (einschließlich Motor) fest.

Besetzung. Die Spulmaschinen werden durch Arbeiterinnen bedient, von denen jede etwa 20 Spindeln versehen kann.

Sternhaspel. Zum Auflegen der abzuspulenden Garnstränge verwendet man Sternhaspel. Sie bestehen aus einem Doppelarmsystem mit 6 bis 8 fest in der Nabe sitzenden runden Armen. Die Arme sind durch Schnüre miteinander verbunden, auf welchen der Strähn aufliegt. Zum Abbremsen der Geschwindigkeit sind die Haspel in der Mitte mit Gewichten versehen, die an Lederschlaufen, welche auf den Naben reiben, angehängt sind (Abb. 9 und 10). Auch durch Klemmfedern, die auf die Nabe pressen und sich gegen das Gestell legen, kann die Abbremsung erfolgen. Diese Bremsvorrichtungen haben den großen Nachteil, daß sich der Strähn bei stärkerer Bremsung häufig in der Mitte zusammenschiebt und so leicht ein Festhalten und Verwirren der Fäden eintritt (Abb. 11).

Von sämtlichen bis 1930 im Handel befindlichen Haspeln[1] entspricht keiner allen an ihn zu stellenden Anforderungen. Ein vollkommener Haspel muß leicht, einfach, dauerhaft, ohne vorstehende Ecken, Schrauben, Niete und Muttern sein; er muß das Auflegen des Garnes in kürzester Zeit mit wenigen Handgriffen ermöglichen, sich leicht mit einem Griff aus der Maschine nehmen und einsetzen lassen und das Garn vom Beginn des Spulens bis zum Ablauf in derselben Lage und Spannung halten sowie mit einer Einrichtung versehen sein, die es ermöglicht, den Lauf des Haspels jeder möglichen Umdrehungsgeschwindigkeit entsprechend zu hemmen.

Abb. 11. Ansicht, wie sich das Garn auf dem Sternhaspel zusammenschiebt.

Arbeitsausführung[2]:

1. Die Schürze ist mit leeren Spulen zu füllen.

2. Die vorgeschriebene Anzahl leerer Spulen ist in die Backen der Maschine zu legen.

3. Ein Zug (Docke) ist aus dem Garnbündel zu ziehen, und zwar über die geöffnete linke Hand. Hiernach ist die Docke an dem offenen Ende anzufassen und auseinanderzudrehen. Durch jeden Strang (Stück) ist ein Teilfaden geschlungen, der das Garn in einzelne Gebinde (Garnstreifen) teilt (fitzt). Wo der Teilfaden geknotet ist, befindet sich der Garnanfang. Nun ist der Zug an einem Ende mit der linken Hand zu halten, danach ist jeder Strang (Stück) mit dem Daumen und Zeigefinger der rechten Hand zu greifen und sind die Stränge in der rechten Hand zu behalten. Die linke Hand ist jetzt (Handfläche nach unten) kurz unter die rechte durch das Garn zu führen und das Garn auseinander zu teilen, indem von oben nach unten durch dasselbe gefahren wird. Dann ist die rechte Hand ebenfalls durch das Garn zu führen und mit einem Ruck straff zu ziehen, damit die Fäden sich voneinander lösen. Danach ist das Garn auf das Stoßeisen aufzuhängen. Sind die vorgeschriebenen Züge auf die Stoßeisen gehängt (auf jedes Stoßeisen einen), dann fasse man unten durch einen Strang und ziehe ihn einige Male kräftig straff, damit sich die Fäden noch mehr voneinander lösen.

4. Dann ist ein Strang bei den Bindfäden mit der rechten Hand zu umfassen und vom Stoßeisen zu nehmen. Dabei ist darauf zu achten, daß der Fadenanfang nach unten läuft. Jetzt ist die linke Hand oberhalb der rechten durch das Garn zu führen. Das Garn hat nun auf dem linken Handrücken zu ruhen. Die rechte

[1] Verfasser hat folgende Haspel untersucht: a) den gewöhnlichen Haspel, b) die Expansionsspulwinde der Firma Schmoz & Lingke, c) die „Numengarnwinde" von Singer, Leipzig, d) den Kurvenhaspel von A. Vollhardt, Mannheim, e) Patentwindenhaspel von Gebr. Kaum & Irion, Lörrach, f) verstellbare hölzerne Winde mit selbsttätiger Spannung von H. Ott, Kleinlaufenburg, g) zwei Patenthaspel von A. Vollhardt, Mannheim, h) verstellbare Holzgarnwinde von M. Michel, Weimar, i) hölzernen Haspel mit Garnlagern aus Draht.

[2] Auszug aus der allgemeinen Vorschrift für Arbeitsausführung in der Scheibenspulerei der Firma Steinhuder Leinen-Industrie, Gebr. Bretthauer, Steinhude.

Hand ist ebenfalls durch das Garn (Handfläche nach unten) zu führen und dann das Garn nochmals straff zu ziehen. Jetzt fasse man den Bindfadenknoten und ziehe das Garn auseinander. Dann ist der Haspel mit der rechten Hand aus der Maschine zu nehmen und das Garn auf den Haspel aufzulegen. Beim Auflegen achte man darauf, daß das Garn nicht verworfen wird. Dieses wird dadurch vermieden, daß das Garn nur mit dem Handrücken über die einzelnen Bindfäden des Haspels gelegt wird. Dieses breite Auflegen auf den Haspel ist Vorbedingung für ein glattes Abspulen und spart bei sauberer Ausführung viel Arbeit.

5. Nun ziehe man den Fadenanfang hoch, rücke die Spule etwas ein, lege das Fadenende, das man vorher angefeuchtet hat, um die Spule, gleichzeitig drehe man die Spule von oben nach unten zu sich hin und gebe mit der Hand langsam nach, bis der Faden von der Maschine straff gezogen wird. Jetzt lege man den Faden in den Fadenführer. Bei den anderen Haspeln wird genau so verfahren.

Laufen alle Spulen, so lege man die übrigen leeren Spulen mit den Flanschen nach sich hin auf die Maschine und hänge nach Bedarf neue Stränge auf die Stoßeisen.

6. Ist ein Faden gerissen, so ist die Spule auszurücken und der Fadenanfang auf dem Haspel zu suchen. Kann man den Fadenanfang nicht finden, so ist das Garn hinter der ersten Bindfadenschlinge in zwei Teile zu teilen und das Garn mit den Händen durchzuhaspeln (zu scheiteln), bis ein Faden übrigbleibt, der quer von einem Garnteil zum anderen läuft. Dieser Faden ist durchzureißen, das eine Ende um einen Haspelstab zu binden, das andere Ende am alten abgerissenen Faden anzuknoten. Sind mehrere Fäden gleichzeitig gerissen, so sind, um die bereits aufgewundenen Garne zu schonen, deren Spulen auszurücken.

7. Das Anknoten abgerissener Fäden hat immer in umgekehrter Richtung des Auslegens zu erfolgen, d. h. werden die Haspel von links nach rechts vom ersten nach dem letzten mit Garn belegt, so hat das Anknoten etwa abgerissener Fäden in entgegengesetzter Richtung von rechts nach links, vom letzten nach dem ersten Haspel, zu erfolgen.

8. Sind die vorgeschriebenen Stränge je Spule aufgespult, so ist die volle Spule aus der Maschine zu nehmen und zunächst auf die Maschine zu legen. Nun ist eine leere Spule in die Backen der Maschine einzufügen und die Spule wieder in Gang zu setzen. Dann sind die vollen Spulen in der Schürze zu sammeln und aus dieser in den Spulentransportwagen abzulegen.

9. Jeder Garnabfall ist in dem mitgelieferten Säckchen zu sammeln. Bei Schluß des Arbeitsauftrages ist das Säckchen an dem Wagen anzubinden.

10. Fäden dürfen nur mit dem richtigen Weberknoten aneinandergeknotet werden.

Arbeitsleistung und Arbeitsfestsetzung. Die theoretische Arbeitsleistung ergibt sich aus der Umdrehungszahl der Maschine (Triebwelle), dem Durchmesser der Reibungstrommeln und der Anzahl der Spindeln. Sie wird berechnet nach der Formel:

$$L = T \cdot D \cdot \pi \cdot n,$$

wobei L die Arbeitsleistung in Metern je Minute, T die Tourenzahl der Maschine je Minute, D der Durchmesser der Reibungstrommeln in Metern und n die Anzahl der Spindeln ist.

Um die Leistungsfähigkeit einer Maschine schnell beurteilen zu können, mißt man die Fadengeschwindigkeit. Diese ist gleich der Umfangsgeschwindigkeit der Reibungstrommeln, vermindert um den Gleitverlust. Abb. 12 zeigt

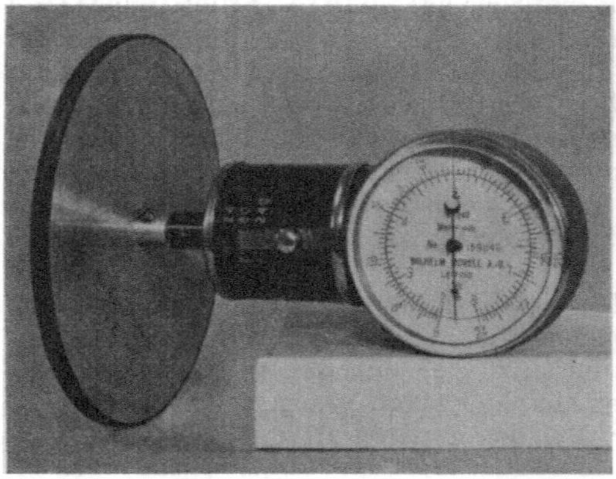

Abb. 12. Geschwindigkeitsmesser der Firma Wilhelm Morell A. G., Leipzig.

einen derartigen Geschwindigkeitsmesser der Firma Wilhelm Morell A. G., Leipzig. Bei den Scheibenspulmaschinen wird man mit einer Fadengeschwindigkeit von 120 bis 150 m je Minute rechnen. Sie muß dem zu verspulenden Garn angepaßt werden.

Aus der theoretischen gewinnt man die optimale Arbeitsleistung, wenn man von der ersten folgende normale Verlustzeiten abzieht:

I. Zeiterfordernis für Zeitkartenwechsel und Durchlesen der Anweisungen.

II. Verlust beim Beginn und

LVP 423 F St. L.-I. Gebr. Bretthauer. **Unterweisungskarte für Scheibenspulerei**			A *FB 30 LPH*	
Grundzeit .... St.	Zeitzuschlag .... St.	Material *FB 30 LPH*	Betriebsmittel: BUGS *6* Leistung: Fadengeschw. *118* m Spulenkopfzahl *20*	Menge: *6* Pack *360* Strang *987,5* km

Nr.	Einzelverrichtungen	Maschinenzeit Min.	Einrichte- bzw. Abrüstezeit Min.
1.	Zeitkartenwechsel		2,50
2.	Unterweisungskarte und Vorschrift für Arbeitsausführung durchlesen		1,00
3.	*120* Spulen aufstecken $6 \times 20 \times 0{,}15$		*18,00*
4.	*360* Strang aus Bündel nehmen, aufdrehen, aufhängen und stoßen $18 \times 20 \times 0{,}075$		*27,00*
5.	... Strang mangeln		
6.	*20* Strang auf Haspel legen, Fadenende suchen und an Spule legen $(20 \times 0{,}75) =$		*15,00*
6a.	Auflegen neuer Stränge $\frac{360 - 20}{20} \times 0{,}75$		*12,75*
7.	Laufzeit d. Betriebsmittels: $\frac{\text{Länge des zu spulenden Fadens}}{\text{Fadengeschwindigk.} \times \text{Spulenzahl}} =$	*418,4*	
8.	Letzte Spule aus der Maschine nehmen und in den Wagen legen		0,25
	Zuschläge:		
9.	a) Zur Maschinenzeit: *3*%	*12,5*	
10.	b) für Fadenanknoten: $\frac{(40 \times 0{,}32) + [(40 \times 0{,}32) - (24 - 15)]}{2} \times \frac{360}{20}$	*149,4*	
		580,3	*76,50*
		656,8 Min. *= 10,945 Std.*	

Wenn die Arbeit nicht so ausgeführt werden kann, wie hier angegeben, so ist Ausfertiger dieses sofort zu benachrichtigen.	Ausgefertigt Tag	Mon.	Jahr	durch	Geprüft
	11	*12*	*29*	*F.*	.

Abb. 13.

bei der Beendigung des Spulens, indem die Spindeln der Maschine erst nacheinander angelassen werden können bzw. ablaufen.

III. Normale Verluste durch langsameren Lauf der Maschine oder geringere Umfangsgeschwindigkeit der Spulen als die der Reibungstrommeln (Gleitverluste).

IV. Störungen im Lauf der Arbeit durch Fadenbrüche.

V. Spulenwechsel.

VI. Abrüsten der Arbeit.

Zur Einrichtezeit sind zu rechnen: 1. Zeitkartenwechsel, 2. Durchlesen der Zeitkarte, Unterweisungskarte und Vorschrift für die Arbeitsausführung, 3. Aufstecken der Spulen, 4. Aufdrehen und Stoßen der Garnstränge, 5. Auflegen der ersten Reihe Garnstränge auf die Haspel, das Suchen der Fadenanfänge, das Anlegen derselben an die Spulen und das Anlassen der Spulen.

Die Abrüstezeit besteht nur darin, daß die letzte Spule aus der Maschine genommen und in den Transportwagen gelegt wird.

Abb. 13 zeigt eine Unterweisungskarte für einen Spulauftrag von 6 Pack 30er Leinengarn ½ gebleicht. Die angegebenen Zeiten, die mittels der Stoppuhr festgestellt wurden, sind einer größeren Anzahl Untersuchungen entnommen. Sie sind in Minuten und $^1/_{10}$ Min. angegeben. Wir sehen in Pos. 3, daß 6×20 Spulen aufgesteckt werden mußten und daß jedes Aufstecken einer Spule 0,15 Min. in Anspruch nahm. Das Aufdrehen jedes Stranges dauerte 0,075 Min. (Pos. 4), wobei in 18 Partien je 20 Stränge aufzudrehen waren. Das Auflegen der ersten 20 Stränge (Pos. 6) muß gesondert eingesetzt werden, da hierbei die Spindeln erst nach und nach angelassen werden können. Hingegen braucht bei Pos. 6a das Auflegen der übrigen Stränge $360 - 20 = 340$ Stück, nur 17 mal die Einzelzeit von 0,75 Min. eingesetzt werden, da diese Verlustzeit bei jeder Auflegepartie nur einmal auftritt (siehe Abb. 14). Die Maschinenzeit, siehe theoretische Arbeitsleistung, errechnet sich aus der Lauflänge eines Stranges (2743 m) mal der zu spulenden Strangzahl, dividiert durch die Fadengeschwindigkeit und der Spindelzahl. Zu dieser Maschinenzeit kommt ein Erfahrungszuschlag von 3% für Gleitverluste, Pos. 9. Da die angenommenen 40 Fadenbrüche auf 20 Strang zu verschiedenen Zeiten auftreten, so ist für das ungleichmäßige Auftreten ein Zuschlag zur Maschinenzeit hinzuzurechnen. Wir nehmen den Mittelwert von der größtmöglichen Zeit $40 \times 0{,}32$ und der geringstmöglichen. Sehen wir uns Abb. 14 an, so finden wir, daß

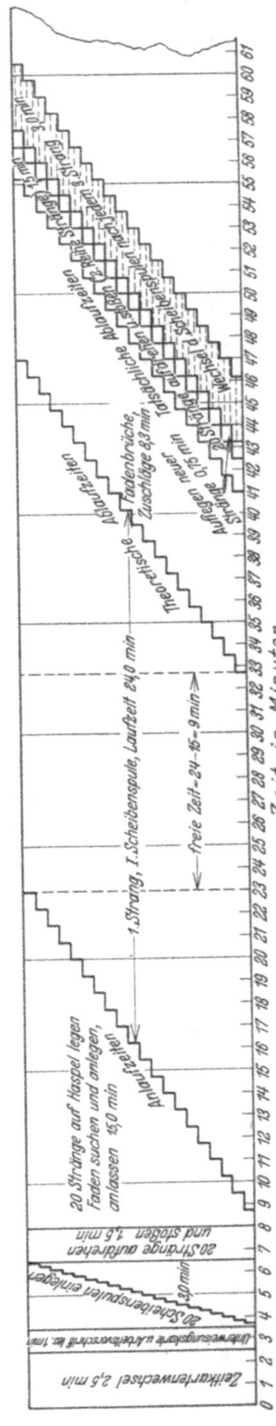

Abb. 14. Graphische Darstellung des Arbeitsganges beim Spulen.

die Spulerin eine freie, nicht von Handgriffen ausgefüllte Zeit hat, welche gleich der Spuldauer eines Stranges = 24 Min. ist, vermindert um die Zeit, welche zum Auflegen von 20 Strängen, Pos. 6, gebraucht wird. Diese Zeit wird insgesamt im günstigsten Falle zum Fadenknoten mit verwendet werden können. Die geringste Zeit ist daher

$$(40 \cdot 0{,}32) - (24 - 15) \text{ Min.}^{1}.$$

LVP 245 F Steinhuder Leinen-Industrie Gebr. Bretthauer.

A ....

Beobachtungsbogen Spulerei.

Datum: .... Betriebsm.: *US6G.* Spulerin *B.* Beurteilung { a) subjektiv: *fleißig* b) n. d. Statistik: *gut* }

Material: *FB 30 LPH.* Firma: *Ravensberg.* Fadengeschwindigkeit: *118* m i. d. Min.

Temperatur: *18°* C. Feuchtigkeitsgeh. d. Luft: *67* %. Sonstiges: ....

Spule Nr.	1	2	3	4	5	6	7	8	9	10	Se.
Beginn d. Laufzeit .	*00*	*0,76*	*1,51*	*2,26*	*3,02*	*3,76*	*4,51*	*5,25*	*5,98*	*6,76*	
Fadenbrüche . . .	*//*	*///*	*/*	*//*	*//*	*//*	*/*	*///*	*//*	*//*	
Ende der Laufzeit .	*24,15*	*25,22*	*25,33*	*26,40*	*27,12*	*27,91*	*28,31*	*29,80*	*30,09*	*30,91*	
Spuldauer	*24,15*	*24,46*	*23,82*	*24,14*	*24,10*	*24,15*	*23,80*	*24,55*	*24,11*	*24,15*	
Maschinenzeit . . .	*23,40*	*23,52*	*23,50*	*23,50*	*23,52*	*23,50*	*23,50*	*23,50*	*23,46*	*23,52*	
Zeit f. Aufdrehen, Stoßen, Mangeln usw.				*0,36*							
Zeit f. Fadenbrüche	*0,75*	*0,94*	*0,32*	*0,64*	*0,58*	*0,65*	*0,30*	*1,05*	*0,65*	*0,63*	
Mittel f. 1 Fadenbruch	*0,375*	*0,313*	*0,32*	*0,32*	*0,29*	*0,325*	*0,30*	*0,35*	*0,325*	*0,315*	
Spule Nr.	11	12	13	14	15	16	17	18	19	20	
Beginn d. Laufzeit .	*7,53*	*8,25*	*9,00*	*9,71*	*10,54*	*11,25*	*12,03*	*12,74*	*13,48*	*14,26*	
Fadenbrüche . . .	*///*	*///*	*/*	*///*	*//*	*/*	*//*	*//*	*/*	*///*	
Ende d. Laufzeit . .	*31,98*	*32,75*	*32,80*	*34,17*	*34,69*	*35,05*	*36,18*	*36,86*	*37,32*	*38,71*	
Spuldauer	*24,35*	*24,50*	*23,80*	*23,46*	*24,15*	*23,80*	*24,15*	*24,12*	*23,84*	*24,45*	
Maschinenzeit . . .	*23,50*	*23,42*	*23,48*	*23,50*	*23,60*	*23,55*	*23,50*	*23,48*	*23,52*	*23,48*	
Zeit f. Aufdrehen, Stoßen, Mangeln usw.	*·0,85*					*0,40*					
Zeit f. Fadenbrüche	*0,85*	*1,08*	*0,32*	*0,96*	*0,55*	*0,25*	*0,65*	*0,64*	*0,32*	*0,97*	
Mittel für 1 Fadenbruch	*0,28*	*0,36*	*0,32*	*0,32*	*0,275*	*0,25*	*0,325*	*0,32*	*0,32*	*0,323*	

Spuldauer für 1 Strang: *24,1* Min., für 1 Pack: *72,3* Min.
Fadenbrüche auf *20* „ : *40* „ , auf 1 „ : *120* „
Zeit für 1 Fadenbruch: *0,314* Min.

Nutzeffekt: $\dfrac{24{,}1 \times 100}{38{,}71} = 62{,}3\,\%$.

Abb. 15.

Aus 500 Beobachtungen wurde festgestellt, daß die Beseitigung eines Fadenbruches im Mittel 0,32 Min. Zeit erfordert. In unserem Beispiel hat die Spulerin

[1] Der Ausdruck für die geringstmögliche Zeit kann bei anderen Verhältnissen nicht negativ werden, da die kleinste Zeit, wenn alle Fadenbrüche innerhalb der Freizeit fallen, immer mindestens gleich der für einen Fadenbruch notwendigen Zeit (also in unserem Falle gleich 0,32 Min.) sein muß.

24 — 15 = 9 Min. freie Zeit, so daß sie 9:0,32 = 28,1 Fadenbrüche im günstigsten Falle beseitigen könnte, ohne daß ein wesentlicher Zeitverlust entstehen würde.

Abb. 14 zeigt die graphische Darstellung eines Teiles des Arbeitsganges beim Spulen. Da die Daten dieser Darstellung mit jenen der Unterweisungskarte vollkommen übereinstimmen, so dürfte sie ohne weiteres verständlich sein. Senkrecht sind die einzelnen Spulspindeln aufgetragen, waagerecht die Zeit.

Nach der Unterweisungskarte setzen sich die Zeiten wie folgt zusammen:

Einrichte- und Abrüstezeit . .	76,50 Min.	=	11,63%	der Gesamtzeit
Maschinenzeit.	418,40 „	=	63,76%	„ „
Zuschläge	161,90 „	=	24,61%	„ „
Summe:	656,80 Min.	=	100%	

Der Nutzeffekt der Maschine beträgt also in diesem Falle 63,8%.

Die Unterweisungskarten müssen natürlich für jede Garnnummer und Sorte gesondert aufgestellt werden. Die Arbeitsfestsetzung, d. h. die Zeitvorgabe oder Akkordfestsetzung wird auf Grund von Zeitstudien vorgenommen. Abb. 15 zeigt einen ausgefüllten Beobachtungsbogen für je 1 Strang je Haspel. Es wird in den meisten Fällen darauf ankommen, die Spuldauer der verschiedenen Garnsorten zu ermitteln, während die Feststellung der Einrichtezeiten eine untergeordnete Rolle spielt, da dieselben stets die gleichen sind. Es ist diese daher auf dem Beobachtungsbogen nicht berücksichtigt worden. An Hand des Beobachtungsbogens kann man die Gesamtzahl der Fadenbrüche, die Spuldauer jeder Spule und die Zeiten für das Abstellen der Fadenbrüche errechnen. Durch Auswertung einer größeren Anzahl Beobachtungsbogen ist man schließlich in der Lage, nicht allein Normalzeiten für jede Garnsorte aufzustellen, sondern auch die günstigste Arbeitsweise festzusetzen.

Zur Ermittlung der günstigsten Arbeitsweise hat man die Spuldauer für ein einmaliges Auflegen (z. B. 20 Spulen) zu ermitteln. Es können dann drei Fälle eintreten:

a) Die Zahl der Fadenbrüche war so gering, daß beim Ablauf des letzten Stranges des ersten Auflegens sämtliche anderen Stränge schon erneuert und angeknotet waren. In diesem Falle ist wohl die Maschine ausgenutzt, nicht aber das Material und die Spulerin. Man wird daher entweder die Spulgeschwindigkeit erhöhen oder der Spulerin mehr Spindeln überweisen können.

b) Die Zahl der Fadenbrüche war so hoch, daß beim Ablauf des letzten Stranges noch kein oder nur wenige Stränge erneuert waren, die Maschine vollständig oder beinahe vollständig leer lief. Es ist dann wohl die Spulerin, aber

Garn Nr.	14er und 16er Werg			30er und 35er Leinen			40er und 45er Leinen		
Fadenbrüche auf 20 Strang	40	50	60	30	40	50	40	50	60
	Std.	Std.	Std.	Std.	Std.	Std.	Std.	Std.	Std.
1 Pack	2,2	2,4	2,5	1,92	2,1	2,3	2,1	2,25	2,4
2 Pack	4,1	4,5	4,7	3,5	3,9	4,2	3,9	4,05	4,4
3 Pack	5,95	6,4	6,9	5,15	5,5	6,1	5,6	6,10	6,7
4 Pack	7,5	8,1	8,75	6,8	7,44	8,1	7,45	8,0	8,6
5 Pack				8,4	9,2	10,0	9,15	9,9	10,7
6 Pack				10,0	11,0	12,0	10,9	11,8	12,8
7 Pack				11,6	12,8	13,9	12,5	13,6	14,7
8 Pack				13,2	14,5	15,8	14,4	15,7	16,9
9 Pack							16,2	17,6	19,1
10 Pack							18,0	19,5	21,15

nicht die Maschine ausgenutzt. Der Spulerin sind daher Spindeln abzunehmen oder die Fadengeschwindigkeit ist herabzusetzen.

c) Die Zahl der Fadenbrüche war so hoch, daß beim Ablauf des letzten Stranges schon soviel neue Stränge liefen, deren Auflegen gerade der freien Zeit (siehe oben) der Spulerin abzüglich der Zeit, die für Entfernung der Fadenbrüche aufgewendet werden mußte, entsprach.

Der letzte Fall ist dann als die günstigste Arbeitsweise anzusehen. Die Maschine soll möglichst wenig leer laufen und die Spulerin während der Laufzeit der Maschine voll beschäftigt sein.

Abb. 16. Umspulmaschine für Scheibenspulen.

Umstehende Tabelle gibt die Vorgabezeiten für verschiedene Auftragsgrößen und Garnnummern an. Hierbei ist eine Fadengeschwindigkeit von 118 m und die Anzahl der Fadenbrüche je 20 Strang angenommen, Zeit in Stunden und $^1/_{10}$ Stunden.

Beim Schären bleiben meistens Garnreste auf den Scheibenspulen sitzen. Diese Reste müssen häufig zusammengespult werden. Abb. 16 zeigt eine für diesen Zweck umgerichtete Scheibenspulmaschine. Die abzuspulenden Scheibenspulen werden auf stehend angebrachte Spindeln gesteckt, deren Oberteil zum besseren Lauf verstärkt ist. Im Vordergrunde der Abbildung liegt eine Lehre, mit welcher die Spulerinnen messen, ob sich die vorgeschriebene Menge Garn auf den Scheibenspulen befindet.

Literatur.

1. Karmarsch: Handbuch der mechanischen Technologie Bd. 3 Abt. 2. Die Weberei, bearbeitet von Prof. Ernst Müller. Leipzig: Baumgärtner 1896.
2. Mikolaschek, Karl Prof.: Mechanische Weberei Abt. 1. Die Vorbereitungsmaschinen 3. Aufl. Leipzig: Verlag Deuticke 1904.
3. Wickardt, A.: Die Webereimaschinen. Leipzig: Friedr. Voigt 1911.
4. Rohn, G. Dr.-Ing. e. h.: Die Garnverarbeitung. Berlin: Julius Springer 1917.
5. Marschik, Chr. Prof. Dr.: Technik und Wirtschaft des Webereibetriebes. Leipzig: Friedr. Voigt 1920.
6. Michel, Eduard: Wie macht man Zeitstudien? Berlin: VDI-Verlag 1920.
7. Gräbner, Ernst Prof.: Die Weberei 2. Aufl. Leipzig: Verlag Jänecke 1920.
8. Voigt, Rudolph, Chemnitz: Festschrift zum 60jährigen Bestehen der Firma 1921.
9. Michel, Eduard: Arbeitsvorbereitung. Berlin: VDI-Verlag 1924.
10. Thiering, Oskar Prof. Dr.-Ing.: Die Getriebe der Textiltechnik. Berlin: Julius Springer 1926.
11. Lüdicke, A. Prof.: Die Weberei, Technologie der Textilfasern Bd. 2 Teil 2. Berlin: Julius Springer 1927.
12. Einführung in die Arbeitszeitermittlung. Herausgegeben vom Reichsausschuß für die Arbeitszeitermittlung. Berlin: Beuth-Verlag 1928.
13. Grundlagen für Arbeitsvorbereitung. Zeitstudien. Herausgegeben vom Ausschuß für Handarbeit beim Ausschuß für wirtschaftliche Fertigung. Berlin: Beuth-Verlag 1929.

2. Die Schuß-Spulerei.

Begriff. Wir haben bis jetzt als Aufmachung der Garne den Strang, die Scheiben- und die Kreuzspule kennengelernt. Um das Garn im Webstuhl als Schuß verarbeiten zu können, ist eine neue Form notwendig, da die in den Webschützen einzuiegende Schußspule wesentlich anderen Anforderungen gerecht werden muß als die Kettenspulen. Zunächst muß sich die Spule der langgestreckten Form des Schützen anpassen. Dann soll sie den Faden ungehindert ablaufen lassen und endlich den starken Stößen bei der Schützenbewegung standhalten. Da die Bewegung des Schützen eine absetzende ist, so kann man abrollende Spulen selten anwenden; man ist vielmehr gezwungen, die Spulen so zu bewickeln, daß ein Abziehen des Fadens von der feststehenden Spule möglich ist. Diese Forderung führt auf die sogenannte Kötzerwicklung, bei welcher der Faden in kegelförmigen Schichten aufgewickelt ist, die in der Achsenrichtung der Spule übereinander gelagert sind. Derartige Spulen, die man auf Holzbüchsen, Papierhülsen, Blechpfeifen, kurzen Anfangskegeln oder auch ohne jeden Kern herstellen kann, lassen sich leicht über die Spitze abziehen.

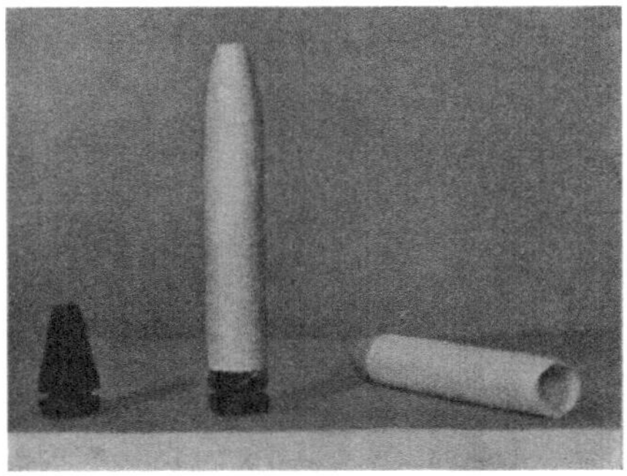
A B

Abb. 17. A Pirnuskopf leer und voll, B Schlauchkops.

Kopsformen. Auch die Schußspulen stellt man sowohl mit Parallelwindung als auch mit Kreuzbewicklung her. Mit jeder dieser beiden Arten sind bestimmte Vorzüge, aber auch Nachteile verbunden, die in jedem Sonderfalle auf Grund von fachmännischen Erfahrungen gegeneinander abgewogen werden müssen. Im allgemeinen aber sollte man beim Spulen auf Hülsen die Parallelwindung anwenden, weil die dachziegelartige Übereinanderlagerung der Schichten an sich eine genügende Bindung der Bewicklung ergibt, und Kreuzwindung nur da benutzen, wo man mit ihr die Vorteile der hülsenlosen Spule erreichen kann, die darin bestehen, daß der Innenraum des Webschützen völlig ausgefüllt werden kann, und der Faden vom Anfang bis zum Ende mit gleicher Spannung abläuft.

In der Schußspulerei wird nun das Garn, das in einer der drei vorhergehenden Aufmachungen angeliefert werden kann, in Schlauchkopse, auf Pirnusköpfen oder Durchgangshülsen umgespult.

Der Schlauchkops Abb. 17B hat keinen Spulkörper. Der Kops wird meist nur für die stärkeren Garnnummern bis ca. Nr. 10 engl. gebraucht. Das Garn wickelt sich um eine Spindel, die herausgezogen wird, sobald die genügende Garnmenge aufgespult ist. Damit die Spule eine gute Festigkeit erhält, kann nur die Kreuzwicklung benutzt werden. Die Spulen auf Pirnusköpfen (Abb. 17A) haben einen kurzen, kegelförmigen Spulkörper aus Holz, Metall oder Hartpappe. Um den kegelförmigen Teil wickelt sich das Garn zunächst, dann um eine Spindel, die herausgezogen wird, sobald die Spule die erforderliche Länge erreicht hat. Auch hier kann nur die Kreuzwicklung verwendet werden, da die Parallelwicklung der Spule nicht den erforderlichen Zusammenhang der Windungen gibt. Diese Spulenart wird für die mittleren und teilweise auch für die feineren Nummern benutzt. Abb. 18 zeigt den Schnitt eines Pirnuskopfes. Abb. 19 zeigt einen Kops mit Durchgangshülse, wie er sich für Automatenstühle und feine

Garnnummern eingeführt hat. Die Garne sind um einen festen Körper gewickelt, dessen zylindrischer Teil als Achse durch die ganze Länge der Spule hindurchgeht. Da der Spulenkörper genügend Halt gibt, kann Kreuz- und Parallelwicklung verwendet werden.

Beschreibung einiger Schußspulmaschinen. Zum Herstellen von Schlauchkopsen und Spulen auf Pirnusköpfen dient die Trichterspulmaschine (Abb. 20 und 21) der Firma Rudolph Voigt, Chemnitz. Rechts und links der Maschine sitzt je eine in selbstschmierenden Lagern laufende Antriebswelle mit Kegelrädern, deren Anzahl derjenigen der Spindeln entspricht. Durch ein kleineres Kegelrad wird die Drehbewegung auf eine senkrecht stehende Achse, das Wirtelrohr, übertragen. Diese Achse ist durchbohrt und hat unten als Kupplung einen Mitnehmerstift, der bei gespanntem Faden mit einer im Wirtelrohr laufenden Welle gekuppelt wird und diese mitnimmt. In diese Kupplung ist eine Spiralfeder eingeschaltet, um den Anzug des Fadens elastisch zu machen. Die innere Welle endigt oben in dem Wirtel, in welchem die Spindelbüchse sitzt. Durch diese Büchse wird die Spindel hindurchgesteckt. Unter dem Wirtel befindet sich der exzenterartig wirkende Ausrückhebel. Ist der über die Rolle am Ausrückhebel laufende Faden gespannt, so drückt der Exzenternocken des

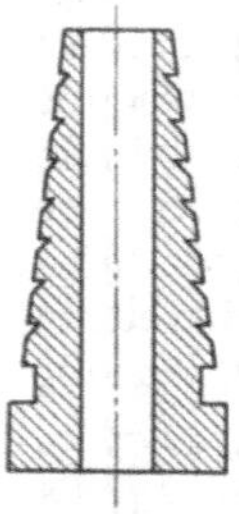

Abb. 18. Schnitt eines Pirnuskopfes.

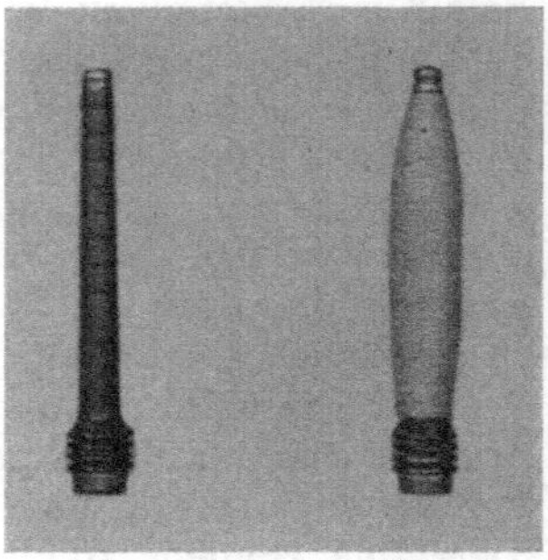

Abb. 19. Durchgangshülse A leer und B voll für Automatenschützen.

Abb. 20. Ansicht der Schlauchkops-Spulmaschine. Ausführung 6 der Firma Rudolph Voigt, Chemnitz.

Ausrückhebels den Wirtel nach oben und damit auch die innere Welle. Dadurch greift die am unteren Ende befindliche Kupplung — kleines Kegelrad, Mitnehmerfeder, innere Welle — ineinander und überträgt so die Drehbewegung auf den Wirtel. In die Spindelbüchse ragt die Spindel hinein, die den Pirnuskopf trägt. Die Bohrung der Büchse als auch der untere Teil der Spindel haben einen vierkantigen Querschnitt. Spindel und Pirnuskopf werden von oben durch einen Trichter in die Spindelbüchse gesteckt und durch eine Beschwerungsstange gehalten. Die Beschwerungsstange, Spindelstange, die aus Eisen oder für ganz feine Garne aus Holz besteht, befindet sich von der Spulerin aus hinter der Spindel und hängt mit einem Arm, der mit einer Spitze versehen ist, in einer entsprechenden Ausbohrung der Spindel. Durch ihr Gewicht drückt die Spindelstange die Spindel mit Spule in den Trichter hinein. Durch Einsetzen von leichteren oder schwereren Beschwerungsstangen läßt sich die Festigkeit der Schuß-

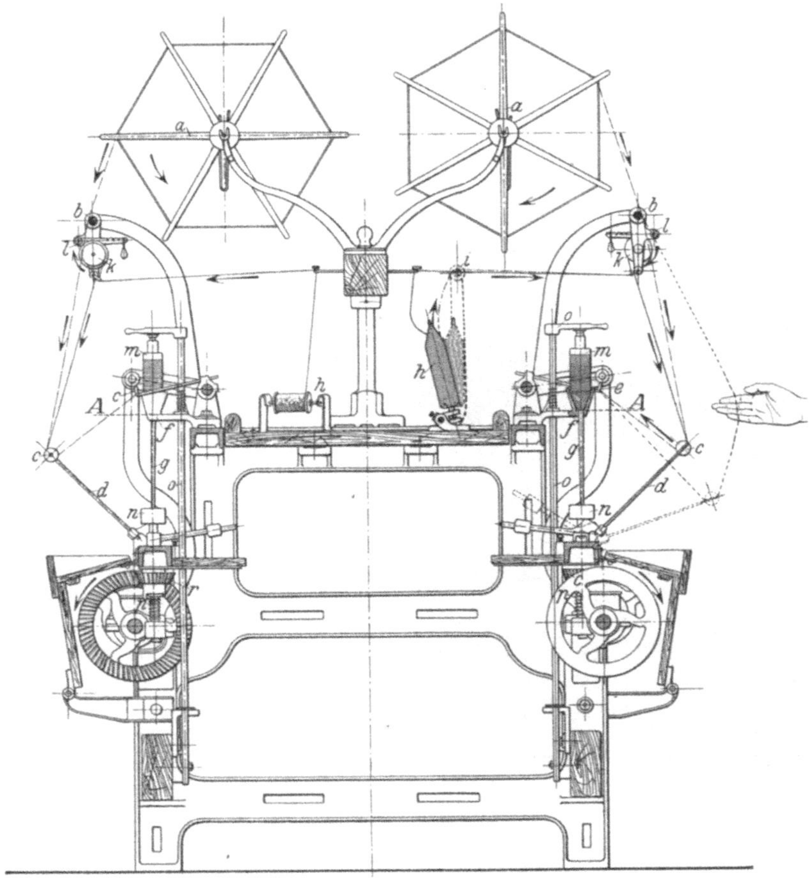

Abb. 21. Schnitt der Schlauchkopsspulmaschine. Ausführung 6 der Firma Rudolph Voigt, Chemnitz.

spulen regulieren. Der Trichter gibt der Spule die gewünschte Form. Er ist nach oben offen, wo er anfangs den Pirnuskopf aufnimmt. Durch einen seitlichen Schlitz wird der Faden in den Trichter und um den Pirnuskopf geführt. Da Pirnuskopf und Spindel einerseits und Spindel und Spindelbüchse durch Vierkant andererseits verbunden sind, so müssen alle Teile die Drehbewegung zwangsläufig mitmachen, so daß sich der Faden um den Pirnuskopf wickelt. Die Wicklung ist eine Kreuzwicklung, um der Spule den richtigen Halt zu geben. Diese kreuzweise Wicklung wird durch einen Fadenführer erreicht, der auf einer Fadenführerwelle sitzt. Der Fadenführer wird durch Exzenter und Hebel (Abb. 22) dauernd auf und ab geführt. Der dadurch entstehende Hub entspricht der Lagenhöhe der Garnwicklung.

Der Faden wird auf seinem Wege von dem Haspel oder der Scheibenspule über einen Fadenspannapparat geführt. Es ist dieses ein doppelarmiger Hebel, dessen einer Hebelarm eine Porzellanrolle trägt, über die der Faden läuft. Der andere Hebelarm ist als Gegengewicht ausgebildet. Von dem Spannapparat läuft der Faden über eine zweite Porzellanrolle, die am Ausrückhebel befestigt ist. Durch den Faden wird der Ausrückhebel gehalten, sodaß das Exzenter den Wirtel nach oben drückt und die Spindel einkuppelt. Hört der Zug des Fadens auf oder bricht der Faden, so fällt der Ausrückhebel nach unten. Der Wirtel und die innere Welle werden dann nicht mehr gehalten; sie senken sich, und die Mitnehmerkupplung am unteren Ende kommt außer Eingriff; die Spindel stellt sich selbsttätig ab (Abb. 23). Hat die Spule die vorgeschriebene Länge erreicht, so hat sich die Spindel um die gleiche Länge gehoben und ist mit ihrem Vierkant aus der Spindelbüchse herausgetreten. Die Einwirkung der Spindelbüchse hört damit auf, und die Spindel bleibt stehen. Damit auch etwas ausgelaufene Pirnusköpfe noch gut von der Spindel mitgenommen werden, versieht Voigt diese mit zwei gegenüber angebrachten Stahlfedern.

Abb. 22. Exzenter für Fadenführerwelle.

Für die Raumverhältnisse und annähernden Gewichte gibt Voigt Angaben nach Tabelle Seite 20.

Als Leistungsaufnahme eines Motors für eine Reihe von 30 Spindeln stellte Verfasser einen Kraftbedarf von 1,1 bis 1,2 kWh fest.

Bei einer neueren Konstruktion einer Schlauchkopsspulmaschine der Firma Rudolph Voigt, Chemnitz, Ausführung 15, wird die Spulspindel nach Fertigstellung des Kopses mittels Fußtritts abgetreten.

Abb. 24 zeigt schematisch die neueste Patent-Trichterspulmaschine Modell F der Firma W. Schlafhorst & Co., M.-Gladbach, bei der die Spulen durch Fußhebel abgezogen werden. Als Produktion dieser Maschine werden etwa 30 kg je Arbeiterin in 8 Stunden für Nr. 30 engl. ab Strang angegeben. Die Schußspulen haben hierbei einen Durchmesser von 30 mm, die Arbeiterin bedient 20 Spindeln.

Bei Anwendung der Trichterspulmaschine entsteht zwischen Trichter und Garn eine starke Reibung, die, besonders bei feinen Garnen, stellenweise Glanz erzeugt, ja sogar den Faden oftmals durchreibt und ihn zur Entzündung bringen kann[1]. Eine Verbesserung in dieser Hinsicht brachte die Spulmaschine mit konischen, drehbaren Rollen. Die Rolle drückt die Spule mit der Spindel der

---

[1] Verfasser stellte bei der Trichterspulmaschine von Rudolph Voigt, Chemnitz, Ausführung 6, fest, daß sich die Trichter bei Verarbeitung von Nr. 30 engl. Leinengarn und einer Fadengeschwindigkeit von 55 m um 46,6°, bei einer Fadengeschwindigkeit von 45 m um 36,6°, bei 40 m um 31,0° und bei 35 m Fadengeschwindigkeit um 25,5° über Raumtemperatur erwärmten. Die Beschwerungsstange hatte hierbei ein Gewicht von 1700 g.

Bewicklungsschicht entsprechend so lange hoch, bis die Spindel aus der Büchse tritt. Die Abb. 25 zeigt eine derartige Ausführung der Firma Schlafhorst.

Eine weitere Verbesserung stellen die Hochleistungs-Kreuz-Schußspulmaschinen dar. Die Firma W. Schlafhorst & Co., M.-Gladbach baut derartige Maschinen nach dem Ölkastensystem mit senkrechten Spulspindeln[1] (Abb. 26, 27 und 28). Die Spindel dreht sich lediglich um ihre eigene Achse und hat keinerlei Hubbewegung auszuführen. Sie ist an beiden Enden gelagert, sodaß man die höchsten Spindelgeschwindigkeiten auch dauernd anwenden kann, ohne vor-

Abb. 23. Eingeschaltete und ausgeschaltete Spindel (letztere mit voller Spule).

zeitige Abnutzung befürchten zu müssen. Hierbei bleibt die an beiden Enden unterstützte Spindel stets gerade und arbeitet deshalb dauernd ordnungsmäßig. Die Spindel ist an ihrem oberen Ende ausklappbar angeordnet, sodaß man sie mit ihrem Kötzer zum Zwecke des Suchens des Fadenendes oder zum Abziehen des fertigen Kötzers und Aufschieben der neuen Spulhülse unmittelbar nach vorn in eine handliche Schräglage klappen kann, was die Bedienung außerordentlich erleichtert und die Leistungsfähigkeit der Spulerin entsprechend erhöht. Ein Spultrichter ist nicht vorhanden, braucht also auch bei Fadenbruch und

[1] Aus dem Prospekt der Firma Schlafhorst & Co., M.-Gladbach. Siehe auch Ing. H. Eigenbertz: Das Schußspulen. Melliand Textilber. 1927 Nr. 6 u. 7.

	Spindelzahlen		10	12	15	20	24	30	40	50	60	70	80	90	100	120
115 mm Spindelteilung	Länge in m	einseitig gebaut	1,680	1,900	2,255	3,050	3,500	4,200	5,565	6,930	8,080	—	—	—	—	—
		zweiseitig gebaut	—	—	—	1,765	2,000	2,340	3,130	3,700	4,280	4,850	5,800	6,390	6,960	8,340
	Reingewicht in kg		260	300	350	460	540	660	860	1060	1220	1400	1570	1790	2000	2300
	Rohgewicht in kg		380	425	480	620	710	840	1150	1430	1660	1850	2070	2350	2640	3000
175 mm Spindelteilung	Länge in m	einseitig gebaut	2,250	2,600	3,320	4,170	4,870	6,100	8,020	9,730	11,700	—	—	—	—	—
		zweiseitig gebaut	—	—	—	2,325	2,675	3,375	4,250	5,300	6,175	7,050	8,275	9,150	10,200	12,120
	Reingewicht in kg		330	400	500	610	780	1000	1150	1380	1650	1900	2150	2500	2850	3100
	Rohgewicht in kg		470	550	680	800	950	1300	1550	1840	2250	2550	2920	3290	3670	4100
190 mm Spindelteilung	Länge in m	einseitig gebaut	2,350	2,730	3,640	4,580	5,490	6,600	8,650	10,700	12,750	—	—	—	—	—
		zweiseitig gebaut	1,510	1,700	—	2,450	2,830	3,560	4,680	5,730	6,740	7,770	8,800	9,830	10,860	12,920
	Reingewicht in kg		340	410	520	660	830	1050	1250	1500	1800	2100	2320	2650	2950	3350
	Rohgewicht in kg		480	570	700	860	1020	1330	1650	2000	2350	2750	3050	3400	3750	4300
215 mm Spindelteilung	Länge in m	einseitig gebaut	2,640	3,230	3,900	4,950	5,975	7,265	9,580	11,900	14,200	—	—	—	—	—
		zweiseitig gebaut	—	—	—	2,720	3,300	3,950	5,030	6,270	7,350	8,590	9,825	11,170	12,150	14,450
	Reingewicht in kg		350	425	550	730	900	1100	1375	1675	1975	2300	2500	2810	3120	3500
	Rohgewicht in kg		490	590	730	930	1120	1350	1680	2100	2400	2950	3250	3600	3950	4500

Breite bei einseitiger Bauart 1,000 m
„ „ zweiseitiger „ 2,000 m
} Die Maße verstehen sich einschließlich Antrieb, aber ohne Bedienungsraum.

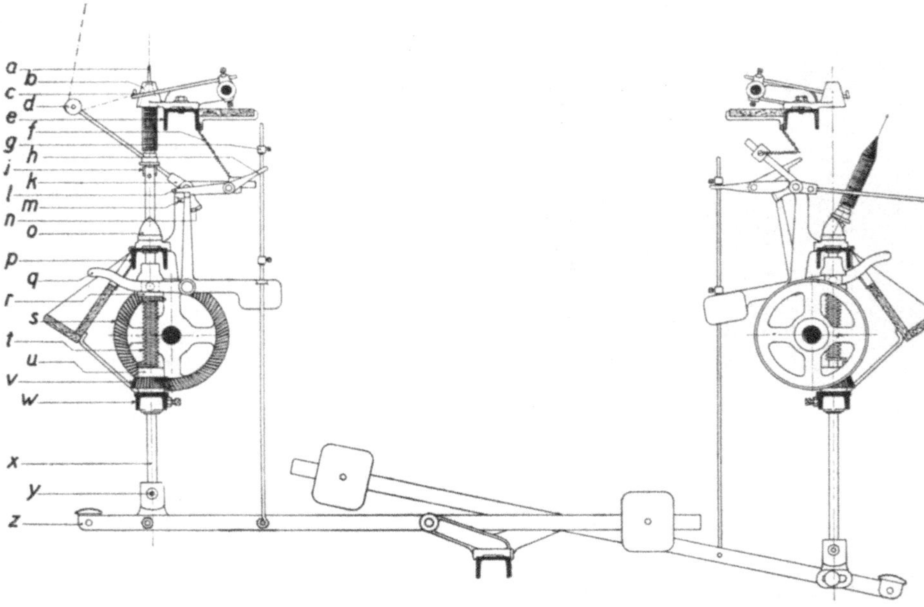

Abb. 24. Schnitt der Patent-Trichterspulmaschine Mod. F der Firma W. Schlafhorst & Co., M.-Gladbach.

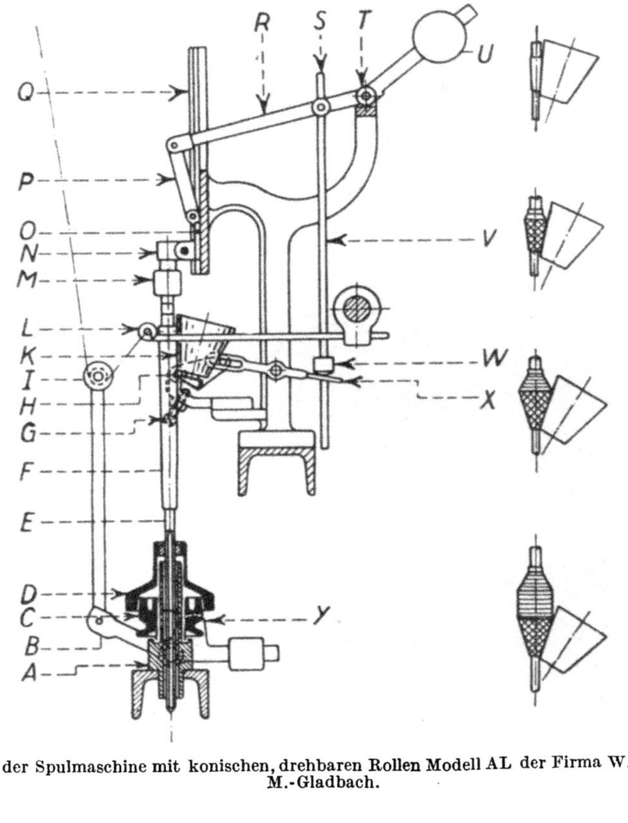

Abb. 25. Schnitt der Spulmaschine mit konischen, drehbaren Rollen Modell AL der Firma W. Schlafhorst & Co., M.-Gladbach.

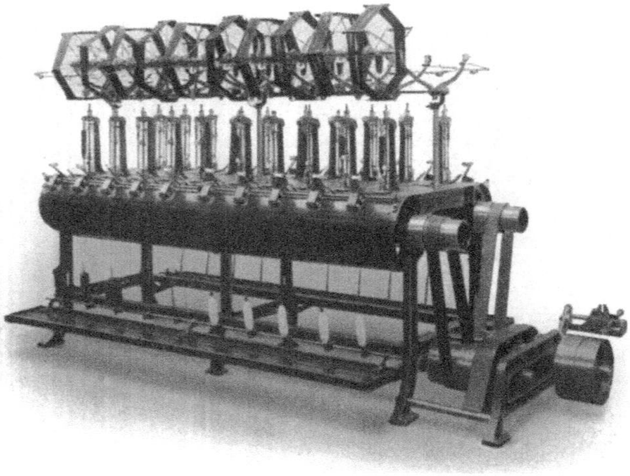

Abb. 26. Ansicht der Hochleistungs-Schuß-Spulmaschine mit senkrechten Spindeln Mod. S der Firma W. Schlafhorst & Co., M.-Gladbach.

Abb. 27. Kopf der Hochleistungs-Schuß-Spulmaschine mit senkrechten Spindeln Modell S der Firma W. Schlafhorst & Co., M.-Gladbach.

fertigem Kötzer nicht abgezogen und beiseite geklappt zu werden, was ebenfalls die Bedienung erleichtert und die Leistungsfähigkeit erhöht. Es können sehr harte Spulen mit jeder gewünschten Spulenlänge und Spulendicke hergestellt werden. Beim Spulen ab Strang wird eine 200-mm-Teilung empfohlen; in den meisten anderen Fällen genügt 125-mm-Teilung.

Noch zu erwähnen wäre eine Spulmaschine von der Firma E. Bauch, Landeshut i. Schles., bei der die vollen Schußspulen selbsttätig von der Maschine abgezogen werden. Sie soll in erster Linie für stärkere Garnnummern verwendet werden.

a) Die Arbeitsleistung.

Die theoretische Arbeitsleistung[1] einer Schußspulmaschine ist:

$$L = g \cdot a \cdot Z,$$

wobei g = Fadengeschwindigkeit in m je Minute[2]; a = Anzahl der Spindeln und Z = Zeit in Minuten ist.

Zur Feststellung der optimalen Arbeitsleistung müssen die Zeiten für folgende Arbeiten berücksichtigt werden, wenn das Abspulen von Scheibenspulen vorgenommen wird: 1. Einrichtezeit, 2. Verlängerung der Maschinenzeit dadurch,

[1] Siehe auch Scheibenspulerei Seite 9.

[2] Da die Fadengeschwindigkeit ungleichmäßig ist, so stellt man diese durch Abstoppen des Zeitverbrauches einer Spule und Feststellung ihrer Fadenlänge fest.

daß die Spulen nur nacheinander angelassen werden können und auch nicht gleichmäßig ablaufen, 3. Einlegen und Wechseln der Pirnusköpfe, 4. Einlegen und Wechseln der Scheibenspulen, 5. Fadenbrüche, 6. Abrüsten der Arbeit.

Der Spulenwechsel (hier Pirnusköpfe) übt auf die Arbeitsleistung einen wesentlichen Einfluß aus, der von der Spulengröße und Nummer des zu verspulenden Garnes stark beeinflußt wird (siehe Tabelle über Lauflänge von Pirnusköpfen, Abb. 29). Der Zeitverlust für Erneuern der abgelaufenen Scheibenspulen ist so oft zur Maschinenzeit hinzuzurechnen, als die Anzahl der je Spindel zu verspulenden Scheibenspulen beträgt. Der Einfluß der Fadenbrüche ist gering, da diese beim Umspulen von Scheibenspulen nur in geringer Zahl auftreten[1]. Die hierfür als Zuschlagszeit in der Scheibenspulerei aufgestellte Formel ist auch unverändert in der Schußspulerei anzuwenden:

$$Z = \frac{(n \cdot b) + [(n \cdot b) - (S - A)]}{2},$$

wobei n = Anzahl der Fadenbrüche, b = Zeit für die Erledigung eines Fadenbruches, S = Laufzeit einer Spule und A = Zeit für die Erneuerung eines Spulensatzes bedeutet.

Ist der Ausdruck $S - A > n \cdot b$, so ist für die eckige Klammer $1 \cdot b$ einzusetzen.

Für die Arbeitsfestsetzung in der Schußspulerei gilt auch ähnlich wie in der Scheibenspulerei, daß die Fadengeschwindigkeit so hoch genommen werden soll, als Material und Eigenart der Maschine zulassen. Dabei muß aber in Betracht gezogen werden, wieviel Spindeln der Spulerin unter Berücksichtigung der Handarbeitszeiten praktisch überwiesen werden können, damit einerseits die Arbeitskraft der Spulerin voll ausgenutzt ist, des anderen nicht unnötig Spindeln stillstehen. Aus diesen Gründen kann es häufig möglich sein, daß eine Erhöhung der Fadengeschwindigkeit, die sowohl vom Material als auch von der Eigenart der Maschine anstandslos eingeführt werden

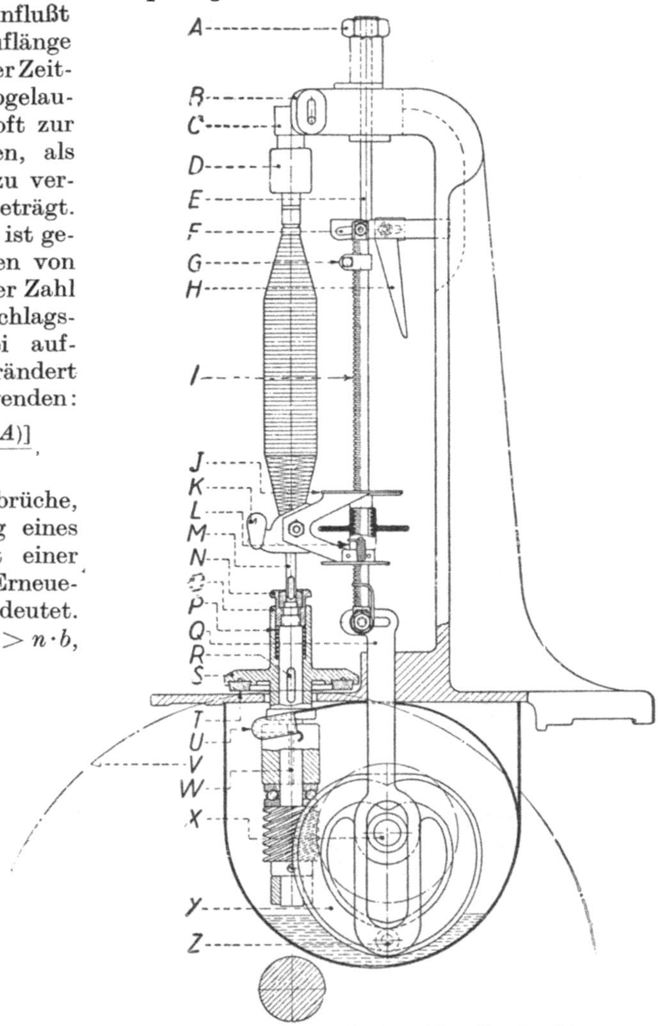

Abb. 28. Schnitt der Hochleistungs-Schuß-Spulmaschine mit senkrechten Spindeln Mod. S der Firma W. Schlafhorst & Co., M.-Gladbach.

[1] Die Beanspruchung der Garne auf der Schußspulmaschine ist nur gering. So bekam Verfasser mit einem Spinnspannungsmesser (Schopper, Leipzig) bei einer Voigtschen Maschine Modell 6 und Fadengeschwindigkeit von 55 m/Min. nur eine Belastung von 40 bis 50 g.

könnte, praktisch keine Erhöhung der Arbeitsleistung gibt, da die Spulerin mit ihren Handarbeitszeiten nicht nachkommen kann.

Um eine möglichst große Arbeitsleistung zu erhalten, müssen folgende Forderungen gestellt werden:

A. Die Handarbeitszeiten der Spulerin sind auf ein Minimum zu bringen: 1. durch möglichst große Scheiben- oder Kreuzspulen des zu verarbeitenden Materials, 2. die Handgriffe an der Maschine beim Einlegen und Umwechseln der Spulen (Rohmaterial und Fertigmaterial) sind so gering wie möglich zu halten. Das Auswechseln der Pirnusköpfe ist möglichst automatisch zu gestalten. Das Fadenfinden und Anknüpfen bei Fadenbrüchen soll möglichst erleichtert werden. 3. Die Spulen für das Fertigmaterial (Pirnusköpfe) sollen so groß wie möglich gehalten sein (so groß, wie es das Fach im Webstuhl bzw. das Kettenmaterial zuläßt).

B. Die Fadengeschwindigkeit soll so hoch sein, daß die Spulerin nur verhältnismäßig wenig Spindeln zu bedienen braucht, um dadurch an Bedienungswegen zu sparen und leichtere Übersicht zu haben.

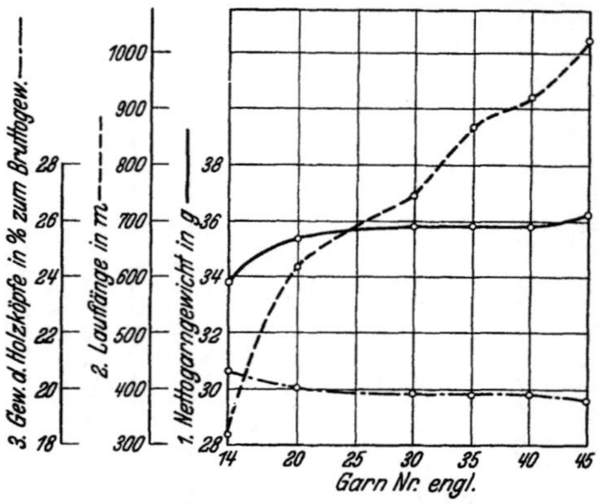

Abb. 29. Tabelle über Lauflänge und Gewichte von Schußspulen auf Pirnusköpfen bei verschiedenen Garnnummern.

Leider ist Punkt A 2 von den Spulmaschinenfabrikanten nicht in einem solchen Maße berücksichtigt worden wie Punkt B, obgleich jener hinsichtlich der Bedienungskosten wichtiger ist als Punkt B.

Besonders soll hier nochmals darauf hingewiesen werden, daß bei Schußspulen, die nur verhältnismäßig wenig Garn fassen, eine hohe Fadengeschwindigkeit für die Spulerin eine Produktionserhöhung nicht bringt.

In dem Abschnitt über die Scheibenspulerei ist schon einiges über Zeitstudien gesagt worden. An dieser Stelle sollen einige Hinweise über die Auswertung dieser Zeitstudien für die Schußspulerei folgen.

Zunächst sind aus dem Beobachtungsbogen folgende Zeiten bzw. Zahlen herauszuziehen: a) die Gesamtzahl der Fadenbrüche, b) die Spuldauer einer Schußspule, c) die Ablaufzeit einer Scheibenspule, d) die Gesamtspulzeit, e) die Gesamtzeit für Abstellen der Fadenbrüche und Wechseln der Spulen (Spuldauer—Maschinenzeit), f) die Zeit für das Abstellen eines Fadenbruches im Mittel, g) die Zeit für das Umwechseln einer Schußspule im Mittel.

Aus einer größeren Zahl Zeitstudien wird man als eigentliche Auswertungen folgende Feststellungen machen können:

a) Ermittlung der günstigsten Arbeitsweise in bezug auf Arbeitsdauer und Qualität der Produktion, d. h. Feststellung der günstigsten Zeit, in der ein Auftrag erledigt werden kann, ohne daß die Qualität durch Überhastung oder Ermüdung der Arbeiterin leidet;

b) Ermittlung der günstigsten Fadengeschwindigkeit für jede Garnsorte und Nummer bei einer bestimmten Anzahl von Fadenbrüchen;

c) Ermittlung der Anzahl der im Mittel bei jeder Garnsorte und Nummer beim Spulen vorkommenden Fadenbrüche und der Zeit, welche zu ihrer Beseitigung erforderlich ist;

d) Feststellung äußerer Einflüsse auf die Produktionshöhe;
e) Feststellung der Leistungsfähigkeit der einzelnen Spulerinnen;
f) Aufstellung einer Tabelle über Vorgabezeiten[1].

Als Beispiel einer Auswertung von Zeitstudien diene die Unterweisungskarte Abb. 30. Die Zeitstudien wurden an einer Maschine Modell 6 der Firma Voigt, Chemnitz, ausgeführt. Der Auftrag lautete: 6 Pack Leinengarn Nr. 30

LVPF 142 B. Steinhuder Leinen-Industrie Gebr. Bretthauer **Unterweisungskarte für Schußspulerei**	*A 2 — FP 30 LPH 27*

Grundzeit	Zeitzuschlag	Material	Betriebsmittel:	Menge:
11,4 Std.	....	*FS 30 LPH*	BUS:......T Fadengeschw. *55* m/Min. Spindelzahl *30*	*6* Pack = *360* Strang = *120* Scheibensp. = ca. *1230* Schußsp.

Nr.	Einzelverrichtungen	Haupt-Zeit Min.	Haupt-Zeit $^1/_{10}$	Neben-Zeiten Min.	Neben-Zeiten $^1/_{10}$	Einrichte-Zeit Min.	Einrichte-Zeit $^1/_{10}$
1	Zeitkartenwechsel					*2*	*00*
2	Unterweisungskarte und Vorschrift für Arbeitsausführung lesen					*1*	*00*
3	Schürzentasche mit Pirnusköpfen füllen					*0*	*50*
4	*30* Scheibenspulen in die Maschine legen					*6*	*00*
5	*30* Pirnusköpfe aufstecken, Faden anlegen, Spindeln anlassen					*6*	*90*
6	Maschinenzeit $\frac{\textit{Anzahl Schußsp.} \times \textit{Laufz.}}{\text{Spindelzahl}} = \frac{1230}{30} \times 13{,}7$	*561*	*70*				
7	*1200* Pirnusköpfe wechseln $\frac{1200}{30} \times 0{,}23$			*9*	*20*		
8	*90* Scheibenspulen wechseln *90* × *0,30*			*27*	*00*		
9	Verpacken der fertigen Schußspulen $\frac{1230}{30} \times 0{,}5$ . .			*20*	*50*		
10	Abrüsten					*6*	*00*
11	Zuschläge: Fadenbrüche, *9* auf *30* Schußspulen. . . . $\frac{9 \times 0{,}2 + 1 \times 0{,}2}{2} \times \frac{1230}{30}$			*41*	*00*		
	Sa.	*561*	*70*	*97*	*70*	*22*	*40*
		= *681,80* Min.					
		= *11,4* Std.					

Wenn die Arbeit nicht, wie vorgeschrieben, ausgeführt werden kann, ist DAZ sofort zu benachrichtigen.	Ausgefertigt: durch DAZ — Tag *12.* — Monat *3.* — Jahr *30.*

Abb. 30.

engl. von Scheibenspulen auf Pirnusköpfe umzuspulen. Die Verhältnisse der Handarbeitszeiten und Zuschläge zur Maschinenzeit und Gesamtzeit sind folgende:

[1] Da man in den meisten Fällen den Spulerinnen dauernd die gleiche Spulkopfzahl überweisen muß, so sei hier von der Ausrechnung der optimalen Spulkopfzahl pro Spulerin abgesehen.

Zeiten in Minuten und Zehntel-Minuten.

Zeitkarte wechseln und Unterweisungskarte lesen .	3,0 Min. =	0,44%	der Gesamtzeit
Pirnusköpfe in die Schürzentasche füllen	0,5 „ =	0,07%	„ „
30 Scheibenspulen einlegen.	6,0 „ =	0,88%	„ „
30 Pirnusköpfe aufstecken und Spindeln anlassen .	5,9 „ =	1,01%	„ „
Pirnusköpfe wechseln	9,2 „ =	1,35%	„ „
Scheibenspulen wechseln.	27,0 „ =	3,96%	„ „
Verpacken der Schußspulen	20,5 „ =	3,00%	„ „
Abrüsten.	6,0 „ =	0,88%	„ „
Maschinenzeit.	561,7 „ =	82,40%	„ „
Zuschläge für Fadenbrüche	41,0 „ =	6,01%	„ „
Gesamtzeit:	681,8 Min. =	100,00%.	

Die Maschine arbeitet bei diesem Auftrage mit einem Nutzeffekt von 82,40%.

Als weitere Auswertung ergab sich die Tabelle auf Seite 27 über die Produktionsmengen bzw. Vorgaben bei oben angeführter Maschine. Der angegebene

Steinhuder Leinen-Industrie Gebr. Bretthauer	**Beobachtungsbogen Schußspulerei**	Symbol:

Betriebsmittel: *US T.*

1. Theoretisch:
Umdr./Min. der Antriebswelle = *UA* =
Übersetzung Antriebswelle—Spindel =
Umdr./Min. der Spindel = *US* =

Umlaufszahlen, Fadengeschwindigkeit

Länge des bei einer Spindelumdrehung aufgespulten Fadens (gemessen) = L^1 = m

Theoretische Fadengeschwindigkeit = $US \times L^1$ = ... m/Min.

2. Praktisch errechnet:
Laufzeit einer Schußspule = ... Min.
Länge derselben (gemessen) = ... m
$$\text{Fadengeschwindigkeit} = \frac{\text{Länge}}{\text{Laufzeit}} = \ldots \text{ m/Min.}$$

3. Mittels Tachometer gemessen:
m/Min.

Zustand des Betriebsmittels:
Spindelzahl pro Spulerin:

Spulerin: Name: Fabr.-Nr.: . Alter: Jahre. Spult seit:
Beurteilung:

Material: Symbol: *FB* Auftragsgröße: Pack
Untersuchungsergebnis: Gütegrad:

Zeitverbrauch.
Einrichtezeit Min.
Maschinenzeit: „
$$\frac{\text{Anzahl Pack} \times \text{Lauflänge}}{\text{Fadengeschwindigkeit} \times \text{Anzahl Spindeln}} = \text{„}$$
Zuschläge:
für Fadenbrüche „
„ Wechseln der Pirnusköpfe „
„ „ „ Scheibenspulen „
Abrüstezeit: „
Gesamtzeitverbrauch Min.
Vorgabe = Stdn.

Zeitverluste in % zur Gesamtzeit.
Einrichtezeit = %
Fadenbrüche = %
Wechseln der Pirnusköpfe = %
„ „ Scheibenspulen = %
Abrüstezeit = %
Summe der Verlustzeiten = %

NE des Betriebsmittels:
$$\frac{\text{Maschinenzeit} \times 100}{\text{Gesamtzeitverbrauch}} = \text{ \% NE}$$

Beschäftigungsgrad der Spulerin:
(Ausnutzungskoeffizient)
$$\frac{\text{Summe der Handarbeitszeiten}}{\text{Gesamtzeitverbrauch}} \times 100 = \text{ \%}$$

Bemerkungen:

Abb. 31.

Nutzeffekt bezieht sich auf die vorgegebene Gesamtspulzeit zur theoretischen Maschinenzeit.

Fadengeschwindigkeit = 55 m/Min.

Auftrags-größe	4 Fadenbrüche auf 30 Schußspulen Nr. 14—16		9 Fadenbrüche auf 30 Schußspulen Nr. 30—35		8 Fadenbrüche auf 30 Schußspulen Nr. 40—45	
	Garnnummer engl.					
	Std.	%	Std.	%	Std.	%
1 Pack . . .	2,5	NE = 65,9	2,9	NE = 82,2	3,8	NE = 86,8
2 „ . . .	4,8	NE = 68,9	5,6	NE = 85,2	4,0	NE = 82,7
3 „ . . .	7,1	NE = 70,0	5,9	NE = 80,9	5,9	NE = 87,7
4 „ . . .	9,4	NE = 70,5	8,6	NE = 83,4	7,8	NE = 85,1
5 „ . . .			11,0	NE = 84,5		
6 „ . . .			11,4	NE = 82,4		
7 „ . . .			14,1	NE = 83,8		
8 „ . . .			17,0	NE = 84,7	15,5	NE = 86,3

Abb. 31 zeigt einen Beobachtungsbogen, der vom Zeitstudienbeamten in der Schußspulerei benutzt werden kann.

Die Schußspulmaschinen werden von weiblichen Arbeitskräften bedient. Für eine einigermaßen aufgeweckte Anfängerin genügt eine Anlernzeit von einigen Tagen. In 8, längstens 14 Tagen muß eine Anfängerin an der Schußspulmaschine so arbeiten können, daß die vorgegebenen Zeiten innegehalten werden.

Für einen mechanischen Webstuhl rechnet man bei dünnem Garn eine Spindel, bei stärkerem 1½ Spindeln, bei sehr starkem 2 Spindeln. Die Werte gelten für schmale Ware, für breite wird die doppelte Anzahl Spindeln benötigt.

b) Anzahl der Schußspulköpfe, die im optimalen Falle von einer Spulerin bedient werden können.

Die Anzahl der Schußspulköpfe wird um so größer sein können, 1. je kleiner die Handarbeitszeiten sind und 2. um so kleiner die Spulengeschwindigkeit ist.

Bei den Handarbeitszeiten hat man zu unterscheiden einmal solche, die durch die Eigenart der Schußspulmaschine und solche, die durch das zu verspulende Garn bedingt sind. Da wir die optimale Kopfzahl berechnen wollen, so nehmen wir an, daß die Fadenbrüche hinsichtlich ihres Vorkommens günstig liegen und die Spulen gleichmäßig ablaufen bzw. voll werden. Es wird dann

$$K = \frac{L}{\left(t_a + \frac{t_{sch}}{Sch} + n \cdot t_f\right) \cdot G};$$

hier ist K = Anzahl der gesuchten Schußspulköpfe, L = Lauflänge der herzustellenden Schußspulen in m, t_a = Aufstecken einer Schußspule in Min. und $^1/_{10}$ Min., t_{sch} = Aufstecken einer Scheibenspule in Min. und $^1/_{10}$ Min., Sch = Anzahl der Schußspulen, die von einer Scheibenspule abgespult werden können, n = Anzahl der Fadenbrüche für eine Schußspule, t_f = Zeit für die Beseitigung eines Fadenbruches, G = durchschnittliche Spulkopfgeschwindigkeit in m je Min.

Beispiel: $L = 750$ m, $t_a = 0{,}23$;
$t_{sch} = 0{,}33$, $Sch = 11$ Stück;
$n = 1/3$, $t_f = 0{,}24$ Min.,
$G = 55$ m ,

$$K = \frac{750}{\left(0{,}23 + \frac{0{,}33}{11} + 0{,}33 \cdot 0{,}24\right) 55} = \frac{750}{0{,}34 \cdot 55} = \frac{750}{18{,}7},$$

$$K = \approx 40 \text{ Köpfe.}$$

Die Anfertigung der Schußspulen kann man auch direkt vom Haspel vornehmen. Sollen die Schußspulmaschinen jedoch möglichst gut ausgenutzt werden, und sollen bei guten Qualitäten Schußreißer im Webstuhl möglichst vermieden werden, so ist ein vorhergehendes Umspulen auf Scheiben- oder Kreuzspulen sehr zu empfehlen.

c) Das Garnmangeln.

Soll ein dichtes Gewebe hergestellt werden, so kann es häufig zweckmäßig sein, die Bündelgarne vor dem weiteren Verarbeiten zu mangeln. Schon die alten Handweber wollten dem Leinengarn seine Sprödigkeit nehmen, indem sie es vor dem Verspulen tüchtig klopften.

Abb. 32. Garnmangel. Bauart EM von C. G. Haubold A. G., Chemnitz.

Abb. 32 ist eine verbesserte Konstruktion einer Garnmangel der Firma C. G. Haubold A. G., Chemnitz. Der Kraftbedarf soll ca. 1 PS betragen. Die Maschine hat vier Papierwalzen; es sollen hierdurch die gemangelten Garne besonders weich werden. Die Bedienung ist sehr einfach, da zum Auflegen und Abnehmen des Garnes nur ein einziger Handgriff notwendig ist. Hierbei ist vorausgesetzt, daß die Maschine in Betrieb ist. Während des Garnbeschickens läuft die Maschine ruhig weiter. Es ist lediglich der Handgriff nötig, der das Garn zwischen die Walzen führt und gleichzeitig die untere Spannwalze betätigt; denn diese muß beim Auflegen des Garnes angehoben werden. Die untere der beiden oberen Walzen steht um ein gewisses Stück über die obere hervor, um das Auflegen des Garnes zu erleichtern. Die obere Walze wird mittels doppelter Hebelübersetzung und regelbarer Gewichtsauflage auf die angetriebene Unterwalze aufgedrückt. Die Spannwalze kann je nach Weifenumfang verstellt werden.

Es muß aber besonders darauf hingewiesen werden, daß der erreichte Mangeleffekt wieder verschwindet, wenn beim Spulen die Trichter der Trichterspulmaschine zu heiß werden.

Will man sehr dichte Gewebe herstellen, so soll das Schußmaterial angefeuchtet werden.

Literatur.

1. Müller, Ernst Prof.: Handbuch der Weberei, Karmarsch, Handbuch der mechanischen Technologie Bd. 3 Abt. 2. Leipzig: Baumgärtner 1896.
2. Voigt, Rudolph, Chemnitz: Festschrift zum 50jährigen Bestehen der Firma. 1911.
3. Rohn, G. Dr.-Ing. e. h.: Die Garnverarbeitung. Berlin: Julius Springer 1917.
4. Michel, Eduard: Wie macht man Zeitstudien? Berlin: VDI-Verlag 1920.
5. Gräbner, Ernst Prof.: Die Weberei 2. Aufl. Leipzig: Jänecke 1920.
6. Marschik, Prof.: Technik und Wirtschaft des Webereibetriebes. Leipzig: Friedr. Voigt 1920.
7. Fahr, Otto Dr.-Ing.: Die Einführung von Zeitstudien in einem Betrieb für Reihen- und Massenfertigung der Metallindustrie. Berlin: Oldenbourg 1922.

8. Michel, Eduard: Arbeitsvorbereitung. Berlin: VDI-Verlag 1924.
9. Lüdicke, A. Prof.: Die Weberei. Technologie der Textilfasern Bd. I, 2. Berlin: Julius Springer 1927.
10. Reichsausschuß für Arbeitszeitermittlung: Einführung in die Arbeitszeitermittlung. Berlin: Beuth-Verlag 1928.
11. Ausschuß für Handarbeit beim AWF. Grundlagen für Arbeitsvorbereitung, Zeitstudien. Berlin: Beuth-Verlag 1929.
12. Alford, L. P.: Handbuch für industrielle Werkleitung, bearbeitet von Fr. Fröhlich. Lieferung 7. Berlin: VDI-Verlag 1930.

3. Die Schärerei.

Zweck. Da im allgemeinen eine größere Anzahl Kettenfäden zur Herstellung der Gewebe notwendig ist, so reicht der hinter dem Webstuhl vorhandene Raum nicht aus, die erforderliche Spulenzahl aufzustellen. Ferner würde die Einhaltung der für das Verweben notwendigen gleichmäßigen Spannung der einzelnen Fäden große Schwierigkeit bereiten. Man schaltet daher das Schären oder Zetteln in den Produktionsprozeß ein. In der Schärerei oder Zettelei werden die Garne auf Ketten oder Vorbäume parallel aufgewickelt, so daß erst diese die vorgeschriebene Fadenzahl, Fadenlänge und gleiche Fadenspannung erhalten. Nun werden erst diese vollgeschärten Bäume der Schlichtmaschine oder dem Webstuhl vorgelegt.

Maschinenarten. Meist können auch die Ketten nicht in einem Arbeitsgange von den Spulen auf die Kettenbäume gewickelt werden. Das Spulengestell müßte dann soviel Spulen enthalten, als Kettenfäden in der Ware notwendig sind. Man unterteilt daher die Ketten in eine Anzahl Bänder, Sektionen oder Zettelbäume, die zusammen auf den Kettenbaum (oder Vorbaum, wenn die Kette noch geschlichtet werden soll) gewickelt werden. Auf diesem erhalten erst die Ketten die gewünschte Kettenbreite mit der erforderlichen Kettenfadenzahl.

Die Maschinen, welche die Ketten in Bänder und Sektionen aufteilen, bezeichnet man als Schärmaschinen, jene, welche erst auf verschiedene Vor- (Zettel-) Bäume, aber in der vollen Breite aufwickeln, als Zettelmaschinen.

Sind nur ein oder zwei gleichartige Ketten hintereinander herzustellen oder kommen mehrere Farben vor, so bevorzugt man im allgemeinen die Schärmaschine. Die Zettelmaschine lohnt sich meist erst bei größeren Partien. Von den Zettelmaschinen kann man Ketten erhalten, die im Webstuhl besser laufen als die von den anderen Maschinenarten stammenden.

Die **Ketten-, Zettel- oder Garnbäume** werden aus Holz oder Eisen (Mannesmannrohr) angefertigt. Damit sich der hölzerne, massive Baum nicht werfen kann, wird er aus mehreren Teilen zusammengeleimt; die Enden werden mit einem eingekeilten eisernen Ring umschlossen und alsdann die Lagerzapfen hineingetrieben. Auf eine gute Befestigung der Garnscheiben muß besondere Sorgfalt verwendet werden. Verschieben sich die Scheiben, so rutschen die Leistenfäden zwischen Garnwicklung und Scheibe. Schiefgestellte Garnscheiben haben zur Folge, daß der Kettenbaum beim Aufbäumen auf der einen Seite zu hohe und auf der anderen zu niedrige Wicklungen erhält. Als Kettenbaumscheiben sind solche aus nicht zu dünnem Stahlblech mit eingepreßten Rillen und umgepreßten Flanschen besonders zu empfehlen. Zur Verbindung der Kette mit dem Kettenbaum werden entweder Längsnute (Abb. 33) oder Bohrungen (Abb. 43) benutzt. Quer zur Nute legt man über die ganze Breite gleichmäßig verteilt die Kette und klemmt sie durch eine eiserne oder hölzerne Rute fest, so daß die Rute mit dem Umfang des Kettenbaumes bündig ist. Die eisernen Kettenbäume haben in Abständen von 10 bis 20 cm Bohrungen mit Einschnitten.

Man knotet die Kettenteile zusammen, schiebt die Knoten in die Bohrungen und zieht die Kettenteile in die Einschnitte, so daß die Knoten im Innern des Baumes festgeklemmt sind.

Abb. 33. Kette am Kettbaum in Längsnut befestigt.

Die Hauptvorrichtungen an den Maschinen. Alle Schär- oder Zettelmaschinen haben folgende Hauptvorrichtungen gemeinsam: 1. das Spulengestell; 2. einen Kamm, der die von den Spulen ablaufenden Kettenfäden zusammenführt; 3. Meßwalze; 4. Fadenwächter; 5. den Kamm, der die Fäden in die erforderliche Breite bringt; 6. den Schärbaum, auf den die Fäden aufgewickelt werden.

Die Spulengestelle. Man unterscheidet Spulengestelle, Spulengatter, für bewegliche und solche für feststehende Spulen. Letztere Art ist nur für Sonnenspulen[1] zu benutzen. In Abb. 34 ist die Ansicht einer älteren Konstruktion eines Spulengatters für bewegliche Spulen (Scheibenspulen) gegeben. Die Spulen

Abb. 34. Spulengatter für bewegliche, schräg stehende Spulen.

werden auf eiserne Stifte gesteckt, welche schräg nach oben zeigen. Um die Reibung am Gestell zu verringern, tragen die Stifte unten einen Holzkonus. Auf Abb. 35 ist ein Spulengestell zu sehen, bei dem die Spulen (Kreuzspulen

[1] Über die Vorteile der Sonnenspulen oder kegelförmigen Kreuzspulen siehe Prof. Chr. Marschik: Technik und Wirtschaft des Webereibetriebes S. 32. Leipzig: F. Voigt 1920.

Abb. 35. Spulengatter für bewegliche, horizontal liegende Spulen.

Abb. 36. Band-Konus-Schärmaschine der Firma Gebrüder Sucker, Grünberg i. Schlesien.

und Scheibenspulen) horizontal gelagert sind. Sie werden auf Drähte aufgeschoben, welche in Glasaugen des Gestells liegen, damit sich die Spulen durch die verminderte Reibung leicht drehen können. Auf die Gatter für feststehende Sonnenspulen kann leider wegen Platzmangels nicht eingegangen werden.

Die Band-Konus-Schärmaschine. Abb. 36 zeigt eine Band-

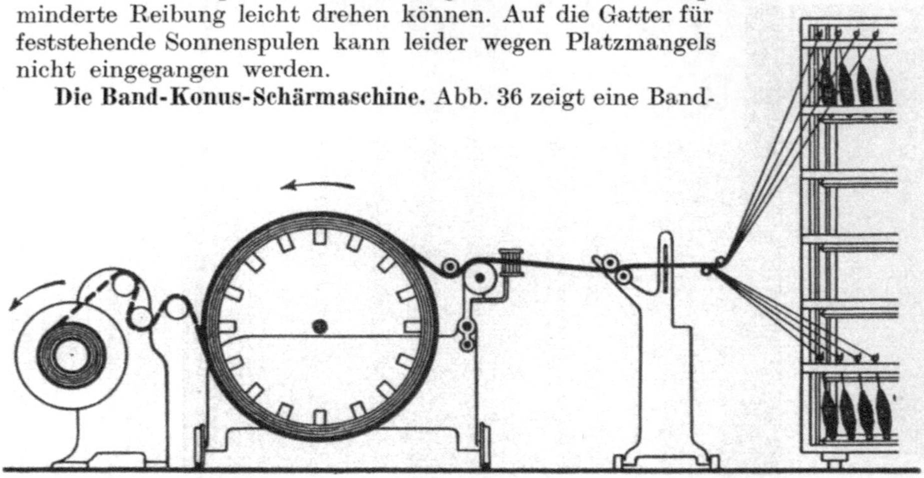

Abb. 37. Lauf der Kette durch eine Konus-Kettenschärmaschine.

Konus-Schärmaschine der Firma Gebrüder Sucker, Grünberg i. Schles. Die Kette wird in einzelnen nebeneinander liegenden Bändern auf einer Trommel erhalten. Die Bandlagen sind nicht genau senkrecht übereinander geordnet, sondern jede neue Lage ist etwas seitwärts gegen die vorhergehende verschoben. Diese Verschiebung wird durch einen Konus erreicht, durch welchen die Maschine ihren Namen erhalten hat. Von dem Spulengestell läuft das Garn über eine Ausgleichvorrichtung (Abb. 37), und dann durch ein Winkelriet (Abb. 38). Das Riet ist verstellbar und gibt dadurch den Bändern die vorgeschriebene Breite. Es ist an einem Schlitten befestigt, der durch eine Schraubenspindel seitlich derart verschoben wird, daß das erste Band genau an dem Konus der Schärtrommel, jedes weitere Band immer an das vorherige zu liegen kommt. Die Schärtrommel, aus hölzernen auf eisernem Gestell befestigten Latten bestehend, hat an einem Ende einen eisernen Konus, dessen Höhe durch ein Handrad mittels Gewindebüchse verstellt werden kann (Abb. 39). Zwischen Winkelriet und Trommel ist eine Meßwalze (Abb. 38) eingeschaltet, welche durch eine Schnecke ein Zählwerk in Bewegung setzt. Beim ersten Bande achtet der Schärer auf diesen

Abb. 38. Winkelriet und Meßwalze bei der Konus-Schärmaschine.

Zähler und stellt die Maschine ab, wenn die vorgeschriebene Kettenlänge erreicht ist. Während des Auflaufens des ersten Bandes hat eine andere Meßeinrichtung,

Abb. 39. Schärtrommel mit verstellbarem Konus.

die am Achsenstumpf der Schärtrommel angebracht ist, die Zahl der Umdrehungen gezählt und auf dem Kranz einer Meßtrommel bezeichnet (Abb. 40 und 41). Auf diese Zahl stellt der Schärer nun einen zweiten, auf der Skala beweglichen Zeiger ein. Bei den weiteren Bändern braucht der Meterzähler nicht mehr beachtet zu werden, da die Maschine jetzt bei Erreichung der Länge des ersten Bandes selbsttätig abgestellt wird. Der Antrieb der Schärtrommel erfolgt zweckmäßig durch einen Elektromotor (Abb. 36), der mit dem Ritzel auf ein größeres Zahnrad wirkt und am Schärtrommelwagen aufgehängt ist. Dieses Zahnrad gibt über ein Diskusgetriebe (Abb. 42) und drei kleine Zahnräder seine Drehbewegung auf die Schärtrommel ab. Der Friktionsantrieb ermöglicht ein sanftes Anlaufen der Schärtrommel. Außerdem läßt sich durch Verstellen der Treibräder die Drehzahl der Schärtrommel zwischen 12 und 24 Umdrehungen je Minute verändern. Die Einstellung des Schärwinkels geschieht auf allen Latten gleichmäßig durch ein in einem Gewinde auf der Achse der Schärtrommel laufendes Handrad. Über dessen Kranz greifen

Abb. 40. Kontrolluhr der Konusschärmaschine.

die nach innen ragenden Schenkel der Konusbügel mit ihrem gabelförmig ausgebildeten Ende. Man befestigt die Bänder an Stifte, die sich seitlich in den

Abb. 41. Kontrolluhr der Konusschärmaschine.

Latten befinden. Die seitliche Verschiebung des Bandes geschieht zwangsläufig durch Führung des Winkelgängelrietes, das von der Schärtrommel aus durch Kettentrieb seine Bewegung erhält.

Die Bäummaschine dient zum Aufwickeln der auf der Schärtrommel befindlichen Kette auf einem vorgelegten Kettenbaum. Sie nimmt zwischen zwei eisernen Gestellwänden den Kettenbaum auf. Eine Anzahl Walzen, um welche die Kette geführt wird und deren Stellung zueinander verändert werden kann, geben den Fäden während des Aufbäumens die richtige und gleichmäßige Spannung. Eine während des Aufbäumens eingeschaltete Schraubspindel bewegt die Schärtrommel von der einen Seite zur anderen und zwar um so viel, als das erste Band auf dem Konus der Trommel seitlich aufgelaufen ist, damit die vorher schräg auf die Schärtrommel aufgelaufenen Fäden jetzt stets genau rechtwinklig auf den Baum kommen. Abb. 43 zeigt die Bäummaschine mit leerem, Abb. 44 mit vollem Kettenbaum.

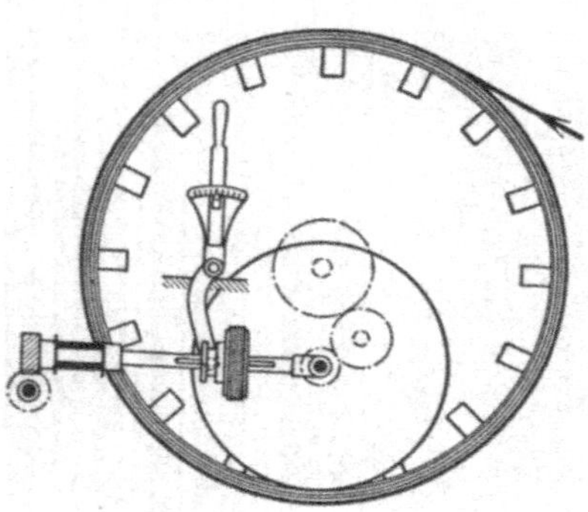

Abb. 42. Diskusgetriebe (Friktionsantrieb), Schema.

Zu den Schärmaschinen werden Abstellvorrichtungen (Abb. 45 und 46) geliefert, die die Ketten dadurch verbessern, daß gerissene Fäden stets gleich gefunden und wieder angeknotet werden können, während ohne diese Vorrichtung häufig die abgerissenen Enden auf den Baum laufen und nicht mehr oder nur mit Schwierigkeiten gefunden werden können. Abb. 47 zeigt das Schema des Selbstabstellers an der Schärmaschine. Die Abstellvorrichtung wird zwischen Spulengestell und Schärmaschine eingebaut. Ein fahrbares Gestell trägt Riet, Absteller usw. Die Fäden, vom Spulengestell kommend, laufen zunächst durch ein Riet, dann auf eine in Kugellagern liegende Zugwalze. Diese ist mit Filztuch bekleidet, damit sie von den ablaufenden Fäden mitgenommen wird. Auf dieser Zugwalze läuft in Schlitzlagern eine Druckwalze. Es folgen nun drei feste und dazwischen zwei Fall- oder Ausgleichswalzen. Diese sollen beim Zurückdrehen des Schärrahmens die zurückgedrehte Fadenlänge aufnehmen; sie gleiten dann, da sie vom Garn getragen werden, sobald die Spannung nachläßt, nach unten. Mit Hilfe von über Rollen geführten Drahtseilen, die am anderen Ende zum Ausgleich mit Behältern, in denen Bleischrot enthalten ist, verbunden sind, können die Fallwalzen bei feinen Gespinsten ausbalanciert werden. Hinter diesem Walzensystem befindet sich die eigentliche Abstellvorrichtung. Diese besteht aus dem Nadelbalken und zwei sich gegeneinander drehenden eisernen Walzen. Der Antrieb der vorderen geschieht von der Zugwalze aus durch eine Kette, welche über Kettenräder läuft, die an den Lagerzapfen angesetzt sind. Über die Nadelbalken laufen die Fäden durch Abstellnadeln. Jeder Faden trägt eine Abstellnadel (Fadenreiter), die lose auf dem Faden in den Schlitzen des eisernen Nadelbalkens hängt. Reißt ein Faden, so muß die Nadel, ihres Haltes beraubt, nach unten zwischen die sich drehenden Walzen fallen, wo sie dann zwischen diesen hindurchgezogen wird. Die andere Walze ist nun gezwungen auszuweichen, da die Abstellnadel die Walzen auseinanderdrückt. Durch ein Gestänge und einen Hebel steht die Walze mit dem Absteller der Maschine in Verbindung, der auf oben beschriebene Weise betätigt wird. Am Austritt des Garnes aus der Abstellvorrichtung befindet sich als letzter Teil das Geleseriet, das durch ein Handrad mit Zahnrad, das auf einer Zahnstange läuft, in vertikaler Richtung verstellbar ist. Das Gestell ist fahrbar. Es besitzt kleine Scheibenräder, die rechtwinklig zur Kette stehen. Für die Räder sind auf dem Fußboden Laufschienen aus Winkeleisen angebracht. Diese Verschiebung der Vorrichtung nach

Abb. 43. Bäummaschine mit leerem Kettenbaum, Kette am Kettenbaum in Bohrungen befestigt.

Abb. 44. Bäummaschine mit vollem Kettenbaum.

der Seite ist erforderlich, da die einzelnen Bänder nebeneinander auf den Schärrahmen auflaufen. Sobald ein Band in der vorgeschriebenen Länge abgelaufen

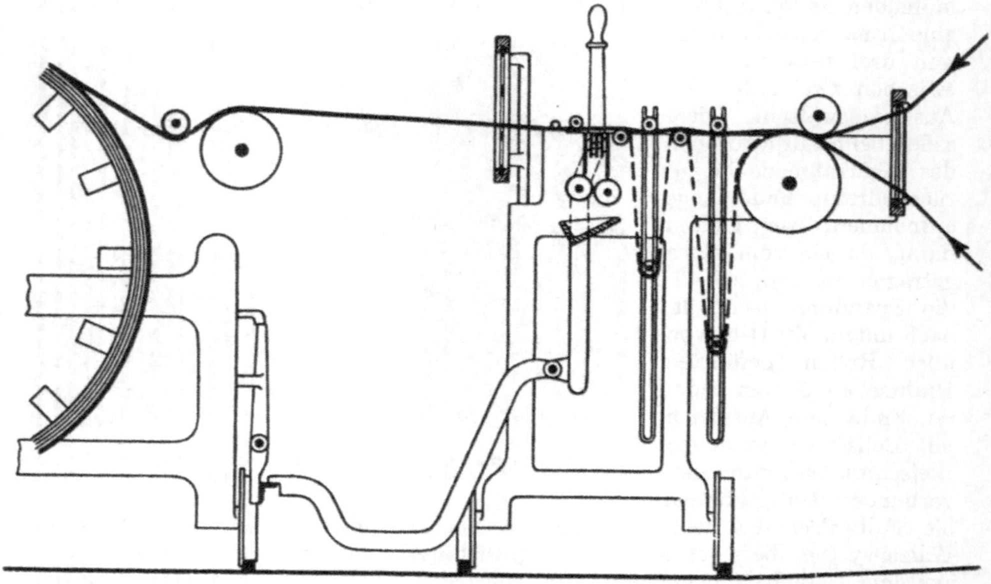

Abb. 45. Schema der automatischen Fadenbruchabstellung.

Abb. 46. Ansicht der automatischen Fadenbruchabstellung.

ist, wird die Abstellvorrichtung um die Breite eines Bandes nach der Seite geschoben, wo das neue Band neben das alte aufgeschärt wird.

Bei der Berechnung der Ketten ist darauf zu achten, daß man möglichst nur gleiche Fadenbänder, Sektionen oder Zettelbäume erhält, um stets gleiche

Fadenspannung zu erzielen. Ist dieses nicht möglich, so lege man in dem letzten Band oder Baum den Ausgleich. Damit beim Kreuzbilden keine Doppelfäden entstehen, muß die Fadenzahl jedes Bandes usw. eine gerade Zahl sein.

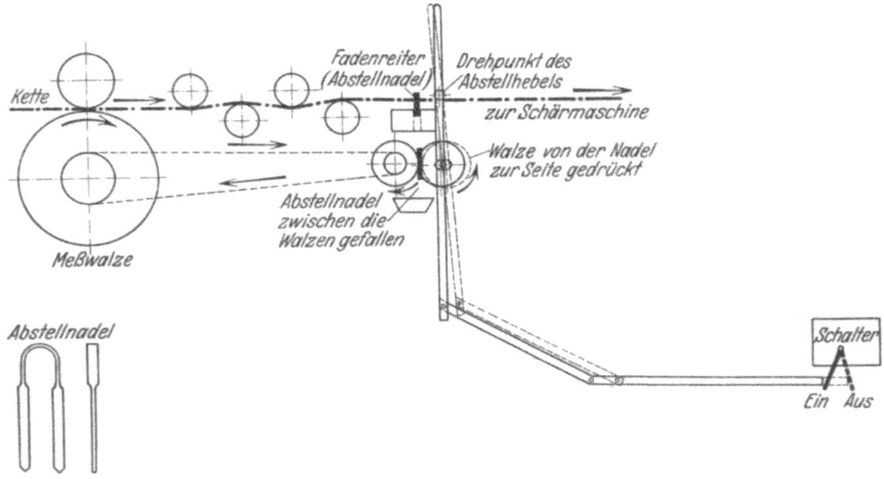

Abb. 47. Wirkung des Selbstabstellers an der Schärmaschine, schematisch.

Das Einziehen der Kettenfäden vom Spulengestell her in das Kreuzblatt geschieht stets von oben nach unten symmetrisch von der Mitte aus, wodurch man einen offenen, übersichtlichen Fadenlauf erhält. Mit Hilfe des Geleserietes

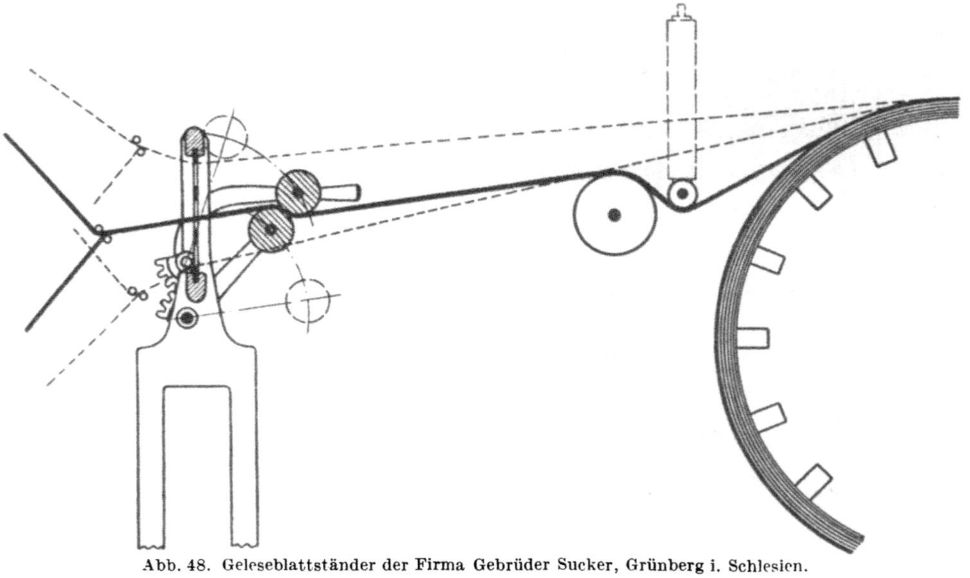

Abb. 48. Geleseblattständer der Firma Gebrüder Sucker, Grünberg i. Schlesien.

(Kreuzgeleses) wird das Teilgelese eingelegt. Es ist dieses ein Band, das so durch die Kette hindurchgezogen wird, daß abwechselnd ein Faden der Kette über, der nächste Faden unter dem Geleseband liegt. Dadurch wird jeder Faden von dem Nachbarfaden getrennt, damit später auf dem Webstuhl die Kette richtig angedreht und die Teilstäbe leicht eingeschoben werden können. Die Teilung geschieht durch Umklappen des Rietes. Abb. 48 ist ein Geleseblattständer der Firma Gebrüder Sucker, Grünberg, Abb. 49 ein Geleseblatt für 4fache Teilung. Das vor der Schärtrommel angebrachte Winkelriet (Abb. 50) ist als Gängelriet ausgebildet. Zwischen den Rietstäben werden nach Schärvorschrift je 3 bis 6 usw. Fäden eingezogen, sodaß beim Teilen und Durchziehen eines Bandes das Gängelkreuz Fadengruppen abteilt. Abb. 51 zeigt das Scheiteln der Garne zum Einlesen des Gängelkreuzes. Dasselbe erleichtert dem Schlichter das gleichmäßige Einlesen der Kette in den Expansionskamm der Schlichtmaschine. Bei zu schlichtenden Ketten ist das Fadenkreuz an das Ende der Kette zu legen, und am Anfang ein Gängelkreuz mit einem besonderen Schärblatt zu bilden.

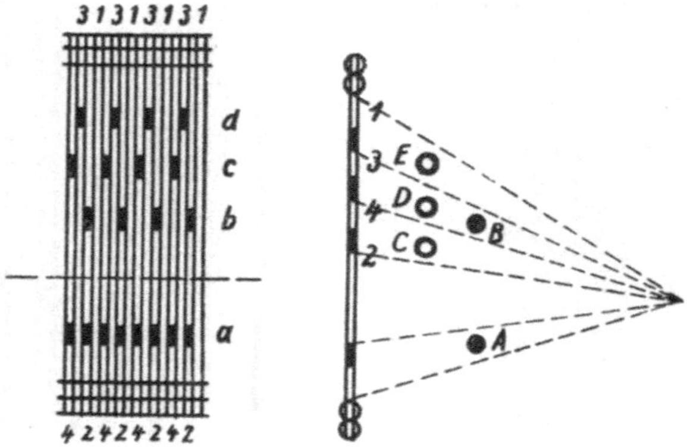

Abb. 49. Geleseblatt für 4fache Teilung.

Abb. 50. Winkel-Gängelriet.

Abb. 51. Scheiteln des Gängelfaches.

Wichtig ist beim Schären den richtigen Konus zu erhalten. Mittels einer Lehre (Abb. 52) muß derselbe häufig nachgemessen werden. Ferner ist darauf zu achten, daß beim Schären aller Bänder Schär- und Kreuzblatt sowie das Spulengestell möglichst genau auf einer Mittelachse stehen, so daß die Fäden von beiden Seiten symmetrisch dem Schärblatt zulaufen und ungleiche Spannungen der Seitenfäden vermieden werden.

Die seitliche Verschiebung des Schärblattes für eine Kette muß um so größer sein, je stärker das Kettengarn und je dichter die Kette eingestellt ist. Gleiche Garnnummer vorausgesetzt, muß man für eine doppelt dichte Einstellung auch die doppelt so große Schaltung haben wie für die einfache Einstellung. Man schärt gewöhnlich bis etwa 5% breiter, als die Breite der Rohware beträgt.

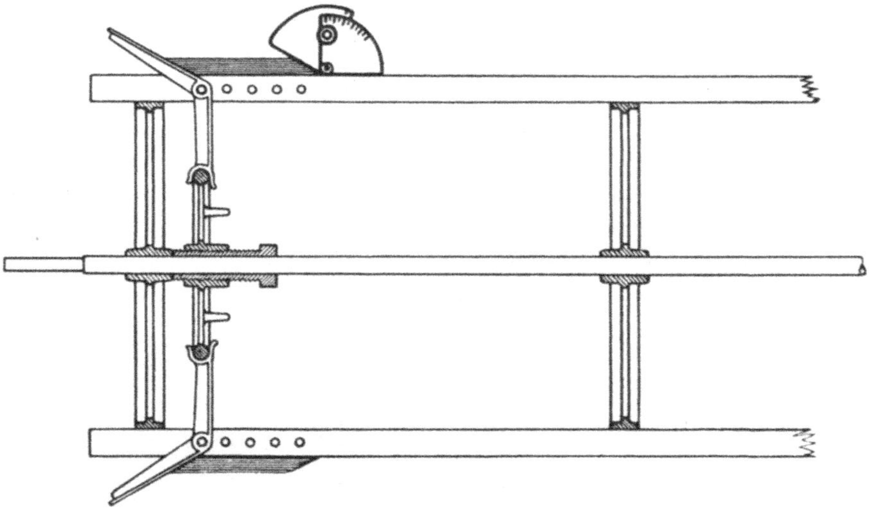

Abb. 52. Kontrolle der Konushebelstellung mit Hilfe eines Winkelmessers.

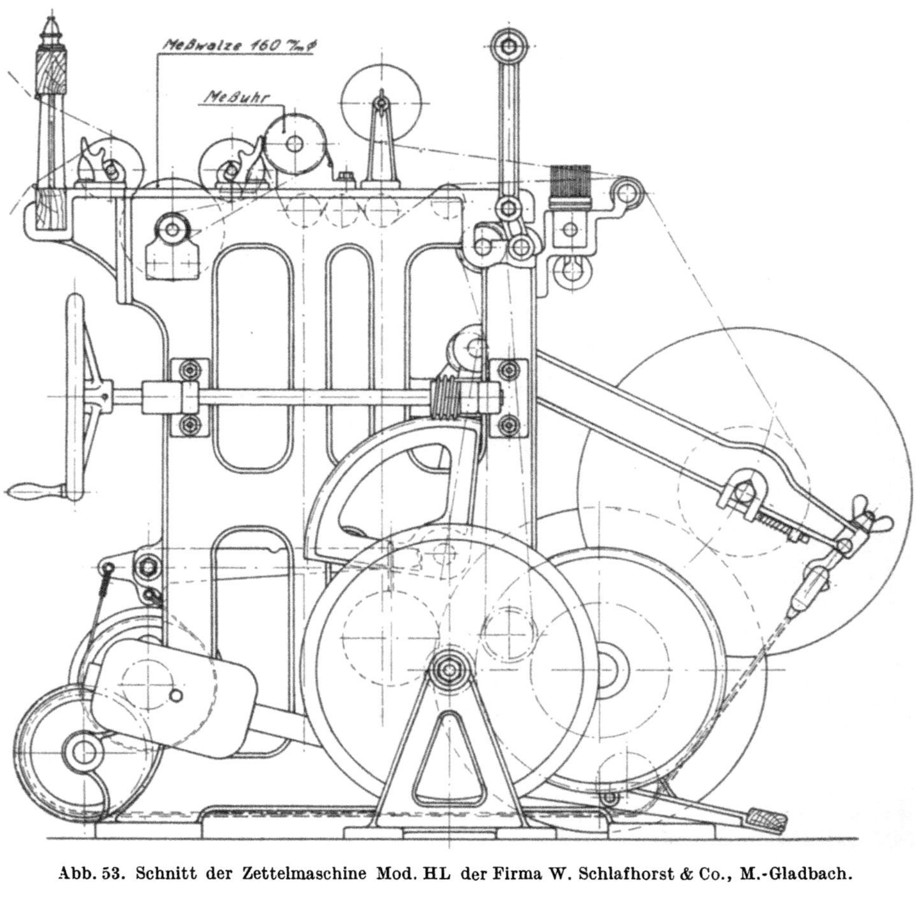

Abb. 53. Schnitt der Zettelmaschine Mod. HL der Firma W. Schlafhorst & Co., M.-Gladbach.

Die Zettelmaschine. Bei der Zettelmaschine bekommt man die Kette in voller Breite, aber nicht in voller Fadendichte, auf mehrere Zettelbäume verteilt.

Abb. 54. Ansicht der Zettelmaschine Modell HL der Firma W. Schlafhorst & Co., M.-Gladbach.

Das Zusammenbäumen der einzelnen Zettelbäume wird auf besonderen Maschinen vorgenommen, wenn sie nicht, wie es in den meisten Fällen geschieht, geschlichtet werden sollen. Im letzteren Falle geschieht das Zusammenbäumen vor der Schlichtmaschine. Die Zettelmaschine trägt zwischen zwei eisernen Gestellwänden ein Walzensystem, welches den Fäden die Führung und gleichmäßige Spannung geben soll. Abb. 53 und 54 zeigen eine Maschine der Firma W. Schlafhorst & Co., M.-Gladbach. Die von dem Spulengatter kommenden Fäden werden durch einen geschlossenen Federkamm geleitet, um der Meßwalze von 500 mm Umfang in der gewünschten Breite zugeführt zu werden. Die Meßwalze ist mit Stoff überzogen und setzt mittels einer an einem Ende befindlichen Schnecke eine Meßuhr zur Aufzeichnung der gezettelten Garnlänge in

Abb. 55. Trommel mit Zettelbaum.

Bewegung[1]. Damit sämtliche Fäden gleichmäßig angespannt werden und das Auflaufen loser Fäden vollkommen unmöglich ist, sind über der Meßwalze zwei besondere Andrückwalzen in Schlitzen gelagert. Auf dieses Walzensystem folgen zwei Fallwalzen, welche auf den Fäden in Führungen schwebend getragen, je nach Garnstärke durch Gewichte ent- oder belastet werden und auch beim Zurückdrehen der Trommel das Garn in gleichmäßiger Spannung erhalten.

Zur Selbstabstellung bei Fadenbruch sind an der Maschine zwei sich drehende Walzen sowie ein Schlitzbalken angebracht. Auf jeden Faden wird eine Fallnadel gesetzt, die in den Schlitzen des Balkens ihre Führung hat. Bei jedem Fadenbruch fällt die Fallnadel durch den Schlitz zwischen die sich nach innen drehenden Walzen. Dadurch wird die in Pendeln gelagerte vordere Walze nach außen geschoben und die Maschine stillgesetzt. Ein unter den Walzen befindlicher Kasten fängt die durchfallenden Nadeln wieder auf. Der Antrieb der Abstellwalzen erfolgt durch eine Gallsche Gelenkkette von der Trommelwelle aus. Eine auf dieser Welle sitzende Klauenkupplung löst beim Zurückdrehen der Maschine den Umlauf der Walzen selbsttätig aus. Beim Austritt der Fäden aus dem Walzensystem befindet sich ein Expansionskamm, um die genaue Zettelbreite einstellen zu können.

Der Zettelbaum, auf den die Fäden aufgewickelt werden, ruht mit seiner inneren, meist hölzernen Walze auf einer eisernen Trommel, welche durch den Antrieb in Umdrehung gesetzt wird und durch Friktion den Zettelbaum mitnimmt (Abb. 55). Da die Leinenketten hart aufgebäumt werden müssen, so kann die Friktion durch Hebel und Gewichte verstärkt werden. Das Einrücken der Maschine erfolgt durch Trittbalken und Friktionsscheibe in sanfter und allmählicher Weise, damit Fadenbrüche vermieden werden. Eine besondere Bremse bewirkt, daß beim Ausrücken nur ein kurzer Nachlauf erfolgt.

Muß häufig mit den Zettelbreiten gewechselt werden, so nimmt man eine expandierende Trommel. Die Veränderung der Trommelbreite wird bei der Maschine von der Firma Maschinenfabrik Zell im Wiesental durch Rechts- und Linksgewinde auf der Trommelwelle bewirkt. Mitte der Trommel und Mitte der Maschine stimmen daher stets überein. Diese Breitenverstellung kann durch Rechts- oder Linksdrehen der Trommel nach Lösen zweier Schrauben innerhalb weniger Minuten erfolgen. Eine Baumablaßvorrichtung gestattet der Zettlerin das Auswechseln der vollen Zettelbäume ohne jede Hilfe durch Drehen an einem Handrade.

Auf Sektionalschärmaschinen und Blockschärmaschinen soll hier nicht näher eingegangen werden, da sie von den Konusschärmaschinen und Zettelmaschinen immer mehr verdrängt werden.

Der Platz- und Kraftbedarf. Beispiel für den Platzbedarf. Die Schärmaschine I hat eine maximale Arbeitsbreite von 210 cm und im Spulengestell maximal 375 Spulen, Maschine II 100 cm Arbeitsbreite und 204 Spulen.

	Masch. I	Masch. II
Spulengestell	7,8 m^2	6,0 m^2
Abstellvorrichtung	3,0 „	3,0 „
Schärmaschine	10,3 „	7,6 „
Zwischenraum, Spulengestell und Abstellvorrichtung	4,5 „	4,5 „
Zwischenraum, Abstellvorrichtung und Schärmaschine	2,4 „	3,0 „
Platz für Bedienung beim Aufbäumen	3,8 „	2,7 „
	31,8 m^2	26,8 m^2

[1] Das Einstellen der Garnlängen der einzelnen Zettelbäume geschieht wie auf der Schärmaschine.

LVP 429 F Steinhuder Leinen-Industrie Gebr. Bretthauer **Unterweisungskarte-Schären**	*AFK* ......

Grundzeit ... Std.	Zeitzuschlag ... Std.	Material *F*	Betriebsmittel: BURC Fadengeschwindigkeit zu a . . m ,, ,, b . . m	Menge: .... HP .... Ketten à ..... m .... Fäden à Kette .... Bänder à .... Fäden

Nr.	Einzelverrichtungen	Maschinenzeit Minuten	Einrichte- bzw. Abrüstezeit Minuten
	a) Schären.		
1.	Zeitkartenwechsel		2,50
2.	Unterweisungskarte und Vorschrift für Arbeitsausführung durchlesen		2,00
3.	.....Spulen aufstecken [.... × 0,05 =][1]		....
4.	.....Reihenfaden an Stange anknoten [.... × 0,18 =][1]		....
5.	.....Fäden ins Riet einziehen [.... × 0,043 =][1]		....
6.	.....Fäden ins Gängelriet einziehen [.... × 0,05 =][1]		....
7.	Wechsel einstellen Nr.....		0,95
8.	.....Zählwalze auf 0 bzw. umstellen [.... × 0,8 =]		....
9.	Meßuhr einstellen		1,00
10.	Konus einstellen ....cm		0,45
11.	.....Einhängen des Fadenbandes an die Trommel, Auflegen der Druckwalze [.... × 0,65 =]		....
12.	.....Riete Gängelkreuz einlegen und Teilfaden einziehen [.... × 3,65 =]		....
13.	.....Bänder teilen u. Teilfaden einknoten [.... × 1,56 =]		....
14.	Bandbreite einstellen ....cm Breite		0,43
15.	.....Zuführung einstellen [.... × 0,35 =]		....
16.	Laufzeit der Maschine: $\frac{\text{Zahl der Ketten} \times \text{Länge} \times \text{Zahl der Bänder}}{\text{Fadengeschwindigkeit}}$	....	
17.	.....Webkreuze einlesen, Faden durchziehen [.... × 1,8 =]		....
18.	.....Bänder abschneiden, zusammendrehen und befestigen [.... × 0,23 =]		....
19.	.....Spulen abstecken und verpacken [.... × 0,05 =][1]		....
	Zuschläge.		
20.	Zur Maschinenzeit 3%	....	
21.	Für .....Fadenbrüche [.... × 0,65 =]		....
	b) Aufbäumen.		
22.	.....Einsetzen d. Kettenbaumes [...cm Breite] [... × 1,75 =]		....
23.	.....Einstellen u. Reinigen des Kettenbaumes [.... × 5,9 =]		....
24.	.....Bänder lösen, unter Bremswelle durchziehen und an Kettenbaum befestigen [.... × 0,42 =]		....
25.	.....Einstellen der Schärtrommel [.... × 0,95 =]		....
26.	.....Einsetzen d. Schärtrommeltransportes [.... × 0,55 =]		....
27.	.....Einsetzen des Mitnehmers [.... × 1,20 =]		....
28.	.....Gewichte auf die Schärtrommelbremse hängen [.... × 0,25 =]		....
29.	Laufzeit der Maschine: $\frac{\text{Zahl} \times \text{Länge der Ketten}}{\text{Geschwindigkeit}}$	....	
30.	.....Bänder abnehmen und zwischen Fäden stecken [.... × 0,28 =]		....
31.	.....Teilfaden aufschneiden, Ende zwischen Bändern durchziehen, mit and. Faden verknoten [.... × 0,95 =]		....
32.	.....Kettenbaum abnehmen [.... × ....]		....
	Zuschläge.		
33.	Zur Maschinenzeit: ....%	....	
	[1] 2 Arbeitskräfte		

Wenn die Arbeit nicht so ausgeführt werden kann, wie hier angegeben, so ist Aussteller sofort zu benachrichtigen.	Ausgefertigt: Tag .... | Mon. .... | Jahr .... | durch	Geprüft ....

Abb. 56.

Für eine Zettelmaschine von 210 cm Arbeitsbreite und 836 Spulen im Gestell ist folgender Platzbedarf notwendig:

Spulengestell	18,7 m²
Zettelmaschine	4,8 „
Zwischenraum, Spulengestell und Zettelmaschine	3,0 „
Platz für Bedienung	2,6 „
	29,1 m²

LVP 427 F Steinhuder Leinen-Industrie Gebr. Bretthauer **Unterweisungskarte-Zetteln.**			A *FK*...... *B*......	
Grundzeit ....Std.	Zeitzuschlag ....Std.	Material: *Fx*... *B*...	Betriebsmittel: BURZ..... Fadengeschwindigkeit:.. m	Menge: ....Ketten à ...m ....Fäden

Nr.	Einzelverrichtungen	Maschinenzeit Min.	Einrichte- bzw. Abrüstezeit Min.
1.	Zeitkartenwechsel		2,5
2.	Unterweisungskarte und Vorschrift für Arbeitsausführung durchlesen		1,0
3.	.....Spulen aufstecken [.... × 0,1 =][1]		....
4.	.....Fäden anknoten bzw. einziehen [.... × 0,21 =]		....
5.	.....Zettelbäume einlegen und reinigen [.... × 6,0 =]		....
6.	.....Bänder an den Baum legen [.... × 0,1 =]		....
7.	.....Zettelbäume beschweren [.... × 2,0 =]		....
8.	.....Einstellen der Meßuhr [.... × 0,5 =]		....
9.	.....Fadenreiter aufstecken [.... × 0,05 =]		....
10.	.....Einstellen des Expansionsrietes		1,5
11.	.....Ausgleichswalzen festlegen [.... × 0,1 =]		....
12.	.....Fäden herausnehmen [.... × 0,5 =]		....
13.	.....Fäden anknoten [.... × 0,17 =]		....
14.	.....Ausgleichswalzen lösen [.... × 0,1 =]		....
15.	.....Maschine ölen [.... × 1,0 =]		....
16.	Laufzeit der Maschine: $\frac{\text{Zahl der Ketten} \times \text{Länge einer Kette} \times \text{Zahl der Zettelb.}}{\text{Fadengeschwindigkeit}}$	....	
17.	.....Bänder abschneiden, zusammendrehen und unterstecken [.... × 0,06 =]		....
18.	.....Bänder zusammenknoten u. beschweren [.... × 0,06=]		....
19.	.....Spulen abstecken und verpacken [.... × 0,05 =][1]		....
20.	.....Zettelbäume abnehmen [.... × 1,5 =]		....
	Zuschläge.		
21.	a) Zur Maschinenzeit ....%	....	
22.	b) Für Fadenbrüche [.... × 1,6 =]		....
	[1] 2 Arbeitskräfte		

Wenn die Arbeit nicht so ausgeführt werden kann, wie hier angegeben, so ist Aussteller sofort zu benachrichtigen.	Ausgefertigt: Tag	Mon.	Jahr	durch	Geprüft ....

Abb. 57.

Zur Aufstellung von Material, Wagen usw., ist ein weiterer Zuschlag zu machen, so daß mit einem Platzbedarf von ca. 40 bis 50 qm für jede Maschine gerechnet werden muß.

Bei oben erwähnten Maschinen stellte Verfasser folgenden vom Motor aufgenommenen Kraftbedarf fest:

Schärmaschine I	0,25 kWh
Bäummaschine I	0,8 „
Schärmaschine II	0,2 „
Bäummaschine II	0,75 „
Zettelmaschine	0,4 „

Die Maschinen können von je einer Arbeiterin bedient werden, doch ist es zweckmäßig zum Aufstecken der Spulen eine Hilfskraft zu stellen. Auch bei fehlerhaftem Garn, bei dem viele Fadenbrüche vorkommen, wird man vorteilhaft eine Hilfsperson beigeben.

Die Arbeitsleistung. Die theoretische Arbeitsleistung einer Schär- und Zettelmaschine ist:

$$L = v \cdot Z \cdot a\,,$$

wobei v die Fadengeschwindigkeit in m je Minute, Z die Zeitdauer und a die Anzahl der aufgesteckten Spulen ist. Hierzu kommt noch die Zeit für eventuelles Umbäumen. Marschik[1] gibt die Fadengeschwindigkeit mit 60 m in der Minute

Schärvorschrift für Leinenketten.

Kettensymbol	001 L	002 L	003 L	004 L	005 L	006 L
Garn-Nr., Bleichgr.	30 ½	35 ½	30 ½	35 ½	45 ½	30 ½
Kettenzahl u. Länge	2 à 550 m	2 à 650 m	2 à 650 m	2 à 650 m	2 à 650 m	2 à 650 m
Fadenzahl der Kette	1946	1946	1812	1904	2292	1640
Spulen aufstecken	278 Spulen 18 Reihen + 8	324 Spulen 21 Reihen + 9	302 Spulen 20 Reihen + 2	316 Spulen 21 Reihen + 1	286 Spulen 19 Reihen + 1	272 Spulen 18 Reihen + 2
Gängelriet einziehen	22 à 6 1 à 7 } × 2 = 46 R.	in 54 Riete à 6 Faden	in 52 Riete 4 R. à 6 Fd. 1 R. à 5 Fd. } × 10½	in 52 Riete 12 R. à 6 Fd. 1 R. à 7 Fd. } × 4	in 48 Riete 23 R. à 6 Fd. 1 R. à 5 Fd. } × 2	in 48 Riete 2 R. à 6 Fd. 1 R. à 5 Fd. } × 16
Anzahl Bänder u. Fadenzahl pro Band	7 à 278 Fd.	6 à 324 Fd.	6 à 302 Fd.	6 à 316 Fd.	8 à 286 Fd.	6 à 272 Fd.
Schärwinkel	20°	20°	20°	20°	18°	20°
Wechsel	25	25	25	25	20	25
Bandbreite	10,3 cm	10,8 cm	11,2 cm	10,5 cm	9,3 cm	10,1 cm
	Letztem Band 8 Fäden abn.	Letztem Band 6 Fäden abn.	Letztem Band 8 Fäden abn.		Letztem Band 4 Fäden abn.	

Abb. 58.

und einen Nutzeffekt von 40% an. Die Leistung einer Maschine soll für 80 Webstühle genügen. Verfasser stellte folgende Geschwindigkeiten fest: Schärmaschinen 54 bis 60 m je Minute, Bäummaschinen (der Schärmaschine) 30 bis 44 m je Minute.

Die Fadenbeanspruchung ist beim Schären und Zetteln sehr gering. Fadenbrüche werden daher hier nur an besonders schwachen Stellen auftreten. Da man diese zum allergrößten Teil durch geeignetes Umspulen ausmerzen kann, so wird in der Schärerei im allgemeinen nur mit wenig Fadenbrüchen zu rechnen sein. Andererseits können minderwertige oder schlecht umgespulte Garne den Nutzeffekt auf 25% und weniger herabsetzen.

Die Errechnung der optimalen Arbeitsleistung ist ähnlich der, wie sie in der Scheiben- und Schußspulerei angeführt wurde. Die Einrichtezeit hat in der Schärerei und Zettelei einen größeren Einfluß. Die Abrüstezeiten sind ebenfalls

[1] Marschik, Chr. Prof.: Technik und Wirtschaft des Webereibetriebes S. 39. Leipzig: F. Voigt 1920.

höher. Bei gut vorgespulten Garnen treten die Fadenbrüche stark zurück (etwa 5 bis 6% der Gesamtzeit). Abb. 56 zeigt eine Unterweisungskarte für Schärerei, Abb. 57 eine solche für Zettelei, Abb. 58 gibt eine kurze Schärvorschrift für Leinenketten wieder. Da die Einrichte- und Abrüstezeiten einen großen Prozentsatz der Maschinenzeit ausmachen, so muß man durch geeigneten Umfang der Aufträge und durch Ausnutzung der Spulengatter den Nutzeffekt zu erhöhen suchen. Andererseits muß auch bei Festsetzung der Aufträge die Spulenlänge in Berücksichtigung gezogen werden, da die Erneuerung abgelaufener Spulen große Zeitverluste mit sich bringt. Auch durch ungleichmäßige Länge der aufgespulten Garne können unnötig große Zeitverluste auftreten.

Literatur.

1. Müller, Ernst Prof.: Handbuch der Weberei. Karmarsch: Handbuch der mechanischen Technologie Bd. 3 Abt. 2. Leipzig: Baumgärtner 1896.
2. Mikolaschek, Karl Prof.: Mechanische Weberei Abt. 1. Die Vorbereitungsmaschinen. Leipzig: Deuticke 1904.
3. Kretschmer, Karl: Die Schlichterei in ihrem ganzen Umfange 2. Aufl. Wittenberg: Ziemsen-Verlag 1909.
4. Wickardt, A.: Die Webereimaschinen. Leipzig: F. Voigt 1911.
5. Schams, G.: Handbuch der Weberei 5. Aufl. Leipzig: B. F. Voigt 1914.
6. Rohn, G. Dr.-Ing. e. h.: Die Garnverarbeitung. Berlin: Julius Springer 1917.
7. Marschik, Chr. Prof. Dr.: Technik und Wirtschaft des Webereibetriebes. Leipzig: F. Voigt 1920.
8. Gräbner, Ernst Prof.: Die Weberei 2. Aufl. Leipzig: Jänecke 1920.
9. Repenning, H. Prof.: Die mechanische Weberei 2. Aufl. Berlin: Krayn 1921.
10. Weiß, A. Dr.: Vorlesungen über technische und wirtschaftliche Grundlagen der Textilindustrie. Leipzig: Franz Deuticke 1923.
11. Thiering, Oscar Prof. Dr.-Ing.: Die Getriebe der Textiltechnik. Berlin: Julius Springer 1926.
12. Lüdicke, A. Prof.: Die Weberei. Technologie der Textilfasern Bd. 2 Teil 2. Berlin: Julius Springer 1927.

4. Die Schlichterei.

a) Zweck der Schlichterei.

Was heißt Schlichten? Die Auffassungen über den Begriff des Schlichtens gehen auseinander. Kretschmer[1] versteht unter Schlichten das Ordnen und Zurechtrichten der Fäden, so daß sie beim Verweben keine Schwierigkeiten bereiten. Rüf[2] gibt eine zutreffendere Definition. Er weist darauf hin, daß die alten Handweber, von denen der Ausdruck „Schlichten" stamme, die Kettengarne schon vollständig geordnet vor sich hatten, wenn sie zu schlichten anfingen.

Unter Schlichten versteht er ein Glätten der Garne.

„Die Schlosser haben Schlichtfeilen zum Glätten und Polieren der vorerst noch rauh bearbeiteten Metallteile. Die Kupferschmiede bedienen sich der Schlichthämmer zum Glätten der Unebenheiten, und die alten Zimmerleute hatten ein Schlichtbeil zum Glätten der roh behauenen Balken."

Warum wird geschlichtet? Die Kettengarne erleiden beim Verweben eine Beanspruchung, über deren Art wenig und über deren Größe in der Literatur so gut wie keine Angaben veröffentlicht sind. Der Lauf des Kettengarnes beim Verweben ist folgender (Abb. 59):

1. Das Kettengarn wickelt sich vom Kettenbaum *1* ab, d. h. es wird vom Riffelbaum *6* nach vorn gezogen und dreht dadurch den Kettenbaum. 2. Es läuft nun über den Streichbaum *2*, der meistens bei Leinengarn schwingbar

---

[1] Kretschmer, Karl: Die Schlichterei in ihrem ganzen Umfange. Vorwort. 2. Aufl. Wittenberg: A. Ziemsen 1927.

[2] Rüf, Eugen: Die Schlichterei S. 4. Hartleben 1928.

gelagert ist. 3. Darauf passiert es die Teilschienen *3*. 4. Dann geht es durch die Augen *4*, auf welche die Fachmaschine wirkt und die das Garn in das Ober- und Unterfach zieht. 5. Es folgt das hin- und hergehende Riet *5*, welches den Schußfaden an die fertige Ware drückt. 6. Vor dem Riet gleitet die Schütze *7* durch das Kettengarn.

Brustbaum und Warenbaum können aus dieser Betrachtung fortgelassen werden, da dort schon fertiges Gewebe vorliegt, dessen Beanspruchung eine andere ist als die des Garnes.

Was für Beanspruchungen treten nun bei obigem Garnlauf auf?[1]

I. Beanspruchung auf Zug in Pos. 1, 4 und 5. Bei 4 aber nur dann, wenn der Hub des Schwingbaumes gleich 0 ist oder weniger Garn hergibt, als dem Hub der Fachmaschine entspricht. Die Größe der Belastung von Pos. 1 und 5 ist abhängig von der Garnnummer und Fadenstellung des herzustellenden Gewebes. Je dichter die Qualität ist, um so größer wird die Beanspruchung sein. Bei Pos. 4 ist die Beanspruchung um so größer, je weniger der Schwingbaum den Fachhub ausgleicht.

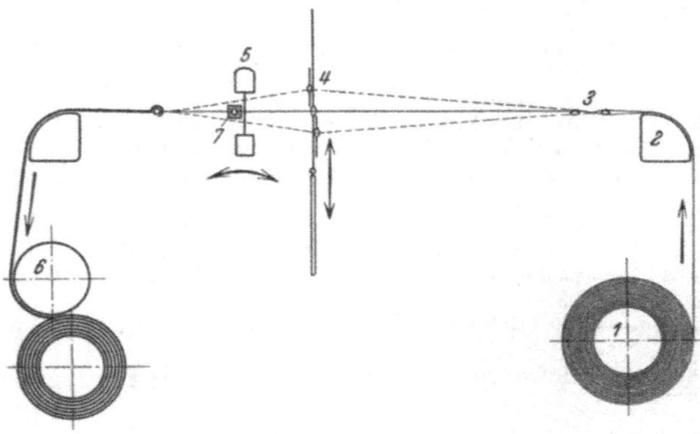

Abb. 59. Lauf der Kette vom Kettenbaum zum Warenbaum.

II. In allen anderen Positionen und auch in Pos. 4 wird das Kettengarn auf „Scheuern" beansprucht, welches sich jedoch nicht auf alle Positionen gleichmäßig erstreckt. Das Scheuern auf dem Schwingbaum und in den Teilschienen wird verhältnismäßig gering sein, da es hierbei nur in einer Richtung auftritt, des anderen diese Maschinenteile leicht so gehalten werden können, daß sie eine entsprechende Form, Glätte oder Bewegung haben. In den Augen wird die Beanspruchung eine größere sein, da einmal ein Richtungswechsel des Scheuerns auftritt, und daher der Faden beim Fachwechsel etwas in dem Auge hin- und hergleitet, des anderen ist die Auflagefläche nur sehr klein, wodurch das Auge leicht angerauht werden kann. Auch wird der Faden auf zwei Seiten gescheuert. Die Hauptscheuerbeanspruchung wird beim Riet auftreten. Je feiner das Riet und je dichter das Gewebe, um so stärker wird die Beanspruchung sein. Abgenutzte, eingescheuerte Riete können verheerend wirken. Ferner wird noch eine Beanspruchung auf Scheuern auftreten durch die Reibung der Kettenfäden unter sich, deren Größe ebenfalls von der Gewebequalität abhängt. Aus vorstehendem ersehen wir, daß die Beanspruchung der Kettenfäden in erster Linie im „Scheuern" besteht und daß die Beanspruchung auf Zug bzw. auf Zerreißfestigkeit zurücktritt, dieses um so mehr, als die Belastung auf Zug nur verhältnismäßig gering ist[2, 3].

[1] Über Beanspruchung der Fäden im Webstuhl siehe auch Dr.-Ing. Günther Neumann: Über die Schlichterei der Flachsgarne, Dissertation Dresden 1930, welcher innerliche und äußerliche Beanspruchung unterscheidet.

[2] Verfasser stellte in verschiedenen Fällen fest, daß die Belastung unter 200 g lag.

[3] Auf die Beanspruchung der Kettenfäden hinsichtlich der Elastizität soll an dieser Stelle nicht näher eingegangen werden.

Die meisten in der Textilindustrie verwebten Fäden, unter diesen auch der Leinenfaden, sind dieser Scheuerbeanspruchung von vornherein nicht gewachsen, da ihre Oberfläche durch die abstehenden Fäserchen rauh ist.

Günstiger liegen die Verhältnisse bei dem Leinenfaden in bezug der Beanspruchung auf Zerreißfestigkeit. Im Gegensatz z. B. zu Baumwolle hat der Leinenfaden auch bei geringeren Qualitäten eine mittlere Festigkeit[1], die weit über der Beanspruchung im Webstuhl liegt. Unangenehm machen sich die Spinnfehler bemerkbar, die bei den Leinenfäden in viel größerem Maße auftreten als bei Baumwolle. Diese können wohl in der Scheibenspulerei, aber nicht in der Schlichterei ausgemerzt werden.

Die Schlichterei soll also, wie aus vorstehendem hervorgeht, dem Leinenfaden keine erhöhte Festigkeit geben, wohl aber, um eine möglichst bessere Glättung der Garne zu erzielen, ihn mit einer im getrockneten Zustande nicht abfallenden Schutzschicht umgeben[2].

Durch die Schlichtung[3] wird die Gleichmäßigkeit eines Garnes größer, infolgedessen werden auch die Mittelwerte bei Reißfestigkeitsmessungen genauer.

Es mag hier besonders darauf hingewiesen werden, wie auch aus obigem hervorgeht, daß Zerreißfestigkeit und Webfähigkeit der Kettengarne zwei Begriffe sind, die streng auseinandergehalten werden müssen.

Schließlich soll die Schlichterei jenen Geweben, die nicht im Stück nachgebleicht werden, die „Appretur" geben, d. h. einen vollen Griff usw., damit sie besser verkäuflich sind.

Die Bedeutung der Schlichterei im Webereibetriebe. Die wichtigste Abteilung des Vorwerks ist die Schlichterei: Ist sie es doch, die die Produktionshöhe einer Weberei außerordentlich nach oben oder unten beeinflussen kann. Allerdings liegt es nicht in ihrer Möglichkeit, aus schlechten Gespinsten gut zu verwebende Garne zu machen.

Da die Schlichtmaschinen keine Automaten sind, ist nur ein langjährig eingearbeiteter Schlichtmeister wirklich imstande, gut laufende Ketten herzustellen. Dazu bedarf es weniger Geheimrezepte als peinlichste Beachtung der Apparatur und des Schlichtvorganges. Die in der Literatur veröffentlichten und in den Betrieben benutzten Schlichtrezepte sind nur auf empirischem Wege gefunden worden, wissenschaftliche Untersuchungen, die die Eigenart der Flachsfäden berücksichtigen, sind erst neueren Datums. Um so mehr ist es notwendig, die Arbeiten der Schlichterei mit Hilfe der Statistik zu überwachen, um die einzelnen Einflüsse kennenzulernen und Abhilfe schaffen zu können. Man sollte daher die Schlichterei dem ersten Fachmann des Betriebes direkt unterstellen[4].

b) Das Schlichten des Handwebers.

Sehen wir uns zunächst an, wie der Handweber seit alters her obigen Forderungen gerecht wurde. Das Schlichten der Kette wird im Stuhl Stück für Stück von ca. 1 m Länge vorgenommen. Als Schlichtmittel dient Roggen- oder

[1] Z. B. lag die mittlere Zerreißfestigkeit eines Leinengarnes Nr. 30 engl. Ia mech. Kette (Ravensberger Spinnerei) ½ weiß bei etwa 1000 g. Ein Baumwollfaden von gleicher Stärke, der etwa der Nr. 16 engl. entspricht, hat ungefähr nur 450 g Zerreißfestigkeit.

[2] Nach J. A. Matthew (J. Textile Inst. 1926 S. T 192—T 205) soll die Elastizität eines geschlichteten Garnes annähernd halb so groß sein wie diejenige des ungeschlichteten Garnes. Private Mitteilungen des Deutschen Forschungsinstituts für Textilindustrie Dresden bestätigten dem Verfasser, daß die Elastizität der Garne durch das Schlichten abnähme.

[3] Neumann, Günther Dr.-Ing.: Über die Schlichterei der Flachsgarne S. 12. Dissertation Dresden 1930.

[4] Abb. 60 zeigt einen Schlichterei-Sammelbericht, auf dem der Schlichtmeister wöchentlich seine Meldungen an den Betriebsführer usw. zu erstatten hat.

LYPF 105 B Steinhuder Leinen-Industrie Gebr. Bretthauer.

Schlichterei-Sammelbericht für..........Ketten vom..........bis..........19.. ....Blatt; Blätter....

Kett- {Symbol Nummer	Nr. der Schlichtmasch.	Mängel aus Spulerei, Schärerei, Zettelei: schlechte Knoten	ungleiche Bänder	ungleiche Spannung von Zettelbäumen	Mängel an Schär- u. Zettelbaum	Beobachtungen in der Schlichterei: Temperatur in °C: Raum	Schlichte	Trockenkammer	hinter Ventilatoren	Abluft	rel. Feuchtigkeit in %: Raum	Warenauslauf	Luftauslauf	hinter Ventilatoren	Beschaffenheit der Schlichte	Bremsgang der Zettelbäume	Mängel an Kettbäumen	Wie ist der Anfang der Kette?	Einstellung des Expansionskamm.	Kettspannung kg	Fadenbrüche	Garnabfall kg

DWUL	DAT	DDB	DAA	Besondere Bemerkungen:
Aufgestellt	Geprüft	Kenntnis genommen	Vorgemerkt Ablage	

Abb. 60.

Weizenmehl. Ersteres wird von den Handwebern, anscheinend der größeren Klebkraft wegen, vorgezogen. Das Mehl wird kalt angeteigt und so lange mit den Händen durchgeknetet, bis keine dicken Stellen mehr vorhanden sind. Dann wird bis zu der gewünschten Konsistenz mit warmem Wasser verdünnt und anschließend bis zur Verkleisterung unter ständigem Rühren gekocht. Das Schlichten selbst geschieht kalt. Zum Auftragen werden zwei weiche Bürsten benutzt. Die eine taucht der Weber etwas in die Schlichte, zuerst ganz wenig, um die Ketten langsam anzufeuchten, verreibt die Schlichte in beide Bürsten und streicht mit beiden abwechselnd über die Kettenfäden. Das Bestreichen der Kette geht sehr schnell und nur in Richtung vom Harnisch zum Kettenbaum. Die Bürsten werden beim Streichen immer wieder angefeuchtet, bis die Fäden glatt und rund sind. Zur Beschleunigung des Trocknens wird mit einem Fittich, das ist ein dem Flügel einer Gans ähnlicher, aus Federn zusammengesetzter Fächer, über der Kette gewedelt. Ist die Kette vollständig trocken, so wird noch Fett aufgetragen, das den Faden glatt und geschmeidig machen soll. Man verwendet Rindertalg und Wachs. Beide sollen den gleichen Effekt geben. Auch Tran soll benutzt worden sein. Der Talg wird mit den gleichen Bürsten auf die Kette gebracht. Er wird geschmolzen und auf ein Brettchen von ca. 20×30 cm Größe aufgegossen, wo er wieder erstarrt. Über diese Talgbrettchen reibt der Weber die Bürsten, die so etwas Fett aufnehmen, und bestreicht dann genau wie vorher die Kette. Die

Fäden werden durch dieses andauernde schnelle Bürsten förmlich poliert. Sie bekommen ein volles, glattes Aussehen, sind hart und glänzend. Das Bürsten muß besonders im Anfang vorsichtig und weich geschehen, da sich sonst die abstehenden Fasern nach dem Kettenbaum hin zusammenschieben, anstatt sich dem Faden anzuschmiegen. Das Schlichten des Handwebers erfordert viel Zeit. Für etwa ein 1 m langes Stück, das jedesmal geschlichtet wird, sind insgesamt etwa 15 Min. erforderlich. Bei einer Kette von 150 m würde man also mit einer Schlichtedauer von rund 30 bis 40 Arbeitsstunden rechnen müssen. Der Handweber spart nicht mit der Zeit beim Schlichten, er erhält aber so vollkommene Schlichtung, wie sie bis jetzt mit keinem anderen Verfahren erzielt werden kann. Hoffentlich gelingt es der Textilmaschinenindustrie, eine Schlichtmaschine herauszubringen, die die Güte der Handschlichterei vereint mit der Leistungsfähigkeit einer modernen Maschine.

Das Schlichten der Garne auf dem Webstuhl, wie es der Handweber vornimmt, hat sich in der mechanischen Weberei nicht einführen können, obgleich es an Versuchen nicht gefehlt hat.

In der mechanischen Weberei kommt einmal das Schlichten in Bündel-, des anderen in Kettform auf der Lufttrockenschlichtmaschine zur Anwendung.

Abb. 61. Ansicht der Garn-Imprägnier- und Auswindemaschine der Zittauer Maschinenfabrik.

c) Das Schlichten der Bündelgarne.

Das Schlichten der Bündelgarne wird im allgemeinen im Anschluß an das Bleichen der Garne sowohl auf dem Reel als auch im Bassin, in Kufen oder im Kochkessel vorgenommen.

Für 500 kg Garne (Trockengewicht) nimmt man 5 bis 6 kg Weizenstärke, die mit 1% ihres Gewichtes durch Aktivin aufgeschlossen und mit 60 bis 70 l Wasser angesetzt wird. Der kochenden Flotte wird 1 kg Seife zugesetzt. Diese Schlichtmasse wird im Bassin mit 2200 bis 2400 l Wasser verdünnt, gut durchgerührt und handwarm erwärmt.

Auf dem Reel wird leichter ein gleichmäßiges Schlichten erzielt als im Kochkessel, wo besonders darauf geachtet werden muß, daß das Garn möglichst schnell ohne Drehung und gleichmäßig verteilt in die Flotte geworfen wird, wo dasselbe etwa ¼ Stunde verbleibt. Man läßt die Flotte ablaufen, nimmt das Garn heraus und befreit es durch mäßiges Quetschen oder Pressen von der überschüssigen Flotte. Darauf wird die ganze Partie vorgestoßen, im Trockenraum auf Stangen gehängt und zum zweiten Male gestoßen. Nun wird der Trockenraum allmählich angeheizt, und das Garn in Zeitabschnitten von ½ bis ¾ Stunden noch zweimal nachgestoßen. Im Sommer wird auf der Wiese an der Luft getrocknet. Beim Stoßen ist auf die jeweilig herrschende Temperatur Rücksicht zu nehmen; denn wenn das Garn zu schnell getrocknet und dabei zusammengeklebt ist, so wird dieser Übelstand durch nachfolgendes Stoßen nicht mehr entfernt. Zum Schluß wird das Garn, bevor es verpackt wird, noch einmal im trockenen Zustande durchgestoßen. Die Abb. 61 und 62 zeigen eine

Garn-Imprägnier- und Auswindemaschine der Zittauer Maschinenfabrik mit zwei heizbaren Trögen und zwei Paar Quetschwalzen.

Der Vorteil der Bündelschlichterei besteht darin, daß die Behandlung dem Garn leichter angepaßt und das Überstrecken des Fadens vermieden werden kann, wodurch die Elastizität des Fadens erhalten bleibt. Andererseits ist das Verfahren reichlich teuer, unproduktiv und erfordert viel menschliche Arbeitskräfte und gut eingearbeitete Leute.

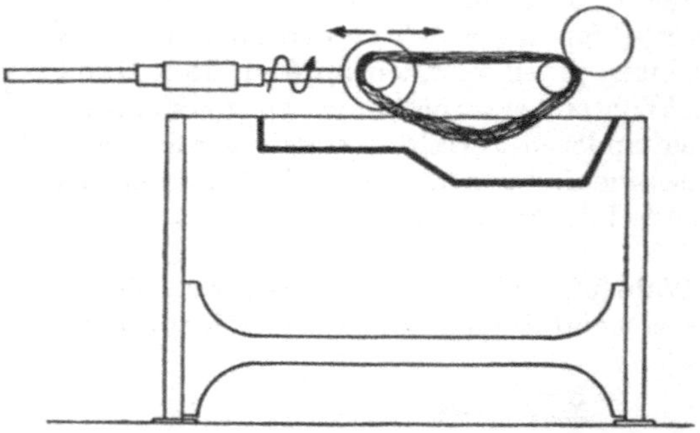

Abb. 62. Schema der Garn-Imprägnier- und Auswindemaschine der Zittauer Maschinenfabrik.

d) Das Schlichten der Ketten.

Von den drei Arten Schlichtmaschinen dürfte für die Leinenketten nur die Lufttrockenschlichtmaschine benutzt werden. Die schottische Schlichtmaschine hat eine zu kleine Produktion, und auf der Trommelschlichtmaschine tritt eine Faserschwächung der Leinengarne ein.

e) Die Lufttrockenschlichtmaschine.

Die Beschreibung der Maschine. Abb. 63 zeigt eine Hochleistungs-Trommel-Lufttrocken-Schlichtmaschine der Firma Gebrüder Sucker, Grünberg. Sie besteht aus folgenden Hauptteilen: a) der Aufnahmevorrichtung der geschärten bzw. gezettelten Ketten, b) der Imprägniervorrichtung, c) der Trockenkammer, d) der Aufbäumvorrichtung mit Teilfeld, Meß- und Schmitzvorrichtung, e) dem Antrieb, f) eventueller Bürstvorrichtung.

Abb. 63. Hochleistungs-Trommel-Lufttrocken-Schlichtmaschine Modell TDC von Sucker, Auslaufseite.

a) Die Aufnahmevorrichtung der zu schlichtenden Ketten besteht aus einem oder mehreren Ständern mit Lagern und Bremsen. Die Ständer haben Seitenteile aus Gußeisen, welche durch Traversen starr verbunden sind. An den Seitenteilen sind Lager verschiebbar befestigt, in welche die Achsen der Kettenbäume eingelegt werden. Die Lager sollen technisch richtig ausgebildet sein und eine Schmiervorrichtung besitzen. An diesen Seitenteilen befinden sich ebenfalls die Bremsen, welche den Kettenzug regeln sollen. Diese müssen einmal jede gewünschte Bremsung leicht einstellen lassen, des anderen die einmal eingestellte auf längere Zeit gleichmäßig beibehalten. Abb. 64 zeigt eine Lagerung und Kettenbaumbremsung, die sich in der Praxis bewährt hat.

Abb. 64. Lagerung und Bremsung der Kettenbäume vor der Schlichtmaschine.

b) Die Imprägniervorrichtung (Abb. 65) soll ein möglichst großes Kettenstück aufnehmen, damit die Schlichtmasse genügend Zeit hat, auch tief in den Faden einzudringen[1]. Ein oder zwei Abquetschwalzenpaare, deren Pressung durch Gewichte verstärkt werden kann und bei denen die oberen Walzen abhebbar sind, unterstützen das Eindringen und gleichmäßige Verteilen der Schlichtflotte. Diese Quetschwalzen haben zweckmäßig einen Überzug von nahtlosem Kupferrohr. Der kupferne Schlichtetrog wird mittels Heiß-

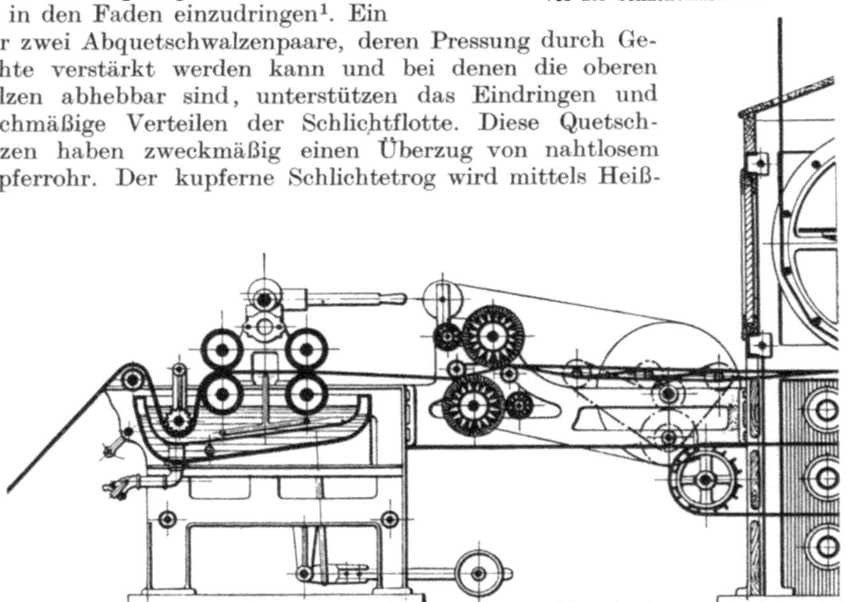

Abb. 65. Schlichtetrog L 189 IX von Sucker.

wasser erwärmt, eine kupferne Heizschlange für direkte Erwärmung der Schlichteflüssigkeit ist meist ebenfalls vorhanden. Die Tauchwalzen sind kanneliert und

[1] Nach den Untersuchungen von Dr.-Ing. Günther Neumann: Über die Schlichterei der Flachsgarne, Dissertation, Dresden 1930, soll zur guten Schlichtung die Schlichte möglichst wenig in den Faden dringen.

werden durch Zahnstangen gesenkt. Bei den Maschinen von J. Krückels, Zell im Wiesental, spreizen sie sich beim Eintauchen in die Schlichte automatisch je paarweise auseinander, wodurch die Kette dreimal solange wie bei den üblichen Systemen in der Flüssigkeit bleiben soll. Zum Überziehen der Preßwalzen benutzt man nahtlose Schläuche aus Filztuch, Manchons.

c) Das Gehäuse der Trockenkammer, das etwa eine Länge von 4 m, eine Breite von 2 m und eine Höhe von 3 m hat, soll einerseits gegen Wärmeverluste gut geschützt sein, andererseits aber einen Einblick auf das Durchlaufen der Ketten gestatten. Auch sollen genügend Türen vorhanden sein, damit man leicht an die Kette gelangen kann, wenn diese sich irgendwo verworfen hat. Die Walzen für die Kettenführung sollen bei großem Durchmesser nur eine kleine Kettenauflage haben. Die Auflagefläche muß aus nichtrostendem Metall hergestellt sein. Unbedingt müssen alle Walzen Kugellager besitzen, da der Kettenzug so gering wie möglich sein muß. Die Luftumwälzung wird durch große Windflügel bewirkt, die sich in Skeletttrommeln befinden, über welche die Kette läuft. Die durch die Zentrifugalkraft beschleunigte Luft wird durch die Ketten gedrückt. Die Kettenführung ist so, daß die Luft abwechselnd durch die eine oder andere Seite der Kette geblasen wird. Der Einlauf der Luft erfolgt entweder durch die Raumluft von außen oder durch seitlich angebrachte Kanäle, welche auf die Heizung münden. Andere Firmen vermeiden die Skeletttrommeln und Windflügel und ordnen an den Seiten des Gehäuses Ventilatoren an, welche die Luftumwälzung bewirken.

Die Luftumwälzung muß derart ausgebildet sein, daß die Kettenbreite gleichmäßig bestrichen wird, die Luftgeschwindigkeit[1] möglichst groß ist, aber nicht die Kettenfäden zum Flattern und Verwerfen bringt. Ein Verdrehen der Kettenfäden würde im Teilfeld und beim Verweben große Übelstände bringen.

Die Heizung erfolgt meist durch gußeiserne oder schmiedeeiserne Rippenheizkörper, die in Batterien im unteren Teile des Gehäuses angeordnet sind. Es gibt auch Konstruktionen, wo sie sich seitlich im Zusammenhang mit den Ventilatoren befinden. Letzte Anordnung erscheint zweckmäßiger, da hier die Ketten nicht der Strahlungswärme der Rippenheizkörper ausgesetzt sind, und die Luftführung sowie Lufttemperatur besser dem Trocknungsprozeß angepaßt werden kann. Da ein Übertrocknen die Leinenfäden spröde macht, so sollte die Luft derart geführt werden, daß die Übertrocknung unmöglich ist. Die Heizung soll gut regulierbar sein, auch sind Schaugläser zur Kontrolle hinter den Kondenstöpfen vorteilhaft. Nicht dichthaltende Kondenstöpfe verschlechtern den thermischen Wirkungsgrad der Anlage.

Der Luftwechsel wird durch einen Ventilator bewirkt, dessen Platz sich meist oben auf der Trockenkammer befindet. Ob er einbläst oder absaugt, hängt von der Luftführung ab. Die Menge der abgesaugten Luft richtet sich nach der zu verdampfenden Wassermenge[2]. Der Ventilator ist dem Gegendruck der Apparatur anzupassen. Sollen die neuzeitlichen Erfahrungen der Trockentechnik auch für die Trockenkammer der Schlichtmaschine volle Berücksichtigung finden, so scheint es, als ob wir in den nächsten Jahren vollkommene Neukonstruktionen zu erwarten haben.

In der Abluft der Schlichtmaschinen steckt eine verhältnismäßig große Wärmemenge, die meistens nutzlos entweicht. Da sie meist sehr stark mit Wasser angespeichert ist, so kann man sie im Winter gut zum Heizen der Websäle ge-

---

[1] Verfasser stellte bei 2 Ventilatoren zweier verschiedener Firmen eine Leistung von 2200 bis 3000 m^3 je Stunde fest.

[2] Ist aber leider bei den meisten Konstruktionen nicht veränderlich.

brauchen, indem man sie direkt in die Säle leitet. Ein anderes Verfahren, das namentlich dann am Platze ist, wenn die Abluft einen üblen Geruch hat, gibt Taenzer[1] an. Man erhält trockene, reine, warme Luft, die wieder zum Trocknen oder Heizen verwendet werden kann und hochgradiges warmes Wasser.

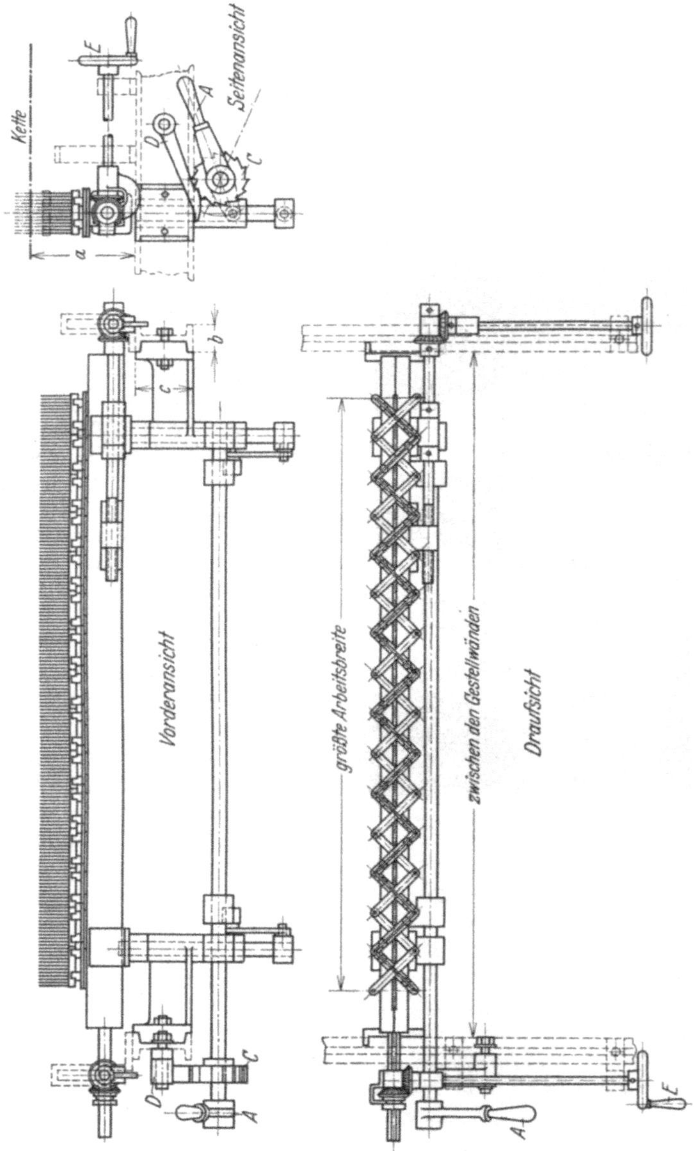

Abb. 66. Expansionskamm mit Hebe- und Senkvorrichtung in verschiedenen Ansichten von J. Krückels, Zell.

Damit der Schlichter seine Apparatur gut überwachen kann, müssen an verschiedenen Stellen Thermometer und Hygrometer mit genügender Eintauch-

[1] Taenzer, P. Dipl.-Ing., Sorau: Heizung mit Abluft von Schlichtmaschinen. D.L.I. 1924 S. 715.

tiefe angebaut sein. Unbedingt notwendig ist auch ein Manometer, das dem Schlichter über den Dampfdruck bzw. Dampftemperatur Aufschluß gibt.

Im Trockenraum befindet sich etwa 40 m Kettenlänge.

d) An der Trockenkammer ist die Teilvorrichtung angebaut, an die sich die Aufbäumvorrichtung anschließt. Die Teilvorrichtung besteht aus einem seitlichen Gestell mit verstellbaren Halteeisen für die Teilstäbe. Hinter den Teilstäben liegt das versenkbare Expansionsriet, welches die genaue Einstellung der Kettenbreite auf die Kettenbaumbreite bewirkt. Abb. 66a, b und c zeigen in verschiedenen Ansichten einen Expansionsrechen der Firma J. Krückels, Zell. Es ist ein Zickzack- oder Scherenrechen. Die nadelspitzen Zähne sind in Hartmetall eingegossen, so daß ihre Befestigung eine sehr solide ist. Die Bedienung erfolgt vom Stand des Schlichters aus sowohl für die seitliche Verschiebung als auch für die Expansion. Mit einem Handgriff kann der Rechen unter die Ketten heruntergesenkt oder in die Kette hineingestochen werden. Hinter dem Rechen folgt das Zugwalzenpaar, welches auch gleichzeitig zum Messen der Kettenlängen mit benutzt werden kann. Mit ihm verbunden ist die Schmitzvorrichtung, welche das Ende einer Gewebebahn kennzeichnet. Zur Längenkontrolle verwendet man Meßvorrichtungen nach Abb. 67. Der voll zu bäumende Kettenbaum wird in Lager gelegt, von denen das eine mittels Friktionsscheibe angetrieben wird. Dieser Antrieb bewirkt mit Hilfe des die Kette festhaltenden Zugwalzenpaares eine Zusatzspannung, sodaß die Fäden auf dem Baum fest aufgewickelt werden. Ferner sind durch Gewicht anpreßbare Druckwalzen vorhanden, die die auflaufende Kette gegen den Kettenbaum drücken. Kommen in einem Betriebe viele schmale Ketten vor, so können die Schlichtmaschinen auch mit Vorrichtungen versehen werden, die das gleichzeitige Aufbäumen von zwei schmalen Ketten gestatten. Beim Aufbäumen macht der Kettenbaum einen kurzen Hin- und Hergang, um eine leichte Kreuzung der Fäden zu erzielen und das Einschneiden der Fäden zu vermeiden.

Abb. 67. Meßvorrichtung zur Längenkontrolle.

Ein Kettenbaumantrieb mit automatischer Friktionsspannung, vom Preßapparat aus, der Firma Sucker zeigt die Abb. 68a, b und c. Die Firma schreibt darüber: An Stelle der bisher allgemein üblichen Friktionsspannung durch Blattfeder mittels Gewindehandrad tritt eine Anspannung mittels Druckhebels. Abb. 68a zeigt die Friktion in eingerücktem, Abb. 68b in ausgerücktem Zustand, während Abb. 68c eine Seitenansicht darstellt. Der Druck- oder Rollenhebel *a* ist im Punkt *b* einstellbar gelagert. Als Druckstange zum Anpressen des Rollenhebels *a* dient eine Gewindespindel *c* mit Handrad *d*, welche um den Punkt *e* einknickbar gelagert ist. Wie aus Abb. 68a und b hervorgeht, bedarf es nur einer kurzen Drehung des Hebels *f*, um die Friktion ein- oder auszurücken. Der Drehpunkt *e* ist verstellbar im Schlitz des Hebels *g* angeordnet, der mit seinem anderen Hebelarm durch eine Rolle *h* und Zugstange *i* in unmittelbarer

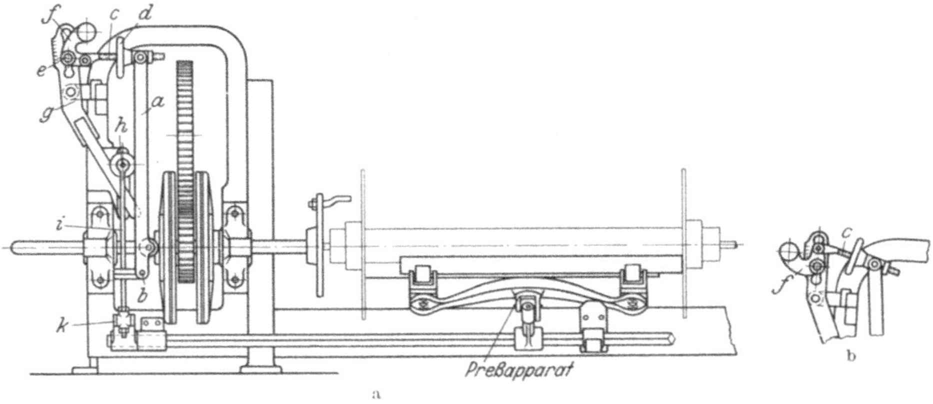

Verbindung mit dem auf der Preßapparatwelle sitzenden Hebel *k* steht. Bei der Abwärtsbewegung des Preßapparats bei voller werdendem Baum erhält der Hebel *g* durch die Abwärtsbewegung der im Schlitz *l* geführten Rolle eine entsprechende Ausschlagbewegung und bewirkt demgemäß eine Erhöhung des Anpressungsdruckes des Druckhebels *a* gegen die Reibscheiben des Antriebes. Um die Zunahme der Friktionsanspannung bei zunehmendem Kettenbaumdurchmesser größer oder geringer zu gestalten, kann der Drehpunkt *e* im Schlitz des Hebels *f* entsprechend eingestellt werden.

Die Vorteile des neuen Kettenbaumantriebes sind: 1. Bequemes und dabei feinfühlendes Einstellen der Friktionsspannung während des Ganges der Maschine durch Drehen an dem Handrad *d*. 2. Bei voller werdendem Kettenbaum wird die zur Erzielung harter Kettenbäume notwendig werdende erhöhte Friktionsanspannung selbsttätig durch die Verbindung der Spannungsregulierung mit dem Preßapparat erzielt, wodurch gleichzeitig andererseits ein erhöhter Anpressungsdruck des Preß-

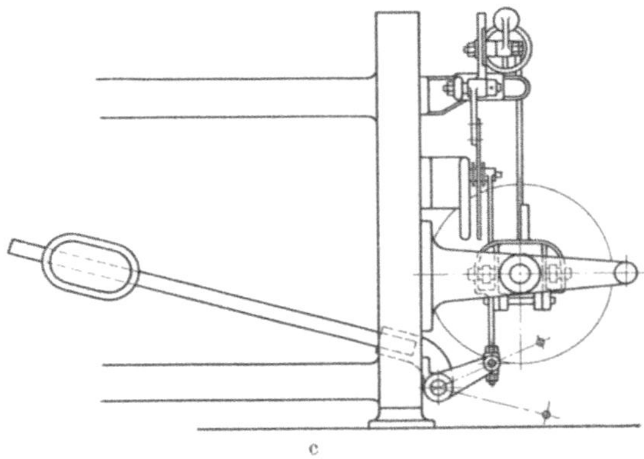

Abb. 68a, b, c. Kettbaumantrieb mit automatischer Friktionsanspannung vom Preßapparat aus, von Gebrüder Sucker.

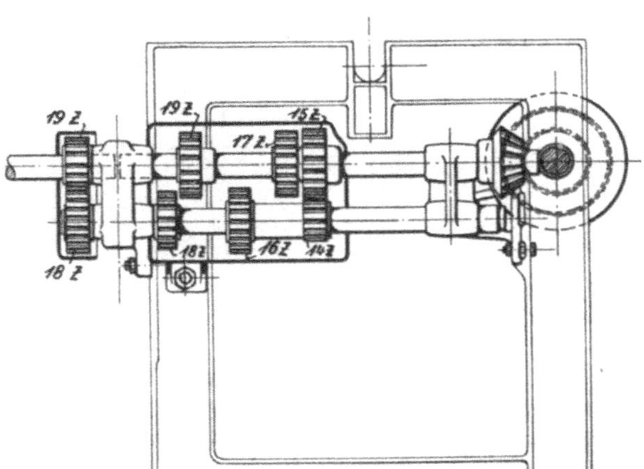

Abb. 69. Spannungsregulierung für die Kettenspannung zwischen Schlichtetrog und Bäummaschine von Gebrüder Sucker.

apparats gegen den Kettenbaum stattfindet. 3. Zur Ausschaltung der Friktion bei Baumwechsel wird lediglich der Hebel *f* von Hand umgelegt, die Friktion ist damit freigegeben. Es wird also keineswegs durch Drehen an dem Handrad *d* die anfangs eingestellte richtige Spannung verändert. 4. Die erhöhte Friktions- bzw. Preßapparatwirkung gestattet eine wesentliche Erhöhung der auf-

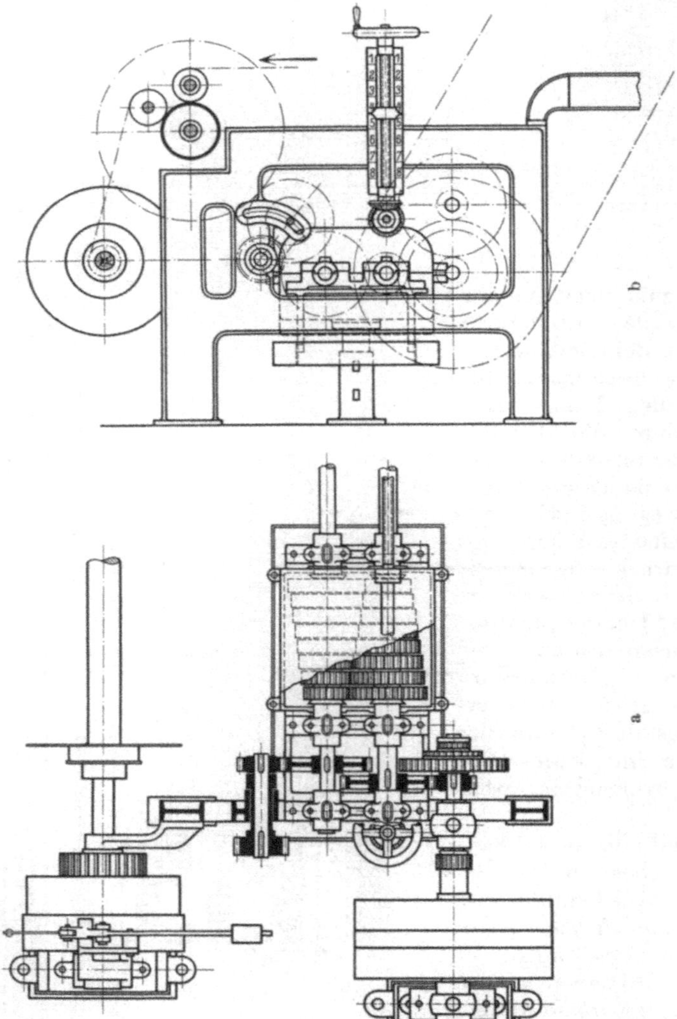

Abb. 70. Räderkastenantrieb mit langsamem Gang von J. Krückels, Zell.

zubäumenden Kettenlänge je Baum, ohne daß dabei über den Durchmesser der Baumscheiben hinaus aufgebäumt wird, man erzielt dabei stets gleichmäßig harte Bäume.

Die Einstellung des Kettenzuges ist eine der wichtigsten Arbeiten des Schlichters, da bei zu weicher Bäumung sich die Fäden der einzelnen Lagen ineinanderdrücken und zur Verwirrung Anlaß geben, des anderen bei zu starkem Zug der Kettenfaden Einbuße an seiner Festigkeit erleidet.

Seitlich in Höhe des Expansionsriets befindet sich zwischen Abpreßwalzen des Schlichtetroges und Aufbäumvorrichtung bzw. Zugwalzenpaar die Spannungsregulierung für die Kettenspannung. Abb. 69 zeigt eine Konstruktion von Sucker. Genügt diese Regulierung nicht, so gleichen sich größere Ungleichheiten durch eine nachspannbare Federklauenkupplung aus, die in der Welle zwischen Regulierung und Abpreßwalzen eingeschaltet ist.

e) Der Antrieb der Schlichtmaschine erfolgt entweder durch konische Riementrommeln, Stufenscheiben oder Stufenräderkasten. Die beiden ersten Arten dürften als veraltet anzusehen sein. Abb. 70a und b zeigt einen Räderkastenantrieb mit langsamem Gang der Firma J. Krückels. Das Wechseln der Geschwindigkeit geschieht in einigen Sekunden durch Drehen an einem Handrad. Eine Skala von 1 bis 8 zeigt die gewünschte Geschwindigkeit an, die auf dem schnellsten Gang das Dreifache des langsamsten Ganges beträgt. Das Teilfeld ist von allen Seiten frei, kein Riemen und kein Antrieb behindert den Schlichter beim Einlegen der Teilstäbe und bei der Bedienung des Teilfeldes. Die Zahnräder laufen in einem geschlossenen Kasten im Ölbad ohne jegliches Geräusch. Auch bei den Schlichtmaschinen bürgert sich der elektrische Einzelantrieb immer mehr ein.

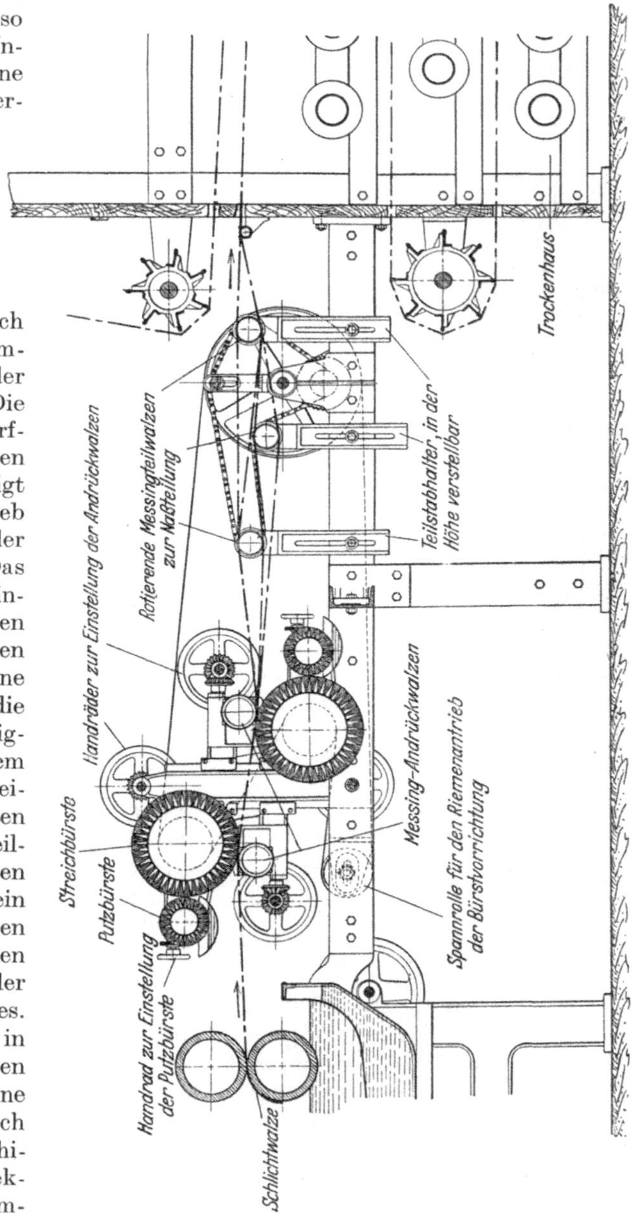

Abb. 71. Bürstvorrichtung mit Naßteilung von J. Krückels, Zell.

f) Bei manchen Schlichtmaschinen sind Bürstvorrichtungen eingebaut. Abb. 71 ist eine Doppelbürstvorrichtung mit Naßteilung der Firma J. Krückels, Zell im Wiesental. Zwei in Zink gebundene, mit chinesischen Schweinsborsten besetzte

Streichbürstbezüge sind auf Stahlwalzenkörper aufgeschraubt. Die Bürstwalzen laufen in Kugellagern und sind positiv angetrieben. Sowohl seitlich als auch in der Höhe verstellbare, mit Messing bezogene, in Kugellagern laufende Leitwalzen ermöglichen es, die Kette gegen die Streichbürsten mehr oder weniger stark anzudrücken. Jeder Bürstwalze ist zwecks Reinigung eine langsam laufende, einstellbare Putzwalze vorgebaut, welche ebenfalls in Zink gebunden ist und Schweinsborsten besitzt. Dieselbe taucht in einen kupfernen Wassertrog ein, die Reinigung vollzieht sich daher vollständig automatisch. Eine Naßteilung mit drei angetriebenen Messingteilwalzen gestattet die Verteilung der Kette. Die Teilung im Trockenteilfeld der Bäummaschine wird hierdurch sehr erleichtert.

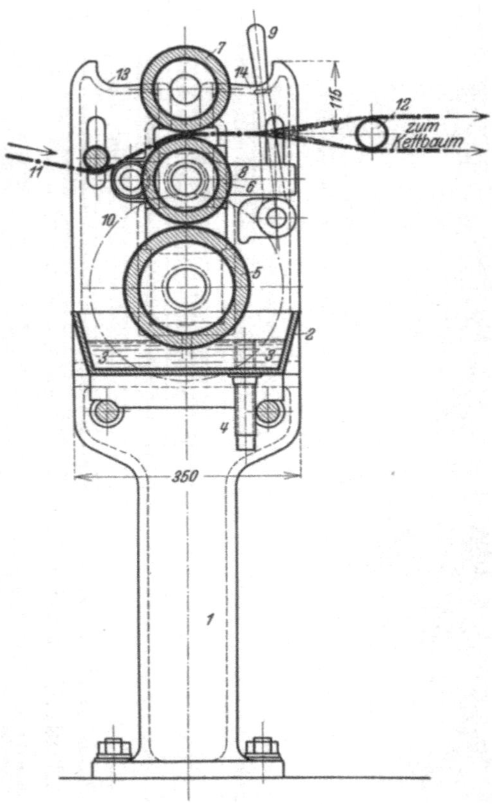

Abb. 72. Dreiwalzen-Befeuchtungsvorrichtung der Firma Cüsters & Co., M.-Gladbach.

Über die Wirkung des Bürstens sind die Meinungen sehr geteilt. Rüf[1] und Kretschmer[2] weisen in ihren Büchern an verschiedenen Stellen auf den Vorteil hin, wohingegen eine namhafte Maschinenfabrik den Anbau von Bürstvorrichtungen aufgegeben hat: „Durch die Einschaltung der Bürstvorrichtung würde der Weg für die Kette bis zum Eintritt in den Trockenkasten verlängert und damit die Leistung der Maschine verringert, da die Kette kalt und zudem noch mit Wasser befeuchtet in den Trockenkasten komme. Des weiteren würde die Kette durch den Eingriff der Bürste gern paarig und trockne folglich unregelmäßig. Mit besserem Erfolg würden an Stelle der Bürsten einige Teilstangen angebracht."

Bei dem Schlichten besteht der Übelstand, daß leicht durch Übertrocknung die Kette einen trockenen, spröden Griff erhält, wodurch beim Weben viele Fadenbrüche entstehen. Dieser trockene, spröde Griff wird durch die Drei-Walzen-Befeuchtungsvorrichtung der Firma Cüsters & Co., M.-Gladbach, beseitigt (Abb. 72). Von den drei Walzen ist nur die unterste fest gelagert. Die mittelste hat einen fein gravierten Kupfermantel, welcher durch die untere, in Wasser laufende Tauchwalze gleichmäßig befeuchtet wird. Die untere Tauchwalze und die obere Druckwalze sind mit Gummi überzogen. Durch die Gravierung der mittleren Kupferwalze erhält die getrocknete Kette eine absolut gleichmäßige Feuchtigkeit, deren notwendige Größe durch den einstellbaren Druck der mittleren und oberen Walze einreguliert werden kann. Ein Antrieb der Maschine ist nur notwendig, wenn die Kettenfadenzahl gering ist. Diese ganze Befeuchtungsvorrichtung hat in der Kettenrichtung nur einen Raum

[1] Rüf, Eugen: Die Schlichterei. Hartlebens Verlag 1928.

[2] Kretschmer, Karl: Die Schlichterei in ihrem ganzen Umfange. 2. Aufl. S. 185. Wittenberg: Ziemsen-Verlag 1927.

von 350 mm notwendig und kann bei jeder vorhandenen Schlichtmaschine nachträglich leicht eingebaut werden.

Aufstellung und Platzbedarf. Die Schlichterei soll in einem abgeschlossenen Raume in der Nähe des Maschinenhauses untergebracht sein. Auch vermeide man lange Wege zur Schärerei und zum Vorratslager. Für ausreichende Bewegungsfreiheit um die Maschine ist zu sorgen. Zum Beispiel benötigt eine Schlichtmaschine mit 7 Trommeln einen Raum von ca. 100 m^2 Grundfläche. Ein Raum für die Schlichtekocherei von ca. 6 bis 10 m^2 ist besonders zu berücksichtigen.

Dampf- und Kraftverbrauch der Schlichtmaschinen. Die Firma Maschinenfabrik Zell i. W. J. Krückels rechnet bei 200 cm Arbeitsbreite mit einem mittleren Dampf- und Kraftverbrauch bei der:

Fünftrommelmaschine	ca. 145 kg	je Stunde	und	ca. 5	PS
Siebentrommelmaschine	„ 190 „	„	„	„ 6,5	„
Neuntrommelmaschine	„ 245 „	„	„	„ 8	„
Elftrommelmaschine	„ 290 „	„	„	„ 9,5	„

Im Mittel könne man einen Dampfverbrauch bei 6 atü von 2 bis 2,5 kg je 1 kg geschlichteter Kette zugrunde legen. Gebrüder Sucker geben für ihre Maschine TDC 200 cm Walzenbreite mit 9 Skeletttrommeln einen Kraftbedarf von 8 PS an. Der Dampfverbrauch soll 2 kg je 1 kg fertig getrockneter Kette bei einer Dampfspannung von etwa 6 atü betragen[1].

Produktionsmenge. Über die Höhe der Produktionsmengen sind schwer allgemeine Angaben zu machen, da die Produktionshöhe zu sehr von der Kettenbreite, Fadenzahl und Fadenstärke abhängt. Es muß daher für jeden besonderen Fall auf Grund ganz bestimmter Kettensorten nachgerechnet werden, mit wieviel Schlichtmaschinen man auskommt.

Abb. 73a. Ansicht des Schlichtekocher SK 35a mit Pumpe von Gebrüder Sucker.

Die Utensilien. Zum Ansetzen der Schlichtflotten genügen einfache Gefäße. Das Kochen geschieht neuerdings meist ohne Druck. Abb. 73a und b zeigt einen offenen Schlichtekocher mit mechanischem Rührwerk und angebauter Zirkulationspumpe. Die Pumpen haben meist keine Ventile, sondern gegen Säure

[1] Verfasser maß gelegentlich bei einer Siebentrommelmaschine rund 120 kg je Stunde Abdampf von 0,15 bis 0,18 atü. Geschlichtet wurde eine breite Baumwollkette, die aber nicht die volle Breite der Maschine hatte. Zum Anheizen wurden rund 100 kg = ca. 9% des Tagesverbrauches benötigt.

unempfindliche Metallkugeln. Mit Hilfe dieser Pumpe kann man in einfacher Weise die Schlichtmaschinen automatisch speisen. Die Botticbe werden aus Föhrenholz angefertigt und haben zum Ablassen und Reinigen Perfektionshähne, bei denen Verstopfungen ausgeschlossen sind. Die Bottiche werden in Größen von ca. 200 bis 1000 l geliefert. Eine Zirkulationspumpe aus Bronze ist einer solchen aus Eisen vorzuziehen. Die Heizung geschieht direkt mittels Kupferschlange. Wasseranschluß auch bei den Schlichtmaschinen zum Abspritzen der Trogwalzen ist vorzusehen. Gestelle zum Aufbewahren der leeren Kettenbäume zeigt Abb. 74. Zum Transport der leeren und vollen Kettenbäume benutze man zweckmäßige Wagen oder Karren, auch hülle man die vollen Bäume in Schutztücher aus Ledertuch ein. In den letzten Jahren sind von verschiedenen Firmen Kettenbaumlagerständer auf den Markt gebracht worden, bei denen die Kettenbäume an eine Art Paternosterwerk befestigt werden. Dasselbe wird entweder mit der Hand bewegt oder hat einen elektrischen Antrieb. Abb. 75 zeigt einen derartigen Lagerständer der Sorauer Maschinenfabrik vorm. Wilh. Heckel, Sorau/N.-L. Die Kettenbäume werden entweder mittels Ketten aufgehängt, in schwingend aufgehängte Muldenbleche eingelegt oder durch eingeführte Achsen gehalten. Bei mehrstöckigen Fabriken kann der Kettenbaumlagerständer auch als Transportmittel durch mehrere Stockwerke durchgeführt werden.

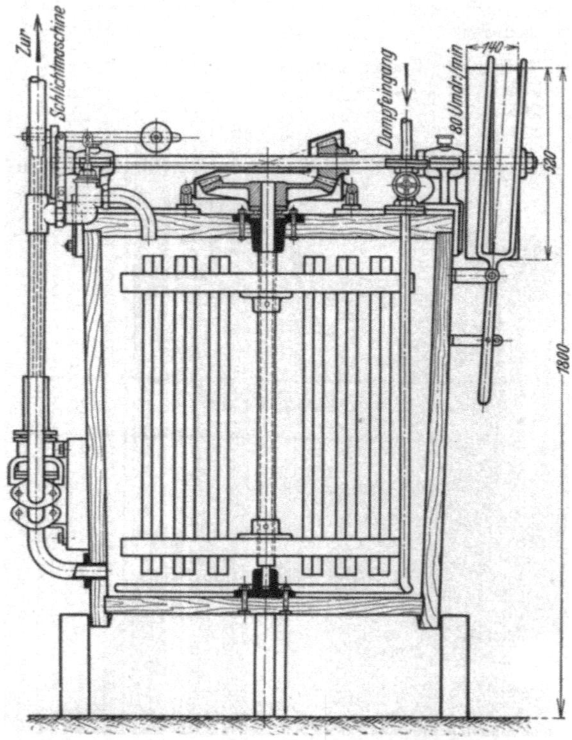

Abb. 73b. Schnitt des Schlichtekochers SK 35a mit Pumpe von Gebrüder Sucker.

f) Die Schlichtmittel.

Wie wir oben sahen, soll das Schlichten die Härchen ankleben und den Faden möglichst glatt machen. Die hierzu notwendigen Materialien teilt man ein in 1. Klebmittel, 2. weichmachende Mittel, 3. wasseranziehende Mittel, 4. antiseptische Mittel, 5. Aufschließungsmittel für Stärke.

Als Klebmittel herrscht das Kartoffelmehl vor, welches in unaufgeschlossenem und aufgeschlossenem Zustande benutzt wird. Aufgeschlossenes Kartoffelmehl erscheint auch unter verschiedenen Phantasienamen im Handel.

Weichmachende und Glätte gebende Mittel sind Seife, Talg, Wachs, Paraffin und Glyzerin. Gleichzeitig erleichtern einige dieser Mittel das Eindringen des Kleisters in das Innere des Fadens und vermindern das Abfallen der äußeren Schutzschicht beim Verweben. Soll die Ware im Stück gebleicht werden, so sind unverseifbare Zusätze, wie Wachs und Paraffin, nicht zu verwenden.

Als wasseranziehendes Mittel sollte man nur Glyzerin gebrauchen.

Als antiseptisches Mittel wird Salizylsäure benutzt. Die Flotte darf aber nicht sauer reagieren, da die Salizylsäure sonst zerfällt und keine Wirkung ausübt. Mit Aktivin aufgeschlossene Schlichtflotten sollen keiner antiseptischen Mittel zur Haltbarkeit bedürfen.

Abb. 74. Kettenbaumlagerung.

Als Aufschließungsmittel kann Aktivin[1] empfohlen werden, da es das Kartoffelmehl nicht bis zum Dextrin abbaut. Aufgeschlossene Flotten dringen besser in den Faden ein. Ist der Abbau weit erfolgt, so dringt die Flotte wohl in den Faden ein, umhüllt ihn aber nicht, so daß er beim Verweben leidet und rauh wird.

Abb. 75. Kettenbaumlagerständer der Sorauer Maschinenfabrik vorm. Wilhelm Heckel, Sorau N.-L.

Zum Zubereiten der Schlichte wird das erforderliche Quantum Stärke zunächst mit wenig kaltem Wasser angerührt, und dann nach und nach das weitere nötige kalte Wasser unter ständigem Rühren zugegeben, bis ein gleichmäßiger Brei entsteht und keine Klümpchen mehr vorhanden sind. Hierauf setzt man so lange Wasser zu, bis die gewünschte Dickflüssigkeit vorhanden ist, und kocht eventuell unter Zusatz von Aktivin auf. Zusätze löst man gesondert auf und gibt sie der kochenden Flotte zu. Man kocht unter stetigem Rühren bis zur gewünschten Konsistenz. Das Erhitzen soll grundsätzlich nur ganz allmählich erfolgen, da bei zu rascher Erwärmung durch Klumpen- und Knollenbildung (Erschrecken der Stärke) die Schlichtmasse unbrauchbar werden kann. Öfteres Wiederaufkochen ist zu vermeiden, da dadurch die dem Kleister innewohnende Klebkraft bedeutend herabgemindert wird. Beim Ansetzen der Schlichte achte man auf peinlichste Sauber-

[1] Siehe Broschüre Aktivin in der Textilindustrie, Schrift Nr. 53 der Firma Chemische Fabrik Pyrgros G. m. b. H., Radebeul-Dresden.

keit der Apparatur, da durch Unreinlichkeit und alte Schlichtreste leicht die Schlichte verderben kann. Gibt man alte, gute, aufgekochte Schlichte in den Trog, so entferne man vorher die entstandene Haut.

Auf die Untersuchung[1] der Schlichtmittel kann hier nicht näher eingegangen werden.

Obgleich in der Literatur eine Unsumme von Schlichtrezepten zu finden ist, sollen hier nur einige wenige angeführt werden.

Die Anwendung[2] vieler Rezepte beruht nicht immer auf theoretisch überdachten und praktisch erprobten Grundlagen, sondern vielfach auf vermittelten und übernommenen Traditionen.

g) Schlichtrezepte.

1. Auf 100 l Wasser: Kartoffelmehl 4 kg, Rindertalg 0,3 kg, Glyzerin 0,5 kg, Kernseife 0,05 kg, Salizylsäure 0,02 bis 0,04 kg.

2. Auf 100 l Wasser: Quellin[3] 1,25 kg, Leicogummi[4] 0,10 kg, Seife 0,25 kg, Salizylsäure 0,06 kg.

3. Schlichtrezept für weißgarnige Ware: 300 l Wasser (Kondenswasser), Kartoffelstärke 32 kg, Diastafor als Aufschließungsmittel 150 g; als weichmachende Mittel: Paraffin 200 g, Japanwachs 200 g, Talg 100 g, Seife 100 g. Salizylsäure 50 g als Antiseptikum.

Vor der Verwendung für Leinengarne wird diese Schlichte mit Wasser im Verhältnis von ca. 1 : 4 verdünnt.

4. Schlichtrezept für weißgarnige Ware[5]: Wasser 150 l, Kartoffelmehl 4 kg, Talg 3 kg, Glaubersalz 3 kg, Borax eine Handvoll, Blaue nach Farbe.

h) Der Arbeitsgang.

Die aus der Schärerei kommenden Ketten werden vor der Schlichtmaschine in das Lagergestell eingelegt (Abb. 76) und an den Enden der in der Maschine befindlichen Kette bzw. an einen Vorläufer angeknüpft. Nach Einpumpen der Schlichte in den Trog stellt man die Maschine auf Kriechgang an und läßt die Kette durch den Schlichtetrog laufen. Ist der Anfang hindurch, so werden bei den Teilfäden Naßteilstäbe oder Streichriegel[6] in die Kette eingeschoben und die Tauch- und Preßwalzen heruntergelassen. Man achte auf gleichmäßigen Druck der Preßwalzen und halte die Schlichte im Trog auf gleich hoher Temperatur. Nunmehr werden die Kettenbäume gebremst.

---

[1] Einfache Untersuchungsmethoden führt Kretschmer an in dem Kapitel „Einkauf und Untersuchung der Schlichtmittel" seines Buches „Die Schlichterei in ihrem ganzen Umfange". Wittenberg: Ziemsen-Verlag.

Genaue Methoden finden sich bei Dr. W. Massot: Anleitung zur qualitativen Appretur- und Schlichteanalyse. Berlin: Julius Springer 1911.

Heermann, P. Dr.: Färbereichemische Untersuchungen. Berlin: Julius Springer 1907.

[2] Kretschmer: Die Schlichterei in ihrem ganzen Umfange 2. Aufl. S. 25. Wittenberg: Ziemsen-Verlag 1927.

[3] Eine wahrscheinlich durch Alkalien aufgeschlossene Kartoffelstärke der Firma Kantorowicz & Co., Chem. Fabrik, Breslau.

[4] Feinstgemahlener, naturreiner Fruchtleim aus Johannisbrotkernen.

[5] Weitere Schlichtrezepte für Leinengarn: Kretschmer, C.: Die Schlichterei in ihrem ganzen Umfange 1. Aufl. S. 158f. Wittenberg: Ziemsen-Verlag 1909; 2. Aufl. S. 213f. Wittenberg: Ziemsen-Verlag 1927. Bottler: Die Appretur- und Imprägniermittel S. 152. Berlin: Berg & Schock 1906. Polleyn: Die Appreturmittel und ihre Verwendung S. 236, 240. Leipzig: Hartlebens Verlag 1909.

[6] Von mancher Seite wird empfohlen, diese Naßteilstäbe als Rollstäbe ausbilden und rotieren zu lassen.

Die Kette gelangt in den Trockenraum, der inzwischen auf die für die Trocknung notwendige Temperatur gebracht sein muß. Damit die Leinenketten nicht zu hart werden und Schnüre bilden, muß der Kettenweg zunächst über die Skeletttrommeln gehen. Läßt man die Kette zum Schluß zwischen den Heizkörpern durchlaufen, wie die Abb. 76 zeigt, so kann sie leicht übertrocknet werden. Nach Verlassen des Trockenraumes werden im Teilfeld durch die Kette an Stelle der in der Schärerei eingelegten Teilbänder Eisenstäbe eingeschoben, so daß zwangsläufig jeder Faden von dem danebenlaufenden durch einen Teilstab getrennt wird.

Ist die neue Kette am Kettenbaum angekommen und dort befestigt, so hebt man das vor den Zugwalzen befindliche Expansionsriet, wodurch die Kettenfäden in das Riet einfallen. Bei Leinenketten hat es sich als praktisch erwiesen, die Kettenfäden zu drei oder vier Fäden in das Expansionsriet einzulesen[1]. Durch Verstellen des Expansionsrietes wird die Kettenbreite genauestens auf die Baumbreite abgeglichen.

Nach Einstellen der Kettenmeß- und Schmitzvorrichtung und Anstellen des Ventilators sowie der Windflügel und vielleicht auch Einschalten von größeren Heizflächen kann die Kette mit der ausprobierten Höchstgeschwindigkeit laufen.

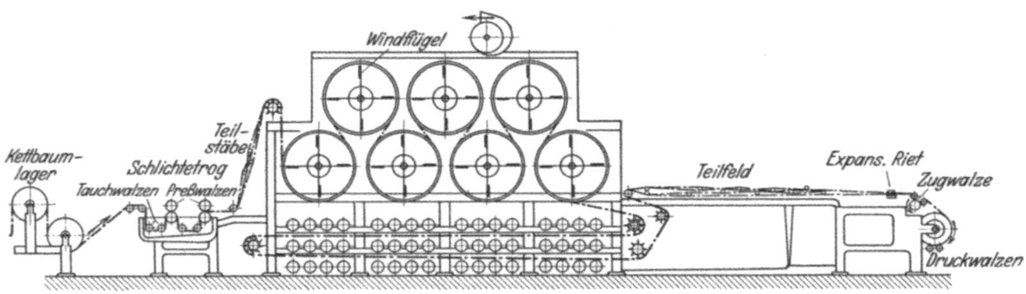

Abb. 76. Kettenführung durch eine Lufttrocken-Schlichtmaschine.

Hierbei ist besonders auf die Härte der aufgebäumten Kette zu achten. Desgleichen ist die Spannung der Kette zwischen Preß- und Zugwalzen dauernd zu überwachen, evtl. ist ein Nachstellen bei dem Spannungsregulierungsgetriebe vorzunehmen.

Hat die Kette die gewünschte Länge erhalten (Meßeinrichtung setzt evtl. die Maschine automatisch still), so stellt man die Maschine ab und kurbelt die Tauchwalzen aus der Schlichte. Das auf den Kettenbaum laufende Endkettenstück wird nun in ein Klemmbrett eingespannt oder auf einen Streifen dunkles Papier geklebt. Etwa 50 cm hinter dem Streifen resp. der Kluppe werden die Fäden abgeschnitten, zu Bändern zusammengefaßt und am Kettenbaum durch Unterschieben unter eine Anzahl Fäden der letzten Wicklungen des Baumes befestigt. Die Klemmleiste besteht aus einer Leiste, die eine Nute enthält. Mittels eines dünnen Holzstabes, der Feder, werden die Fäden in die Nute der Leiste hineingedrückt und so festgehalten.

Die fertige Kette wird mittels Flaschenzuges aus der Maschine gehoben; dann wird ein neuer, leerer Kettenbaum eingelegt. Die Fadenanfänge der Kette werden in die Schlitzlöcher eingehängt, die Tauchwalzen in die Schlichte gekurbelt und die Maschine wieder in Gang gesetzt.

---

[1] Siehe über Gängelriet im Abschnitt Schärerei Seite 38.

Ist keine Anschlußpartie vorhanden, so wird die nicht verbrauchte Schlichte in den Kocher zurückgepumpt und die Abquetschwalzen sowie der Schlichtetrog mittels Abspritzen von allen Schlichtresten befreit. Nachdem man einen Vorläufer an das Kettenende angeknüpft hat, wird der letzte Kettenrest durch die Maschine gelassen[1].

i) Arbeitsleistung.

Die Arbeitsleistung der Schlichterei ist abhängig von: 1. Art der Maschine, 2. Zustand der Maschine, 3. Art der Kette, 4. Arbeitspersonal, 5. der Arbeitsanordnung und 6. den allgemeinen Arbeitsbedingungen, wie Temperatur, Lüftung, Luftfeuchtigkeit und Beleuchtung.

Um eine optimale Arbeitsleistung festsetzen zu können, muß zunächst die theoretische untersucht werden. Diese ist bei der Schlichtmaschine von der Trockenleistung abhängig. Zum Beispiel fand Verfasser folgende Laufgeschwindigkeiten:

Bei Abdampf von 0,15 bis 0,2 atü und einer

Kettenbreite	Geschwindigkeit p. Min.	Geschwindigkeit p. Stunde
von 50— 60 cm	10,0 m	600 m
„ 60— 90 cm	9,5 m	570 m
„ 90—130 cm	8,0 m	480 m
über 130 cm	5,0 m	300 m

Bei Frischdampf von ca. 3 bis 4 atü und einer

Kettenbreite	Geschwindigkeit p. Min.	Geschwindigkeit p. Stunde
von 50— 60 cm	12,0 m	720 m
„ 60— 90 cm	10,5 m	630 m
„ 90—130 cm	9,0 m	540 m
über 130 cm	8,0 m	480 m

Vorstehende Daten stellten das Optimum dar, mit dem noch eine trockene Kette unter den gegebenen Verhältnissen zu erzielen war. Sie müssen daher der Errechnung der optimalen Arbeitsleistung zugrunde gelegt werden.

Mittels Zeitstudien werden a) die Vorbereitungs-, b) die Einrichte- und c) die Abrüstezeiten untersucht.

Unter Vorbereitungszeiten verstehen wir das Wechseln der Zeitkarten, den Transport der Bäume zur Schlichtmaschine und das Kochen der Schlichte. Die Einrichtezeit umfaßt: das Einlegen und Ausrichten der Bäume, Anlegen der Bremsen, Anknoten der Ketten, Einpumpen der Schlichteflotte, Einfügen der Naßteilstäbe, Einfügen der Trockenteilstäbe, Befestigen der Bänder am Kettenbaum, Einstellen der Zähler, Einschlagen und Einstellen des Expansionskammes, evtl. Einlesen der Fäden in den Expansionskamm. Die Abrüstezeit umfaßt: Abstellen des Dampfes, Hochkurbeln der Tauchwalzen, Abschneiden und in Knoten einschlagen der Kette, Herausnehmen der leeren Bäume, Herausnehmen der Teilstäbe und Zurückpumpen der Schlichte.

In der beigefügten Tabelle sind einige gefundene Zeiten zusammengestellt, wobei die Ketten der Breite nach in vier Klassen eingeteilt wurden.

Unter Berücksichtigung dieser Tabelle und der oben angegebenen optimalen Maschinengeschwindigkeit erhält man die optimale Arbeitsleistung.

Mittlere Verbrauchszeiten für das Vorbereiten, Einrichten und Abrüsten beim Schlichten von verschieden breiten Ketten:

---

[1] Über Kettenverlängerer siehe im Abschnitt Weberei Seite 92.

Arbeit	Breite der Ketten 50—60	61—90	100—130	üb. 130 cm
	Zeiten in Minuten und Zehntel-Minuten			
Zeitkartenwechsel	2,5	2,5	2,5	2,5
Transport der Kette von der Schärerei zur Schlichterei	5,0	5,0	6,0	6,0
Ansetzen der Schlichte	10,0	10,0	10,0	10,0
Vorbereitungszeit A:	17,5	17,5	18,5	18,5
Einlegen des Schärbaumes in das Gestell	2,5	2,5	3,0	3,0
Anhängen der Bremsgewichte	1,0	1,0	1,0	1,0
Anbinden der Kette an den Vorläufer	1,8	2,0	2,0	2,2
Anstellen der Schlichtpumpe	0,5	0,5	0,5	0,5
Maschine auf Kriechgang einstellen	0,1	0,1	0,1	0,1
Tauchwalze herunterkurbeln	0,3	0,3	0,3	0,3
Naßteilstab einschieben	0,5	0,5	1,0	1,0
Kettenbaum in die Bäummaschine einlegen	2,5	2,5	2,5	2,5
Baum reinigen, Scheiben auf Breite einstellen	3,5	3,5	3,5	3,5
Bänder in die Schlitzlöcher einhängen	1,3	1,3	1,5	1,8
Einlesen in den Expansionskamm	20,0	25,0	28,0	30,0
Teilstäbe einsetzen	3,5	3,5	4,0	4,0
Einrichtezeit B:	37,5	42,7	47,4	49,9
Maschine abstellen	0,1	0,1	0,1	0,1
Klebstreifen anlegen	1,5	1,5	1,8	1,8
Kette abschneiden	2,4	2,4	2,5	2,5
Baum herausnehmen	1,5	1,5	1,5	1,5
Kettenschutzdecke umlegen	1,0	1,0	1,0	1,0
Schlichte zurückpumpen	0,5	0,5	0,5	0,5
Walzen abspritzen	1,0	1,0	1,0	1,0
Teilstäbe entfernen	1,2	1,2	1,2	1,2
Expansionskamm herunterstellen	0,2	0,2	0,2	0,2
Leeren Kettenbaum aus dem Lager heben	0,8	0,8	0,8	0,8
Abrüsten am Schluß der Partie C:	10,2	10,2	10,6	10,6
Summe A—C	65,2	70,4	76,5	79,0
Zeiten A—C in Stunden und Zehntelstunden	1,1	1,2	1,3	1,3

Beispiel: Zwei Ketten à 550 m mit einer Breite von 74 cm und Verwendung von Abdampf zum Heizen der Trockenkammer.

$$\text{Maschinenzeit } \frac{1100}{570} = 1{,}95 \text{ Stunden}$$

Zuschlag für Vorbereitungs- und Abrüstezeit 1,20 Stunden

Gesamtzeitverbrauch = 3,15 Stunden

Die Dienstvorschrift. Es hat sich als zweckmäßig erwiesen, eine Dienstvorschrift für den Schlichter einzuführen. Die Unterteilung dieser Vorschrift kann in folgender Form erfolgen:

A. Dienstbereich, Verhältnis zu den anderen Dienststellen, allgemeine Vorschriften.

B. Vorschriften für die Arbeitsausführung: a) Vorbereitungsarbeiten, b) das Schlichten selbst, c) Schlußarbeiten, d) Instandhaltung der Maschine, 1. Reinigung der Maschine, 2. Ölung der Maschine, 3. kleine Reparaturen, 4. Vorbeugende Maßnahmen, e) Reinigung der Räume, f) Instandhaltung der Räume, g) Überwachung der gesamten Anlage.

C. Ausbildung und Weiterbildung.

Die **Beurteilung des Schlichteffektes** kann eigentlich nur auf statistischem Wege in der Weberei durch Vergleichen der Produktionsmenge erfolgen. Zerreißversuche geben keinen Aufschluß über die Güte des Schlichtens. Aus den von Dr. Gensel[1] angewendeten Mikrotomschnitten kann man wohl unter dem Mikroskop die Schlichtwirkung erkennen, doch dürfte in der Praxis das Verfahren wohl zu umständlich sein. Apparate zur Messung des Schlichteffektes sind bis jetzt noch nicht bekannt geworden.

Früher wurde schon darauf hingewiesen, daß der Schlichteffekt nicht durch Zerreißversuche gemessen werden kann. Aus diesem Grunde hatte Dr. Neumann[2] und zu gleicher Zeit der Verfasser einen Apparat konstruiert, der die Scheuerfestigkeit des Garnes prüfen soll. Abb. 77 zeigt den vom Verfasser konstruierten Apparat. Leider weichen die erhaltenen Einzelresultate sehr stark voneinander ab. Es muß eine große Anzahl Fäden zerscheuert werden, da die Zehner schon nicht mehr einwandfrei sind.

Abb. 77. Reibapparat.

Stäuben Ketten beim Verweben, so ist die Schlichtung mangelhaft. Die Schlichte hat nicht die richtige Klebkraft, da die Stärke nicht gut verkleistert wurde oder einige Substanzen sich nicht innig genug verbanden. Die Kette soll nach dem Schlichten möglichst sauber, ziemlich glatt und genügend steif sein.

Zusammenfassung.

Zum Schluß des Kapitels „Schlichterei" seien noch einige Punkte der „Zusammenfassung" des Forschungsheftes 7 „Die Schlichterei der Baumwolle" von Prof. Dr. P. Krais und Dr.-Ing. H. Gensel gegeben, sowie die Resultate der Doktorarbeit „Über die Schlichterei der Flachsgarne" von Dr.-Ing. Günther Neumann, Dresden 1930.

Wenn sich die Arbeit von Dr. Krais und Gensel auch nur auf das Schlichten von Baumwolle bezieht, so dürfte diese Zusammenstellung doch für die Leinenschlichterei äußerst wichtig sein.

---

[1] Krais, Paul Prof. Dr., und Dr.-Ing. Herbert Gensel: Die Schlichterei der Baumwolle. Forschungsheft 7, Deutsches Forschungsinstitut für Textilindustrie. Dresden 1927.

[2] Neumann, Günther Dr.-Ing.: Über die Schlichterei der Flachsgarne. Dissertation Dresden 1930.

1. Das Schlichten ist eine Imprägnation des Fadens mit Schlichtmasse, unterstützt durch eine Adsorption der letzteren an der Baumwollfaserwandung.

2. Die Faser bzw. das Lumen der Faser selbst wird bei Verwendung aufgeschlossener Stärke und bei einem sehr kleinen Viskositätsgrad der Schlichtflotte nur ganz selten durchdrungen.

3. Erhöhung des Dispersitätsgrades der Stärke in der Schlichteflotte begünstigt die Umhüllung und Durchdringung des Fadens mit Stärke.

4. Erniedrigung des Viskositätsgrades der Schlichtflotte bis zu einem gewissen Grade begünstigt die Durchdringung und Umhüllung des Fadens mit Schlichte.

5. Bei zu niedriger Viskosität wird der Faden nur durchdrungen, ohne umhüllt zu werden.

6. Zusätze von Netzmitteln zu Schlichtflotten, deren Stärke nicht aufgeschlossen ist, wirken gut im Sinne der Umhüllung.

7. Zusätze von Netzmitteln zu Schlichtflotten, deren Stärke mit Aktivin aufgeschlossen ist, bewirken Ungleichmäßigkeit des Schlichteffektes.

8. Zusatz von 1% Leim zur Schlichtflotte sowohl unaufgeschlossener wie aufgeschlossener Stärke wirkt sehr gut im Sinne der Umhüllung des Fadens mit Schlichte und der aufgenommenen Schlichtemenge.

9. Zusatz von geringen Mengen (0,5%) Talg wirkt nur ein auf die äußerliche Beschaffenheit der Garne, nicht auf den Grad der Umhüllung und Durchdringung.

10. Zusatz von größeren Mengen (2%) Talg ist der Schlichtaufnahme durch den Faden sehr hinderlich, auch bei Verwendung aufgeschlossener Stärke.

11. Bei Verwendung von Gummiarten (Leicogummi, Tragant-Norgine) als Zusatz- bzw. Ersatzmittel für Stärke dringt der Gummi vollständig in den Faden ein, während sich die Stärke schlauchartig als Umhüllung um den Faden legt. Dabei ist es gleichgültig, ob die Stärke aufgeschlossen ist oder nicht.

12. Unaufgeschlossene Weizenstärke schlichtet besser als unaufgeschlossene Kartoffelstärke.

13. Aufgeschlossene Weizenstärke durchdringt und umhüllt den Faden sehr gut; bei ihrer Verwendung müssen jedoch noch Zusätze zur Schlichte gegeben werden, die die Festigkeit des Fadens erhöhen.

14. Haake-W-Stärke hat ungefähr dieselben Eigenschaften wie aufgeschlossene Weizenstärke.

15. Die Menge der aufgenommenen Schlichte beträgt bei Verwendung von mit Aktivin aufgeschlossener Stärke durchschnittlich 36% mehr als bei Verwendung unaufgeschlossener Stärke.

16. Bei Anwendung von mit Diastafor löslich gemachter (abgebauter) Stärke wird der Faden gut geschlossen. Auch die aufgenommene Schlichtmenge ist groß.

17. Gebleichtes Garn nimmt im Vergleich zu rohem nur etwa den dritten Teil von Schlichte auf.

18. Die Festigkeit der Garne wird durch das Schlichten im günstigsten Falle um 22% erhöht.

19. Die Dehnung der Garne wird durch das Schlichten um durchschnittlich 25% herabgesetzt.

20. Die Hygroskopizität geschlichteter Garne ist bei relativ geringer Luftfeuchtigkeit (unter 70%) kleiner als die ungeschlichteter Garne. Bei Luftfeuchtigkeit über 70% wird sie bedeutend höher.

21. Ein gut geschlichtetes Garn soll von Schlichte gut umhüllt und durchdrungen werden.

22. Zur Beseitigung der kleinen aus dem Faden herausragenden Fäserchen ist die Verwendung von Bürsten vorzuziehen.

23. Die Temperatur der Schlichtflotten kann nicht festgelegt werden.

24. Zu langes Erhitzen bzw. Kochen der Stärkeflotte ist zu vermeiden.

Resultate der Arbeit „Über die Schlichterei der Flachsgarne" von Dr.-Ing. Günther Neumann[1]:

1. Mit steigender Dünnflüssigkeit nimmt der Faden mehr Flüssigkeit auf, und es bleibt weniger Stärke im Faden zurück.

2. Stärkeschlichte bedingt eine Verbesserung der Reißfestigkeit und ein Nachlassen der Dehnbarkeit, im allgemeinen je nach Menge der aufgenommenen Stärke.

3. Die Scheuerfestigkeit hängt von der Menge der vom Faden aufgenommenen Stärke ab und wächst mit ihrer Zunahme.

4. Das Eindringungsvermögen einer Schlichte hängt, abgesehen von ihrer Dünnflüssigkeit, auch von der Stärke des Walzendruckes ab.

5. Ist der Faden vollständig von Stärkeflotte durchdrungen gewesen, so tritt in trockenem Zustande ein besonders großes Nachlassen der Dehnungsfähigkeit auf.

6. Kalte Stärkeschlichte besitzt anscheinend eine größere Klebkraft als heiße.

---

[1] Dissertation Dresden 1930.

7. Leicogummi als Schlichte angewendet verleiht den Garnen eine größere Scheuerfestigkeit, aber geringere Reißfestigkeit und Dehnung als Stärke.

8. Weichmachende Mittel allein als Schlichte angewendet, lassen die Reißfestigkeit und Bruchdehnung unter die Werte des ungeschlichteten Garnes sinken (Paraffin und Talg).

9. Talg verleiht dem Faden im Gegensatz zum Paraffin überhaupt keine Scheuerfestigkeit. Kochsalzzusatz erhöht wohl die Reißfestigkeit, vermindert aber die Dehnung.

10. Zusätze von Paraffin oder Türkischrotöl zu einer Stärkeschlichte setzen die Scheuerfestigkeit herab.

11. Mit zunehmender Dicke des Stärkeschlauches verbessert sich auch die Reißfestigkeit bis zu einem Maximum. Die Bruchdehnung wird von der Dicke des Stärkeschlauches bestimmt. Den Wert des ungeschlichteten Garnes erreicht sie bei ungefähr 2%. Mehr Stärke bildet dann anscheinend einen allzu starren Verband und läßt die Dehnungsmöglichkeit wieder sinken.

12. Die Scheuerfestigkeit nimmt beinahe direkt proportional dem Prozentgehalt an Stärke zu. Wenn die Stärke aufgeschlossen worden ist, so sind die Eigenschaften des Fadens besser als bei gewöhnlicher Stärke. (Vergrößerung der inneren Klebkraft.) Die getrennte Benutzung von versteifenden und weichmachenden Mitteln, wie es der Handweber vornimmt, läßt jede von ihrer besten Seite zur Geltung kommen.

13. Die Scheuerfestigkeit hängt nicht allein von der Glätte der Schlichtmasse in eingetrocknetem Zustand ab, sondern auch von der Härte.

14. Für die Schlichtung wird empfohlen, möglichst mit aufgeschlossener Stärke ohne weichmachende Mittel (Paraffin, Seife usw.) unter Verwendung der Wulstschlichtmaschine zu arbeiten[1].

Literatur.

1. von Kurrer, W. H. Dr.: Das Bleichen der Leinwand. Vieweg 1850.
2. Fischer, Hermann: Allgemeine Grundsätze und Mittel des mechanischen Aufbereitens. Berlin: W. & S. Loewenthal 1888.
3. Müller, Ernst Prof.: Handbuch der Weberei. Leipzig: Baumgärtner 1896.
4. Bottler, M. Prof.: Die Appretur- und Imprägniermittel. Berlin: Berg & Schock 1906.
5. Heermann, Paul Dr.: Färbereichemische Untersuchungen 2. Aufl. Berlin: Julius Springer 1907.
6. Utz, Ludwig: Die Praxis der mechanischen Weberei. Leipzig: Uhlands Verlag 1907.
7. Schams, J.: Handbuch der Schlichterei. Leipzig: B. F. Voigt 1908.
8. Kretschmer, Carl: Die Schlichterei in ihrem ganzen Umfange. Wittenberg: A. Ziemsen Verlag 1909.
9. Polleyn, Friedrich: Die Appreturmittel und ihre Verwendung 3. Aufl. Leipzig: A. Hartleben 1909.
10. Massot, Wilhelm Dr.: Anleitung zur qualitativen Appretur- und Schlichteanalyse 2. Aufl. Berlin: Julius Springer 1911.
11. Wickardt, A.: Die Webereimaschinen. Leipzig: B. F. Voigt 1911.
12. Walland, Heinrich Ing. Chem.: Kenntnis der Wasch-, Bleich- und Appreturmittel. Berlin: Julius Springer 1913.
13. Marschik, Chr. Prof. Dr.: Technik und Wirtschaft des Webereibetriebes. Leipzig: B. F. Voigt 1920.
14. Gräbner, Ernst Prof.: Die Weberei 2. Aufl. Leipzig: Jänecke 1920.
15. Weiß, Arthur Dr. rer. pol.: Vorlesungen über technische und wirtschaftliche Grundlagen der Textilindustrie. Leipzig: Deuticke 1923.
16. Heermann, Paul Prof. Dr.: Technologie der Textilveredlung 2. Aufl. Berlin: Julius Springer 1926.
17. Krais, Paul Prof. Dr., und Dr.-Ing. Herbert Gensel: Die Schlichterei der Baumwolle. Forschungsheft 7, Deutsches Forschungsinstitut für Textilindustrie. Dresden 1927.
18. Lüdicke, A. Geh. Hofrat Prof. Dr.-Ing. e. h.: Technologie der Textilfasern Bd. 2 Teil 2 Die Weberei. Berlin: Julius Springer 1927.
19. Kretschmer, Carl: Die Schlichterei in ihrem ganzen Umfange 2. Aufl. Wittenberg: A. Ziemsen Verlag 1927.
20. Rüf, Eugen: Die Schlichterei. Chemisch-technische Bibliothek Bd. 389. Leipzig: Hartlebens Verlag 1928.
21. Neumann, Günther Dr.-Ing.: Über die Schlichterei der Flachsgarne. Dissertation Dresden 1930.
22. Herzinger, Eduard: Appreturmittelkunde. Leipzig: Verlag Appretur-Zeitung, Max Koch.

---

[1] Leider kann auf die von Neumann konstruierte hoch interessante Wulstschlichtmaschine nicht näher eingegangen, sondern nur auf die angezogene Dissertation verwiesen werden.

B. Die Weberei.

Einleitung. Wenn auch in den vorhergehenden Abschnitten mehrmals auf die Bedeutung des Vorwerkes (Spulerei, Schärerei und Schlichterei) hingewiesen wurde, so ist doch die Abteilung Weberei die wichtigste, ihre Einrichtung und ihr Zustand haben den allergrößten Einfluß auf den Fabrikationsgang und auf das Wohl und Wehe des ganzen Unternehmens.

Obgleich es bekannt ist, daß die Flachsgespinste andere Eigenschaften haben als die Baumwolle, so übernahm man trotzdem den mechanischen Baumwollwebstuhl und im großen ganzen die dort üblichen Verfahren und berücksichtigte die geringe Dehnung und weit geringere Elastizität der Flachsgarne in nicht genügender Weise. Wegen der außerordentlich hoch liegenden mittleren Festigkeit, die nur von gehärtetem Stahl übertroffen wird, möchte man ein leichtes Verweben mit wenig Fadenbrüchen erwarten. Das Gegenteil ist leider der Fall, bedingt durch die geringe Dehnungsfähigkeit und Elastizität sowie Ungleichmäßigkeit der Flachsgespinste.

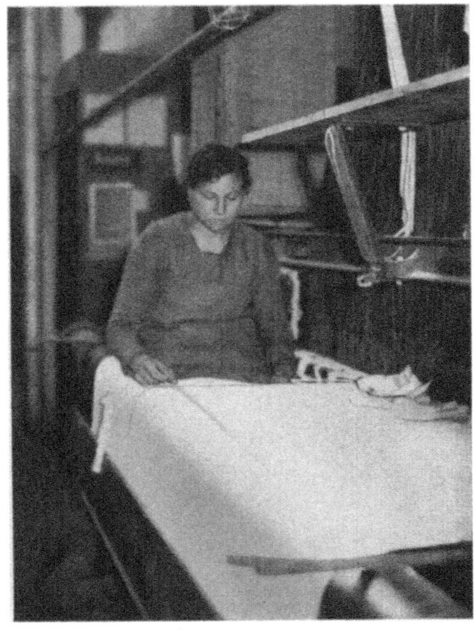

Abb. 78. Andrehen der Kettenfäden im Jacquardstuhl.

Da nun die in der Leinenweberei benützten Maschinen, Webstühle, Fachmaschinen usw. denen in der Baumwollweberei vorhandenen nicht allein ähneln, sondern auch häufig die Maschinen die gleichen sind, kann das Kapitel Weberei verhältnismäßig knapper behandelt werden, als es bei der Bearbeitung des Vorwerkes notwendig war. Es soll jedoch soweit auf die einzelnen Teile eingegangen werden, als es einmal zum Verständnis des Abschnittes erforderlich ist, und des anderen, als es die Eigenart der Leinengarne bedingt. Zum Abschnitt Weberei gehören die Vorbereitungsarbeiten am Webstuhl, der Webstuhl, die Fachmaschinen, Geschirre und Harnische, die Anfertigung der Muster sowie die Nachseherei. Im Anschluß hieran sollen einige Bemerkungen über die Wirtschaftsführung usw. gegeben werden.

1. Die Vorbereitungsarbeiten am Webstuhl.

Um die Ketten verweben zu können, müssen sie mit der Fachmaschine in Verbindung gesetzt werden; die Kettenfäden müssen in das Geschirr oder in den Harnisch und in das Blatt eingezogen oder an schon vorhandene angedreht oder angeknotet werden.

Bei den Geweben, welche man mit Schäften herstellt, nimmt man diese Vorbereitungsarbeiten meist außerhalb des Webstuhles auf besonderen Gestellen vor, und legt die fertig in die Schäfte und in das Blatt eingezogene Kette in den Stuhl. Bei Jacquardgeweben können diese Arbeiten nur im Stuhle selbst vorgenommen werden. Das Andrehen geschieht in den meisten Webereien noch

Abb. 79. Einziehen der Kettenfäden in den Harnisch. Ansicht von hinten.

mit der Hand, trotzdem zuverlässig arbeitende selbsttätige Kettenanknüpfer[1] herausgekommen sind. Allerdings arbeiten diese selbsttätigen Kettenanknüpfer durch ihren außerordentlich hohen Preis nur bei größeren Webereien (vielleicht von ca. 400 Stühlen an) wirtschaftlich. Die alte und die neue Kette werden nach Gleichlegung der einzelnen Fäden

Abb. 80. Einziehhaken.

in zwei getrennten Kettenrahmen eingespannt. Je ein alter und neuer Kettenfaden werden durch die Knüpfvorrichtung zu einem Knoten vereinigt. Das Erfassen, Knüpfen, Weiterschalten und Abstellen bei Fadenbruch erfolgt selbsttätig.

Wie das Andrehen der Kettenfäden im Jacquardstuhl erfolgt, zeigt Abb. 78. Es werden dabei in einer Stunde ungefähr 500 Leinenfäden angedreht, besonders gute Andreherinnen bringen es auf 800 Fäden je Stunde[2]. Es ist zweckmäßig, den Andreherinnen Talkum zum Einreiben der Fingerspitzen zur Verfügung zu stellen. Nach dem Andrehen zieht man die Kette durch die Litzen und das Blatt und schneidet das nicht brauchbare Kettenstück, den Drohm, ab. Ist keine alte Kette vorhanden, so müssen die Kettenfäden zunächst in das Geschirr oder den Harnisch eingezogen werden. Das Einziehen der Fäden in den Harnisch wird von 2 Personen vorgenommen. Die eine steht hinter dem Stuhl und reicht den Faden hin (Abb. 79), die andere sticht mit einer Nadel (Abb. 80) durch ein Litzenauge und zieht den Faden nach vorn (Abb. 81). Es werden etwa

Abb. 81. Einziehen der Kettenfäden in den Harnisch. Ansicht von vorn.

[1] Kettenknüpfmaschinen bauen z. B.: Oscar Fischer, Plauen i. V. Leistung: 250 bis 300 Fäden in der Min.; Zellweger A.-G., Uster-Zürich. Leistung: 120 bis 250 Knoten in der Min.; Hermann Gentsch, Glauchau i. Sa. Leistung: 100 Andreher in der Min.

[2] Müller, Ernst Prof.: Handbuch der Weberei S. 713. Leipzig: Baumgärtner 1896. 1 Person kann außerhalb des Stuhles an besonderen Andrehstühlen, in welche die Geschirre eingehängt werden, in 10 Stunden 13000 bis 15000 Fäden andrehen.

400 Fäden in der Stunde eingezogen[1]. Sind die Kettenfäden im Geschirr eingezogen, so folgt der Blatteinzug, Rieteinzug.

Bei der Bestimmung des Blatteinzuges ist Rücksicht zu nehmen: 1. auf die Dichte der Kette, 2. auf die Dicke der Kettenfäden, 3. auf die Bindung.

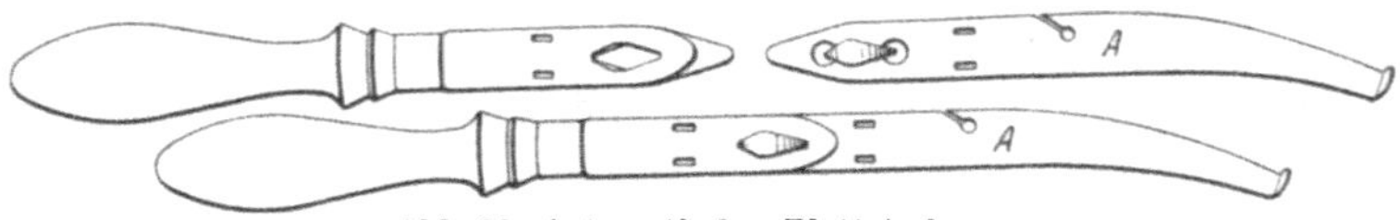

Abb. 82. Automatischer Blattstecher.

Für die unter 1 und 2 angegebenen Gesichtspunkte gilt die Regel: Die Rohrlücke muß so breit sein, daß ein geknoteter Kettenfaden bequem hindurchgezogen werden kann. Mit Rücksicht auf die Bindung wählt man den Blatteinzug so, daß der Blatteinzugsrapport mit dem Bindungsrapport aufgeht. Dem Weber wird hierdurch das Einziehen gerissener Fäden in das Blatt erleichtert, und der Ware ein gutes Aussehen gegeben. Bei Atlasgeweben ist der Blatteinzug für den guten Ausfall der Ware von sehr großer Bedeutung, da sich hier, bei im Blatt unpraktisch gewählter Verteilung der Kettenfäden, sogenannter Scheinköper durch ungleichmäßige Abstände je zwei gehobener Kettenfäden im Gewebe entwickelt. Man zieht so wenig Fäden in ein Riet, als möglich ist. Sind zuviel Fäden im Riet,

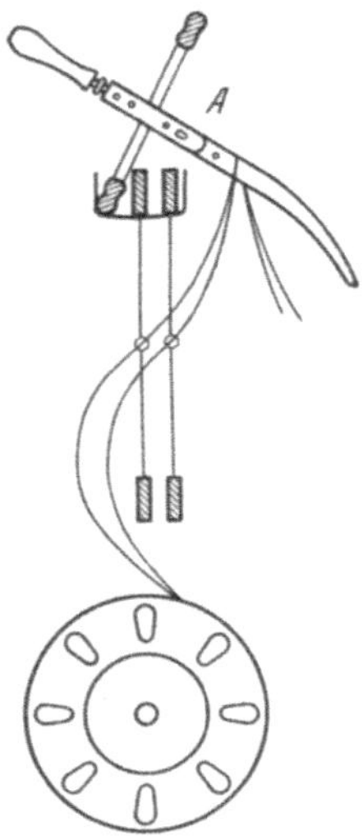

Abb. 83. Automatischer Blattstecher in Verwendung beim Geschirr.

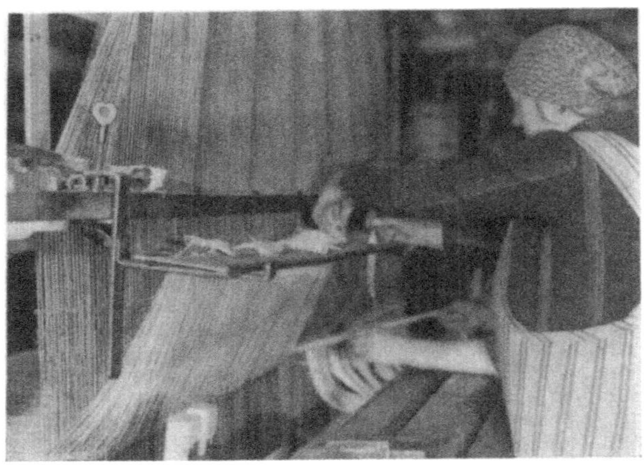

Abb. 84. Automatischer Blattstecher in Verwendung im Jacquardstuhl.

so entstehen sogenannte „Rietstreifen", indem die Fäden eines und desselben Rietes nahe aneinandergedrängt bleiben, während von einem Riet zum andern ein merklich großer Zwischenraum sichtbar ist; bei Leinwandbindung wird die Ware „paarig". Beim Einziehen der Fäden in das Blatt leisten die Blattstecher mit automatischer Weiterschaltung gute Dienste. Abb. 82 zeigt einen solchen Blattstecher, Abb. 83, wie er bei Schäften, Abb. 84, wie er im Jacquardstuhl verwendet wird. In einer Stunde werden mit demselben von 2 Personen etwa 1200 Fäden eingezogen.

---

[1] Müller, Ernst Prof.: Handbuch der Weberei S. 713. Leipzig: Baumgärtner 1896. 2 Personen ziehen, ebenfalls außerhalb des Stuhles, in 10 Stunden 10000 Fäden ein.

2. Der Webstuhl.

Obgleich der mechanische[1] Webstuhl von E. Cartwright schon im Jahre 1785 bis 1787 konstruiert wurde, so hat er sich doch in seinen Grundzügen bis auf den heutigen Tag erhalten, und sind nur verhältnismäßig wenige Verbesserungen hinzugekommen. Die allgemeinen Grundsätze des Maschinenbaues sind auch erst in den letzten Jahren im Webstuhlbau berücksichtigt[2]. Besonders in der Leinenindustrie haben sich die Verbesserungen[3] sehr schwer Eingang verschafft.

In Deutschland hat besonders der englische Kurbelstuhl große Verbreitung gefunden.

a) Das Gestell.

Das Gestell des Webstuhls besteht aus den beiden Seitenwänden, die durch Traversen, Riegel oder Bäume und Geschirrbogen verbunden sind. Alle diese Teile sind beim Leinenwebstuhl in der Regel kräftiger gehalten, als sie bei den Baumwollstühlen üblich sind. Auch muß man den Leinenwebstühlen eine größere Tiefe[4] geben. Die unteren Traversen sind unter sich durch Quertraversen verbunden. Die Webstühle sollen auf dem Fußboden nicht allein vollkommen feststehen, sondern sie sollen auch so befestigt werden, daß ihre Geräusche und Stöße so wenig als möglich auf den Fußboden übertragen werden. Es ist demnach notwendig, eine Dämpfung zwischen Webstuhl und Fußboden einzuschalten. Die von einer Seite[5] vorgeschlagene Befestigung durch imprägnierte Filzscheiben kann sich nicht bewähren, da der Filz durch die Imprägnation (Pech und Kolophonium) seine Elastizität vollkommen verliert. Die im Handel angebotenen Spezialisolationen (Kork, Gummi usw.) sind entweder zu teuer oder isolieren

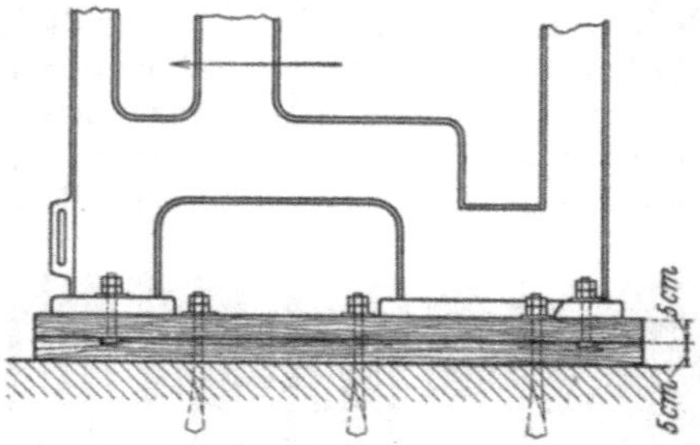

Abb. 85. Webstuhlbefestigung auf Bohlenunterlage.

[1] Da der Handwebstuhl im allgemeinen nur noch historisches Interesse hat, so soll hier von einer Beschreibung abgesehen werden.

[2] a) Vgl. Dr. Fritz Birkhofer, Krefeld: Tagesfragen im Bau von Webstühlen und Vorbereitungsmaschinen. Bedürfnisse, Wünsche und Anregungen aus der Seidenweberei. Z. VDI 1929 S. 279. „Zunächst bestehen diese in einer Reihe von allgemeinen Forderungen, wie sie seit Jahren wohl überall an die Maschinenindustrie gerichtet werden, die aber für den Seidenwebstuhl erst in der allerletzten Zeit beherzigt worden und daher noch in weitem Umfang ausbaufähig sind.“

b) Stein, Friedrich Dr.-Ing.: Die Weberei als Zweig der mechanischen Technik. Mitt. des Niederrhein. Bezirksver. des VDI 1930 S. 2. „Der mechanische Webstuhl von heute zeigt schon an manchen Äußerlichkeiten, daß er nicht ausschließlich ein Geschöpf des Ingenieurs ist, wenigstens nicht in dem Maß, wie andere Arbeits- und Werkzeugmaschinen. Neuerdings tritt an den Ingenieur immer mehr die Forderung heran, die Arbeitsweise der Maschinen im Interesse der Wirtschaftlichkeit noch viel mehr an die Eigenart des Textilgutes anzupassen. Ohne erhebliche Verbesserungen in der konstruktiven Durchbildung wie in der Auswahl der im Textilmaschinenbau verwendeten Materialien werden wir nicht weiterkommen, insbesondere ist die Forderung nach möglichst geringer Masse der beschleunigten und verzögerten Getriebeteile heute durchaus noch nicht befriedigend erfüllt.“

[3] Dr.-Ing. e. h. Lüdicke schreibt in Melliand Textilber. 1929 auf S. 110: „Wie sieht es in den Leinenwebereien aus? Da sind noch in großem Umfange Webstühle im Betrieb, die vor 50 und mehr Jahren gebaut wurden und die man heute noch gerade so baut! Hier ist also von einem Fortschritt keine Rede.“

[4] Müller, Ernst Prof.: Handbuch der Weberei. Leipzig: Baumgärtner 1896, weist auf S. 521 auf die Bedeutung der Stuhllänge hinsichtlich der Fadenelastizität als auch des Faches hin. Verfasser stellte Wandtiefen von 95 bis 110 cm fest. Die Entfernung vom Schwingbaum zum Brustbaum betrug hierbei 115 bis 145 cm.

[5] Peter, S.: Filzunterlagen für Webstühle. Melliand Textilber. 1929 S. 273.

nicht besser wie die Befestigungsart Abb. 85, die sich im Betriebe des Verfassers seit einer Reihe von Jahren gut bewährt hat. Hierbei werden die Webstühle auf Balken[1] geschraubt, die ihrerseits wieder durch besondere Schrauben am Boden befestigt sind. Der Abstand zwischen diesen beiden Befestigungsschrauben ist möglichst groß zu nehmen[2]. Die Wirkung der Isolation kann man leicht durch ein Stetoskop feststellen, das man in einer Entfernung von einigen Metern auf den Boden aufsetzt.

Einen typischen Vertreter der schwereren Leinenwebstühle zeigt die Abb. 86, Modell 10 der Sächsischen Textil-Maschinenfabrik vorm. Rich. Hartmann A.-G., Chemnitz.

b) Wellen und Lager.

Das Gestell trägt die Lager für die Kurbelwelle und für die Schlag- oder Triebwelle. Die Lager sind meistens als gewöhnliche Gleitlager mit offenen

Abb. 86. Leinenwebstuhl der Sächsischen Textil-Maschinenfabrik vorm. Rich. Hartmann A.-G., Chemnitz, Modell 10.

Öllöchern ausgeführt. Erst neuerdings wendet man den Lagern größere Aufmerksamkeit zu, verbessert die Schmierung und baut Ringschmierlager oder Kugellager ein. Auch bei den älteren Konstruktionen sind die Lager meist leicht austauschbar angeordnet. Von der schmiedeeisernen, zweimal gekröpften Kurbelwelle gehen alle Bewegungen aus. Sie treibt durch 2 Stirnräder die Schlag- oder Triebwelle im Verhältnis 1 : 2 an. Der Schützenschlag bekommt von der Schlagwelle seine Bewegung und vielfach auch die Fachbildung (Innentrittexzenter).

c) Der Antrieb.

Der Antrieb wirkt auf die Kurbelwelle. Die Webstühle werden entweder durch Transmission oder durch elektrischen Einzelantrieb angetrieben. Die Transmissionswellen können oberhalb oder unterhalb der Webstühle liegen. Sie können ihre Bewegung direkt von der Kraftzentrale erhalten oder jeder Transmissions-

[1] Bühring, F.: Äußerungen zu 5, Seite 72, daselbst S. 622.

[2] Zum Festgießen der Fußbodenschrauben kann zweckmäßig „Roccarit“ genommen werden, das von der Bayr. Metallgießerei und Maschinenbau Albin Baumgartner, München, Neuhauser Str. 49, geliefert wird.

strang kann durch einen Elektromotor (Gruppenantrieb) angetrieben werden. Dem Einzelantrieb gehört die Zukunft. Der Kraftverbrauch der Transmission ist meist viel größer, als man im allgemeinen annimmt. Obgleich die Tourenzahl des Webstuhles der Warenart, der Garnsorte und der Geschicklichkeit des Arbeiters angepaßt werden muß, so findet man doch für diese Regelung, wie z. B. die Stufenscheiben bei den Metallbearbeitungsmaschinen, keinen besonderen Mechanismus bzw. haben sich die angebotenen nicht einführen können. Der Grund ist darin zu suchen, daß bei den Metallbearbeitungsmaschinen die Geschwindigkeit häufig geändert werden muß, während bei den Webstühlen die einmal eingestellte Geschwindigkeit für eine längere Zeit beibehalten wird.

Die Übertragung der Motorenkraft auf den Webstuhl kann durch einfache Riemenübertragung, Riemen mit Spannrolle, mit Wippe und durch Zahnrad und Ritzel erfolgen. Beim Antrieb durch Zahnrad und Ritzel muß ein elastisches Bindeglied, Rutschkupplung, Fliehkraftkupplung zwischengeschaltet werden, damit die Stöße des Stuhles nicht auf den Motor übertragen werden. Die Elastizität dieses Antriebes erreicht man auch durch pendelnd aufgehängten Motor[1]. Der jetzt leider immer noch notwendige Motorbock sollte nur direkt am Webstuhl befestigt werden, damit einmal der Motor die Schwingungen des Stuhles mitmachen kann, des anderen auch weniger Befestigungsarbeiten am Fußboden notwendig sind. Das zweckmäßigste wäre der Einbau des Motors in die Webstuhlwand selbst, wie ähnliche Konstruktionen im Werkzeugmaschinenbau schon seit langem üblich sind. Leider sind derartige Stühle noch nicht auf dem Markt erschienen, obgleich ein solches Patent einer Elektrizitätsfirma schon vorliegt[2].

Abb. 87. Elektr. Einzelantrieb, Seitenwand mit angebautem Motor der Firma K. & A. Stephan G. m. b. H., Thurm i. Sa.

Der elektrische Einzelantrieb durch Zahnrad und Ritzel gewährleistet ein gleichmäßigeres[3] Laufen des Stuhles, als bei Transmissionsantrieb möglich ist. Verfasser konnte eine hierdurch bedingte Erhöhung der Stuhlproduktion von einigen Prozenten feststellen.

Als Stromart kommt wohl nur noch Drehstrom wegen der einfachen, betriebssicheren Motoren und deren großen Anlaufmomentes in Frage. Als Spannung dürfte eine solche von 380 Volt die zweckmäßigste sein. Im allgemeinen wird bei Stuhlstillstand der Motor abgestellt. Doch kommen auch Konstruktionen vor, wo der Motor bei stillstehendem Stuhl weiterläuft.

---

[1] Über Kupplungen siehe auch Prof. H. Repenning: Die mechanische Weberei. 2. Aufl. S. 26f. Krayn 1921, der besonders die Fliehkraftkupplungen empfiehlt. Verfasser hat jedoch bei schmalen Stühlen auch mit einfachen preiswerten Rutschkupplungen der Firma K. & A. Stephan G. m. b. H., Thurm i. Sa., Abb. 87, gute Erfahrungen gemacht.

[2] Siehe den sehr interessanten Artikel von Dr. Fritz Birkhofer, Krefeld, in der Z. VDI 1929 S. 279: Tagesfragen im Bau von Webstühlen und Anregungen aus der Seidenweberei. Verfasser legt auch hier klar, daß alle bis jetzt auf dem Markt erschienenen Kupplungen noch mehr oder weniger verbesserungsbedürftig sind.

[3] Thiering, Oskar Dr.-Ing.: Die Getriebe der Textiltechnik. Berlin: Julius Springer 1926, gibt an, daß die Schwankungen der Tourenzahl bei Textilmaschinen im allgemeinen 2 bis 5% nicht übersteigen sollen.

Da die Leinenstühle, besonders wenn sie mit Jacquardmaschinen versehen sind, verhältnismäßig viel Kraft verbrauchen, empfiehlt es sich, nicht allein die Riemengeschwindigkeit durch große Riemenscheiben hoch zu wählen und breite Riemen zu nehmen, sondern auch, wie Abb. 88 zeigt, ein Untersetzungsgetriebe (meist 2 : 1) vor der Kurbelwelle einzuschalten.

Da sich Stühle für schwere Ware nur mit großer körperlicher Anstrengung von Hand aus drehen lassen, so werden bei manchen Stühlen Rücklaufvorrichtungen eingebaut (z. B. beim Ruthardstuhl der Maschinenfabrik Tannwald, Tannwald i. Böhmen).

Auf der Kurbelwelle ist ein Handrad aufgekeilt. Es dient einerseits zum Einstellen des Stuhles, des andern zum Verbessern des gleichmäßigen Stuhllaufes. Die Größe dieses Schwungrades soll dem Webstuhl und dessen Tourenzahl angepaßt sein. Um die Schwungräder so schwer bemessen zu können, wie sie im Hinblick auf die Schwere der zu erzeugenden Ware sein müssen, befestigt die Firma Maschinenfabrik Tannwald, Tannwald i. Böhmen, ihre

Abb. 88. Schwerer Leinenstuhl der Sächsischen Textil-Maschinenfabrik vorm. Rich. Hartmann A.-G., Chemnitz mit eingebautem Untersetzungsgetriebe.

Schwungräder auf der Welle mittels Rutschkupplungen. Eine übermäßige Beanspruchung der Wellen, Ladenstützen und Stuhlwände beim Stecherstoß wird durch diese Anordnung vermieden.

d) Ausrückung und Bremsung.

Die Stuhlausrückvorrichtung befindet sich vorn am Stuhl und meistens an jener Seite, wo der Antrieb liegt. Ein mit Handgriff versehener Hebel ist federnd am Stuhl befestigt. Ist der Stuhl eingerückt, so liegt dieser Hebel in einer am Schützentisch befindlichen Rast. Beim Ausrücken schiebt dieser Handhebel mittels Drehhebels und Riemengabel den Riemen auf die Losscheibe. Beim elektrischen Einzelantrieb wirkt er entweder auf einen Ausschalter oder auf eine Kupplung. Da beim Ausschalten das Auslaufen schnell laufender Stühle lange Zeit beansprucht, wird bei manchen Stühlen eine Bremsung eingebaut, die ebenfalls vom Absteller betätigt wird. Häufig ist hierbei das Schwungrad als Bremsscheibe ausgebildet, gegen welche ein durch Gewichte belasteter und vom Ausrücker betätigter Hebel drückt.

e) Die Lade.

Die Lade (Abb. 89) gibt dem Schützen eine Führung, nimmt ihn in der Ruhestellung auf und schlägt den Schußfaden an die fertige Ware, damit das Gewebe die erforderliche „Schußdichte“ erlangt. Die Führung des Schützens übernimmt der Ladenklotz und das zwischen Ladendeckel und Klotz in einer Nute eingeklemmte Blatt. In der Ruhestellung befindet sich der Schütze im Schützenkasten. Die Bewegung der Lade erfolgt von der Hauptwelle aus. Die Ladenwelle ist im Stuhlgestell gelagert und trägt im Innern des Gestells die Ladenstelzen, an denen oben der Ladenklotz befestigt ist. An diesem befinden sich seitwärts die Schützenkasten. Abb. 90a und b zeigen eine Anordnung, wie die Stelzen der Höhe nach verstellt werden können. Die Bewegung der Lade soll so sein, daß für den Schützendurchgang entweder Stillstand derselben oder doch ein sehr verlangsamter Gang eintritt. Ebenso soll das Riet nicht gegen die Ware geschleudert, sondern langsam angepreßt werden. Die Vorwärts- und die Rückwärtsbewegung der Lade muß langsam beginnen, dann anwachsen und gegen Schluß der Bewegung wieder verlangsamt werden. Die Bewegung der Lade geschieht zwangsläufig durch kürzere oder längere Kurbeln (Abb. 91). Deren Länge ist von Einfluß auf den Ladenstillstand während der Zeit der Schützenbewegung über die Lade. Lange Schubstangen geben einen kurzen, kurze Schubstangen einen langen Ladenstillstand. Ein wirklicher Stillstand der Lade tritt nicht ein, jedoch ein stark verlangsamter Gang, besonders in hinterster Stellung.

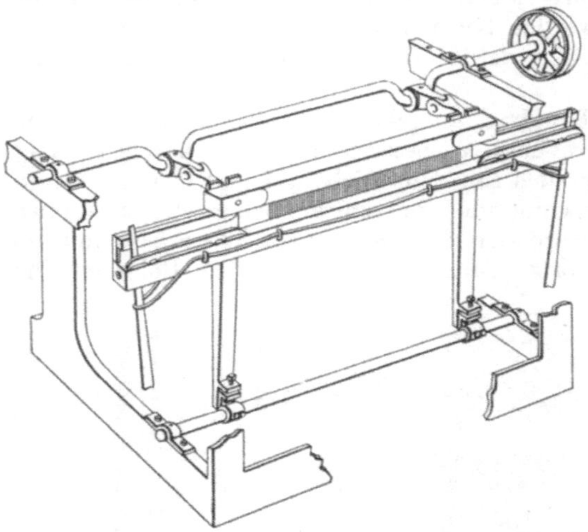

Abb. 89. Lade mit Antrieb, schematisch.

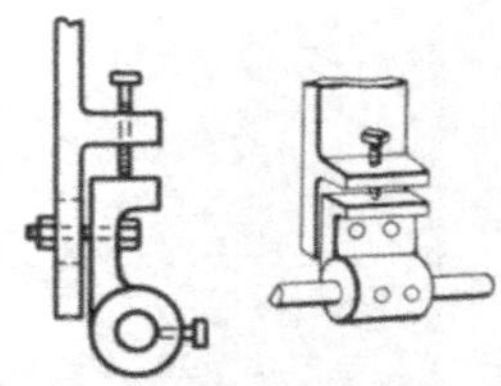

Abb. 90a und b. Stellvorrichtung der Ladenstelzen.

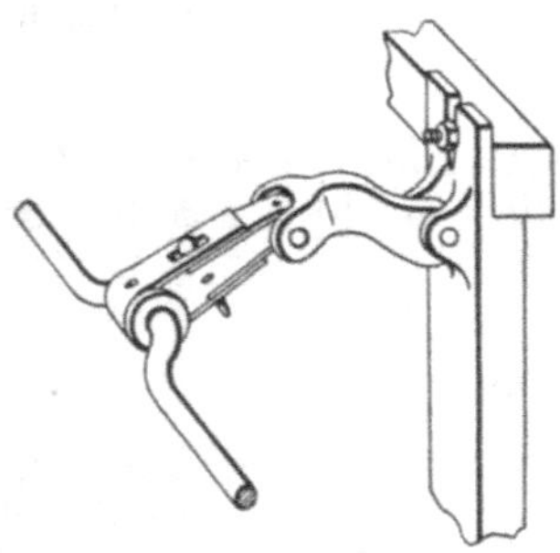

Abb. 91. Kurbel mit Schubstange.

Das Verhältnis zwischen Länge der Kurbel und Schubstange beträgt z. B. bei den Hartmannschen Stühlen Modell 10 1 : 1,67 bis 1 : 3,86 bei einer Kurbelkröpfung von 90 bis 70 mm und einer Schubstangenlänge von 150 bis 270 mm. Auf Abb. 92 zeigt das obere Diagramm den Verlauf der Ladengeschwindigkeit bei einer Kurbelumdrehung an, welches dem Verhältnis 1 : 2 entspricht, das untere Diagramm den entsprechenden Verlauf der Beschleunigung.

Der Drehpunkt der Lade ist möglichst tief verlegt, um die auftretenden Erschütterungen so wenig als möglich auf die Lade zu übertragen. Für schwere Gewebe verlegt man die Lagerung der Ladenachse nach rückwärts, sodaß die Ladenstelze beim Anschlag etwas vornüber geneigt ist, also beim Anschlag das Ladengewicht mitwirkt, auch vergrößert man das Gewicht der Lade durch Eisenschienen, Winkel usw. Die Kurbel- oder Schubstange, Abb. 91, welche die Lade mit der Kurbelwelle verbindet, ist meist mit nachstellbaren Bronzelagern versehen.

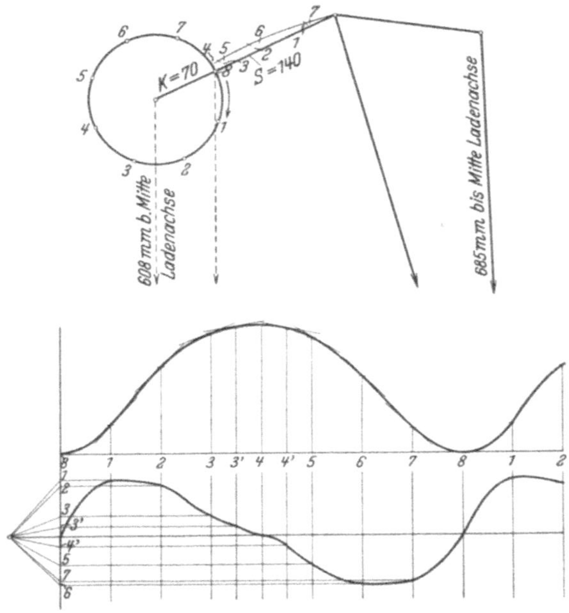

Abb. 92. Diagramm der Ladengeschwindigkeit und Ladenbeschleunigung.

Der Kamm dient nicht nur zur gleichmäßigen Ausbreitung der Kettenfäden in der Warenbreite, sondern auch zum Heranschlagen des soeben eingetragenen Schußfadens an den unmittelbar vorhergegangenen. Die einzelnen metallenen Rietstäbe werden mit Pech oder Zinn verbunden. Zinnbundblätter benutzt man bei schwereren Warensorten. Zur Schonung der Kettenfäden wird von einigen Firmen auf der Ladenbahn vor dem Riet ein Glasstab angebracht. Das Riet muß mit der Schützenkastenhinterwand in einer Ebene liegen. Der Winkel, den das Riet mit der Ladenbahn bildet, muß genau mit dem entsprechenden Schützenwinkel übereinstimmen.

Mit Ausnahme der Leinenbindung läßt man den Fachwechsel dann eintreten, wenn die Kröpfungen der Hauptwelle im Winkel von 45° schräg nach vorne stehen, d. h. der Anschlag erfolgt meistens bei geschlossener Kette. Man schlägt aber öfters bei offener Kette, d. h. so an, daß man den Anschlag gibt, bevor neues Fach gebildet ist, also während der Schußfaden noch nicht von der hinter ihm (nach dem Blatte zu) gekreuzten Kette eingeschlossen ist.

Abb. 93. Schützenkasten eines Webstuhles Modell 10 der Sächsischen Textil-Maschinenfabrik vorm. Rich. Hartmann A.-G., Chemnitz.

Es kommen Laden mit losem und mit festem Kamm vor. Laden mit losem Kamm werden für leichte Waren bei schnellaufenden Stühlen verwendet, während Laden mit festem Kamm gewöhnlich für schwere Webstühle mit langsamer Gangart in Verwendung sind.

Einen Schützenkasten zeigt Abb. 93. Die Größe desselben muß dem Schützen angepaßt sein. Er besteht aus der Schützenkastenvorder-, -hinterwand und Endwand, Schützenkastenboden sowie Zunge und Leiste. In der Hinterwand befindet sich die drehbar gelagerte Zunge, auf welche der Stecherfühler wirkt. Die Leiste ist an der Hinterwand befestigt. Um ein Herausfliegen des Schützens aus dem Schützenkasten zu verhindern, begrenzt die Leiste die Bewegung des Schützens und des Pickers. Von ihrem guten Sitz hängt sehr viel für den richtigen Lauf des Schützens ab. Die Vogtländische Maschinenfabrik A. G., Plauen im Vogtld., bringt eine Lederpolsterung im Schützenkasten an, um den Schützenverschleiß zu verringern und das Absplittern des Schützens unmöglich zu machen. Die Schützenkastenzungen sind aus Gußeisen (Abb. 94) oder Holz; sie sollen die Flugkraft des in den Schützenkasten einlaufenden Schützens allmählich abbremsen und ihn bei der Weiterbewegung der Lade festhalten. Ihre Form muß so beschaffen sein, daß ein Brennen der Schützen nicht eintreten kann, und die Picker möglichst geschont werden. Sie müssen ein ruhiges, weiches Abschnellen des Schützens zulassen und dürfen seine Flugbahn nicht ändern. Im andern Falle würde der Schütze schlenkern und aus seiner Bahn fliegen. Durch unsachgemäße Zungen werden die Schußkopse „abgeschlagen“, d. h. eine unnötig große Garnmenge wird durch eine zu starke Schützenbeschleunigung abgezogen, was einen größeren Materialverlust und schlechte Ware verursacht.

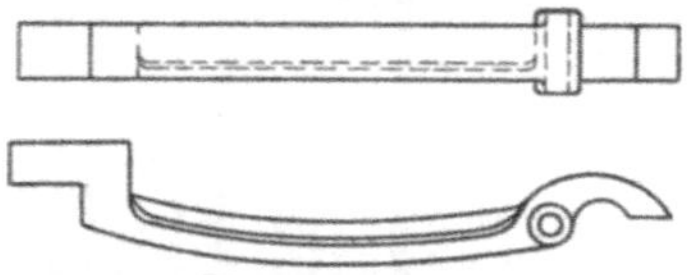

Abb. 94. Schützenkastenzunge eines Webstuhles Modell 10 der Sächsischen Textil-Maschinenfabrik vorm. Richard Hartmann A.-G., Chemnitz.

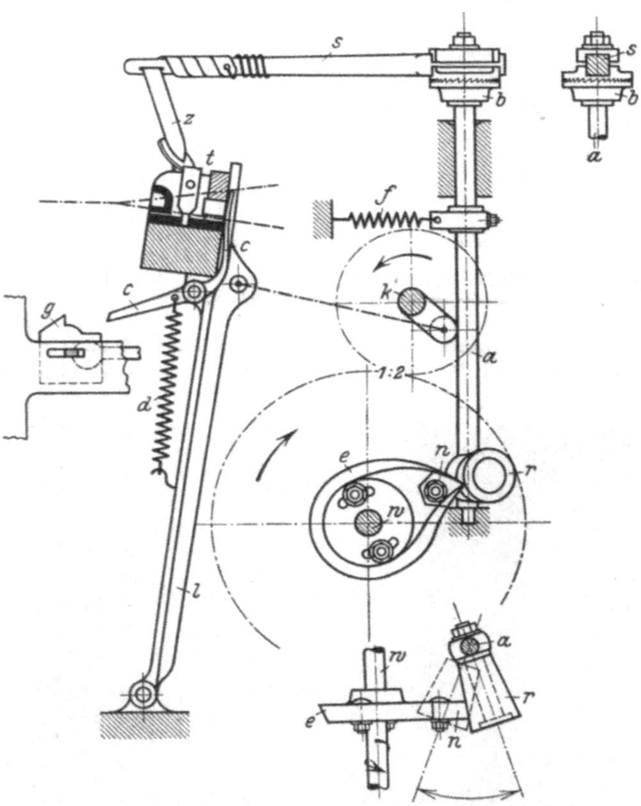

Abb. 95. Der Oberschlag, schematisch. (Nach Müller: Handbuch der Weberei.)

f) Der Schützenschlag.

In der Leinenweberei kommen Ober- und Unterschlagstühle vor. Für die schwereren Qualitäten von Handtüchern und Tischzeugen bevorzugt man die Unterschlagstühle. Der Schlag wird durch Exzenter oder exzenterähnliche Organe betätigt. Hierbei ist die Schlagstärke von der Stuhlgeschwindigkeit abhängig, und zwar in der Weise, daß mit zunehmender Geschwindigkeit des Webstuhles auch die Schlagstärke zunimmt.

α) **Der Oberschlag.** Eine für schmale Stühle leichter Bauart sehr gebräuchliche Anordnung für Oberschlag ist durch Abb. 95 dargestellt. Die Schlagscheibe *w* wirkt gegen die auf der Schlägerwelle *a* sitzende Rolle *r* und dreht damit den oben auf der Schlägerwelle sitzenden Schlagarm *s*, welcher durch den Schlagriemen *z* mit dem Schützentreiber *t* in Verbindung steht. Die Feder *f* dreht den Schlagarm zurück. Der Schlagstock *s* ist durch eine Kronenkupplung *b* verstellbar gemacht, während er außerdem auch etwas seiner Länge nach verschiebbar ist.

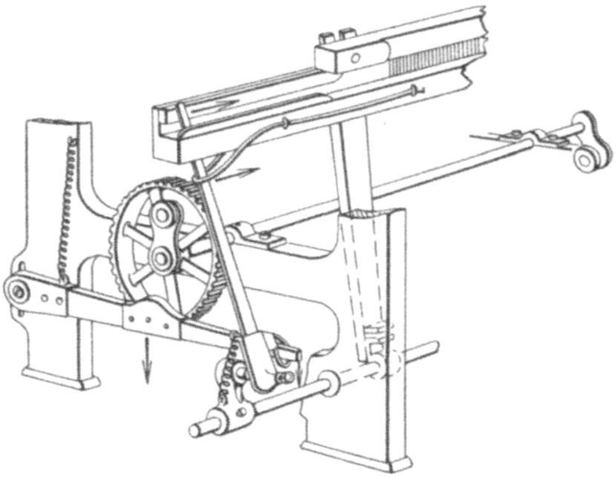

Abb. 96. Der Unterschlag, schematisch, bei Stühlen Modell 10 der Sächsischen Textil-Maschinenfabrik vorm. Rich. Hartmann A.-G., Chemnitz.

β) **Der Unterschlag.** Bei Leinenstühlen findet man eine Unterschlagvorrichtung, wie sie in Abb. 96 dargestellt ist. Ein besonderer Vorteil hierbei ist, daß alle Schlagorgane außerhalb der Stuhlwände sich befinden, wodurch ein Abspritzen von Öl auf die Kette oder die Ware vermieden wird. Die Ober- oder Kurbelwelle treibt durch Zahnradübersetzung die Unterwelle im Verhältnis 2 : 1 an. Auf den Enden der Unterwelle sitzt je eine in Schlagkurbeln gelagerte Schlagrolle, die gegeneinander um 180° versetzt sind. Parallel dem Stuhlgestell ist an jeder Seite ein hölzerner Schlaghebel (aus Esche, Hickory oder Lignostone) angeordnet, der ungefähr in der Mitte ein gußeisernes Schlagstück trägt. Der Schlaghebel ist durch eine kurze Lederschlaufe, Schlagriemen mit dem gußeisernen Fußstück des Schlagarmes verbunden. Drückt die Schlagrolle den Schlaghebel nieder, so wird der Schlagarm mit dem Picker stuhleinwärts bewegt. Die Bewegung wird durch eine Fangvorrichtung, Prelleder (Abb. 97), begrenzt. Nach Beendigung des Schlages zieht eine Feder die Teile wieder zurück. Statt der Prellriemen finden wir bei den Ruthardtstühlen der Maschinenfabrik Tannwald, Tannwald i. Böhmen, einen elastischen Schlägerpuffer.

Abb. 97. Schlagbegrenzung für Unterschlagstühle.

Der Schütze muß am Ende seines Laufes elastisch aufgefangen und festgehalten werden. Dieses geschieht einmal durch den Fangriemen, der den Schläger abbremst, auf welchen der Schütze aufprallt. Des anderen wird der Schütze durch die Schützenkastenzunge festgeklemmt.

Der Schlag darf stets nur so stark sein, als für das sichere Laufen des Webstuhles erforderlich ist. Jedes Mehr an Schlagstärke ist schädlich und bedeutet Verlust: vergrößerten Kraftbedarf und größere Abnutzung des Schlagzeuges und Schützens.

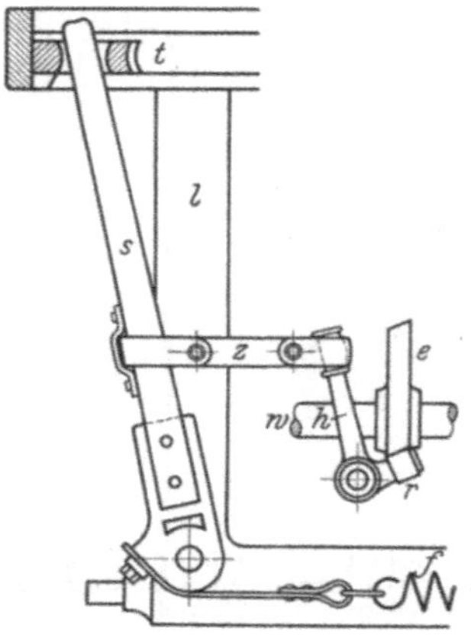

Abb. 98. Andere Konstruktion des Unterschlages. (Aus Prof. Ernst Müller: Handbuch der Weberei S. 702. Leipzig: Baumgärtner 1896.)

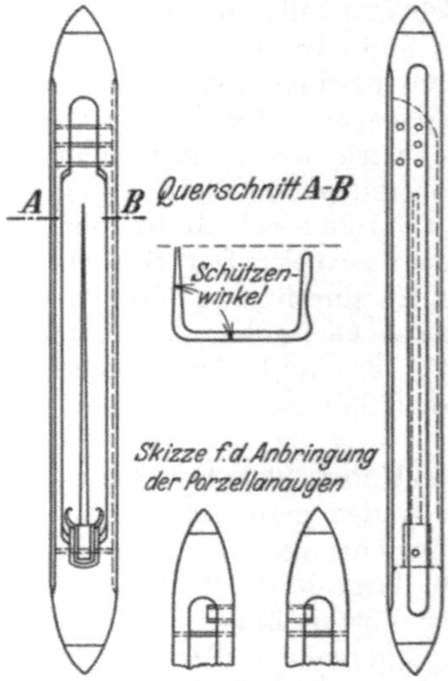

Abb. 99. Schützen, schematisch.

Die Schwankungen in der Tourenzahl des Stuhles sind höchstens mit einigen Prozenten nach oben oder unten, von der normalen aus gerechnet, zulässig. Bei jeder Steigerung der Schlagstärke trifft der Schütze zu heftig auf die am Schützenkasten angebrachten Auffangvorrichtungen. Die Folge dieses heftigen Anpralles wird sein, daß der Schütze entweder 1. so weit aus dem Kasten

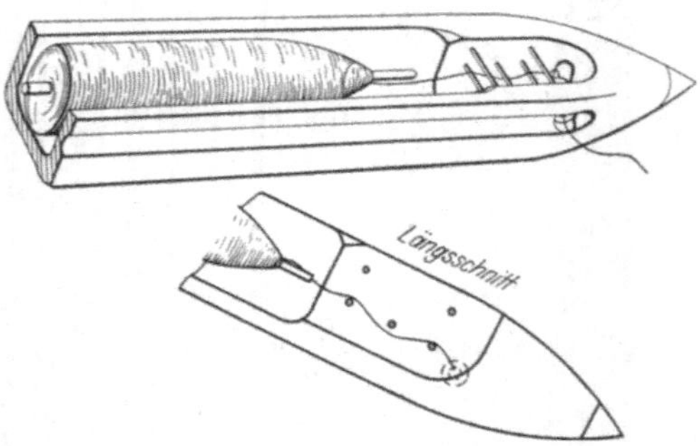

Abb. 100. Fadenbremse durch Stäbe im Schützen.

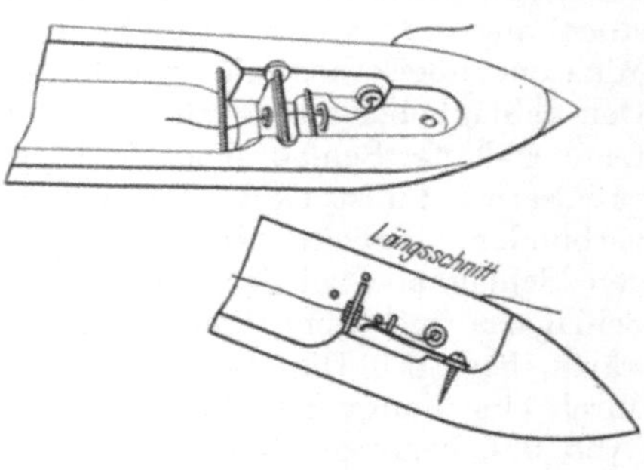

Abb. 101. Fadenbremse durch federndes Blech im Schützen.

zurückschnellt, daß er beim nachfolgenden Schlag keine hinreichende Geschwindigkeit erhält, also nicht zeitig genug in seinen gegenüberliegenden Kasten trifft, 2. nur ein wenig zurückprallt und den Schußfaden dabei soviel lockert, daß in der Ware Schußschlingen entstehen und 3. die Schußspulen von der Schützenspindel oder das Garn von der Spule abschleudert. Vermindert sich andererseits die Tourenzahl, so erhält der Schütze keine hinreichende Fluggeschwindigkeit, und der Webstuhl stellt ebenfalls selbsttätig ab.

Eine andere Konstruktion des Unterschlages zeigt Abb. 98.

Die Maschinenfabrik Tannwald, Tannwald i. Böhmen, wendet bei ihren Stühlen einen patentierten federnden Präzisionsschlag an, der größtmögliche Schonung des Schlagzeuges und der Schußspule gewährleisten soll. Die Schlaggebung erfolgt nicht durch ein offenes Schlagexzenter, sondern die Schlagrolle läuft in dem Nutengang einer Schlagscheibe. Die Bewegung des Schlagzeuges erfolgt daher zwangsläufig.

γ) **Schützen und Schlagzeug.** Der Schütze (Abb. 99), der eine hinreichende

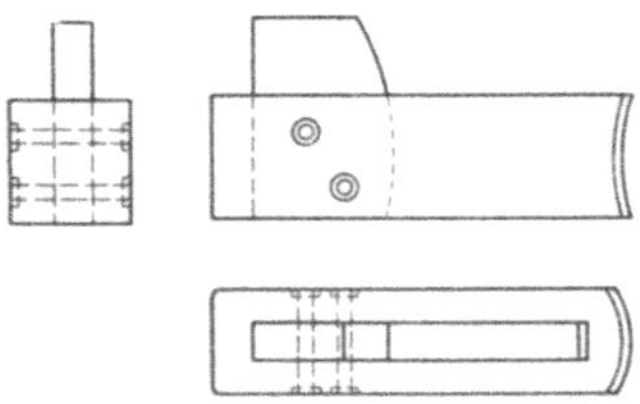

Abb. 102. Picker für Unterschlagstühle.

Abb. 103. Abgepaßtes Geschirrtuch mit 4 Kanten.

Schwere haben muß, besteht aus hartem, trockenem Buchsbaum-, Weißbuchenholz oder Persimon, Kornel-Pockholz ohne Risse und Sprünge, auch Lignostone hat sich gut bewährt. Von der Anschaffung billiger Holzschützen sehe man ab, da deren Holz leicht rauh und splitterig wird, wodurch viele Kettenfadenbrüche verursacht werden. Das schlank zugespitzte Ende trägt einen Metallbeschlag, um den Schützen gegen Abnutzung zu schützen. Im Inneren befindet sich eine aufklappbare Spindel aus Stahldraht, auf welche die Schußspule aufgesteckt wird. Der Schußfaden wird durch die Fadenöse und durch Bremsvorrichtungen (Abb. 100 und 101) gezogen, sodaß die erforderliche Schußfadenmenge während des Schützendurchwurfes stets in gleichmäßiger Spannung abgegeben werden kann, damit man eine gute Kante erzielt und kleine von der Webfläche hervorstehende Schleifchen vermieden werden. Die Schützen müssen an den Seiten und auch an der Spitze glatt erhalten werden, da sie sonst die Kettenfäden aufrauhen und mitnehmen und sie selbst aus der Bahn fliegen. Es ist daher ein häufiges Anschleifen der Spitzen und Einreiben der Außenseiten mit Öl oder besser mit alkoholischer Schellacklösung (bei Lignostone nicht notwendig) sehr zu empfehlen.

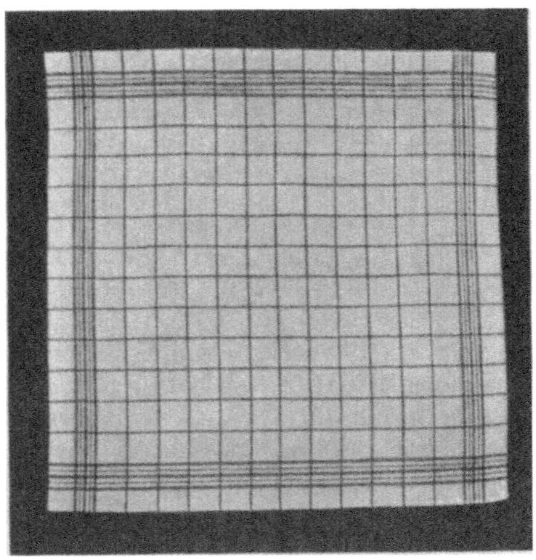

Abb. 104. Abgepaßtes und kariertes Geschirrtuch mit 4 Kanten.

Die Picker (Abb. 102) für Unterschlagstühle werden aus lohgarem oder Chromleder hergestellt. Die Lagen müssen überall ohne Zwischenräume gut aneinanderliegen. Das Ende der äußeren Lage muß dauerhaft verleimt sein. Zur Befestigung sind zwei Niete mit Unterlegscheiben durch den Picker gezogen. Die äußere Oberfläche der Nietköpfe und der Unterlegscheiben darf nicht rauh sein und nicht aus der Lederfläche hervorstehen.

Die Schlaglatten fertigt man aus gut abgelagerter Esche, Hickory oder Lignostone an. Sie müssen der Langfaser nach geschnitten oder gespalten werden, müssen feinfaserig sein und dürfen keine Äste besitzen.

δ) **Schützenwechselvorrichtung.** Stühle mit Schützenwechselvorrichtung werden in der Leinenweberei für die Anfertigung von Küchen-, Teller- und Gläsertüchern usw. (Abb. 103, 104) benutzt, bei denen zweifarbiger, höchstens dreifarbiger Schuß eingeschlagen wird. Die Vorrichtungen zum Wechseln des Schusses sind genau dieselben, wie sie in der Baumwollindustrie verwendet werden; es kann daher hier von einer Beschreibung abgesehen werden.

g) Mechanismus zur Erhaltung der Spannung und zur Längsbewegung der Kette.

α) **Kettenbaumeinrichtung.** Abb. 105 zeigt den Lauf der Kette in einem Jacquardwebstuhl. Die Kette kommt vom Kettenbaum, läuft über den meist

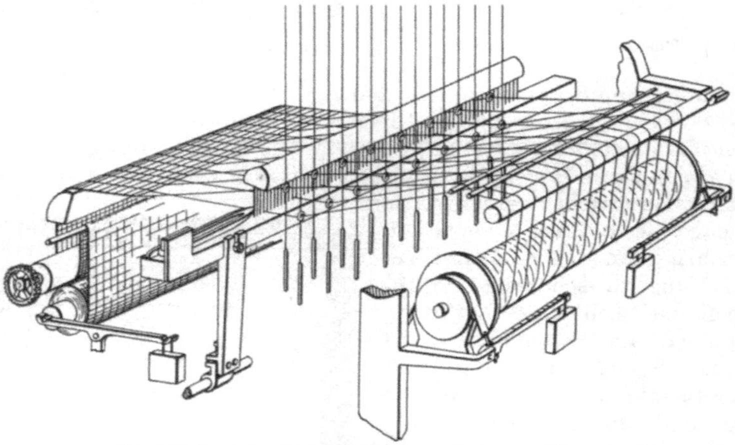

Abb. 105. Lauf der Kette durch einen Jacquardwebstuhl.

beweglichen Streichbaum und geht durch Teilschienen, hinter denen sich auch ein Kettenfadenwächter befinden kann. Darauf läuft der Kettenfaden zunächst einzeln durch die Öse der Jacquardlitze und dann in Gruppen zwischen den Stäben des Rietes, das sich in der Lade befindet; hier wird auch der Schuß eingetragen. Das fertige Gewebe zieht sich über den Brustbaum und wird dann durch den Sand-, Riffel- oder Schaltwerkbaum auf den Warenbaum aufgewickelt.

Der Kettenbaum ist an der Stuhlwand in Mulden oder durch eingeschobene Achsen gelagert.

Trotzdem eine gleichmäßige Kettenspannung beim Verweben gefordert werden muß, findet man meist noch gewichtsbelastete Seil-, Ketten- und Bandbremsen (Abb. 106), deren gutes Arbeiten vollkommen vom Geschick des Webers abhängt. Obgleich Konstruktionen für automatische Bremsen schon vor Jahr und Tag auf dem Markt erschienen sind, fangen sie jetzt erst an, sich in größerem Maße einzuführen. Bei gröberen Garnnummern sollen Kettenbremsen zweckmäßiger sein, bei feineren Seilbremsen. Die Seile sind elastischer, aber weniger haltbar als die Ketten, sie haben auch eine größere Reibungsfläche und größeren Reibungswiderstand. Ketten geben leicht gefurchte Bremsscheiben. Kettenbremsen soll man in der Leinenweberei häufig finden. Sie haben den Vorteil, daß sie eine starke Bremsung gestatten, den Nachteil, leicht eine unegale Ware zu liefern, weil jede Verunreinigung der Bremsfläche eine Änderung der Kettenspannung hervorruft. Dieser Nachteil kann jedoch durch die Verbindung mit einem positiven Warenbaumregulator aufgehoben werden. Bandbremsen (Abb. 106) dürften in den meisten Fällen den Ketten- und Seilbremsen vorzuziehen sein.

Abb. 106. Kettenbaum mit Bandbremse.

Ein automatischer Kettenbaumregulator wird von der Vogtländischen Maschinenfabrik A.-G., Plauen, an ihren Automaten angebracht (Abb. 107). Die Webkette geht über einen federnden Schwingbaum. Durch eine durch Druckfeder *a* erzeugte Federung wird die Schaltung des Regulators beeinflußt. Wird die Kette zu locker, so schaltet der Regulator wenig oder nicht. Ist die Spannung der Kette zu groß, so schaltet er viel, und zwar so lange, bis die Spannung erreicht ist, die das Gewebe verlangt, und zwar jene Spannung, welche schon beim ersten halben Meter Ware durch die regulierbare Druckfeder *a* eingestellt worden ist. Die Schaltung des Regulators erfolgt durch das auf der Schlagexzenterwelle aufgeschraubten Schlagexzenter *b*. Dieses Exzenter betätigt einen Schalthebel *c*, an welchem eine Schaltfalle *d* befestigt ist. Diese Falle wiederum setzt durch den Zahn-

Abb. 107. Automatischer Kettbenaumregulator der Vogtländischen Maschinenfabrik A.-G., Plauen i. Vogtld.

kranz eines Wechselrades *e* ein weiteres Zahngetriebe *f*—*g* in Tätigkeit, wodurch dann das Drehen oder Nachlassen des Kettenbaums bewerkstelligt wird. Der Kettenfaden wird also nachgeschoben. Infolgedessen ist eine außerordentlich

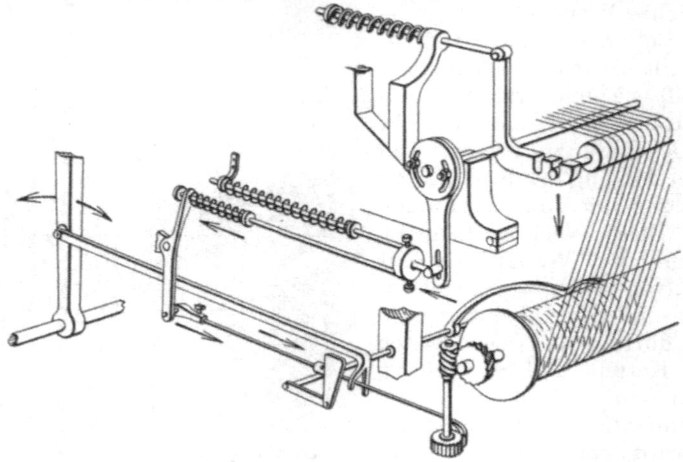

Abb. 108. Kettenbaumregulator der Maschinenfabrik Rüti, schematisch.

große Schonung der Kettenfäden möglich. Die am Anfang der Kette eingestellte Spannung bleibt bis zum leeren Baum immer ein und dieselbe. Ähnlich arbeitet der Kettenbaumregulator der Maschinenfabrik Rüti (Abb. 108).

Bei besonders schweren Geweben (Segeltüchern usw.), die einer sehr starken Kettenbaumbremsung bedürfen, bringt man zwischen Kettenbaum und Schwingbaum noch eine meist drehbare Walze an (Abb. 109), um welche die Kette geführt wird.

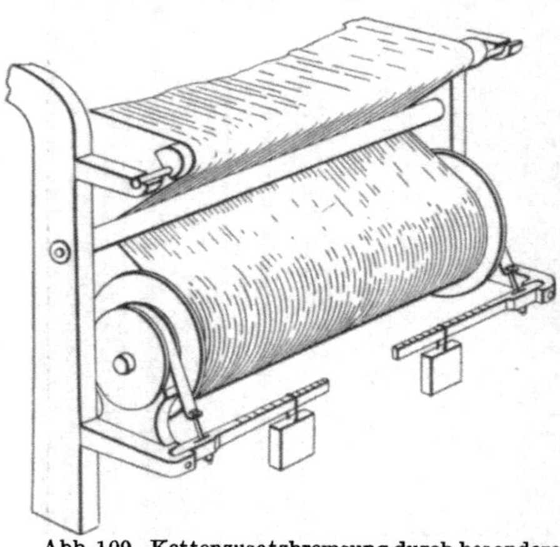

Abb. 109. Kettenzusatzbremsung durch besondere Streichwalze.

Um die Kette beim Verweben zu schonen, macht man häufig den Streichbaum beweglich bzw. nachgiebig. Der Streichbaum wird hierbei durch eine auf der Kurbelwelle sitzende exzentrische Scheibe positiv bewegt. Der Hub des auf dieser Scheibe gleitenden Schwingbaumhebels muß der Fachhöhe angepaßt werden, da die Kette bei geöffnetem Fach keine größere Spannung zeigen darf als bei geschlossenem. Die Bewegung ist derart, daß einerseits eine Verminderung der Fadenspannung bei geöffnetem Fach eintritt, andererseits aber das Straffhalten der Kette beim Anschlagen des Blattes bewirkt wird. In Abb. 108 ist ein Streichbaum abgebildet, der durch Federspannung mehr oder weniger nachgiebig eingestellt werden kann.

Es ist zur Fachbildung vorteilhaft, wenn der Streichbaum vom Warenrand möglichst großen Abstand hat, da dann das Garn auf seine Elastizität weniger beansprucht wird.

Der Streichbaum ist in der Höhe verstellbar, um der Kette gegen den Brustbaum einen geneigten Lauf geben zu können. Ein besonders dichtes Gewebe wird am leichtesten erhalten, wenn die Kette stärker geneigt ist.

Die Kreuzschienen, Teilruten oder Gelesestäbe begünstigen das für eine reine Fachbildung notwendige gute Auseinanderspringen bzw. Teilen der einzelnen Fäden der Kette und erleichtern das Aufsuchen und Einziehen zerrissener Kettenfäden. Sie bestehen aus dünnen, linsenförmigen Holzstäben, die häufig zur Verminderung der Fadenreibung mit Blech überzogen sind und zwischen Schwingbaum und Schaft bzw. Harnisch zwischen die Kettenfäden eingeschoben werden und dadurch die Länge des Hinterfaches festlegen. An ihren Enden werden sie mittels kurzer Schnüre miteinander verbunden; damit sie bei der fortschreitenden Kette nicht mit nach vorn gehen, sind sie am Schwingbaum ebenfalls mit Schnüren oder Riemchen befestigt. Meist werden zwei Kreuzschienen verwendet; wo dichte Ketten verarbeitet werden, nimmt man 3 oder 4. Für leinwandbindige Ware hat sich die Benutzung von drei Kreuzschienen bewährt.

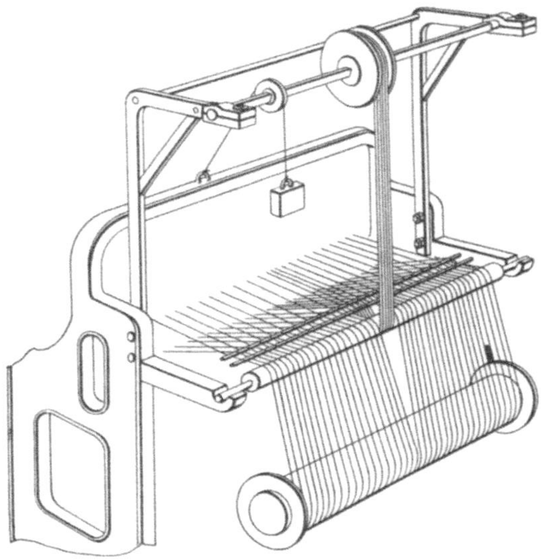

Abb. 110. Zweiter Kettenbaum für Namenstreifen.

Sollen in Wischtüchern oder Handtüchern mit einfachen Bindungen (z. B. Leinen- oder Gerstenkornbindung) Namenstreifen mit einer kleinen Jacquardmaschine eingewebt werden, so ist es zweckmäßig, die Fäden des Jacquardstreifens auf einen kleinen Kettenbaum besonders aufzubäumen, der oberhalb

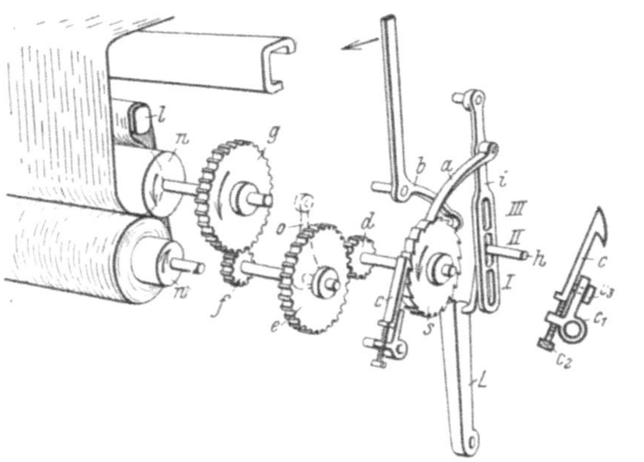

Abb. 111. Positiver Warenbaumregulator, schematisch. (Aus Repenning: Die mechanische Weberei. Berlin: M. Krayn 1921.)

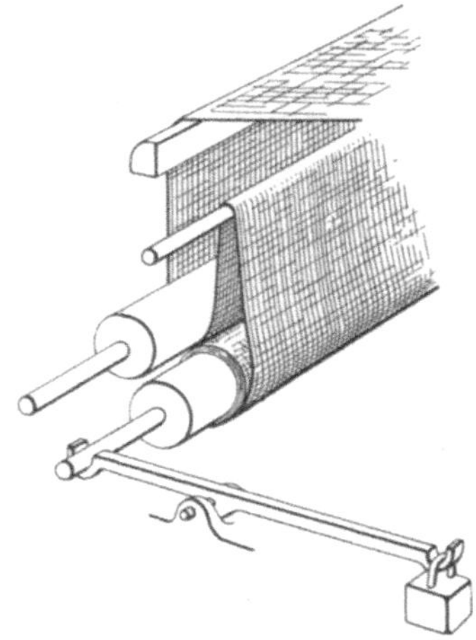

Abb. 112. Riffelbaum mit gewichtsbelastetem Warenbaum, schematisch.

des anderen Kettenbaumes gelagert ist (Abb. 110). Da die kurzflottenden Bindungen sich stärker einweben als die langflottenden der Nameneinwebung, so ist auch für jede Art eine besondere Bremsung notwendig.

β) **Schaltwerk.** Die fertige Ware wird durch einen positiven Regulator (Abb. 111) auf den Warenbaum aufgewickelt. Der Warenbaum erhält seine

Bewegung durch den Riffelbaum, der seinerseits von der Lade aus mittels Zahnräder, Wechselräder, Schalträder und Schaltklinken angetrieben wird. Gewichte oder Federn drücken den Warenbaum an den Riffelbaum (Abb. 112). Die Schnelligkeit des Kettenabzugs wird durch verschiedene Größen der Schalträder und des Schalthebels (Hebel schaltet ein oder mehrere Zähne) eingestellt. Eine Gegenklinke verhindert das Zurückgleiten der Kette. Diese Klinke kann durch eine Übertragung vom Weber ausgeschaltet werden, wenn er wegen Fehler die Kette zurück auf den Kettenbaum aufwinden oder bei Schußbruch die fertige Ware etwas nachlassen muß.

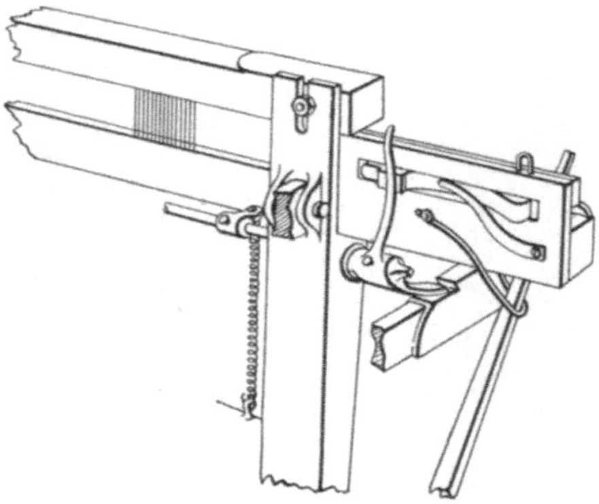

Abb. 113. Der Schützenwächter, schematisch, von hinten.

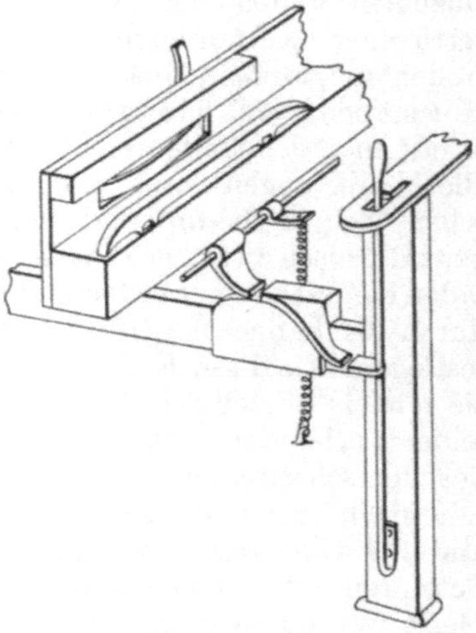

Abb. 114. Der Schützenwächter, schematisch, von vorn.

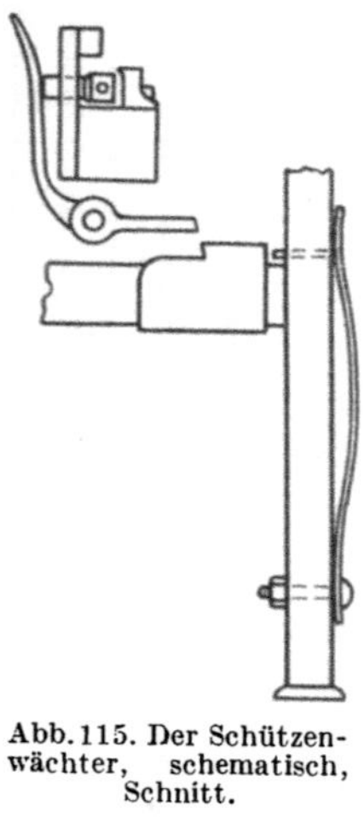

Abb. 115. Der Schützenwächter, schematisch, Schnitt.

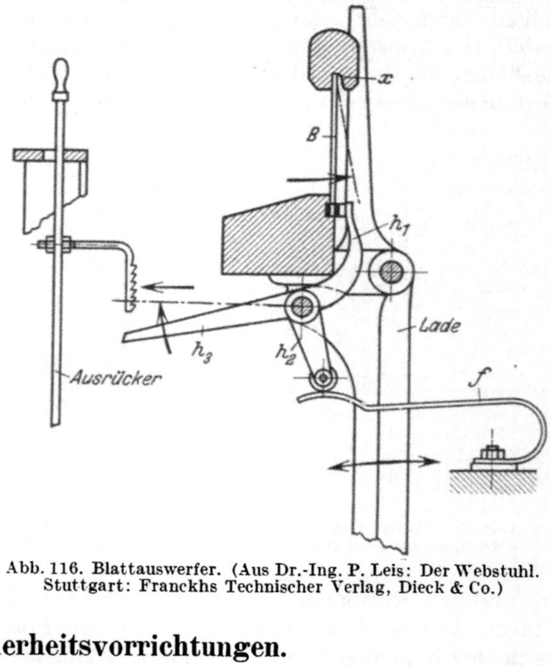

Abb. 116. Blattauswerfer. (Aus Dr.-Ing. P. Leis: Der Webstuhl. Stuttgart: Franckhs Technischer Verlag, Dieck & Co.)

h) Sicherheitsvorrichtungen.

In den vorhergehenden Abschnitten sind jene Stuhlorgane beschrieben worden, die zur unmittelbaren Herstellung der Gewebe notwendig sind. Um jedoch ein einwandfreies Laufen des Stuhles zu gewährleisten, um Bruch beim Versagen von Mechanismen zu vermeiden und um den Weber zu entlasten, sind von Anfang an Sicherheitsvorrichtungen konstruiert worden und sind im Laufe der Zeit eine ganze Reihe neuer hinzugekommen.

α) **Der Schützenwächter.** Bleibt der Schütze aus irgendeinem Grunde im Fach stecken, so würde die Kette beim Zugehen des Faches stark beschädigt werden, wenn nicht eine Vorrichtung den Stuhl sofort abstellen bzw. ein Zugehen des Faches unmöglich machen würde. Eine unterhalb des Ladenklotzes gelagerte Welle (Abb. 113 und 114) wird mittels Fühler durch den in den Schützenkasten einlaufenden Schützen so gedreht, daß die an den Enden der Welle angebrachten beiden Stecher (Abb. 115) frei über die ihnen gegenüberstehenden Anschläge, „Frösche", hinweggehen. Befindet sich kein Schütze im Kasten, so wird der Stecher nicht gehoben, er stößt also gegen den Anschlag (Abb. 114). Dieser ist einerseits mit dem Ausrücker verbunden, so daß er den Stuhl beim Anstoß des Stechers abstellt. Andererseits wirkt er mittels starker Blattfeder (Abb. 115) etwas gleitend auf die Stuhlwand, so daß er die Lade aufhält und diese nicht zum Anschlag kommen kann. Fliegt der Schütze aus seiner Bahn, so würde wohl die Kette nicht beschädigt werden, jedoch würden durch Nichteintragen der Schußfäden Fehlstellen in der Ware entstehen. Auch in diesem Falle stellt natürlich der Schützenwächter den Stuhl ab.

Abb. 117. Schützenblockierung der Aktiengesellschaft der Eisen- und Stahlwerke vorm. Georg Fischer Werk: Maschinenfabrik Rauschenbach A.-G., Schaffhausen, Schweiz. Ansicht.

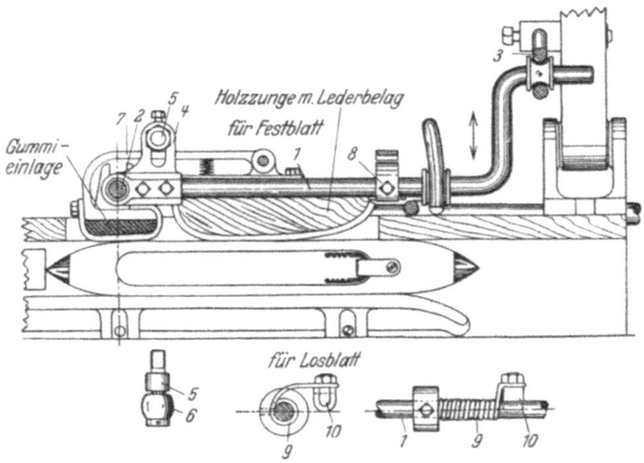

Abb. 118. Schützenblockierung der Aktiengesellschaft der Eisen- und Stahlwerke vorm. Georg Fischer Werk: Maschinenfabrik Rauschenbach A.-G., Schaffhausen, Schweiz. Schnitt.

Zum gleichen Zweck werden bei leichteren Stühlen Blattauswerfer (Abb. 116) angebracht. Das Blatt ist dann am Ladendeckel drehbar gelagert und durch entsprechende Federverbindung an dem Ladenboden festgehalten. Die Federverbindung ist so gestaltet, daß sie in der vorderen und hinteren Endlage der Lade starr ist, in den Zwischenlagen jedoch nachgeben kann. Der steckengebliebene Schütze kann daher das Blatt zurückdrücken.

β) Schützenblockierungen, Stuhlentlaster. Zur Sicherung gegen Schützenschläge muß die Feder der Stecherwelle stark gespannt sein. Diese Federkraft muß sowohl beim Abschießen als auch beim Einlaufen des Schützens in den Schützenkasten unter viel Reibungskraft überwunden werden. Die Schlagorgane müssen sich daher beim Abschießen des Schützens stärker spannen. Der hierdurch bedingte stärkere Schützenschlag ruft einen unnötigen Kraftbedarf und Materialverschleiß an Pickern, Schlagarmen usw. hervor. Es sind nun eine ganze Reihe von Vorrichtungen konstruiert worden, die den oben erwähnten Federdruck im Augenblick des Schützenaus- und -einlaufens aufheben. Ein weiterer Vorteil der Webschützenentlaster ist das Überwachen der Webschützenbeschleunigung. Sie kann so eingestellt werden, daß der Schußkops und der Faden möglichst geschont wird, so daß das Abschlagen der Schußkopse vermieden wird.

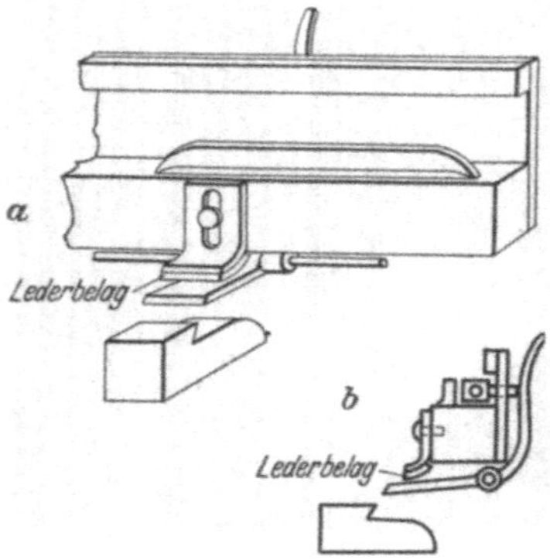

Abb. 119a und b. Winkelsicherung der Firma Caspar Honegger, Rüti.

Eine Schützenblockierung, die sich in der Praxis sehr gut bewährt hat, zeigen Abb. 117 und 118 der Aktiengesellschaft der Eisen- und Stahlwerke vormals Georg Fischer Werk: Maschinenfabrik Rauschenbach, Schaffhausen (Schweiz).

Die Druckstange *1*, im Lagerbolzen *2* drehbar gelagert, wird durch die Steuergabel *3* bei höchster Stellung des Kurbelarmes zurückgedrückt. Dieser Druck wirkt durch den Druckkopf *4* mit Bolzen *5* und Rolle 6 auf den Blockierbügel *7*. Bei Festblattstühlen gibt der Nocken *8* den Stecherhebel frei, so daß dieser in gewohnter Weise auf die Holzzunge drücken kann. Bei Losblattstühlen wird durch eine Torsionsfeder *9* mit Drücker *10* der nötige Druck auf die Zunge ausgeübt. Bemerkenswert ist die Selbstbremsung des Schützens in der Weise, daß der ankommende Schütze durch den einwärtsgehenden Blockierbügel *7* seine Spitze selbst endgültig abbremst, ohne in den Picker einzudringen. Verschiedene Stellschrauben ermöglichen eine präzise Regulierung der Blockierung. Die „Ent"-Blockierung erfolgt in umgekehrter Weise bei der Abwärtsbewegung des Kurbelarmes. Bei Festblattstühlen wird der Stecher durch den Nocken *8* soviel als nötig gehoben, wodurch die Zunge entlastet wird, sodaß der Schütze frei von Druck und Reibung den Kasten verlassen kann. Bei Losblattstühlen erfolgt die Entlastung der Zunge durch Abheben des Drückers *10* durch die Druckstange *1*. Als Vorteile werden aufgeführt: 3- bis 4mal längere Gebrauchsfähigkeit der Picker, Wegfall der Fangriemen, regelmäßiger, stoßfreier Gang des Webstuhles bei vermehrter Schonung der Schlagorgane, Wegfall des sogenannten Anschlagens oder Einstechens bei Festblattstühlen, da der Schütze nie zurückprallt und auch Witterungseinflüsse keine Rolle mehr spielen, Erhöhung der Tourenzahl des Webstuhles um 10 bis 15%. Der Schütze wird im Kasten stets an der genau gleichen Stelle fixiert. Dieser Umstand ist speziell

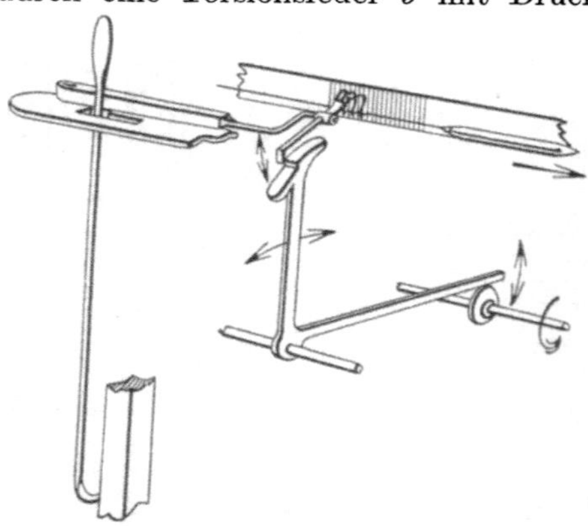
Abb. 120. Schußfadenwächter, schematisch.

für Automatenstühle sehr wichtig. Das Abschlagen oder Auseinanderrutschen der Kopse wird vermieden.

Einen einfachen Winkel nach Abb. 119a und b bringt die Firma Caspar Honegger, Rüti, an ihren Stühlen an, um das Flattern und Überspringen des Stechers zu verhindern.

γ) **Der Schußfadenwächter** (Abb. 120) setzt den Stuhl still, wenn die Spule im Schützen abgelaufen oder der Schußfaden gerissen ist. Eine Schußgabel ist so angeordnet, daß sie bei vorderster Stellung der Lade in die Schußbahn hineinreicht und durch den vorhandenen Schußfaden nach unten gedrückt wird. Hierdurch geht ihr Haken in die Höhe, so daß der Hammer nicht anfassen kann. Dieser erhält mittels eines auf der Vorgelegewelle sitzenden Exzenters eine hin- und hergehende Bewegung. Die Schußgabel ist an einem drehbaren, einseitigen Hebel befestigt, der auf den Absteller wirkt. Ist nun kein Schußfaden vorhanden, so bleibt die Schußgabel waagerecht liegen und wird dann durch den Hammer zum Brustbaum hin bewegt. Dadurch springt der Abstellhebel aus seiner Rast und rückt den Stuhl aus. Hierbei wird gleichzeitig durch einen am Hebel liegenden Finger die Gegenklinke des Regulators ausgehoben, so daß dessen Schaltung aufhört. Dieser Gabelschußwächter wird im allgemeinen nur auf einer Seite des Webstuhles angebracht. Seine Wächtertätigkeit erstreckt sich daher nur immer auf zwei eingetragene Schüsse.

Abb. 121. Pendelndes Fangnetz als Schützenfänger.

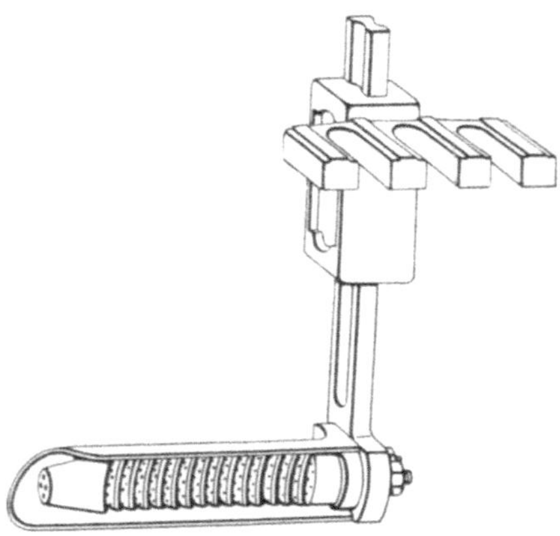

Abb. 122. Breithalter-Ringtempel der Firma Karl Schulze vorm. Schulze & Lehrmann, Chemnitz.

Abb. 123. Im Webstuhl eingebauter Breithalter und Meterzähler der Firma Irion & Vosseler, Schwenningen a. N.

δ) Die **Kettenfadenwächter** haben sich wohl erst durch die automatischen Stühle mehr eingeführt, obgleich das erste Patent auf diese schon im Jahre 1786 von Cartwright genommen wurde.

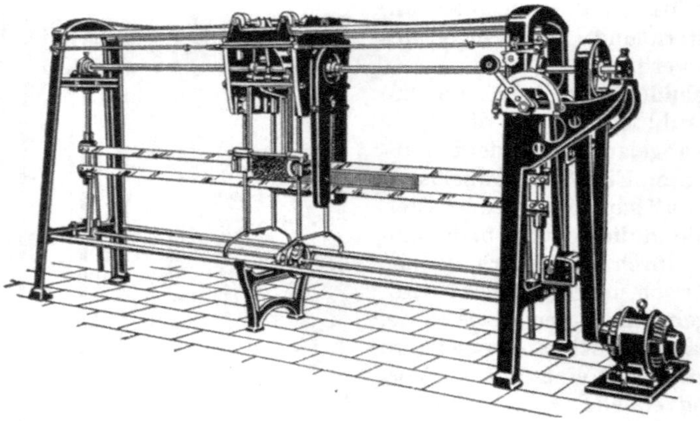

Abb. 124. Webeblatt-Bürstmaschine „Rotorex" Fabrikat Vollenweider, Vertrieb durch Alfr. Baumann, Metzingen.

Bei allen Schaftstühlen dürfte wohl ein Kettenfadenwächter zu empfehlen sein, da er die Nesterbildung, die dort bei jedem gerissenen Kettenfaden bei weiterlaufendem Stuhl fast immer eintritt, verhindert. Leider existiert für Jacquardstühle noch kein zuverlässig wirkender Kettenfadenwächter. Reißt bei den Jacquardstühlen ein Faden, so schlingt er sich häufig um die nächsten Kettenfäden. Da nun die Bewegung der Harnischfäden der Jacquardmaschine nicht zwangsläufig ist, und die Gewichte und Reiter auch nicht allzu schwer genommen werden können, so behält der zerrissene Kettenfaden, der sich um die nächsten Fäden geschlungen hat, häufig seine Spannung bei, so daß die Wächterwirkung illusorisch wird.

Abb. 125. Webeblatt-Bürstmaschine, einfache Ausführung (Motor Siemens-Schuckertwerke A.-G.).

Bei vielen Systemen wird die Wächterwirkung durch Lamellen bewirkt, die von den Kettenfäden getragen werden. Bei Fadenbruch fallen sie tiefer und leiten dadurch auf mechanischem oder elektrischem Wege die Ausrückung des Webstuhles ein[1].

In letzter Zeit bürgern sich für verschiedene Zwecke die in den Schäften selbst eingebauten Kettenfadenwächter (Geschirrwächter) immer mehr ein.

[1] Aus Platzmangel kann leider auf die Kettenfadenwächter nicht näher eingegangen werden.

ε) **Die Schützenfänger.** Wenn auch bei gut vorgerichteten und gut instandgehaltenen Stühlen der Schütze verhältnismäßig sehr selten seine Bahn verlassen wird, so kommt dieses bei dicht gestellten Leinenketten doch häufiger vor als bei leichteren Baumwollgeweben. Es sind daher sicher wirkende Schützenfänger anzubringen. Pendelnd aufgehängte Fangnetze (Abb. 121) haben sich zum Auffangen herausfliegender Schützen sehr gut bewährt. Die am Ladendeckel angebrachten Fangvorrichtungen hindern mehr oder weniger den Weber am Arbeiten.

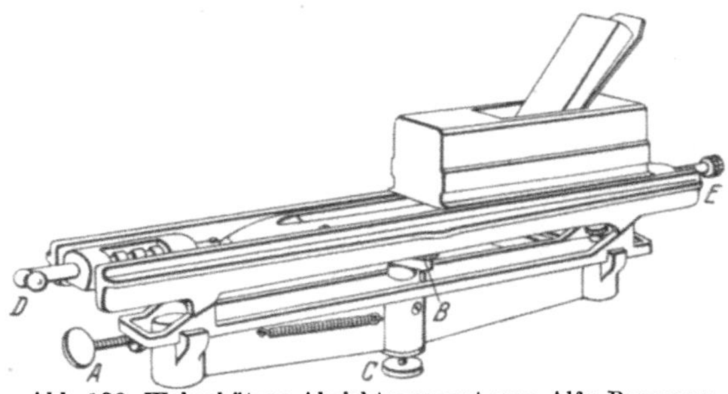

Abb. 126. Webschützen-Abrichteapparat von Alfr. Baumann, Metzingen.

i) Besondere Einrichtungen und Werkzeuge.

α) **Breithalter.** Um das Einspringen der Ware in der Richtung der Breite zu mindern, verwendet man Breithalter. Sie müssen der Eigenart der herzustellenden Ware angepaßt sein. Man findet sehr häufig die „Ringtempel" (Abb. 122 und 123). Mit Nadeln besetzte Messingringe sind zwischen exzentrischen Scheiben angebracht. Ein durchgehender Eisenstift hält den Breithalter mit Mutterschrauben zusammen. Die Breithalter sollen so eingestellt werden, daß sie beim Schußanschlag dicht am Blatt stehen. Bleibt der Schütze zwischen Breithalter und Blatt stecken, so wird der Breithalter nach dem Brustbaum gedrückt, da er nur durch eine Feder in seiner Stellung gehalten wird.

Abb. 127. Anlängevorrichtung für Webketten der Firma A. Arnold, Salach in Württbg. Auf die geklebten Kettenfäden ist ein Stück Papier gedrückt.

β) **Webeblatt-Bürstmaschinen.** Da sich die Webeblätter voll Schmutz setzen und leicht rosten, so müssen sie gereinigt werden. Das Reinigen und Schleifen mit Bimsstein ist mühsam und zeitraubend; man wendet daher häufig Webeblatt-Bürstmaschinen an, die die Webeblätter in kürzester Zeit gut von allen Fremdkörpern reinigen und entrosten (Abb. 124 „Rotorex", Fabrikat Vollenweider, Vertrieb durch Alfred Baumann, Metzingen). Eine einfache Ausführung, wie sie sich jeder Betrieb selbst herstellen kann, zeigt Abb. 125.

γ) **Abrichteapparat für Webschützen.** Die Webschützen nützen sich stets ungleichmäßig ab und müssen von Zeit zu Zeit abgerichtet werden, damit die Schützen nicht aus der Bahn springen und Unheil anrichten. Da das Abrichten mit der Hand große Geschicklichkeit erfordert, wenn mehrere Schützen genau gleich sein müssen, so kann ein Abrichteapparat (Abb. 126, Alfred Baumann, Metzingen) empfohlen werden. Auch der Schützenwinkel kann beliebig nachgearbeitet werden. Man kann die verschiedensten Schützendimensionen (280 bis 380 mm) ohne weiteres abrichten. Die Handhabung ist sehr einfach: Das Festlegen der Schützen geschieht durch die Schrauben *D* und *E*, und zwar hat der Spannbolzen *D* verstellbare Lagerung und wird auf die ungefähre Länge eingestellt, dann mit der Schraube *E* festgespannt. Der Winkel wird durch *B* und *C* mittels federnder Auflage eingestellt. Die Höhenverstellung der Laufschienen des Abrichtehebels geschieht durch Verschieben eines mit schiefen Ebenen versehenen Schlittens durch die Schraube *A*.

Abb. 128. Anlängevorrichtung für Webketten der Firma A. Arnold, Salach in Württbg. Die Anlängevorrichtung geht im Webstuhl über den Schwingbaum.

δ) Anlängevorrichtungen für Webketten. Sie werden von der Firma A. Arnold, Salach (Württbg.), hergestellt, haben sich in der Praxis sehr gut bewährt und dürften sich bei den hochwertigen Leinenketten immer mehr einführen. Die Ersparnis von ca. 1,50 m Kettenmaterial an jeder Kette schreiben die Anschaffungskosten in sehr kurzer Zeit ab. Die Abb. 127 zeigt, wie die Kette in der Schlichterei an der Anlängevorrichtung angeklebt wird, Abb. 128, wie dieselbe über den Schwingbaum läuft.

Abb. 129. Doppelschichtzähler der Firma Irion & Vosseler, Schwenningen a. N.

ε) Schußzähler. Zur Kontrolle der Webstühle und als Grundlage für die Entlohnung der Weber werden die Schußzähler immer mehr verwendet. Sie werden mit 1, 2 oder 3 Zählwerken geliefert, je nachdem sie die einzelnen Arbeitsschichten getrennt voneinander angeben sollen. Die Zahlen sollen möglichst groß sein, damit sie leicht abgelesen werden können. Meist zeigen die Zählwerke nur die Hundert- oder Tausendschuß an. Der Antrieb der Schußzähler erfolgt gewöhnlich durch die Kurbelwelle mittels Kurbel, biegsamer Welle, Kettenräder, direkt mittels Zahnräder oder durch Schneckenantrieb (Abb. 129 der Firma Irion & Vosseler, Zählerfabrik, Schwenningen a. N.). Der Antrieb mittels Schneckenantrieb kann besonders empfohlen werden.

ζ) **Meterzähler.** Ist Stückware herzustellen, so ist im allgemeinen eine ganz genau bestimmte Länge nicht notwendig, es genügt in den meisten Fällen, wenn beim Schlichten durch Schmitzen der Länge entsprechende auswaschbare Zeichen in die Kette eingefärbt werden. Bei abgepaßter Ware, besonders bei Einwebungen und sonstigen Sonderanfertigungen ist es jedoch meistens erforderlich, eine genaue Stückzahl pro Bahn (Webstück, Webe) einzuhalten. Der Weber ist dann gezwungen, sich für jedes abgewebte Tuch Aufzeichnungen zu machen oder hin und wieder die Länge der schon angefertigten Bahn nachzumessen. Beides nimmt die Zeit und Aufmerksamkeit des Webers

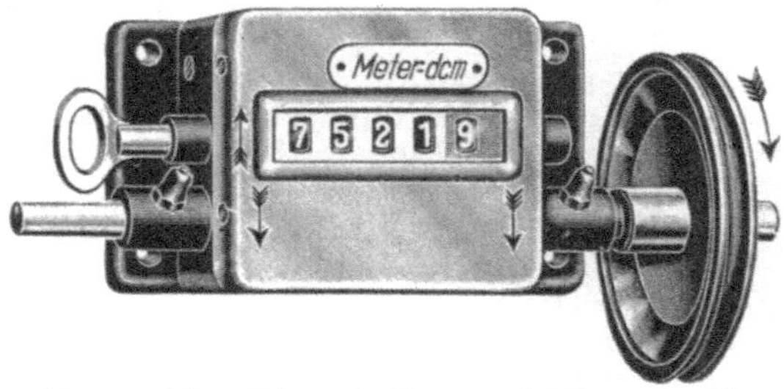

Abb. 130. Meterzähler mit Momentnullstellung der Firma Irion & Vosseler, Schwenningen a. N.

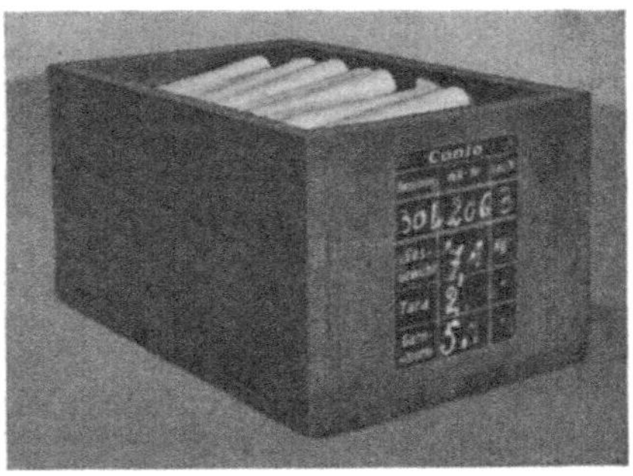

Abb. 131. Schußspulentransportkasten.

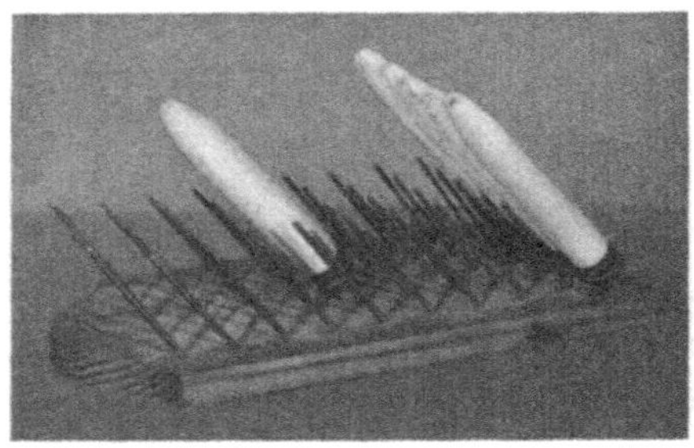

Abb. 132. Schußspulenbrett.

unnötig in Anspruch. Ein Meterzähler mit Momentnullstellung (Abb. 123 und 130, Fabrikat Irion & Vosseler, Schwenningen a. N.) gibt dem Weber dauernd sicheren Aufschluß, welche Warenmenge er schon gewebt hat.

η) **Spulenkasten und Bretter.** Um dem Weber das Schußmaterial handgerecht zuführen zu können, sind besondere Behälter notwendig. Man benutzt Kästen aus Holz (Abb. 131) oder Spulenbretter (Abb. 132 und 133).

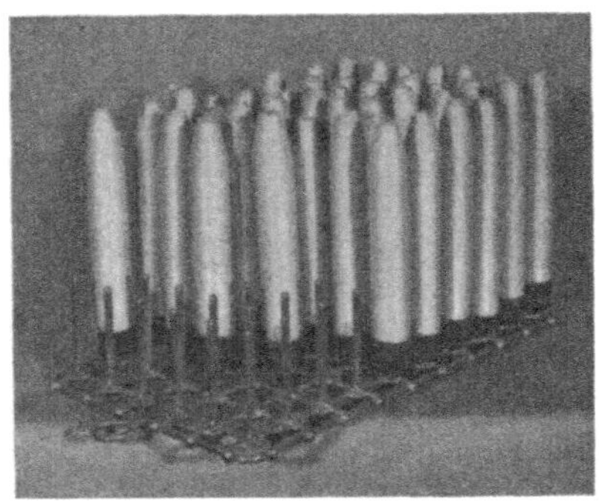

Abb. 133. Schußspulentablett aus Metall.

Aus Platzmangel müssen wir uns versagen, die Automaten und Halbautomaten zu beschreiben, obgleich sich diese auch in der Leinenweberei einführen.

Literatur.

1. Oelsner, G. Hermann: Die deutsche Webschule 5. Aufl. Altona: Anton Send 1880.
2. Fischer, Hermann Prof.: Mechanische Technologie Bd. 1 6. Aufl. Berlin: W. & S. Loewenthal 1887.
3. Müller, Ernst Prof.: Handbuch der Weberei. Leipzig: Baumgärtner 1896. Karmarsch: Handbuch der mechanischen Technologie Bd. 3 Abtlg. 2.

4. Utz, Ludwig: Die Praxis der mechanischen Weberei. Leipzig: Uhlands technischer Verlag 1907.
5. Neuenhofer, Carl Dipl.-Ing.: Der Kettenfadenwächter am mechanischen Webstuhl. Dissertation. Leipzig: Theodor Martins Textilverlag 1909.
6. Edelstein, Siegmund Prof.: Die Fachbildegetriebe am mechanischen Webstuhl. Leipzig: Franz Deuticke 1909.
7. Wickardt, A.: Die Webereimaschinen. Leipzig: Bernh. Friedr. Voigt 1911.
8. Schams, J.: Handbuch der Weberei 5. Aufl. Leipzig: Bernh. Friedr. Voigt 1914.
9. Rohn, G. Dr.-Ing. e. h.: Die Garnverarbeitung. Berlin: Julius Springer 1917.
10. Gräbner, Ernst Prof.: Die Weberei 2. Aufl. Leipzig: Jänecke 1920.
11. Repenning, H. Prof.: Die mechanische Weberei. Berlin: M. Krayn 1. Aufl. 1911, 2. Aufl. 1921.
12. Weiß, Arthur Prof.: Vorlesungen über technische und wirtschaftliche Grundlagen der Textilindustrie. Leipzig: Franz Deuticke 1923.
13. Leis, Peter Dr.-Ing.: Der Webstuhl 1. Aufl. Stuttgart: Diek & Co. 1924.
14. Hütte Bd. 1 25. Aufl. 1925.
15. Thiering, Oskar Prof. Dr.-Ing.: Die Getriebe der Textiltechnik. Berlin: Julius Springer 1926.
16. Kraus, Franz: Der Webmeister für mechanische Weberei Teil 1, Einfacher schmaler Webstuhl 2. Aufl. Leipzig: Franz Deuticke 1926.
17. — Der Webmeister Teil 2, Die schmalen Wechselstühle. Leipzig: Franz Deuticke 1926.
18. Lüdicke, A. Prof. Dr.-Ing.: Die Weberei. Berlin: Julius Springer 1927.
19. Beckers, Paul Ing. Dozent: Textilmaschinen, ihre Konstruktion und Berechnung. Berlin: M. Krayn 1927.
20. Schmidt, Emil: Das Webeblatt. Altenburg i. Thür.: Akademisch-technischer Verlag F. O. Müller 1930.

3. Die Fachbildung.

Verwendung der Fachbildevorrichtungen für die einzelnen Gewebearten und Einteilung. Mit Absicht ist die Beschreibung der Fachbildung nicht in die des Webstuhles mit eingeflochten worden, wie man es sehr häufig findet, sondern es ist ihr ein besonderes, dem Webstuhl gleichgestelltes Kapitel gewidmet. Kann man doch im allgemeinen (mit Ausnahme z. B. der schweren Segeltuche und der feinsten Leinenbatiste) alle Leinengewebe mit derselben Stuhlart herstellen. Die Eigentümlichkeit des Gewebes bedingt nur den besonderen Fachbildemechanismus.

Für Gewebe, welche durchgehend nur aus den einfachen Bindungen, wie Leinen-, Panama-, Köper- und Atlasbindungen bestehen, benützt man das Innen- oder Außentrittexzenter. Wechselt eine dieser einfachen Bindungen mit einer anderen in der Kettenfadenfolge ab, wie z. B. bei einfachen unabgepaßten Handtüchern, so nimmt man als Fachbildegetriebe den Trommeltritt. Soll die Abwechslung der Bindung auch in der Schußfadenfolge vorgenommen werden, so baut man die Schaftmaschinen ein (z. B. bei abgepaßten Gerstenkornhandtüchern). Die Kundschaft wünscht häufig in Wischtücher, Handtücher usw., die an sich verhältnismäßig sehr einfache Bindungen haben können, einen Namen einzuweben; es werden dann die kombinierten Schaft- und Jacquardmaschinen benützt. Die Jacquardmaschinen sind dann sehr klein (z. B. mit 144 Platinen). Sollen jedoch Blumen und sonstige Muster im Gewebe erscheinen, so muß zur Jacquardmaschine gegriffen werden. Je nachdem diese kleiner oder größer sind, wird man Chemnitzer Grobstich oder französischen Feinstich wählen[1].

Da die Vergrößerung des französischen Feinstiches bei einer bestimmten Platinenzahl wegen der Maschinen- und Kartengröße ein Ende hat, so geht man zur Verdolmaschine mit Papierkarten über, wenn der Musterrapport

[1] Nach den Normungsvorschlägen sollen nur diese beiden Stiche bestehen bleiben.

entsprechend groß genommen werden muß. Sollen jedoch im Gewebe keine bzw. nur sehr große Rapporte wiederkehren und soll das Gewebe bei dichter Einstellung eine entsprechende Breite besitzen (z. B. Tischzeug), so wird man auch mit den Verdolmaschinen nicht auskommen. Derartige Muster sind dann nur mit der Damastmaschine herzustellen, deren Rapportgröße fast unbegrenzt ist.

Für den Durchgang des Schützens durch die Kette muß das „Fach" gebildet werden. Unter „Fach" oder „Sprung" versteht man den Winkel, welchen die nach der einen vertikalen Seite bewegten Teilfäden einer Kette bilden mit dem anderen Teil, der liegengeblieben oder nach der anderen vertikalen Seite bewegt sein kann.

Diese Fachbildung wird durch folgende Vorrichtungen bewirkt, wie sie am Anfang dieses Abschnittes schon hinsichtlich der Herstellung der verschiedenen Webwaren angeführt wurden: A. Exzenter, B. Nutenexzenter, Tritttrommeln, Bundscheiben, Exzenterketten, C. Schaftmaschinen, D. Jacquardmaschinen, E. kombinierte Jacquard- und Schaftmaschinen, F. Verdolmaschinen, G. Damastmaschinen.

Da das Fachbildegetriebe mindestens so viele einzelne Exzenter bzw. Platinen aufweisen muß, als verschieden bindende Kettenfäden im Rapport vorkommen, so hängt die Anwendung der einzelnen Fachmaschinenarten von dem Bindungs- bzw. Musterrapport des herzustellenden Gewebes ab.

Die Fachbildegetriebe[1] haben streng genommen zwei prinzipiell verschiedene Aufgaben zu erfüllen, einerseits die effektive Aushebung bzw. Auslenkung der Fäden unter Überwindung aller sich derselben entgegensetzenden Widerstände — Kettenspannung, Reibungen, Massenbeschleunigungen, zusätzliche Belastungen durch Gewichts- oder Federzug usw. — durchzuführen, andererseits auch für eine der jeweiligen Musterung entsprechende Auswahl bezüglich der Hebung oder Senkung der einzelnen Fadengruppen Sorge zu tragen[2].

a) Innentritt für Leinwandbindung und erweiterte Bindungen.

Zur Herstellung der Waren mit Leinwandbindung setzt man zwei um 180^0 versetzte Exzenter auf die Mitte der Unterwelle (Abb. 134). Diese Exzenter wirken auf Trittschemel, welche an der hinteren Stuhltraverse gelagert sind. Mit den Trittschemeln sind die Schäfte verbunden, welche durch Riemen, Rollen und Welle beweglich aufgehängt sind, sodaß sie der Bewegung der Trittschemel folgen können. Man nennt diese Vorrichtung Gegenzug, sie ist zwangsläufig. Die Exzenter werden so eingestellt, daß der Fachwechsel erfolgt, also die Schäfte gleich stehen, wenn die Kröpfungen der Hauptwelle senkrecht nach oben zeigen. Wenn das Riet den Schußfaden andrückt, so ist das neue Fach (vertretenes Fach) schon zum Teil geöffnet. Abb. 135 zeigt rechts den Ladenanschlag bei geschlossenem, links bei vertretenem Fach. Bei Leinwandbindung findet man häufig gassige oder paarige Ware (Abb. 136a), wobei die Ketten- und Schußfäden paarweise gestellt sind. Diese Stellung wird durch den zweifädigen Blatteinzug verursacht. Man behebt diesen Fehler durch geeignete Stellung des Faches (Abb. 136b) und des Streichbaumes (Abb. 137). Die Kettenfäden müssen dicht auf der Ladenbahn L gehalten werden. Da das Unterfach viel größer als das

[1] Edelstein, Siegmund Prof.: Die Fachbildegetriebe am mechanischen Webstuhl. Leipzig: Deuticke 1909. Siehe auch Prof. H. Repenning: Die mechanische Weberei 2. Aufl. S. 93ff. Berlin: M. Krayn 1921.

[2] Über die Inanspruchnahme der Webkette durch die Fachaushebung siehe auch Prof. Siegmund Edelstein: Die Fachbildegetriebe am mechanischen Webstuhl. Leipzig: Deuticke 1909.

Oberfach ist, so sind die Kettenfäden auch hier viel stärker als im Oberfach gespannt, wodurch sich die Kettenfäden verziehen und sich im Gewebe egalisieren. Die Ware muß gut „walken“, worunter man den gleichmäßigen und guten Zusammenschluß der Ketten- und Schußfäden versteht. Der Schwingbaum liegt zu diesem Zweck höher als der Brustbaum, sodaß die Kette abwärts zum Geschirr läuft. Bei dichteren Stoffen werden nicht nur 2 Schäfte genommen, sondern man verteilt die Kettenfäden auf 2 × 2, 2 × 4, 2 × 6 usw. Schäfte.

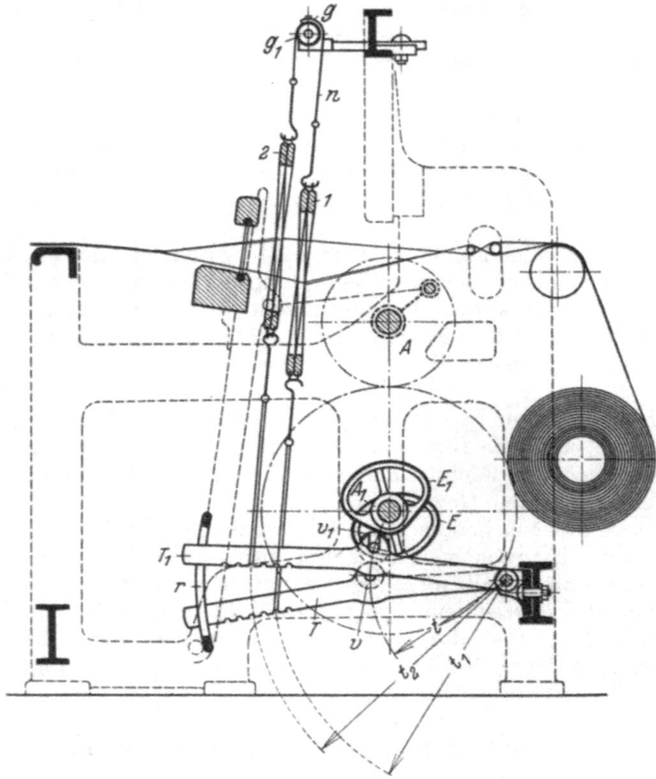

Abb. 134. Innentritt für Leinwandbindung. (Aus Repenning: Die mechanische Weberei. Berlin: M. Krayn 1921.)

Das Fach muß, besonders bei Leinenkette, jederzeit völlig rein sein, d. h. Ober- und Unterfach müssen zwei genaue Ebenen bilden. Es dürfen namentlich nicht einzelne Fäden aus dem Oberfach schlapp herabhängen, widrigenfalls diese von dem Schützen abgerissen werden.

Abarten der Leinwandbindung sind dadurch möglich, daß man für die einzelnen Fachbildungen der Kettenfäden nicht bloß einen, sondern zwei oder mehrere Schüsse einträgt, wobei wiederum in der Schußfadenzahl ein regel-

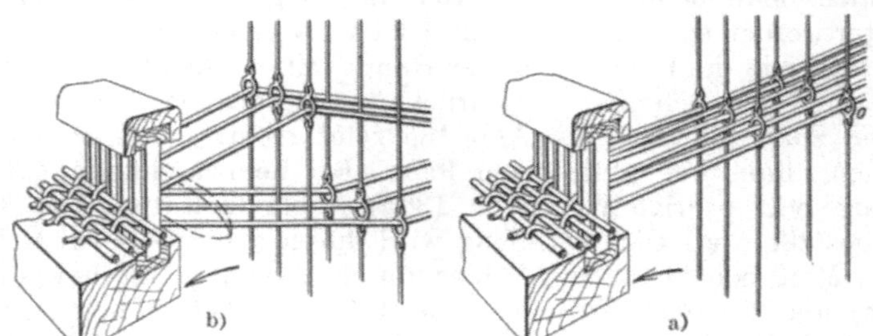

Abb. 135. Ladenanschlag a) beim geschlossenen und b) beim vertretenen Fach. (Aus Rohn: Die Garnverarbeitung. Berlin: Julius Springer 1917.)

mäßiger Wechsel eintreten kann, und ferner dadurch, daß man die Kettenfäden auch in Gruppen zusammennimmt und einbindet. Nimmt man z. B. sowohl die Schußfäden als auch die Kettenfäden in gleich großen Gruppen zusammen, so entstehen im Gewebe kleine Quadrate (Würfel) von abwechselnden Ketten- und Schußfäden. Die Bindung nennt man Würfelleinwand-, Panama- oder Mattenbindung. An den Kanten muß sich jedoch eine Leinenbindung befinden. Die Regelung der Schußfolge wird ähnlich bewirkt, wie weiter unten beschrieben.

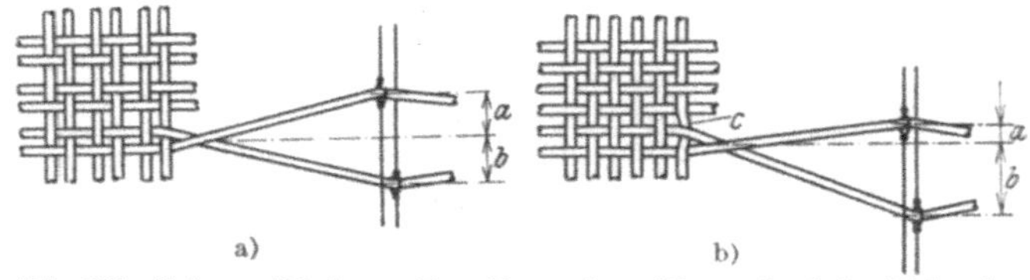

Abb. 136. Leinwandbindung. (Aus Repenning: Die mechanische Weberei. Berlin W: M. Krayn 1921.)

Nimmt man Gruppen von Schußfäden bei einfachen Kettenfäden oder umgekehrt, so entstehen Quer- bzw. Längsstreifen, Rippen im Gewebe, welches dann als Rips bezeichnet wird. Wechselt bei der Bindung immer die gleiche Anzahl Schuß- bzw. Kettenfäden miteinander ab, so bezeichnet man den Rips als Glattrips, ist hingegen der Wechsel so, daß nach einer Gruppe von Fäden wieder ein einfacher Faden kommt, so treten die Rippen etwas schärfer hervor, und man bezeichnet dann den Rips als eigentlichen oder vollen Rips.

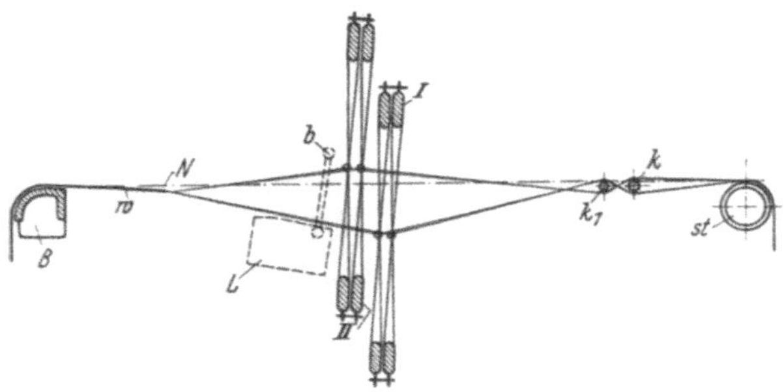

Abb. 137. Fachstellung des Streichbaumes bei Leinwandbindung. (Aus Repenning: Die mechanische Weberei. Berlin: M. Krayn 1921.)

Wir sahen schon oben, daß die anderen „glatten Stoffe" (das sind solche, bei denen nur eine Bindungsart vorkommt), wie Panama, Köper und Atlas, ebenfalls mit Exzenter als Fachmaschine hergestellt werden. Man benötigt dann eine besondere Exzenterwelle, die von der Unterwelle aus mit entsprechender Übersetzung angetrieben wird. In den meisten Fällen haben die Exzenter für die hinteren Schäfte einen größeren Hub, desgl. die Gegenzugrollen. Bei Gegenzug für drei Schäfte braucht man eine fest gelagerte und eine lose Welle. Bei vierschäftigem Kettenköper, Schußköper und Effektköper hängen an einer festgelagerten Welle zwei lose Wellen, deren jede zwei Schäfte trägt.

Abb. 138. Webstuhl Modell B mit fünfschäftiger Innentrittvorrichtung der Firma Rich. Hartmann A.-G., Chemnitz.

Einen Webstuhl der Sächsischen Maschinenfabrik vorm. Rich. Hartmann A.-G., Chemnitz, Modell B mit fünfschäftiger Innentrittvorrichtung sehen wir in Abb. 138.

Abb. 139. Webstuhl mit Trommeltrittvorrichtung der Firma Oberlausitzer Webstuhlfabrik C. A. Roscher, Neugersdorf i. Sa.

b) Trommeltrittvorrichtung.

Abb. 139 stellt einen Webstuhl der Firma Oberlausitzer Webstuhlfabrik C. A. Roscher, Neugersdorf i. Sa., mit Trommeltrittvorrichtung dar. Vorzüge derartiger Einrichtungen sind die bequeme Schnürungsweise, die Herstellung eines reinen und ebenso die eines geschlossenen Faches, ferner sollen die Kettenfäden geschont werden. Bei diesen Vorrichtungen liegen die kreisförmig angeordneten Schaftbewegungsmechanismen (Abb. 140) außerhalb des Stuhles. Können die einzelnen Tritte für die Schußfolge nicht mehr in einer Trommel untergebracht werden, so benutzt man die Trittvorrichtung mit Exzenterkette (Abb. 141).

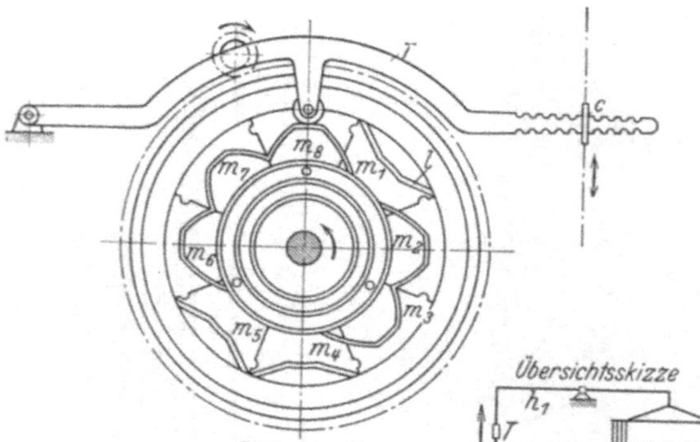

Abb. 140. Anordnung der kreisförmig angeordneten Schaftbewegungsmechanismen bei Trommeltritt. (Aus Dr.-Ing. P. Leis: Der Webstuhl. Stuttgart: Franckhs Technischer Verlag, Dieck & Co.)

c) Die Schaft- oder Trittmaschinen.

α) **Einteilung.** Die Schaft- oder Trittmaschinen können eingeteilt werden einmal in Geschlossen-Offen- und Halb-Offen-Fachmaschinen oder in Einhub- und Doppelhubmaschinen und schließlich in Hochfach-Tieffach- und Hoch- und Tieffachmaschinen. Hochfachmaschinen werden selten, die Tieffachmaschinen fast gar nicht angewendet. Am meisten sind die Hoch- und Tieffachmaschinen, hauptsächlich für schwere Waren, und die Offenfachschaftmaschinen in Benützung.

Bei den Schaftmaschinen kommen zwei Arten von Fachbildegetrieben vor, einmal die Hubgetriebe, des anderen die Musterauslesevorrichtungen. Die eigentliche Aushebung des Faches wird durch das Hubgetriebe bewirkt, das auf die Musterung keinen Einfluß hat. Die Musterung wird herbeigeführt mit Hilfe von Trommeln (Stift-, Daumen- oder Löchertrommeln) oder von Karten (Holz- oder Metallkarten mit Stiften oder Daumen), Kartenketten mit Rollen aus Eisen, Holz oder Hartgummi, Metall-, Pappe- oder Papierkarten mit Löchern. Diese haben das rechtzeitige und sichere An- und Abkuppeln der Platinen an die Messer zu veranlassen.

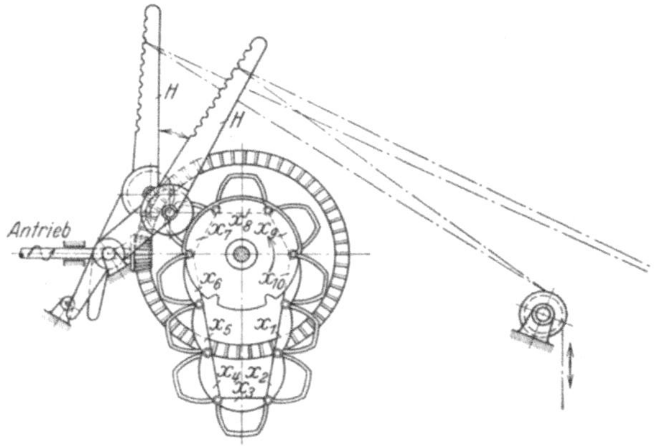

Abb. 141. Trittvorrichtung mit Exzenterkette. (Aus Dr.-Ing. P. Leis: Der Webstuhl. Stuttgart: Fanckhs Technischer Verlag, Dieck & Co.)

Während der Kettenrapport verhältnismäßig klein (30 bis 40 Schäfte) ist, kann der Schußrapport fast als unbeschränkt angenommen werden.

Die Mustervorrichtungen wirken mit Ausnahme der Kartenspiele aus Jacquardkarten und Verdolpapier direkt auf die Platinen.

β) **Die Schaufelschaftmaschine**[1], Offenfach-Schaftmaschine System Hodgson, ist von einfacher Bauart und großer Leistungsfähigkeit. Sie erhält ihren Antrieb von der unteren Stuhlwelle direkt durch Exzenter oder Kurbeln. Ihre wenigen

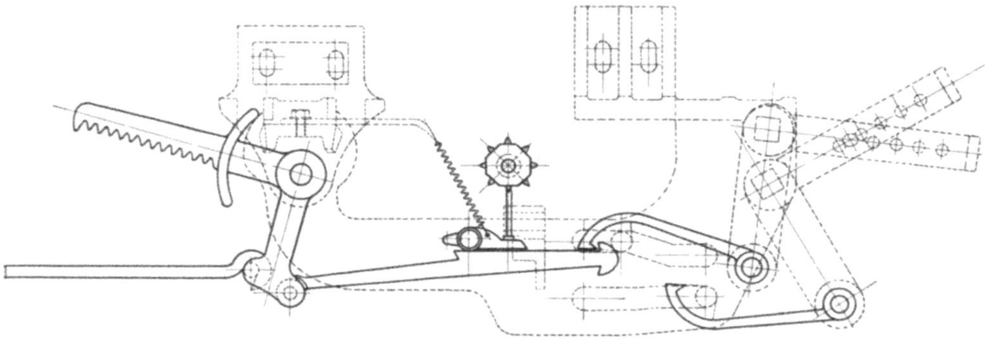

Abb. 142. Bewegungsmechanismen der Schaufelschaftmaschine. (Aus Festschrift Grosse, S. 166.)

Bestandteile sind die beiden Schaufeln, Platinen, Klappen oder Zungen mit Nadelstiften und das Prisma (Abb. 142). Die waagerecht liegenden Platinen sind mit den Schafthebeln direkt verbunden. Sie haben am Kopfende eine Doppelnase und in der Mitte, nach unten zu, eine dritte Nase, womit sie die in die Hochfachstellung gezogene Platine bei unmittelbarer Wiederholung dieser

[1] Festschrift zum fünfzigjährigen Bestehen der Firma Hermann Grosse, Greiz S. 166. 1928.

Fachstellung mittels der angehobenen Klappe oder Zunge zurückhält, wodurch die Offenfachbildung entsteht. Die Klappen, welche den Platinen die Stellung zur Schaufel geben, werden von den Nadelstiften und diese von der Karte betätigt. Das Prisma ist gewöhnlich achtseitig und wird durch Zugstange und Hebel mittels Exzenters von der oberen Stuhlwelle aus bewegt. Der Niederzug der Schäfte erfolgt durch Zugfedern oder durch ein Federzugregister. Obwohl die Einrichtung der Schaufelschaftmaschine sehr einfach ist, bietet das Verstehen der Arbeitsweise und das Kartenschlagen immerhin manche Schwierigkeit, auf die aber hier nicht näher eingegangen werden kann. Die Firma Oskar Schleicher, Greiz, baut Schaufelschaftmaschinen (Abb. 143) Modell HSJ mit vereinfachtem Antrieb, der aus einer Kurbel und einer Stange besteht. Beide Schaufeln sind miteinander verbunden.

γ) **Die Doppelhub-Schaftmaschine System „Hattersley"** eignet sich besonders für schnellaufende Webstühle, da sie selbst bei großer Tourenzahl ruhig und

Abb. 143. Schaufelschaftmaschine Modell HSJ mit vereinfachtem Antrieb der Firma Oskar Schleicher, Greiz.

sicher arbeitet. Die Steuerung der Schäftebewegung geschieht durch Musterkarten aus Holz, Pappe oder Papier. Das Prisma wird erst bei jedem zweiten Schuß um eine Teilung weiter bewegt, so daß jede Karte die Bindung zweier Schüsse aufnimmt. Für jeden Schaft sind zwei Platinen vorhanden, die an die Enden eines Hebels angelenkt sind, der in der Mitte mit dem Schaftschemel drehbar verbunden ist (Abb. 144). Dieser Hebel hat in der Ruhestellung oben und unten je eine Anlage am Maschinengestell, wobei sich der Schaft im Unterfach befindet. Die Wirkung auf den Schaftschemel ist nun ganz dieselbe, ob die obere oder die untere Platine bewegt wird. Zu jeder Platine gehört ein Messer. Diese haben in horizontalen Schlitzen des Maschinengestelles ihre Führung. Sie werden durch eine Kurbel von der unteren Stuhlwelle in Bewegung gesetzt. Jede einzelne Platine wird durch ein Gewichtshebelchen so in der Schwebe gehalten, daß die Platinennase mit dem Messer nicht in Eingriff kommen kann. Hierbei wirkt eine Nase des Hebelchens direkt auf die untere Platine, während zur Einstellung der oberen Platine zwischen dieser und dem Hebelchen eine Nadel steht. Das Kartenprisma befindet sich unterhalb dieser Gewichtshebelchen. Es wird bei jedem zweiten Schuß um eine Teilung weiter gedreht. Auf diesem Prisma befindet sich die Musterkarte, die aus prismatischen Holzstäben zusammengesetzt ist. In diese Holzstäbe werden dort Pflöcke eingesetzt, wo der Schaft hochgehen soll. Folgen mehrere Pflöcke für denselben Schaft aufeinander, so bleibt der Schaft in Hochstellung. Der Tiefzug wird durch Federn bzw. durch Federzug bewirkt.

Soll ein Schaft gehoben werden, so drückt der Stift der Karte gegen das eine Ende des zweiarmigen Fühlerhebels. Hierdurch senkt sich der rechte Arm des Hebelchens, mit ihm auch die auf ihm lagernden Platinen, sodaß diese in den Bereich der Messer kommen und der Schaft hochgezogen wird. Soll der gehobene Schaft beim nächsten Schuß abermals oben sein, so zieht beim Bilden des nächsten Faches die zweite Platine den Waagehebel am anderen Ende, während die erste Platine ihn zurückhält. Das Nachlassen des Waagehebels durch die erste Platine wird durch das Ziehen der zweiten Platine ausgeglichen, wodurch der zweimal hintereinander zu hebende Schaft beim Wechseln vom ersten zum zweiten Fach dauernd oben bleibt. Soll die Maschine Ware mit Borte und Mitte herstellen, so ist ein zweites Prisma neben dem anderen angebaut. Die Wirkung des zweiten Kartenspieles wird durch Gewichtshebel auf die Fühlerhebel über-

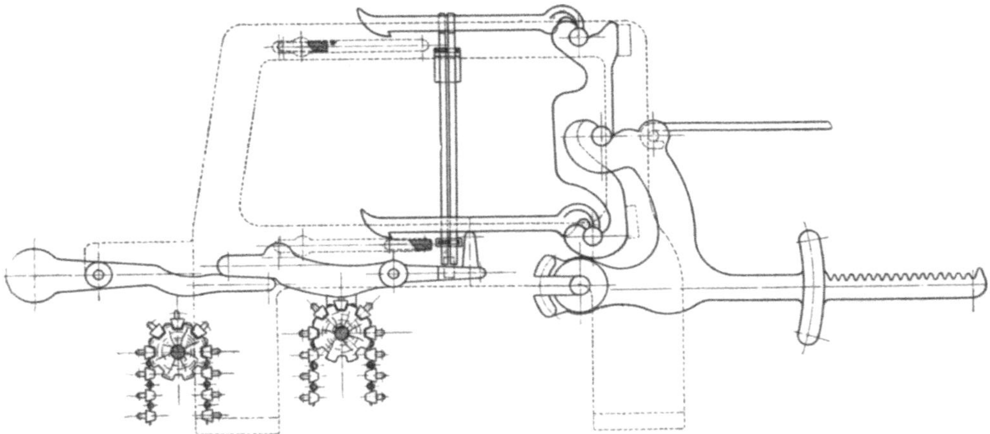

Abb. 144. Schema der Doppelhubschaftmaschine System „Hattersley". (Aus Festschrift Grosse, S. 169.)

tragen. Die Umschaltung der Prismen kann entweder durch den Weber oder automatisch mittels einer besonderen Rapportkarte erfolgen. Auch kann die Umschaltung der Prismen durch einzelne Zusatzschäfte vor sich gehen.

Die Hattersley-Schaftmaschinen können auch für Pappkarten hergestellt werden. Bei diesen bedeutet jedes geschlagene Loch ein Heben des Schaftes. Das Prisma kann auch zwangsläufig durch Kette oder senkrecht angeordnete Welle angetrieben werden, sodaß Schußfehler, wie sie bei Klinkenschaltung auftreten können, vermieden werden. Zum Suchen eines gerissenen Schußfadens bewegt sich bei dieser Schaltung beim Zurückdrehen des Stuhles auch das Prisma rückwärts.

Bei einigen Maschinen werden Vorrichtungen angebaut, welche ein vollkommenes Stillstehen der Hubmesser und damit auch der Schäfte beim Durchgang des Schützens bewirken. Unter der Modellbezeichnung U V a b (Abb. 145) bringt die Firma Oskar Schleicher eine Doppelhuboffenfachmaschine auf den Markt, bei welcher zur Erzielung des Fachstillstandes eine Kurvenscheibe eingebaut ist. Aus dem Diagramm (Abb. 146) geht hervor, daß das Fach bei 60° absolut stillsteht, und daß die zu hebenden und die zurückgehenden Platinen in ihrer Bewegung in bezug auf die Zeit und die Art der Beschleunigung genau miteinander korrespondieren, weshalb auch diejenigen Schäfte vollkommen ruhig im Oberfach verharren, die für zwei oder mehrere Schüsse hintereinander gehoben sein müssen. Ferner ist die Maschine mit Schußsuchervorrichtung und mit zwangsläufiger Prismenschaltung ausgerüstet. Die Hubmesser sind schräg

Abb. 145. Doppelhubschaftmaschine mit eingebauten Kurvenscheiben, mit Schuß-Suchvorrichtung, mit zwangsläufiger Schaltung des Prismas, mit Wellenantrieb und doppelten Schrägfachschwingen, Modell UVab der Firma Oskar Schleicher, Greiz.

geführt, damit die lästige Reibung zwischen Platinenmessern und Hubmessern fortfällt.

δ) Die Walkschienen[1]. Bekanntlich kann man paarigfreie, leinwandbindige Ware nur mittels Exzentertrittvorrichtung herstellen. Müssen für Leinwand Schaftmaschinen genommen werden oder kommen in einem Gewebe breite Streifen Leinwandbindung neben atlasartigen Bindungen vor, die auf Schaftmaschinen oder Jacquardmaschinen hergestellt werden müssen, so werden Walkschienen verwendet. Hierzu versetzt man die Teilschienen, denen man an den Stuhlwänden eine feste Lagerung gegeben hat, von der Ober- oder Unterwelle aus in schwingende (auf- und abgehende) Bewegung.

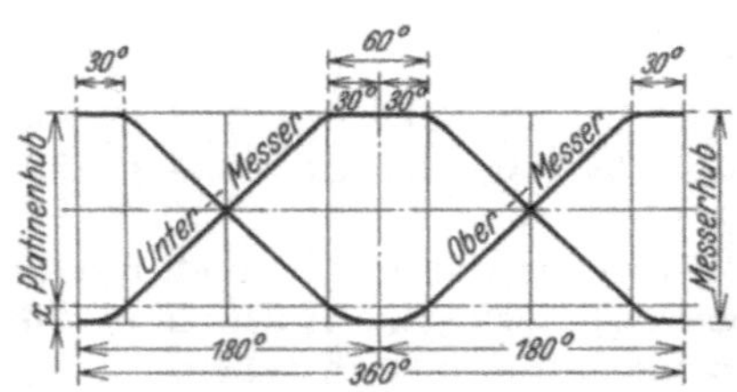

Abb. 146. Diagramme des Fachstillstandes zu Abb. 145.

ε) Die Schaftzüge. Über Schaftzüge an Schaftmaschinen finden wir bei Ullrich[2] folgendes:

1. Die Litzen müssen genau in ihrer Längsrichtung (meist lotrecht) gehoben oder gesenkt werden. Abb. 147 falsch, Abb. 148 richtig.
2. Die Schaftstäbe müssen sich genau parallel bewegen, damit sämtliche Litzen eines Schaftes gleichen Hub haben.
3. Die Schäfte sollen nicht zittern, schlenkern, hüpfen u. dgl.
4. Die Schäfte sollen aus der Ruhelage ruckfrei anheben und bis zum halben Hub allmählich beschleunigt, dann allmählich verzögert sich bewegen und stoßfrei zur Ruhe kommen. Die Art der Schaftbewegung kann man wegen der Webstuhlgeschwindigkeit nicht allein durch Betrachtung feststellen, sondern man muß sie auch aus der Kinematik der Schaftgetriebe ermitteln.
5. Die Schäfte sollen Reinfach erzeugen.
6. Das Fach soll möglichst klein sein und so hergerichtet werden, daß das Unterfach nur während des Schützenlaufes und dabei auch nur leicht auf der Ladenbahn ruht. Bei

[1] Der Walkschienenapparat, ein Universalmittel gegen paarige Ware, von Webereileiter H. S. Spinner u. Weber 1931 Heft 3 S. 6.

[2] Ullrich, E., Ing., Studienrat: Gute und schlechte Schaftzüge an Schaftmaschinen. Melliand Textilber. 1930 S. 510.

einseitigen Bindungen, z. B. Atlas, Kette oben gewebt, erleidet die Kette weniger Reibung und der Schützenlauf ist besser, als wenn die Schußseite oben webt.

7. Die Schäfte sollen möglichst nahe der Lade arbeiten.

Unmittelbar angehängte Federn ziehen nachteiligerweise den gehobenen Schaft kräftig, den gesenkten Schaft aber nur schwach nieder. Umgekehrt ist richtig. Der gehobene Schaft

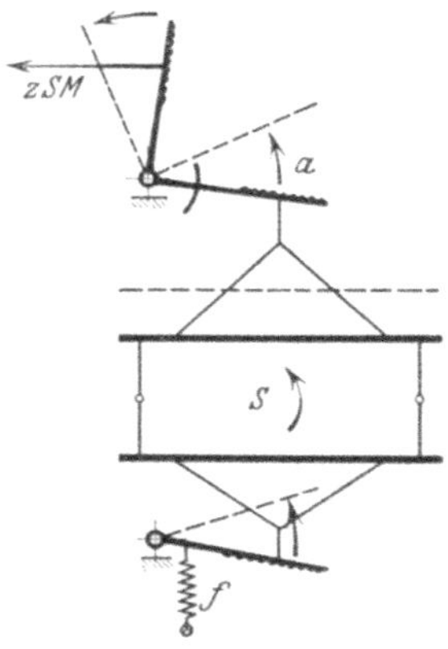

Abb. 147.

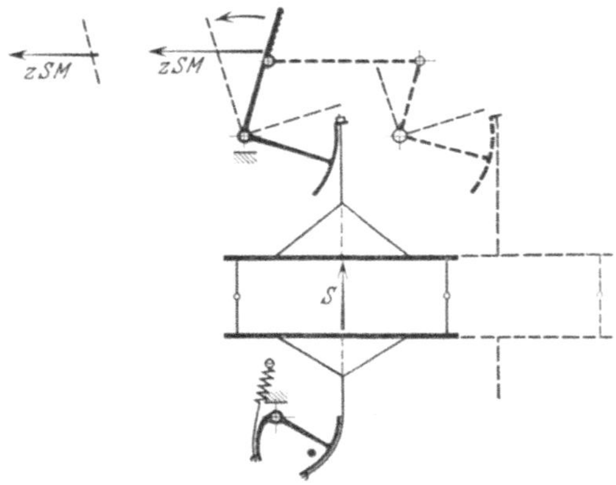

Abb. 148.

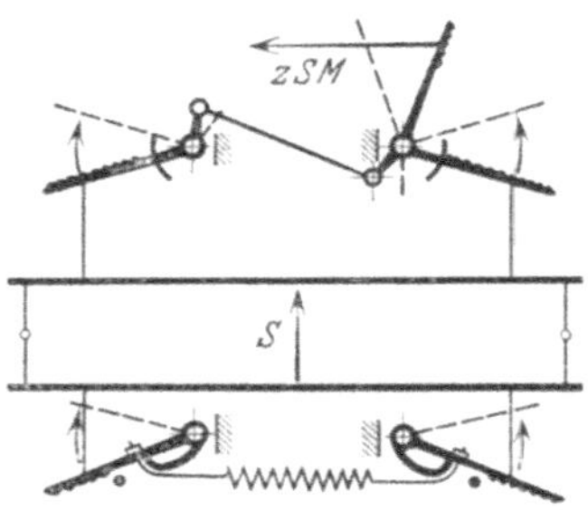

Abb. 149.

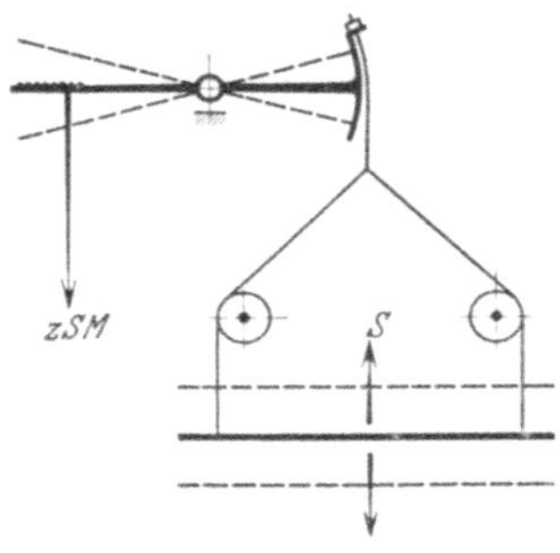

Abb. 150.

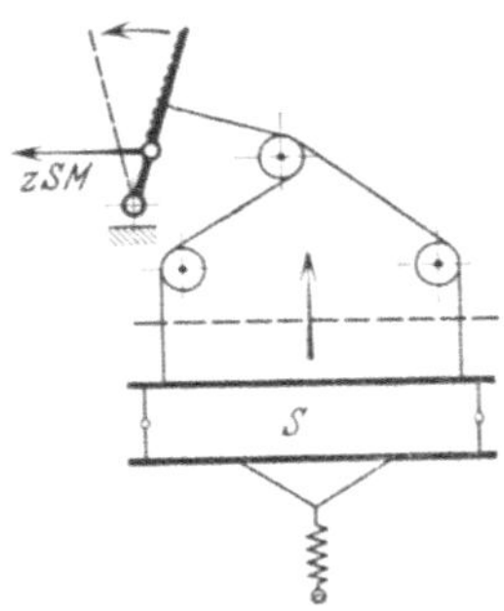

Abb. 151.

Abb. 147 bis 151. Gute und schlechte Schaftzüge. (Aus Melliand Textilberichte 1930, S. 510/11, von Dr.-Ing. E. Ullrich, Studienrat.)

braucht überhaupt keinen Federzug, weil er von der Kettenspannung niedergezogen wird. Diese versucht die Schäfte in die Mittelstellung zu ziehen. Am vollkommensten sind die Kurvenfederhebel nach Abb. 149. Die Kurvenform bewirkt, daß der gehobene Schaft nur schwach, der gesenkte aber kräftig niedergezogen wird, wodurch das Springen oder Hüpfen der Schäfte beim Ladenanschlag, das besonders bei dichtgeschlagenen Waren leicht auftritt, eher vermeidbar ist als bei direkt angehängten Schaftfedern. Diese Kurvenhebel schonen die Schaftschnüre und sparen Kraft.

Damit die Schäfte nicht schleudern, sollen die Führungen der Schaftschnüre möglichst nahe den Schäften angeordnet sein (Abb. 150 und 151). Schäfte mit direkt angehängten Federn neigen leicht zu Seitenschwingungen.

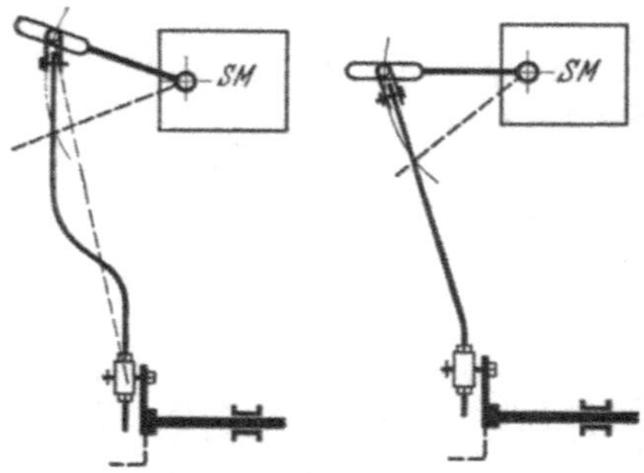

Abb. 152. Guter und schlechter Zugstangenantrieb für Schaftmaschinen.

Zittrige Schaftbewegung kann auch entstehen durch gekröpfte Schaftmaschinen-Antriebsstange (Abb. 152 links). Die Abbildung daneben zeigt die richtige Ausführung. Der Kraftzug (oder Druck) wirkt immer geradlinig zwischen den Angriffspunkten. Siehe die punktierte Linie in Abb. 152.

d) Die Jacquardmaschinen.

α) Einteilung und Eigenschaften. Reichen auch die Platinen der Schaftmaschine nicht aus, das geforderte Gewebemuster herzustellen, so sind Jacquardmaschinen zu verwenden. Diese ermöglichen das Einweben von Mustern in fast unbegrenzter Größe.

Die ursprüngliche Jacquardmaschine, erfunden im Jahre 1808, wird, wenn auch hier und da Verbesserungen an ihr vorgenommen sind, im wesentlichen noch so benutzt, wie sie der Lyoner Meister Jacquard gebaut hat. Die Steuerung erfolgt durch Pappkarten. Jeder Kettenfaden geht durch eine mit einem Gewicht beschwerte Stahldrahtlitze, die ihrerseits mittels Harnischschnur und Stropf an einer Platine angehängt ist. Auf diese Platine wirkt eine Nadel, die durch die Jacquardkarte vorgedrückt werden kann (Abb. 153). Vertikal bewegte Messer können nun die Platinen je nach Stellung der Nadeln mit nach oben nehmen. Wird die Platine vom Messer nicht erfaßt, so kommt bzw. bleibt der betreffende Kettenfaden im Unterfach.

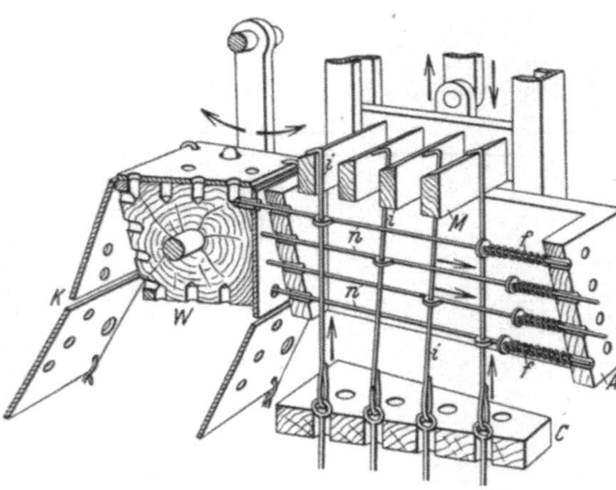

Abb. 153. Schema des Jacquardmaschinenmechanismus. (Aus Rohn: Die Garnverarbeitung. Berlin: Julius Springer 1917).

Man unterscheidet die Jacquardmaschinen ihrem Stich, d. h. der Anzahl, Größe und Anordnung ihrer Nadeln und ihren Platinen nach. Ferner werden sie eingeteilt nach der Bewegung ihres Platinenbodens und des Messerkorbes. Hat nur der Messerkorb Bewegung, so hat man eine Hochfachmaschine. Eine Hoch- und Tieffachmaschine liegt vor, wenn Messerkorb und Platinenboden Bewegung ausführen. Ist die Bewegung derart, daß die hinteren Platinen eine größere Bewegung als die vorderen machen, so daß ein reines Fach entsteht, so spricht man von einer Schrägfachmaschine. Schließlich unterteilt man noch in Einfach- und Doppelhubmaschinen. Nach den Dinormen sollen für die Folge nur zwei Sticharten bestehen bleiben, der Chemnitzer Grobstich und der französische Feinstich. Bei dem Chemnitzer Grobstich erhalten die einkartigen Maschinen 104, 204, 208, 408 und 612 Platinen. Die Platinenzahl bei dem französischen

Feinstich beträgt 440, 656, 880 und 1320 Stück. Die Teilung (Abstand der Mitten zweier aufeinander folgenden Nadeln) ist bei dem Chemnitzer Grobstich 6,831 mm, bei dem französischen Feinstich 4,011 mm.

Die gerade Fachbildung hat den Nachteil, daß die Kettenfäden, welche durch die vorderen Litzen gezogen sind, so viel gehoben bzw. gesenkt werden als diejenigen Kettenfäden, welche durch die hinteren Litzen gezogen sind. Hieraus ergibt sich, daß die durch die vorn liegenden Litzen gezogenen Kettenfäden unnötig stark beansprucht werden, was neben anderen Übelständen noch ein strahliges Fach zur Folge hat.

Bei einfachen Hochfachmaschinen müssen die Maillons bei geschlossenem Fach tiefer als die Ladenbahn liegen, damit die nicht gehobenen Fäden das Unterfach bilden. Bei der Bewegung der Lade reibt die Ladenbahn gegen die das

Abb. 154. Zweikartige Hoch-, Tief- und Schrägfachmaschine der Firma Maschinenfabrik Karl Zangs, A.-G., Krefeld, ältere Ausführung von der Prismenseite.

Unterfach bildenden Kettenfäden, so daß dieselben dadurch einem größeren Verschleiß unterworfen sind.

Bei der Hoch- und Tieffachmaschine mit gerader Fachbildung wird der zuletzt angeführte Übelstand behoben, weil die das Unterfach bildenden Kettenfäden nur im Augenblick des Schützenfluges die Ladenbahn berühren. Hingegen wird der Übelstand der unnötig großen Beanspruchung der durch die vorderen Litzen gezogenen Kettenfäden verdoppelt, und zwar nach oben und unten. Alle diese Mängel werden beseitigt durch die Hoch-, Tief- und Schrägfachbildung.

Unter Offenfach-Jacquardmaschinen versteht man solche, bei welchen über mehrere Schüsse obenliegende Kettenfäden beim Fachwechsel nicht in das Unterfach fallen, sondern nur bis zur Mitte, von wo sie wieder hochgehen.

Mit Recht weist Edelstein[1] darauf hin, daß nicht das Doppelhubgetriebe eine höhere Webstuhltourenzahl zuläßt, sondern das Offenfach, das allerdings

---

[1] Edelstein, Siegmund Prof.: Die Fachbildegetriebe am mechanischen Webstuhl S. 123. Leipzig: Deuticke 1909.

die Anwendung eines Doppelhubgetriebes voraussetzt. Doppelhubgetriebe bei Geschlossenfach bewirken keine bessere Schonung des Garnes und sind daher für Erhöhung der Tourenzahl ungeeignet.

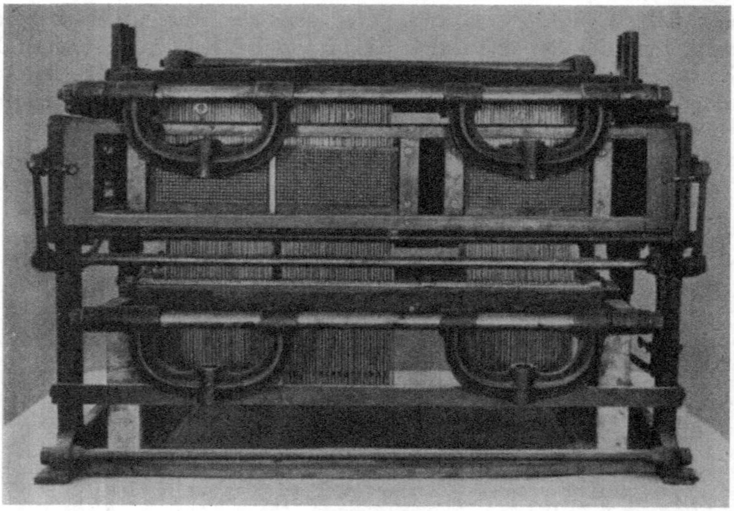

Abb. 155. Zweikartige Hoch-, Tief- und Schrägfachmaschine der Firma Maschinenfabrik Karl Zangs, A.-G., Krefeld, ältere Ausführung von der Nadelbrettseite.

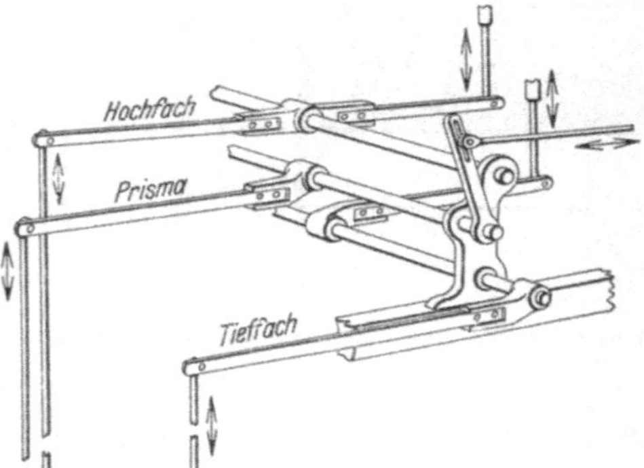

Abb. 156. Schema eines Jacquardmaschinen-Hebelantriebes.

Das eiserne Gestell der Jacquardmaschine soll so gebaut sein, daß man möglichst von allen Seiten leicht an die inneren Teile der Maschine herankommen kann. Die Abb. 154 stellt eine zweikartige 1072 + 544 = 1616er Hoch- Tief- und Schrägfachmaschine der Firma Maschinenfabrik Carl Zangs A.-G., Krefeld, von der Prismenseite dar, Abb. 155 ist dieselbe Maschine von der entgegengesetzten Seite gesehen.

Die Maschinen werden auf gut abgesteifte Gerüste gesetzt, die mit dem Stuhl Verbindung haben können. Zu empfehlen sind jedoch freistehende oder gegen die Wände abgestützte Gerüste, weil sich dadurch die Erschütterung der Webstühle nicht auf die Jacquardmaschinen übertragen. Stellschrauben oder Stelleisen lassen ein Höher- und Tieferstellen der Jacquardmaschinen zu.

Die Aufstellung der Jacquardmaschine erfolgt als „Deutsche Vorrichtung", wenn sich das Prisma links- oder rechtsseitig vom Weber befindet. Man nennt sie „Englische Vorrichtung", wenn das Prisma, vom Weber aus gesehen, vorn oder hinten sitzt.

β) **Antrieb und Geschwindigkeit.** Der Antrieb der Jacquardmaschine erfolgt von der Kurbelwelle aus durch Hebel (Abb. 156), Kettenantrieb oder stehender Welle (Abb. 157). Der Antrieb durch Hebel vermehrt in unzulässiger Weise die pendelnden Massen. Ein Bruch der Stangen kommt häufig vor. Bei dem Antrieb durch Kette sind zwar diese hin und her gehenden Teile vermieden, doch tritt häufig ein Längen und dadurch bedingtes Schleudern und Abspringen der Kette ein. Auch wird die Ware leicht durch Fettspritzer angeschmutzt, wenn man nicht vorzieht, die Ketten teilweise einzubauen. Allein der Antrieb durch stehende Welle (Abb. 157, 158 und 159) dürfte den technischen Forderungen genügen. Allerdings muß die Montage sehr sorgfältig ausgeführt werden.

Abb. 157. Jacquardmaschinenantrieb durch stehende Welle, Ausführung Schleicher, Greiz.

Als Geschwindigkeit der Jacquardmaschinen gibt H. Repenning[1] an, daß Maschinen mit Hoch- und Tieffach 130 bis 140 Touren und Doppelhubmaschinen bis zu 200 Touren je Minute laufen können.

γ) **Hoch-, Tief- und Schrägfachbewegung.** An Bewegungsmechanismen sind an der Jacquardmaschine vorhanden: der Platinenhub, ohne und mit Platinenbodenbewegung, und die Prismenbewegung mit Einwirkung auf die Nadeln. Diese Bewegungen können einzeln von der Kurbelwelle aus betätigt werden. Die Kurbelwelle kann jedoch auch ein vor der Jacquardmaschine gelagertes Vorgelege antreiben, das seinerseits die angeführten Bewegungen mittels Gestänge an die Jacquardmaschine weitergibt.

Abb. 160 zeigt eine Messerkastenführung, die Bewegung ist mit Gleitsteinen und Gleisenführungen ausgeführt. Die schematische Darstellung einer Messerkastenbewegung für Schrägfach ist auf Abb. 161 dargestellt.

Auf Abb. 162 sehen wir schematisch die Bewegungsvorrichtung für den Platinenboden bei Schrägfach. Der Platinenboden wird aus mehrfach verleimtem Holz ausgeführt. Die Platinen sind aus Stahldraht.

Abb. 158. Jacquardmaschinenantrieb durch stehende Welle, Ausführung Schleicher, Greiz. Teil am Stuhl.

[1] Repenning, H. Prof.: Die mechanische Weberei 2. Aufl. S. 189. Berlin: M. Krayn 1921.

Bei den Schrägfachmaschinen ist am Chorbrett der Litzenhub vorn etwa 4 cm hoch und 3 cm tief, hinten 8 cm hoch und 4 cm tief.

δ) **Prismenbewegung.** Zur Schaltung des Kartenprismas findet man Kreisexzenter, Hakensteuerung, das Malteserkreuz, den Kurventrieb und die Nürnberger Schere. Die Abb. 163 und 164 zeigen die Hakensteuerung, Abb. 165 das Malteserkreuz.

Abb. 159. Jacquardmaschinenantrieb durch stehende Welle, Ausführung Schleicher, Greiz. Oberteil.

Abb. 160. Messerkastenführung mit Gleitsteinen und Gleisenführung der Firma Hermann Grosse, Greiz. (Festschrift.)

Auf die anderen Schaltungsarten soll hier nicht näher eingegangen werden, da sie wenig Eingang in die Praxis gefunden haben.

Das Kartenprisma dreht sich in einer Lade, die durch Bolzen geführt oder pendelnd aufgehängt sein kann. Das Rückwärtsschalten des Kartenprismas,

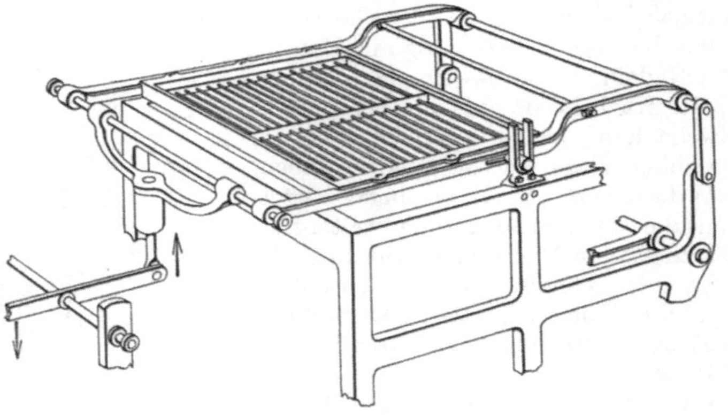

Abb. 161. Schema einer Messerkastenbewegung für Schrägfach.

welches meist bei abgepaßter Ware erforderlich ist, geschieht durch Umsteuerung der Fanghaken. Das aus mehrfach verleimtem Holz hergestellte Prisma ist vier-, fünf- oder sechsseitig und enthält eine der vorhandenen Platinen entsprechende Lochzahl. Bei Feinstichmaschinen ist auf das Prisma ein Messingmantel aufgesetzt, der die Bohrungen enthält. Die mehrseitigen Prismen haben einen ruhigeren Gang. An der Seite des Prismas sitzen die Kronenköpfe, Laternen,

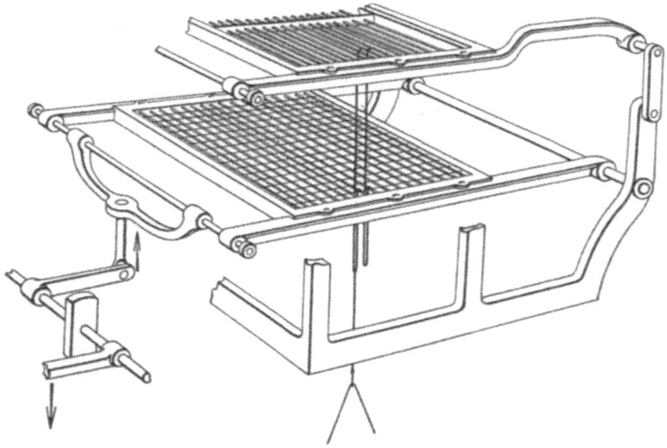

Abb. 162. Schema einer Platinenbodenbewegung für Schrägfach.

in welche die Wendehaken eingreifen. Eine Preßvorrichtung „Hammer“ (Abb. 166) sorgt für richtige Einstellung der Wende. Die Achse des Prismas ruht in Messinglagern, welche senkrecht und waagerecht zum Nadelwerk einstellbar sind. Zur Führung der Karten befinden sich auf den Prismen Messingwarzen, welche in feststehender und federnder Ausführung (Abb. 167) vorkommen.

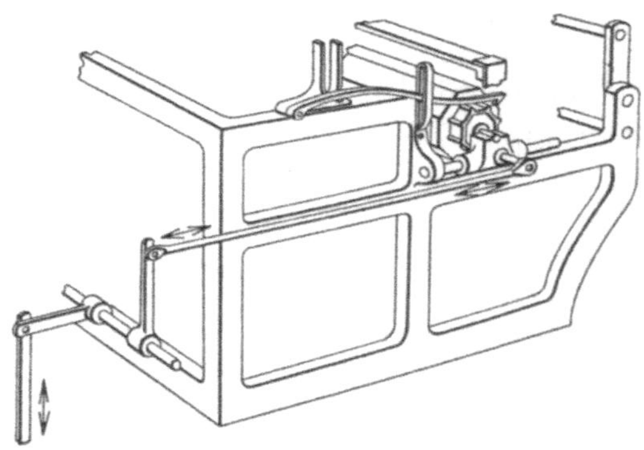

Abb. 163. Schema einer Prismenschaltvorrichtung mit Hakensteuerung.

Aus Abb. 168 ist der Einbau der Nadeln ersichtlich. Dieselben bestehen, wie die Platinen, aus Stahldraht (Abb. 169) und werden durch kleine Messingspiralfedern am Federkastendeckel festgehalten. Dem Prisma gegenüber ist das aus Messing bestehende Nadelbrett angebracht, dessen Bohrungszahl wieder der Anzahl der vorhandenen Platinen entspricht. Bei französischem Feinstich befindet sich vor dem Nadelbrett ein bewegliches Nadelschutzbrett.

Abb. 164. Ansicht einer Prismenschaltvorrichtung mit Hakensteuerung.

Abb. 170 zeigt einen

Nadelrichter, mit dessen Hilfe man krumm gebogene Nadeln leicht gerade richten kann.

Die Anpressung der Karte an die Nadeln findet erst statt, wenn der Messerkorb so weit heruntergegangen ist, daß die Platinen auf dem Platinenboden stehen und die Messer dem Zurückdrücken derselben nicht mehr im Wege

Abb. 165. Ansicht einer Prismenschaltvorrichtung mit Malteserkreuz.

Abb. 166. Prismenkrone mit Presse.

sind. Die Anpressung dauert dann so lange, bis der Messerkorb ungefähr die Hälfte seiner Aufwärtsbewegung zurückgelegt hat.

Die Stellung des Prismas muß beim Andrücken der Karte genau mit der des Nadelbrettes übereinstimmen, und zwar so, daß die Nadeln in die Mitte der Kartenlöcher eindringen können. Ist dieses nicht der Fall, so arbeitet die Maschine nicht rein. Um den Fehler zu entdecken, bringt man etwas Farbe, Öl u. dgl. auf die Nadelspitzen, läßt hierauf das Prisma anschlagen, tritt wieder auf und sieht nun, wie sich die Farbe auf die Karte

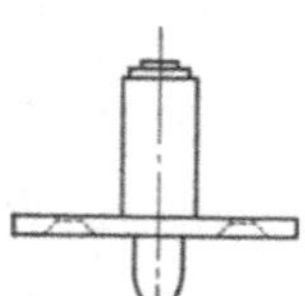

Abb. 167. Messingwarze in federnder Ausführung, sog. Springknopf.

Abb. 168. Einbau der Nadeln in die Jacquardmaschine, schräg von oben gesehen.

übertragen hat. An der Stellung der Punkte kann man die Stellung des Prismas erkennen und evtl. Abhilfe schaffen.

ε) Doppelhubmaschinen. Soll der Webstuhl mit einer Tourenzahl von über ca. 150 je Min. laufen, so müssen Doppelhubmaschinen benutzt werden. Für jeden Stropf sind zwei Platinen (Abb. 171) vorhanden, die durch eine gemeinsame Nadel betätigt werden. Ebenso sind zwei Messerkörbe vorhanden, welche abwechselnd mit der halben Stuhltourenzahl laufen. Die Bewegung der Litzen ist daher auch bei

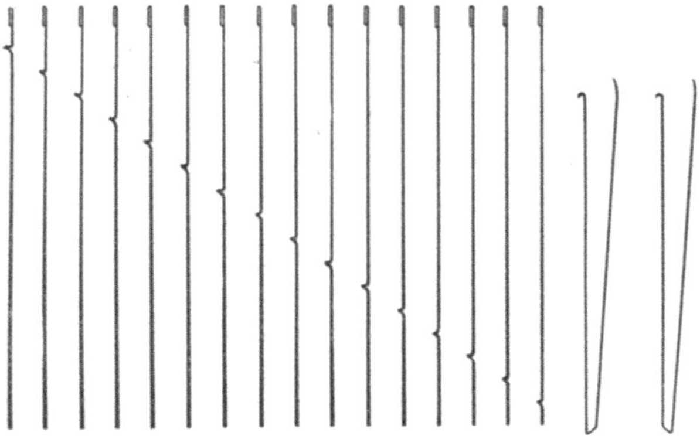

Abb. 169. a) Platinen und b) Nadeln.

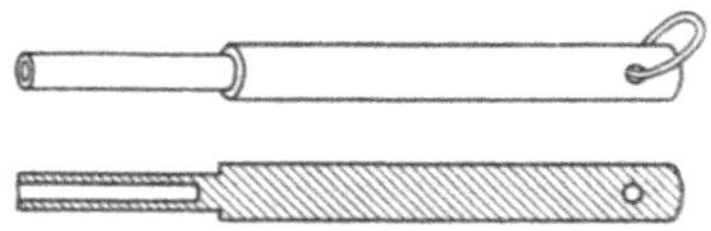

Abb. 170. Nadelrichter.

hoher Geschwindigkeit des Webstuhles eine ruhige. Die Maschinen können bis über 180 Touren je Min. gut arbeiten, Abb. 172 gibt eine Doppelhub-Jacquardmaschine der Firma Oskar Schleicher, Greiz, wieder.

Genügt die normale Platinenzahl nicht, um ein bestimmtes Muster zu weben, so können auch mehrere Jacquardmaschinen zusammengekoppelt werden. Abb. 173 zeigt einen derartigen Maschinensatz (Oskar Schleicher, Greiz).

ζ) Der Kartenlauf. Nicht unwesentlich für ein störungsfreies Arbeiten ist der Kartenlauf. Der Kartenlauf muß der Art der Maschine ein-, zwei- (Abb. 174)

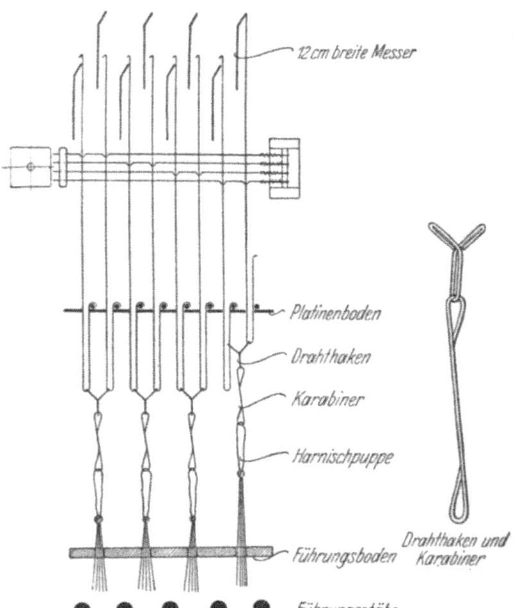

Abb. 171. Schema einer Doppelhubmaschine der Firma Hermann Grosse, Greiz. (Festschrift.)

Abb. 172. Ansicht einer Doppelhubmaschine der Firma Oskar Schleicher, Greiz. Modell D 4 i.

oder dreikartig und des Musters, Borde, Mitte nach Abb. 175 angepaßt werden. Zum Zulauf der Karten wird man zweckmäßig häufig ein Rollengatter anbringen.

η) Auftritte. Da der Weber hin und wieder Ausbesserungen am Harnisch und an den Karten vorzunehmen hat und auch bei komplizierten Mustern die einzelnen Teile, Borte, Fond, Kreuzmitte usw. umhängen und aneinander binden

Abb. 173. Zusammengekoppelte Jacquardmaschinen der Firma Oskar Schleicher, Greiz.

muß, so sind ihm Leitern, Auftritte (Abb. 176) und Auftrittskisten (Abb. 177) zu stellen, damit er die betreffenden Arbeiten leicht ausführen kann.

Abb. 174. Kartenlauf für zwei Karten.

e) Kombinierte Schaft- und Jacquardmaschinen.

Sollen z. B. in Handtücher mit einfacher Bindung Namenstreifen (Abb. 178) oder Streifen mit einfachen kleinen Mustern eingewebt werden, so wendet man zweckmäßig die kombinierten Schaft- und Jacquardmaschinen an. Der Grund wird dann mit Schäften hergestellt, die ihren Antrieb durch den Schaftteil der Maschine erhalten. Das Herabziehen der Schäfte besorgen Federn. Abb. 179 zeigt eine derartige Maschine der Firma Oskar Schleicher, Greiz i. V. Der Hub des Jacquardteiles sowie der hintersten Platine im Schaftteil ist bis zu 14 cm einstellbar, wobei der übliche Hub $^3/_5$ in das Oberfach und $^2/_5$ in das Tieffach berücksichtigt ist. Der Schaftteil kann mit einer automatischen Abrandvorrichtung ausgerüstet werden. Die gangbarsten Größen sind:

Schäfte	12	12	16	16	21	21	21
Platinen	144	204	144	204	204	336	408

f) Verdol-Jacquardmaschinen.

Erfordert das zu webende Muster eine verhältnismäßig hohe Anzahl von Platinen und Schußkarten, so kommt man mit den Pappkarten nicht mehr aus und muß zur endlosen Papierkarte der Verdol-Jacquardmaschine übergehen. Durch den bedeutend engeren Stich tritt eine Raumersparnis ein, die wieder eine Vergrößerung der Platinenzahl und einen Zusammenbau mehrerer Maschinen zuläßt. Auch sind die Verdolkarten billiger, leichter, nehmen weniger Platz ein, und fällt auch das Schnüren der Karten fort.

Als Nachteil der Verdolmaschinen ist anzuführen, daß die feinen Nadeln gegen Staub und Schmutz sehr empfindlich sind und deshalb vor Verunreinigungen geschützt werden müssen. Es ist ferner nötig, die Feuchtigkeit des Arbeitsraumes gleichmäßig hoch zu halten, weil sich die Papierkarten durch jeden Feuchtigkeitswechsel leicht verändern und dann Fehler verursachen (Maschinen arbeiten unsauber). Zerreißt eine Karte beim Weben, so dauert deren Reparatur, das Zusammenkleben, länger als bei dem Zusammenbinden der Pappkarten. Müssen häufig mit einem Musterspiel verschiedene Längen gearbeitet oder sollen in einem Musterspiel verschiedene Namen eingewebt werden, so erschwert das häufige Zusammenkleben das gute Arbeiten.

Da die Papierkarten nicht unmittelbar die Nadeln und Platinen zurückdrücken kön-

Abb. 175. Kartenlauf, zweikartig, für Borte, Mitte und Kreuzmitte.

Abb. 176. Auftritt bei Webstühlen mit Jacquardmaschinen.

nen, so ist vor der Jacquardmaschine ein System Stoßnadeln vorgebaut (Abb. 180 und 181), welche durch die Papierkarte eingestellt und dann durch einen be-

Abb. 177. Auftrittskiste bei Webstühlen mit Jacquardmaschinen.

Abb. 178. Handtuch mit Einwebung.

sonderen Winkelrost zurückgedrückt werden. Abb. 182 stellt das Stoßnadelsystem, die Vordermaschine, dar, Abb. 183 den Winkelrost.

Die Verdolmaschinen werden gebaut für 448, 896 und 1344 Platinen

Abb. 179. Kombinierte Schaft- und Jacquardmaschine Modell CIAZa der Firma Oskar Schleicher, Greiz.

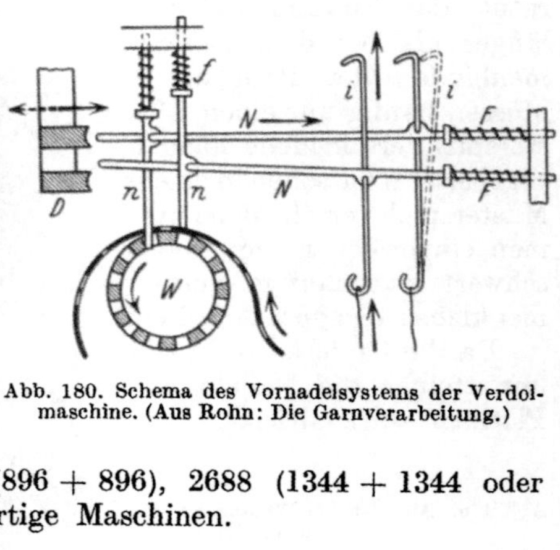

Abb. 180. Schema des Vornadelsystems der Verdolmaschine. (Aus Rohn: Die Garnverarbeitung.)

einkartig und 1344 (896 + 448), 1792 (896 + 896), 2688 (1344 + 1344 oder 896 + 896 + 896) als zwei- bzw. dreikartige Maschinen.

Die Fachbewegung kann wie bei der einfachen Jacquardmaschine durch einen Hebel mit Kurvenscheibe, durch zwei Hebel mit Doppelkurven, durch

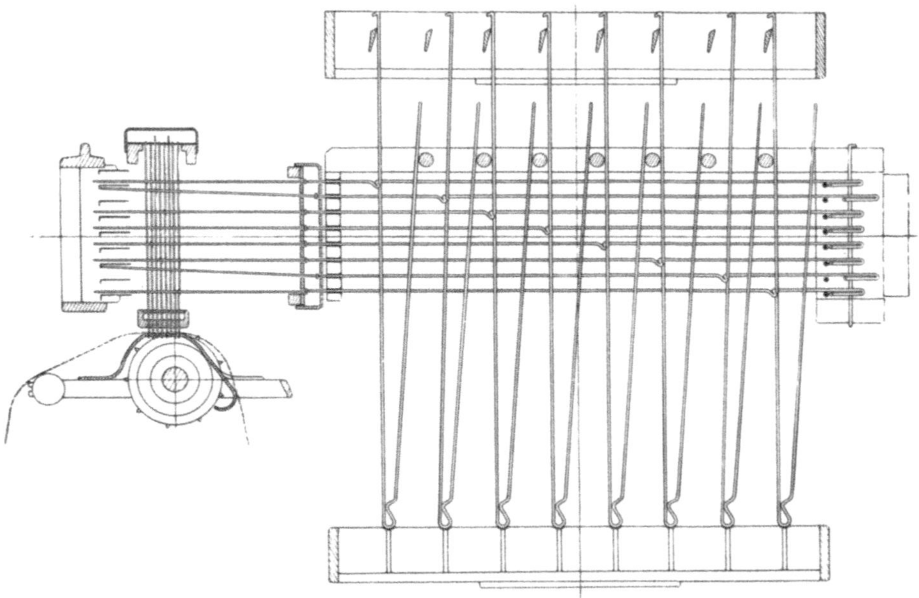

Abb. 181. Schema der Verdolmaschine. (Festschrift Grosse S. 93.)

Kettenantrieb mit Kettenrad und durch stehende Welle (Abb. 184), von der Kurbelwelle des Webstuhls aus, erfolgen.

Abb. 182. Stoßnadelsystem der Verdolmaschine.

Abb. 183. Winkelrost.

Das Prisma bekommt seinen Antrieb durch Wendehaken von der Jacquardmaschine aus oder durch zwangsläufige rotierende Sternschaltung (Abb. 185 und 186), mittels Treibkette vom Vorgelege der Maschine oder direkt von der

Kurbelwelle des Webstuhls. Diese verschiedenen Arten der Fach- und Prismabewegung können miteinander kombiniert werden.

Als Facharten kommen ebenfalls Einfachhub, Doppelhub, Hoch- und Tieffach, Hoch-Tief- und Schrägfach vor.

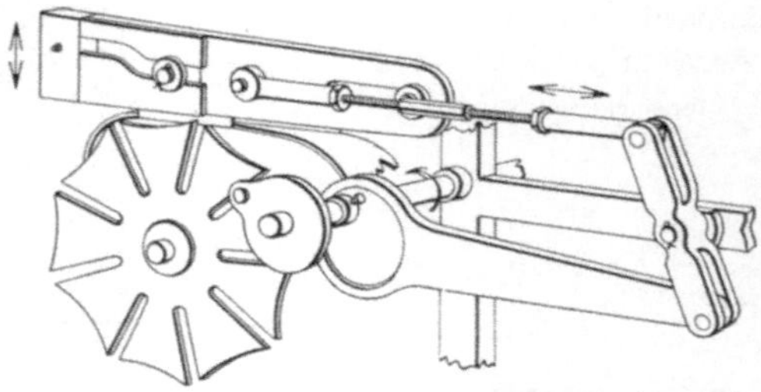

Abb. 185. Schema der Sternschaltung des Prismas bei der Verdolmaschine.

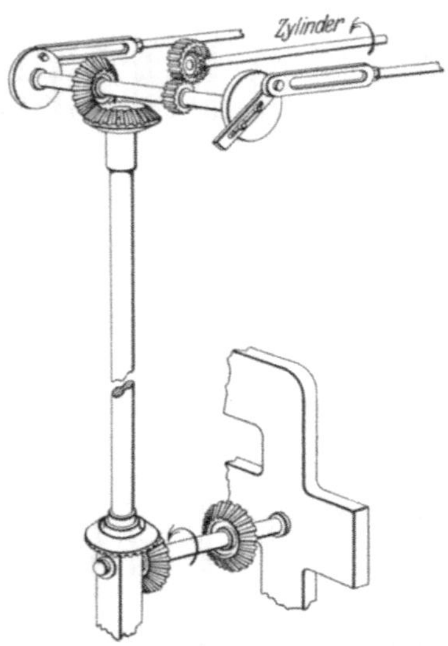

Abb. 184. Schema des Antriebes einer Verdolmaschine durch stehende Welle.

Abb. 186. Hoch-, Tief- und Schrägfachmaschine Modell VHTSiWZ der Firma Oskar Schleicher, Greiz.

Das Prisma wird durch Hakenschaltung, die bis 140 Touren noch gut arbeitet, oder durch die Sternschaltung bewegt. Die Sternschaltung schont die

Abb. 187. Verdol-Doppelhubmaschine Modell V.D.i.w.z. der Firma Oskar Schleicher, Greiz.

Karten und läßt eine hohe Tourenzahl zu. Dann sind noch Apparate vorhanden, die das Vor- und Zurückschalten der Karten mittels der Hand erlauben.

Abb. 186 zeigt eine Hoch-Tief- und Schrägfachmaschine der Firma Oskar Schleicher, Greiz i. V., Abb. 187 eine Verdol-Doppelhub-Jacquardmaschine derselben Firma.

Wie die Bewegungen der Vordermaschine, hin und her und hoch und tief, zustande kommen, zeigt das Schema Abb. 188.

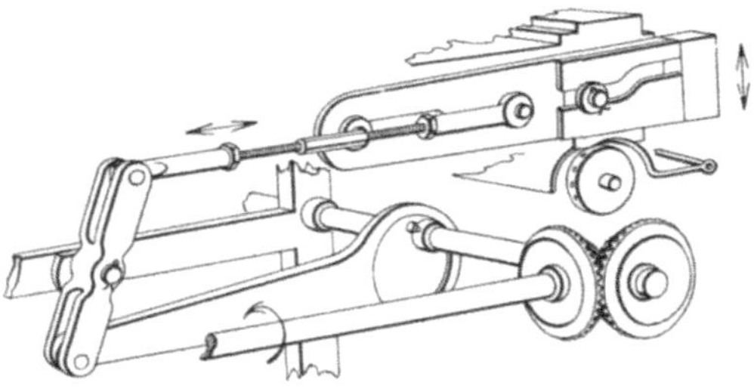

Abb. 188. Schema der Bewegung der Vordermaschine.

Bei den neueren Verdolmaschinentypen ist die Teilung des Druckrostes ein weitere, damit die Vorschaltnadeln und Fallnadeln mehr Platz haben. Durch Anbringung einer Sicherung des Rückschlägerhebels ist ein Rückschalten des Kartenzylinders von Hand so lange unmöglich, als sich Fallnadeln noch in den Löchern der Karten befinden, sodaß eine Beschädigung der Nadeln oder der Papierkarte ausgeschlossen ist.

Zur Aufnahme der Karten dient ein leichter, aus Winkeleisen gebogener, mit Anschraublaschen versehener Kartengang, der auch gleichzeitig die Kartenrolle in Höhe des Vornadelwerkes trägt (Abb. 187 und 189).

Abb. 189. Verdolmaschine mit 3 Karten und Kartengängen.

g) Abpaßmaschinen.

Bei verschiedenen Geweben, z. B. Tafeltüchern, besteht das Muster aus der Borte und den Mittenrapporten (Abb. 190). Bei den gewöhnlichen Jacquardmaschinen muß man, nachdem die Borte gewebt ist, die Karten der Mitte an die der Borte anbinden. Ist der Rapport einmal durchgewebt, so bindet man Anfang und Ende der Mittenrapportkarten zusammen und läßt die notwendige Anzahl der Mittenrapporte — in der Abb. 190 sind es sieben — durchweben, um dann wieder die Bortenkarten anzubinden. Der Weber muß bei diesen Arbeiten sehr acht geben, auch verliert er mit dem Umbinden viel Zeit. Bis zu einem gewissen Grade, namentlich dann, wenn es sich um die Herstellung ganz kleiner Mengen abgepaßter Tücher nach einer, vielleicht auch noch oft wechselnden Länge handelt, mag diese Art des Abpassens seine Berechtigung haben. Sobald aber die Anfertigung großer Mengen nach einer bestimmten Länge in Frage kommt, wird dieses Verfahren unwirtschaftlich.

Bei den Verdolmaschinen hilft man sich dadurch, daß man die Muster in den entsprechenden Tuchlängen „durchschlägt“, d. h. es müssen Karten für die ganze Tuchlänge vorhanden sein. Diese große Anzahl Karten bei den einzelnen

Abb. 190. Tischtuch.

Längen verteuert die Musterkosten. Ändert man die Muster durch Herausnehmen und Hinzufügen von Rapporten häufiger um, so leiden die Klebestellen hierdurch außerordentlich.

Um vorstehende Nachteile zu vermeiden, hat man die Abpaßmaschinen herausgebracht. Die Abpaßmaschine ist eine Jacquardmaschine, bei der zwei verschiedene Musterkarten selbsttätig wechselweise in oder außer Betrieb gesetzt werden können. Es wird mit diesen Maschinen nicht nur die selbsttätige Umsteuerung der beiden Musterkarten, sondern auch die Abgrenzung der genauen Länge des Tuches automatisch bewirkt, sodaß das Abmessen der Tuchlänge mittels Bandmaßes oder sonstiger geeigneter Mittel überflüssig wird. Die Maschine rapportiert zum Zwecke der Kartenersparung einen Musterrapport so oft, als es die Länge des Tuches erfordert, und steuert die Prismen automatisch zum Vor- und Rückwärtslauf um, so daß gestürzte Rapporte rückwärts gewebt werden. Die Maschinen arbeiten mit zwei Prismen, die übereinander, hintereinander oder auf beiden Seiten der Maschine angebracht sein können. Abb. 191 zeigt eine Abpaß-Jacquardmaschine der Firma Oskar Schleicher, Greiz i. V. Der gesamte Umschaltungsmechanismus wird durch eine Platine ausgelöst, wobei diese Platine durch indirekt in Verbindung gebrachte Nadeln von den beiden Prismen aus dirigiert wird. Wesentlich ist dabei, daß das letzte Kartenblatt im Rapport bereits die entsprechende Einstellung der Maschine für den nächsten Schuß bringt. Als weiteres Mittel zur automatischen Umschaltung von Mitten- und Kantenprisma sowie zur Umsteuerung beider Prismen auf Vor- und Rückwärtsgang dient eine zusammengesetzte Rollengliederkette. Diese wird

Abb. 191. Abpaßjacquardmaschine mit 2 Prismen Modell RAHTsc der Firma Oskar Schleicher, Greiz.

so zusammengestellt, daß für jeden Mittenrapport ein Glied ohne Rolle und für jeden Kantenrapport ein Glied mit Rolle angeordnet wird. Neben diesen Rollen werden weitere Rollen angeordnet, welche für die Umsteuerung auf Rück- und Vorwärtsgang dienen. Diese Maschine wird auch für endlose Papierkarte und für Doppelhub gebaut.

h) Die Damastmaschinen.

Für die Herstellung der größten Muster mit dichtesten Garneinstellungen (Abb. 192) genügen auch die Verdolmaschinen nicht mehr, sodaß man die Damastmaschinen anwenden muß. Bei dieser Maschine bringt eine Jacquardmaschine nur das Muster hervor, während die Bindung durch eine besondere Vorrichtung, wie Vordergeschirr usw., erfolgt. An jeder Platine hängen mehrere, nebeneinander liegende Kettenfäden (2, 3, 4, 6, 8 usw.), die dann für das Muster gleichartig arbeiten. Ebenso bleibt das Fach der Jacquardmaschine für mehrere Schuß nacheinander stehen.

Auf damastähnliche Gewebe, die durch Hebeschäfte oder Tringles gehoben werden, kann hier nicht näher eingegangen werden.

Um die Wirkungsweise der Damastmaschinen zu verstehen, sei zunächst die Arbeitsweise des Handstuhles beschrieben. Bei einer gewöhnlichen Grobstich-Jacquardmaschine ist der Schemeltritt so eingerichtet, daß die Maschine während mehrerer Schüsse hintereinander mit gehobenem Fach stehen bleiben kann. An Stelle der Litzen mit gewöhnlichen Maillons sind solche mit 2, 3, 4 oder mehr Augen angeknüpft, je nachdem die Ware 2-, 3- oder 4-fädig ausfallen soll. Diese Kettenfäden sind nun außerdem noch durch 5 oder 8 Vorderschäfte mit hohen Sprunglitzen gezogen, je nachdem die Grundbindung 5- oder 8-bindig gewebt werden soll. Es hebt also jeder Harnischfaden jedesmal so viel

Abb. 192. Damasttischdecke.

nebeneinander liegende Kettenfäden, als durch das mehraugige Maillon gezogen sind.

Der Weber tritt zunächst mit der Jacquardmaschine die Figur aus und läßt den Messerkasten durch Arretierung des Jacquardschemels in ausgehobenem Zustande so viel Schuß hintereinander stehen, als der gewünschten Abstufung entspricht. Mit Hilfe der Vorderschäfte, die durch einen Kontremarsch usw. bewegt werden, wird nun für jeden einzelnen Schuß die Abbindung herbeigeführt. Bei Verwendung von beispielsweise 8bindigem Atlas müssen auch 8 Vorderschäfte vorhanden sein, von denen immer einer zu heben und einer zu senken ist. Auf diese Weise entsteht zwischen Harnisch und Vorderschäften das sogenannte „Kreuzfach", das die Kettenfäden stark beansprucht und nur einen kleinen Schützen zuläßt. Außerdem ist die Zeit, die nötig ist, um die Figur auszuheben, verloren, weil erst dann Schuß eingetragen werden kann, wenn durch die Bewegung der Schäfte die Abbindung eingetreten ist.

Abb. 193. Jacquarddamastmaschine Modell DMg. der Firma Oskar Schleicher, Greiz.

Damastmaschine Oskar Schleicher, Greiz, Modell DM (D.R.P. Nr. 175417 vom 4. 1. 1904) (Abb. 193 und 194). Die Maschine ahmt die Arbeitsweise des Handstuhles nach, doch vermeidet sie das Kreuzfach und den unnötigen Zeitverlust beim Ausheben der Figur. Die Bildung des Webfaches wird nur von

Abb. 194. Verdol-Damastmaschine, Modell VDMi. der Firma Oskar Schleicher, Greiz.

der Jacquardmaschine ohne Zuhilfenahme anderer Apparate oder Nebenmaschinen bewirkt. Sie arbeitet daher genau so wie eine gewöhnliche Jacquardmaschine, sogar mit derselben Tourenzahl. An Stelle der mehraugigen Harnischlitzen hat die Maschine mehraugige Nadeln, die der Aushebung entsprechend 2, 3, 4 oder mehr Platinen steuern. Um abzubinden, sind für das Ober- und Unterfach getrennte Mechanismen vorhanden, die beide durch ein 8- oder

5-Bundprisma, je nachdem 8- oder 5-bindige Ware hergestellt werden soll, betätigt werden (Abb. 195).

Der in einzelne Querstäbe, die im rechten Winkel zu den Nadeln stehen,

Abb. 195. Damastmaschine, Oskar Schleicher, Greiz, von der Bundprismaseite aus.

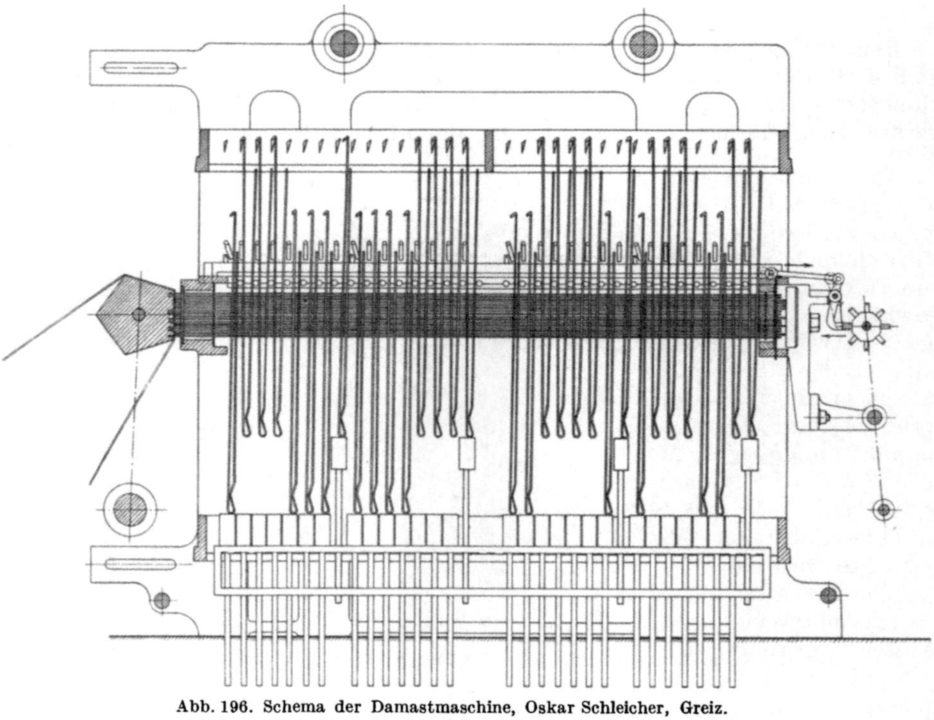

Abb. 196. Schema der Damastmaschine, Oskar Schleicher, Greiz.

eingeteilte Platinenboden übernimmt die Abbindung der im Unterfach liegenden Kettenfadenpartien. Diese einzelnen Bodenquerstäbe werden durch zwei starke, seitlich befindliche Schaftplatinen ausgehoben. Längsschieber stellen die Verbindung vom Bundprisma zu den Schaftplatinen her, sodaß nacheinander,

der Bindung entsprechend, die einzelnen Bodenquerstäbe gehoben werden (Abb. 196).

Zum Abbinden der im Oberfach befindlichen Kettenpartien müssen ganze Platinenreihen ins Unterfach gebracht werden. Hierzu sind von jeder Platinenreihe oberhalb des Nadelwerkes, ebenfalls im rechten Winkel zu den Nadeln, Wendemesser angebracht, die den Abdruck ganzer Platinenreihen vom Hubmesser des Messerkastens und damit den Tiefgang bewirken. Auch diese Wendemesser werden über Schieber betätigt.

Eine Nockenkette (Abb. 197), die ebenfalls zwangsläufig mit dem Gesamtmechanismus der Jacquardmaschine verbunden ist, bewirkt das mehrmalige

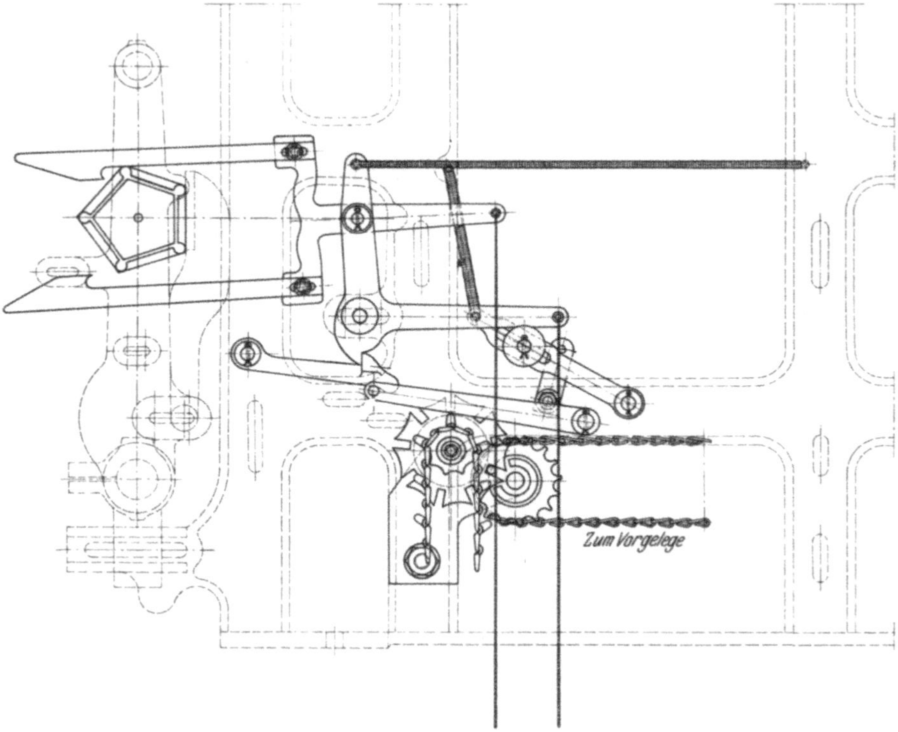

Abb. 197. Damastmaschine, Oskar Schleicher, Greiz. Schema Nockenkettenmechanismus.

hintereinander Anschlagen derselben Figurenkarten. Je nach der Art der Prismenbewegung schaltet diese Kette bei Hakenschaltung die Prismenwendehaken, bei rotierender Schaltung die Mitnehmerkuppel aus und ein. Sie wird auch dann verwendet, wenn die Prismen z. B. bei Kanten rückwärts arbeiten sollen. Auch kann man in gewissen Grenzen die Schußdichte mit dieser Kette ändern, ohne daß ein anderer Jacquardsteuermechanismus umzuwechseln ist. Für Abbindung der Leisten sind besondere Jacquardplatinen vorhanden, die durch eine besondere Karte gesteuert werden.

Aus den vorstehend beschriebenen Grundprinzipien der Abbindungsweise der Maschine geht hervor, daß die Bindung in der Anzahl der zur Verwendung kommenden Platinenlängsreihen teilbar sein muß.

Eine weitere Konstruktion derselben Firma Modell DMN verlegt sämtliche Steuerungen in die Wendemesser, so daß der Platinenboden aus einem Stück, wie bei den normalen Jacquardmaschinen, bestehen bleibt. Es erhalten dann die Hubmesser drei verschiedene Stellungen. Die verschiedenen Stellungen erhalten sie durch Exzenter oder Zylinder mit verschiedenen hohen Abdruckstiften. Um auch verschiedene Grundbindungen gleichzeitig zu weben, hat die Firma ihr Modell DDMM herausgebracht.

Die Damastmaschinen werden von der Firma Oskar Schleicher, Greiz, mit folgenden Einteilungen geliefert:

Sticharten	Nadelzahl				
Französischer Feinstich	880	1320	2 × 880	1320 × 880	2 × 1320
Verdolstich	884	1344	1796	884 + 1344	1344 + 1344

i) Frottier-Jacquardmaschinen[1].

Das einzige Beispiel von einem nach Art des Samtes gewebten Leinenstoffe sind die Bade-Handtücher, welche auf leinwandartigem Grunde lange unaufgeschnittene Schleifen oder Noppen, und zwar auf beiden Flächen des Gewebes, enthalten. Hierdurch entsteht (da diese Noppen nicht sehr dicht stehen und wegen ihrer Länge sich umlegen) eine zum Abreiben des Körpers geeignete Art von Rauheit. Die Noppen können mittels Polkette und Nadeln hervorgebracht werden, wie bei anderen, samtartigen Stoffen; da indessen hier dieses Verfahren für eine wohlfeile Erzeugung zu zeitraubend ist, verdient die Herstellung mit Grund- und zwei Polketten den Vorzug. Auf die Maschine selbst kann hier nicht eingegangen werden.

4. Die Stuhlvorrichtungen.

Einteilung der Vorrichtungen. Man unterscheidet Stuhlvorrichtungen einerseits für die Innen-, Außen-, Trommeltritte und Schaftmaschinen und andererseits für Jacquard-, Verdol- und Damastmaschinen.

a) Die Schaftvorrichtungen.

Die Schäfte und deren Befestigungsteile stellen die erste Vorrichtungsart dar.

α) **Die Einzelteile eines Geschirrs.** Ein Schaft besteht aus zwei Stäben, den Geschirrstäben, dem oberen und unteren Schaftstab, die entweder mittels der

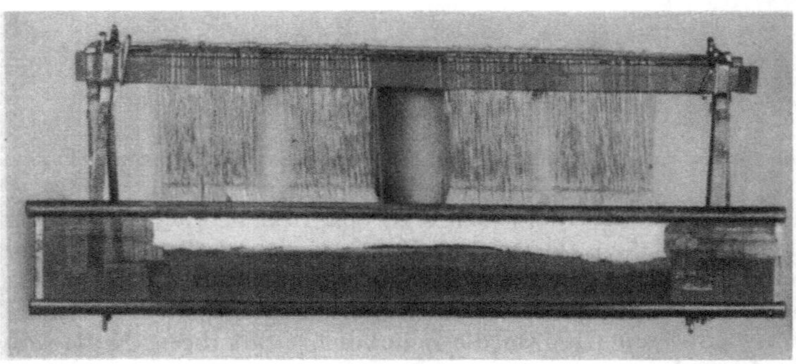

Abb. 198. Geschirr mit eingezogenen Kettenfäden und abgeschnittenem Geweberest.

Litzen oder durch besondere seitliche Stäbe verbunden sind. Die Litzen aus Zwirn, Roßhaar oder Stahldraht sind in zwei meistens gleichlange Teile, dem oberen und unteren Helfenteil, geteilt und tragen in der Mitte ein Auge, Maillon, aus Zwirn, Glas oder Metall, durch welches der Kettenfaden läuft. Die zu einer

[1] Müller, Ernst Prof.: Handbuch der Weberei S. 737. Leipzig: Baumgärtner 1896.

gemeinsamen Leistung vereinigten Schäfte werden Geschirr genannt. Die Litzen können entweder fest mit den Schaftstäben verbunden sein oder auf besondere Eisen verschiebbar aufgereiht werden. Die Anzahl der Litzen ist gleich der vor-

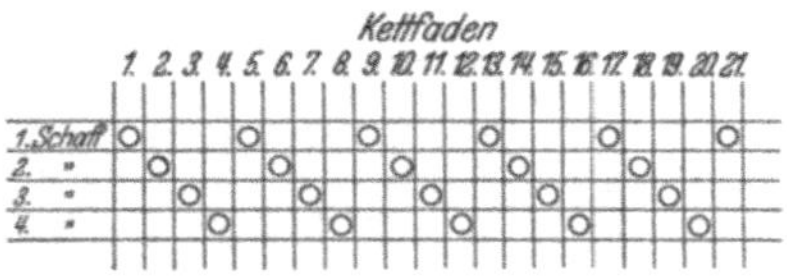

Abb. 199. Der Einzug „gerade durch".

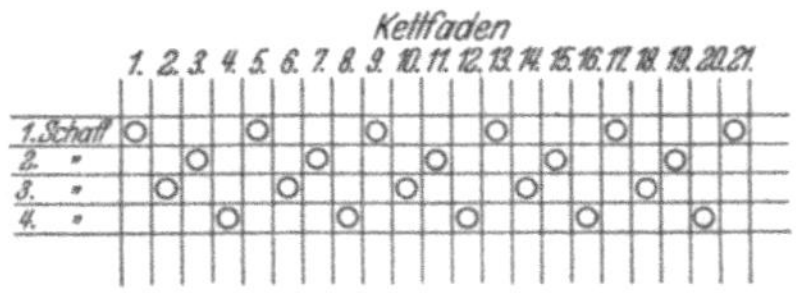

Abb. 200. Der versetzte Einzug.

handenen Kettenfadenzahl. Die Anzahl der Schäfte richtet sich nach der herzustellenden Bindung. Aus rein praktischen Gründen vermehrt man die Schaftzahl bei Leinenbindung meistens um das Doppelte, Drei- oder Vierfache, weil

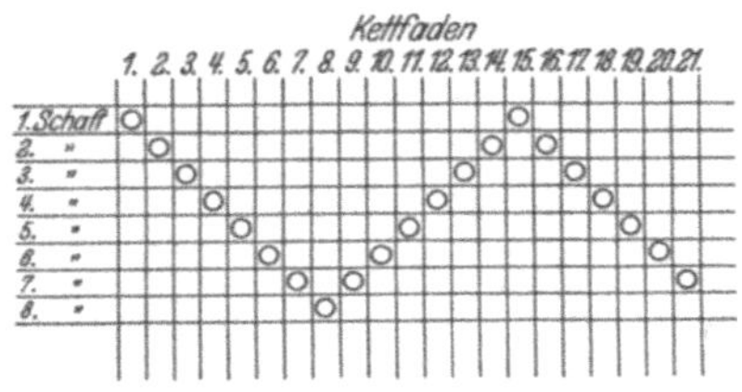

Abb. 201. Der Spitzeinzug.

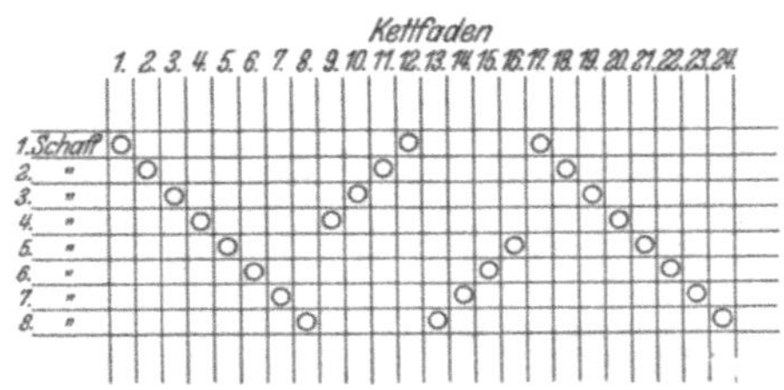

Abb. 202. Der „gebrochene" Einzug.

sich dichtstehende Ketten mit zwei Schäften nicht gut weben lassen. Die gegenseitige Reibung ist dann zu groß, und Kettenfadenbrüche sind unvermeidlich. Auch bei drei- und vierschäftigen Bindungen vermehrt man häufig aus gleichem Grunde die Schaftanzahl. Man rechnet auf 1 cm Breite nicht mehr als 8 bis 10 Helfen für jeden Schaft. Die Verbindung der Schäfte mit den Tritten wird „Anschnürung" oder kurz „Schnürung" genannt.

Abb. 198 stellt ein Geschirr und Riet mit eingezogenen Kettenfäden und dem abgeschnittenen Geweberest dar. In der

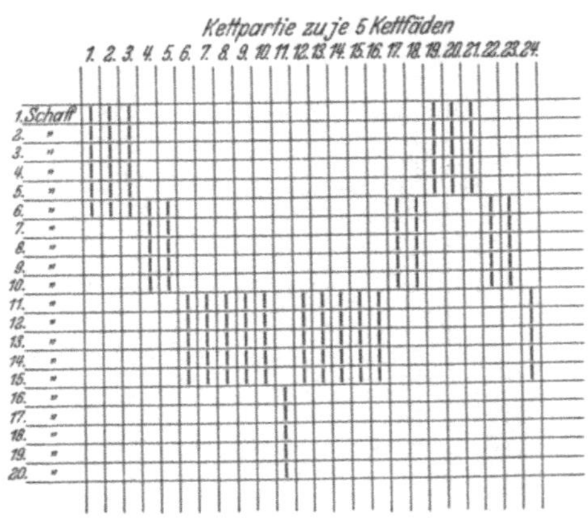

Abb. 204. Der „partieweise" Einzug, vereinfachte Darstellung.

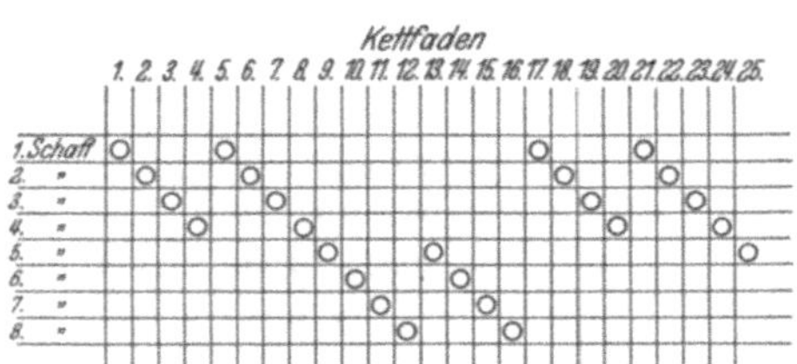

Abb. 203. Der „partieweise" Einzug.

Mitte fehlen Schaftlitzen. Die hier arbeitenden Kettenfäden sind in einem kleinen Harnisch eingezogen, der durch eine kleine Jacquardmaschine betätigt wird.

β) **Die Schaft- oder Geschirreinzüge.** Ähnlich, wie auch später bei den Vorrichtungen der Jacquardmaschine beschrieben wird, können die Ketteneinzüge in die Augen des Geschirrs mehrfacher Art sein. Es kommen in der Hauptsache folgende Einzugsarten vor: 1. Der Einzug gerade durch, hauptsächlich verwendet bei Geweben mit Köper und Atlasbindungen (Abb. 199); 2. der versetzte Einzug oder Sprungeinzug, fast ausschließlich bei Geweben mit Leinwandbindung (Abb. 200); 3. der Spitzeinzug bei Spitzköpern, Fischgrat, Leinengradl u. a. (Abb. 201); 4. der gebrochene Einzug bei Fischgrat u. a. (hauptsächlich bei Berufskleidung) (Abb. 202); 5. der partienweise Einzug, nur bei Gebildgeweben (Drellen) (Abb. 203 und 204); 6. die zusammengesetzten oder figurierten Einzüge, z. B. bei Gerstenkornhandtüchern mit Atlasstreifen in den Längsborten (Abb. 205 und 206).

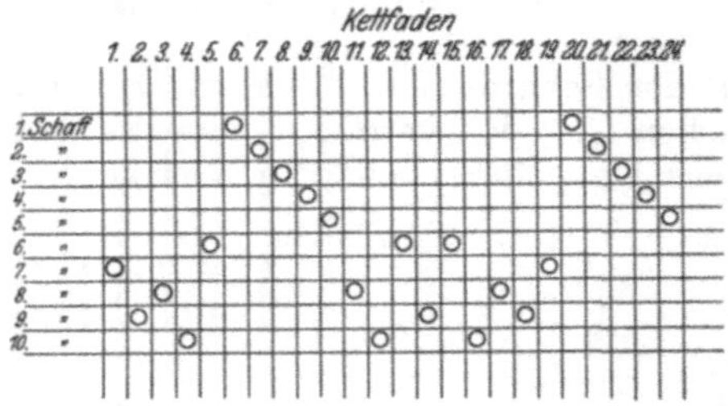

Abb. 205. Der figurierte oder zusammengesetzte Einzug.

Abb. 206. Gerstenkornhandtuch mit Atlasstreifen in Längs- und Querborten.

Abb. 207. Glasrost.

b) Der Harnisch.

Die Verbindung der Platinen der Jacquardmaschinen mit den Kettenfäden durch Vermittlung der Gallierschnüre und Helfen nennt man den Harnisch, das Harnischwerk.

α) Die Einzelteile des Harnisches. Die einzelnen Teile desselben sind: Platinenstruppen, Karabiner, Ringe oder Verbindungsschnüre (Puppen), Harnischschnüre, Schleifen für die Litzen, Litzen, Jacquardgewichte, Glasrost, Chorbrett und Gewichtskasten.

Am billigsten, weil am dauerhaftesten, sind Harnischschnüre aus bestem Hanf- oder Leinenzwirn. Die Schnüre des Harnisches haben sehr durch Reibung zu leiden. Man vermindert ihre Abnutzung und erleichtert ihre Bewegung durch Einreiben mit Wachs[1]. Noch besser wirkt ein Firnissen der Schnüre, wobei

[1] Hermann Grosse, Greiz, gibt in seiner Festschrift als bestes Präparat 1 l Firnis, dem 6 bis 7 g Wachs zugesetzt sind, an und warnt vor der Verwendung von Speckstein.

aber zu beachten ist, daß zuviel Firnis die Schnüre brüchig macht. Das Firnissen verhindert auch zu einem guten Teil das so lästige Drehen der Litzen bei jedem Witterungswechsel, wodurch sonst der Kettenfaden umwickelt oder mindestens festgeklemmt wird, was Fehler in der Ware verursacht. Nach dem Firnissen muß der Harnischfaden biegsam und glatt sein, keineswegs steif und hart. Der Firnis wird in warmem Zustande mittels eines weichen Wollappens oder noch besser mit der bloßen Hand in den Harnisch eingerieben. Die Verwendung von Bürsten empfiehlt sich nicht, weil dadurch die Fasern des Harnisches aufgerauht werden.

Abb. 208. Führung des Harnisches bei Doppelhubmaschinen.

Damit die Platinenstruppen senkrecht gezogen werden, laufen sie unterhalb der Karabinerhaken, etwa 3 cm unterhalb des tiefsten Karabinerstandes, zwischen Führungsstäben aus Holz oder Glas (Abb. 207). Gehen, wie bei manchen Maschinen, die eisernen Platinenschenkel durch den geschlitzten Platinenboden hindurch, so wird zwischen diesem und den Führungsstäben noch ein Führungsboden eingebaut (Abb. 208).

Die gleichen Harnischfäden aus den verschiedenen gleichbindenden Musterrapporten oder Choren werden zwecks gemeinsamen Einhängens in den Karabinerhaken der Platinenstruppe in einer Puppe, bestehend aus einem Knoten mit Fadenhenkel (Abb. 209) oder in einem Ring vereinigt (Abb. 210). Die Puppe kann bei allen Sticharten, der Drahtring nur bei den Grobsticharten verwendet werden. Erstere hat eine längere Gebrauchsdauer, dagegen gestatten die Ringe ein schnelleres Ein- und Aushängen des Harnisches.

Abb. 209. Harnischfäden in einer „Puppe" vereinigt. (Festschrift Grosse S. 44.)

Abb. 210. Harnischfäden in einem „Ring" vereinigt. (Festschrift Grosse S. 44.)

Zur senkrechten Führung und Dichteeinstellung der Litzen dient das Chorbrett. Es besteht entweder aus einem geeigneten Hartholz von 20 bis 30 mm Dicke oder aus einzelnen Brettchen von 10 bis 12 mm Dicke, die in einem Rahmen verschiebbar gefaßt sind. Die Brettchen haben den Vorteil, daß sie gegen das Einschneiden der Harnischfäden wegen der Querlage der Holzfasern widerstandsfähiger und für verschiedene Kettenfadendichten beliebig zusammenstellbar sind. Besser als Holz hat sich Vulkanfiber in 4 bis 8 mm Dicke oder Holz mit aufgeleimter Vulkanfiber bewährt (siehe auch Abb. 211 und 212). Die Gesamtlochzahl des

Chorbrettes ist gleich der Anzahl der Kettenfäden. Die Löcherzahl der Querreihe des Chorbrettes entspricht der Platinenzahl der Querreihe der Jacquard-

Abb. 211. Chorbrett aus Hartholz. (Festschrift Grosse S. 45.)

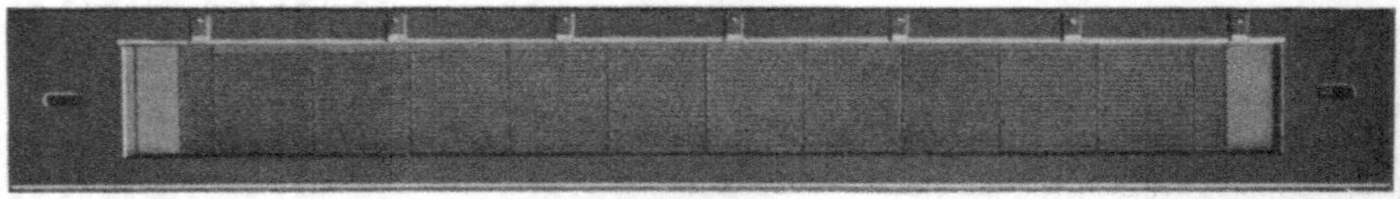

Abb. 212. Chorbrett aus einzelnen Brettchen von Vulkanfiber in einem Rahmen gefaßt. (Festschrift Grosse S. 45.)

maschine, damit der Weber einen Fehler in der Karte oder sonstige Mängel sofort finden kann. Nur bei hoher Kettenfadenzahl wird die Löcherzahl einer Querreihe des Chorbrettes verdoppelt, z. B. kann bei einer 400er Maschine das Chorbrett sowohl 8reihig als auch 16reihig gebohrt werden. Die Tiefe der Chorbrettchen wählt man möglichst klein, 8 bis 11 cm ist in den meisten Fällen hinreichend. Die Löcher werden meist versetzt oder in schrägen Reihen gebohrt (Abb. 213).

Die Stahldrahtlitze (Abb. 214) hat die gefirnißte Leinenlitze immer mehr verdrängt, seitdem es gelungen ist, sie mit den Eigenschaften des Garnmaterials entsprechenden Fadenaugen (Abb. 215) zu versehen. Sie bieten den Kettenfäden weniger Reibung, sind von längerer Gebrauchsdauer und gewähren eine bessere Durchsicht.

Zwischen Harnischfaden und Stahldrahtlitze wird eine von gutem Baumwollgarn hergestellte Zwischenstruppe angebracht, welche stets länger sein muß, als das geöffnete Fach groß wird, da sich sonst leicht die Knoten einhängen würden.

Die am unteren Ende der Litzen befestigten Jacquardgewichte — auch Anhängeeisen oder Klöppel genannt — werden als sogenannte Ringel- oder Locheisen aus galvanisiertem Draht hergestellt und müssen eine der Einstellung, dem Material und der Spannung der Kettenfäden entsprechende Schwere haben. Man wähle jedoch die Gewichte nicht zu leicht (30 bis 150 Stück je 1 kg bei etwa 20 bis 30 cm Länge). Die Gewichte werden nach der Anzahl, die auf 1 kg gehen, numeriert.

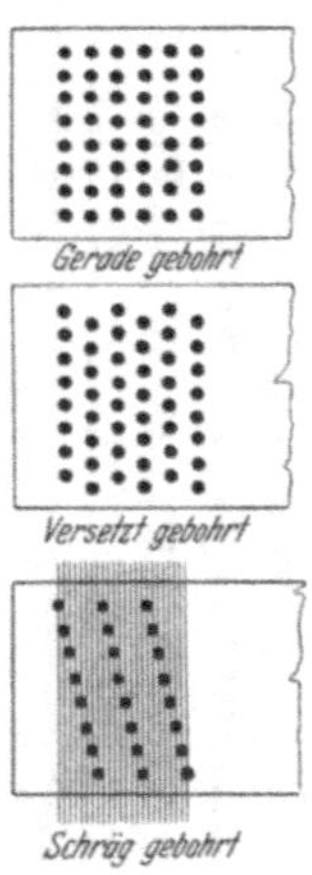

Abb. 213. Bohrung von Harnischbrettern. (Aus Prof. Franz Donat: Jacquardweberei.)

Abb. 214. Die Stahldrahtlitze.

Abb. 215. Auge einer Stahldrahtlitze.

Das Durcheinanderschlagen der Gewichte beim Weben verhindert der unten im Stuhl angebrachte Gewichtskasten (Abb. 216), welcher die Gewichte gruppenweise in Kammern, die durch Drähte oder Blechwände voneinander geschieden sind, führt.

β) **Die Herstellung eines Harnisches.** Zur Herstellung eines Harnisches sind folgende Einzelarbeiten notwendig: 1. Abwicklung der Harnischschnur vom Knäuel und Schneiden in einzelne Längen; 2. Vorimprägnieren der Harnisch-

Abb. 216. Gewichtskasten zur Führung der Jacquardgewichte.

schnur mit Hand und Lappen; 3. Anhängen der Harnischschnur; 4. Einziehen der Schnur durch das Chorbrett (Abb. 217); 5. Anhängen der Litzen mit Gewichten (Abb. 218); 6. Anbringen des Glasrostes und des Gewichtskastens; 7. Egalisieren des Harnisches (Abb. 219), Nachimprägnierung mit der Hand.

Abb. 217. Einziehen der Harnischschnüre durch das Chorbrett.

Zwischen 5. und 7. muß mindestens ein Tag liegen, damit sich der Harnisch gut aushängen kann. Unter Egalisieren versteht man das nachträgliche Ausrichten der Fadenaugen in einer Höhe. Zum Ausrichten der Augen wird ein eingelegtes Lineal (Abb. 219) benützt.

Wird das Verbinden der Platinenschnüre mit den Harnischschnüren außerhalb des Webstuhles vorgenommen, so hängt man die Schnürenbündel ordnungsgemäß auf einen Stab, oder man verwendet so viele in einer Leiste befestigte Stäbe, als die Maschine Längsreihen hat.

Auf Abb. 220 ist ein Trittgestell abgebildet, welches das Anbringen des Harnisches erleichtert.

γ) **Die Schnürweisen.** Die Art, in welcher die Harnischschnüre durch die Löcher des Chorbrettes gezogen werden, nennt man die Schnürung, den Vorgang selbst das Schnüren, Gallieren. Je nachdem die Jacquardmaschine der Länge oder der Quere nach auf dem Webstuhl steht, unterscheidet man 1. die verschränkte oder deutsche und 2. die offene oder englische Schnürweise.

Abb. 218. Anhängen der Litzen mit Gewichten.

Nach dem Charakter des zu webenden Musters unterscheidet man folgende Arten der Beschnürung: a) glatte oder gerade Schnürung; b) spitze Schnürung; c) gemischte, Kanten- oder Bordürenschnürung (d. h. teils gerade durch, teils in Spitz).

Die gerade Schnürung wird angewendet, wenn das Muster ein fortlaufendes Aussehen hat (Abb. 221 und 222). Auf beiden Abbildungen ist die Schnürweise

Abb. 219. Egalisierleiste.

Abb. 220. Auftritt.

deutsch, jedoch liegt bei Abb. 221 das Prisma links, bei Abb. 222 rechts. Um bei beiden Arten, die durch die Stellung des Webstuhlantriebes bedingt sind, die gleichen Kartenspiele ohne Umbindung verwenden zu können, vertauscht man bei der einen Art in jeder Platinenreihe die Anschnürung von hinten nach vorn, wie Abb. 222 zeigt.

Bei der Schnürung in Spitz tritt eine Platinenersparung von der Hälfte des Kettenrapportes ein. Ein Rapport besteht bei diesen Mustern aus zwei symmetrisch angeordneten Spitzteilen. Will man keinen doppelfädigen Spitz, wie in Abb. 223, bekommen, d. h. sollen die beiden Fäden, die in der Symmetrieebene nebeneinander liegen, nicht gleichartig abbinden, so muß man bei der

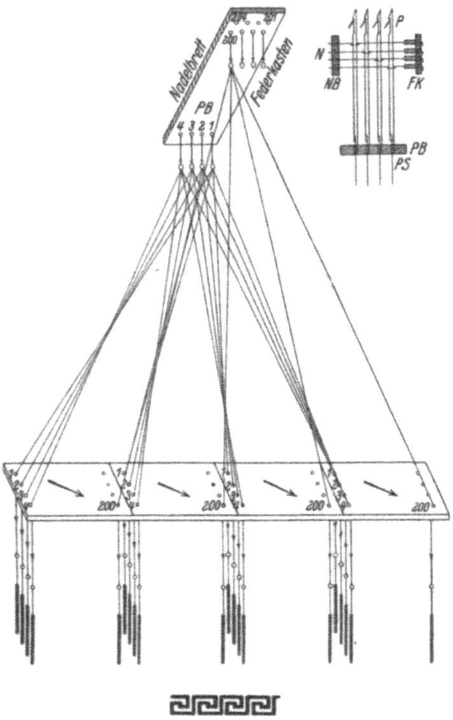

Abb. 221. Gerade Schnürung mit Prisma links.

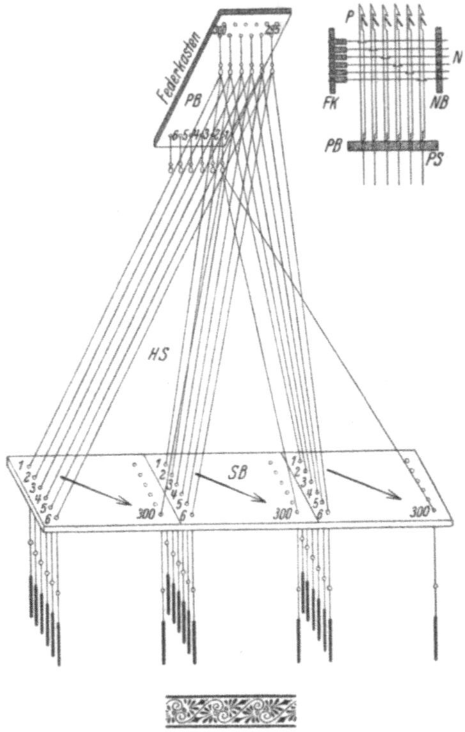

Abb. 222. Gerade Schnürung mit Prisma rechts.

(Abb. 221 u. 222 aus Prof. Franz Donat: Technologie der Jacquard-Weberei. Hartlebens Verlag 1902.)

Schnürung die eine Litze überspringen bzw. an die Spitzplatine nur einen Harnischfaden mit Litze anbringen.

Unter gemischter Schnürung, Kanten- oder Bordürenschnürung versteht man die gesonderte Beschnürung von Borte und Mitte (Abb. 224). Hierbei verwendet man gewöhnlich zu den Kanten Spitzschnürung, während man die Mitte geradedurch vorrichtet. Natürlich kann es vorkommen, daß man auch die Mitte für Spitzschnürung einrichtet.

d) **Die Mustercharaktere.** Die Stuhlvorrichtung hat sich dem Charakter des Musters anzupassen und umgekehrt. Als Charakterarten[1] kommen in Frage: 1. Rammage- oder Rankenmuster; 2. symmetrische oder Spitzmuster; 3. Stern-

[1] Gräbner, Ernst Prof.: Die Weberei 2. Aufl. S. 64. Leipzig: Jänecke 1920.

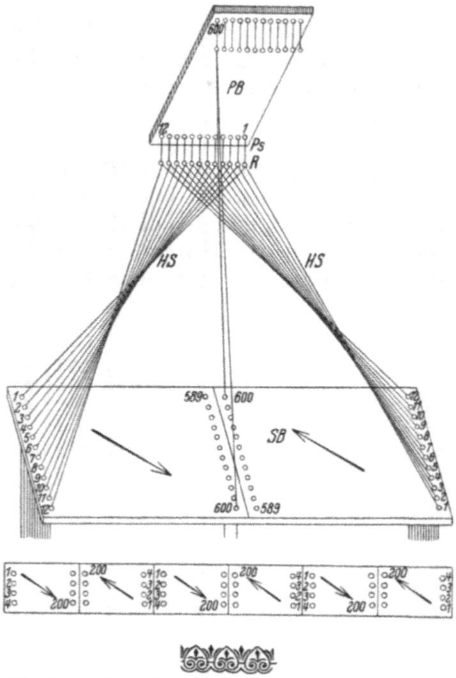

Abb. 223. Spitzschnürung. (Aus Donat: Technologie der Jacquard-Weberei.)

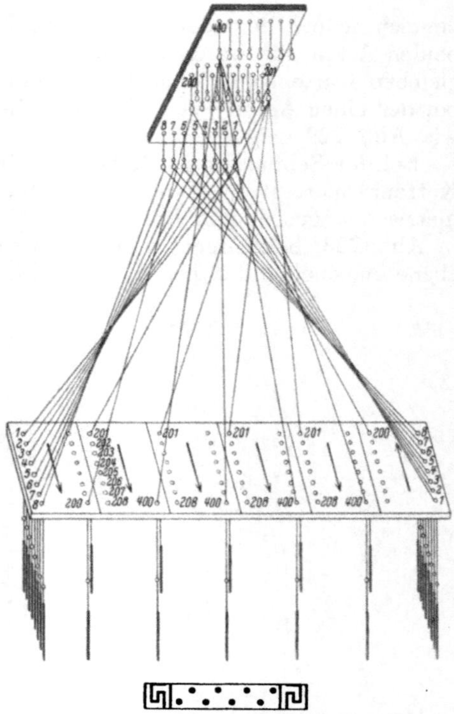

Abb. 224. Kantenschnürung. (Aus Donat: Technologie der Jacquard-Weberei.)

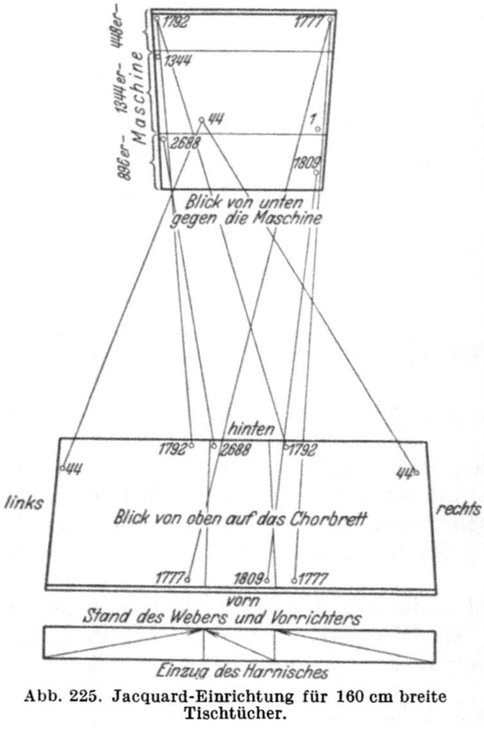

Abb. 225. Jacquard-Einrichtung für 160 cm breite Tischtücher.

oder Rosettenmuster; 4. versetzte oder zerstreute Muster; 5. reziproke Muster; 6. gestreifte Muster; 7. Muster mit Bordüren; 8. abgepaßte Muster.

ε) Beispiel einer größeren Stuhleinrichtung. Die Abb. 225 stellt eine Stuhleinrichtung für 160 cm breite Tischtücher mit drei Verdolmaschinen zu 896 + 448 + 1344 = 2688 Platinen dar. Die Mitte wird von der 896er Maschine betätigt und zieht einfach, während die Querborten mit den Maschinen zu 448 und 1344 Platinen auf Sturz arbeiten. Die Unterweisungskarte (Abb. 226 unausgefüllt) gibt dem Musterzeichner und Kartenschläger die notwendigen Unterlagen.

Auf dem mit dieser Vorrichtung hergestellten Tischtuch (Abb. 227), Größe 160 × 160 cm, sehen wir, daß das Tuch ohne besonderes Mittelstück gewebt wird. Sollen längere Tücher angefertigt werden, so muß eine kleinere oder größere Anzahl Verlängerungsstücke eingewebt werden (Abb. 228). Diese Verlängerungsstücke können in der gewünschten Anzahl durchgeschlagen bzw. kopiert werden (bei den Verdolmaschinen), oder man läßt das Stück der benötigten Anzahl entsprechend rund laufen.

Steinhuder Leinen-Industrie Gebr. Bretthauer		**Unterweisungskarte** für Musterzeichnen und Musterschlagen				*QUW-* *-K.*	
Mundtuch						Tischtuch	
Breite		Breite		Breite		Breite	
Weblänge		Weblänge		Weblänge		Weblänge	
Einrichtung		Einrichtung		Einrichtung		Einrichtung	
Maschine		Maschine		Maschine		Maschine	
Musterteil	Karten	Musterteil	Karten	Musterteil	Karten	Musterteil	Karten
Saum		Saum					
Köper		Köper					
Atlas		Atlas		Saum			
Streifen		Streifen		Köper			
Atlas		Atlas		Atlas		Borte	
Figur		Figur		Figur		Mitte	
Atlas		Atlas		Atlas			
Streifen		Streifen		Köper			
Atlas		Atlas		Saum			
Köper		Köper					
Saum		Saum					
Schnitt		Schnitt		Schnitt			
		Zu zeichnen sind nur ....Linien für Figur		Zu zeichnen sind nur ....Linien für Figur		Zu zeichnen sind nur die Linien für Borte u. Mitte. Atlas- und Saumkarten werden je nach Tuchlänge vorrätig gehalten.	

Abb. 226.

Wie die einzelnen Kartenteile, Borte, Mitte und evtl. Sondermitte an einer Jacquardmaschine aufgehängt werden, zeigt Abb. 229.

Dem Weber gibt die Unterweisungskarte (Abb. 230) Aufschluß, wie er bei dem Muster die einzelnen Tuchlängen zu weben hat.

ζ) Das Einweben von Wappen und Namen. Im allgemeinen können Wappen und Namen in der Ecke (Abb. 231 und 232) ohne weiteres mit einer der Vorrichtung entsprechenden Größe eingewebt werden, da die meisten Gewebe mit einer besonderen Borte versehen sind. Der Name erscheint dann allerdings an der einen Seite in Spiegelschrift (Abb. 232). Dagegen sind Namenausführungen in der Mitte nur dann möglich, wenn dort eine besondere Anzahl Platinen vorgesehen sind, welche einzeln ziehen, d. h. nur je einen Faden der Kette betätigen. In den meisten Fällen wird der Namenteil auf einen besonderen Maschinenteil mit besonderem Musterkartenspiel verlegt.

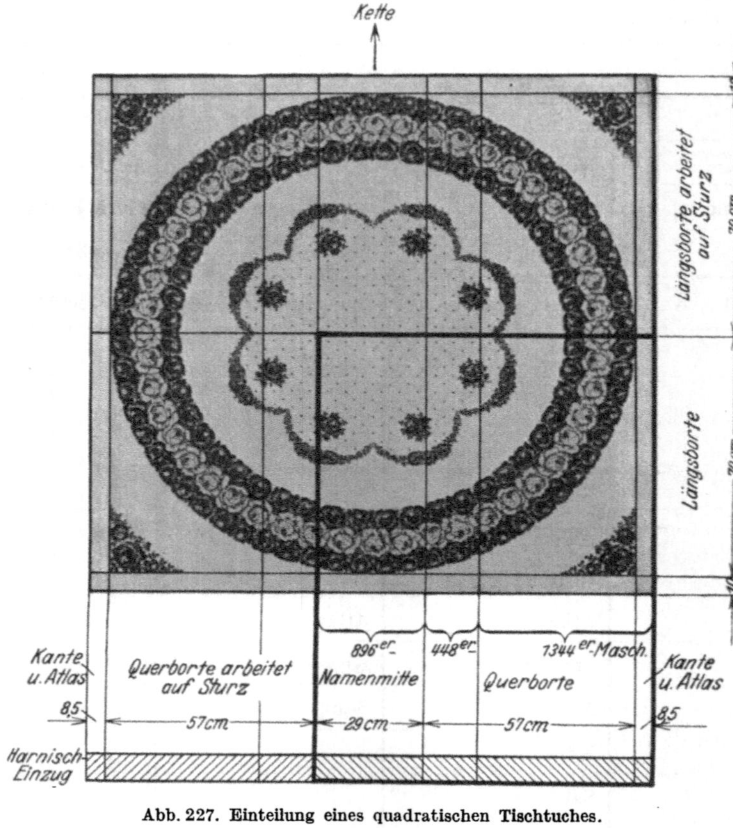

Abb. 227. Einteilung eines quadratischen Tischtuches.

Sollen einreihige Namen nur lang durch die Mitte gewebt werden, so kann dieses auf einer „spesenfreien" Einrichtung erfolgen (Abb. 233). Die einzelnen Buchstaben sind dann in Kartengruppen vorhanden. Diese werden dem Namen entsprechend bei den Pappkarten aneinander gebunden. Bei den Papierkarten kopiert man diese hintereinander auf ein besonderes Kartenspiel, welches man in das Musterspiel einklebt.

Bei den anderen Einwebungen müssen die Patrone und das Kartenspiel gesondert hergestellt werden; doch läßt sich auch hier häufig Arbeit sparen, indem man Musterteile unter Verwendung von Abdeckblechen bei den Kopiermaschinen in die Karten einkopiert.

Wappeneinwebungen kommen nur bei besseren Qualitäten gut heraus.

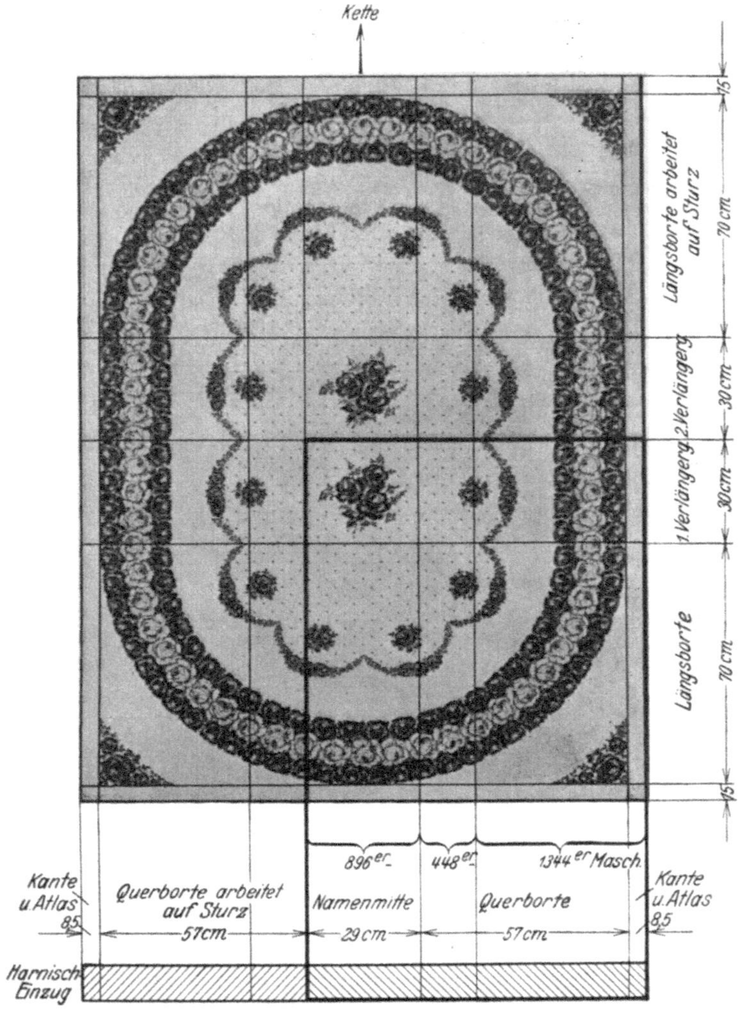

Abb. 228. Einteilung eines Tischtuches mit mehreren Mittenrapporten.

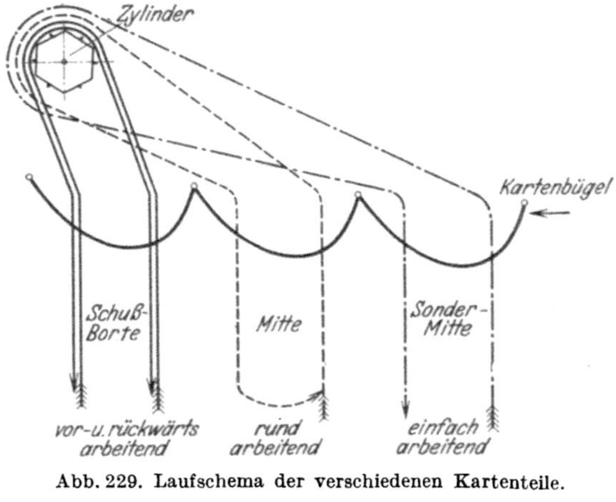

Abb. 229. Laufschema der verschiedenen Kartenteile.

LVP F Steinhuder Leinen-Industrie Gebr. Bretthauer **Unterweisungskarte**	*QUW 28 K*
Vorrichtung: *QUW 43—1765—880 E*	*A 2 TR 6000 W*

Kartenteile	Ecke 471—2675 — Querborte 471—2675 — Namenqu. 471—2675 Verlängerung: Hochborte 1—940 — Mitte 1—940 — Namenmitte 1—940. Länge: 30 cm						Karten Karte Nr.	
Lagerzeichen .	*TR 6213 W*				*TR 6333 W*			
Soll-Länge . .	*160*				*200*			
Web-Länge . .	*161*				*200*			
Errechn. Schuß	*5070*				*6310*			
	lfd. cm	Anzahl Schuß			lfd. cm	Anzahl Schuß		
Saum	*1,9*	*60*			*1,9*	*60*		
Köper	*3,1*	*40*			*3,1*	*40*		
Atlas	*10,5*	*230*			*15,1*	*380*		
Borte	*80,5*	*2205*			*85,1*	*2205*		
Verlängerung .					*115*	*1 × 940*		
Borte	*150,5*	*2205*			*185*	*2205*		
Atlas	*157,7*	*230*			*197*	*380*		
Köper	*159,1*	*40*			*198,1*	*40*		
Saum	*161*	*60*			*200*	*60*		
Ges. Schuß . .		*5070*				*6310*		
Lagerzeichen .	*TR 6413 W*							
Soll-Länge . .	*230*							
Web-Länge . .	*230*							
Errechn. Schuß	*7230*							
	lfd. cm	Anzahl Schuß						
Saum	*1,9*	*60*						
Köper	*3,1*	*40*						
Atlas	*14,8*	*370*						
Borte	*84,8*	*2205*						
Verlängerung .	*145*	*2 × 940 = 1880*						
Borte	*215*	*2205*						
Atlas	*226,7*	*370*						
Köper	*228,1*	*40*						
Saum	*230*	*60*						
Ges. Schuß . .		*7230*						

Abb. 230a.

Lagerzeichen .			*TR 6573 W*				
Soll-Länge . .			*290*				
Web-Länge . .			*289*				
Errechn. Schuß			*9110*				
			lfd. cm	Anzahl Schuß			
Saum.			*1,9*	*60*			
Köper			*3,1*	*40*			
Atlas			*14,8*	*370*			
Borte.			*84,8*	*2205*			
Verlängerung .			*204,2*	*4 × 940 = 3760*			
Borte.			*274,2*	*2205*			
Atlas			*285,9*	*370*			
Köper			*287,1*	*40*			
Saum			*289*	*60*			
Ges. Schuß . .				*9110*			

Lagerzeichen .	*TR 6773 W*				*TR 6813 W*		
Soll-Länge . .	*350*				*400*		
Web-Länge . .	*348*				*398*		
Errechn. Schuß	*10970*				*12530*		
	lfd. cm	Anzahl Schuß			lfd. cm	Anzahl Schuß	
Saum.	*1,9*	*60*			*1,9*	*60*	
Köper	*3,1*	*40*			*3,1*	*40*	
Atlas	*14,6*	*360*			*9,5*	*200*	
Borte.	*84,6*	*2205*			*79,5*	*2205*	
Verlängerung .	*262,6*	*6 × 940 = 5640*			*318,2*	*8 × 940 = 7520*	
Borte.	*333,6*	*2205*			*388,2*	*2205*	
Atlas	*345*	*360*			*394,5*	*200*	
Köper	*346,1*	*40*			*396,1*	*40*	
Saum.	*348*	*60*			*398*	*60*	
Ges. Schuß . .		*10970*				*12530*	

	Geprüft	Tag	Mon.	Jahr
Wenn die Arbeit nicht so ausgeführt werden kann, wie oben angeführt, ist Unterschriebener sofort zu benachrichtigen.	*Fischer*	*13*	*7*	*28*

Abb. 230 b.

5. Die Anfertigung der Musterkarten.

a) Das Musterzeichnen.

Je einfacher das Muster ist, um so einfacher ist auch der dafür notwendige Mechanismus zur Herstellung. Wir sahen bei den Fachmaschinen, daß die einfachsten Muster, anfangend mit der Leinenbindung, mit Innentritt, die kompliziertesten mit der Jacquard- bzw. Verdol- und Damastmaschine hergestellt werden, und daß dazwischen die Trommeltritte und Schaftmaschinen liegen. Ganz einfache Muster für glatte Ware, Leinen, Panama, Köper und Atlas kann man ohne weiteres in den betreffenden Mechanismus (Trittexzenter usw.) einstellen. Wechseln die Bindungen ab, so muß zunächst die technische Zeichnung, „Patrone“, hergestellt werden, aus welcher hervorgeht, wo Ketten- oder Schußfäden oben liegen. Sind die Muster noch größer, geblümte Muster usw., so kann die Patrone erst nach einer Zeichnung hergestellt werden, die das anzufertigende Muster so darstellt, wie es sich später im fertigen Gewebe dem Auge bieten soll.

Abb. 231. Tischwäsche mit eingewebtem Wappen in den 4 Ecken des Tuches.

Abb. 232. Tischwäsche mit eingewebtem Namen in den 4 Ecken des Tuches.

Das Musterzeichnen zerfällt daher: a) in das Entwerfen des Musters als Bild, b) in die Umwandlung dieses ausgeführten Entwurfes in die technische Zeichnung, Patrone, in welcher die Verflechtung der Ketten- und Schußfäden angegeben wird.

Während die Anfertigung des Musterbildes an die künstlerischen Fähigkeiten der Hersteller mitunter die höchsten Ansprüche stellt, ist das „Patronieren“ eine recht mühsame, eintönige und zeitraubende Arbeit, die auf besonderem Papier, dem „Patronenpapier“ durchgeführt wird. Das zu webende, bereits entworfene Bild (Abb. 234) muß auf das Patronenpapier in bedeutender Vergrößerung (Abb. 235) übertragen werden. Abb. 236 zeigt das fertige Tischtuch.

Abb. 233. Tischwäsche mit eingewebtem Namen längs durch die Mitte.

Die zur Verwendung kommenden Bindungen richten sich nach der Gewebetechnik und der Fadendichte. Die Umrisse der Zeichnung dürfen keinen Schaden erleiden. Man kann daher die Bindung in der Figur und im Grunde nicht schablonenmäßig durchsetzen, sondern muß den Abschluß der Bindung im Grunde an die Figur und umgekehrt besonders berücksichtigen. Um den richtigen Anschluß der einzelnen Rapporte zu bekommen, muß die Grundbindung in der Fadenzahl des Rapportes aufgehen.

Zur Verschönerung des Musters wendet man Schattierungen an. Unter Schattieren versteht man das Verfahren, einer Fläche oder einer Figur durch Anwendung von Licht und Schatten ein plastisches Gepräge zu geben. Man erreicht dieses durch den Übergang einer Schußbindung in eine Kettenbindung. Zu den Bindungen sei bemerkt, daß langflottende Bindungen, z. B. achtbindiger Atlas, wohl dem Gewebe ein schöneres Aussehen verleihen, aber die Haltbarkeit, wenigstens bei nicht ganz dicht eingestellten Waren, stark herabsetzen. Beim Weben wird diejenige Warenseite nach oben gelegt, bei der die wenigsten Fäden der Grundbindung ins Oberfach gehen.

Abb. 234. Musterentwurf.

b) Die Musterspiele für Schaftmaschinen.

Die Schaftmaschinen werden durch Holz-, Eisenblech- und Pappkarten, hin und wieder auch durch Verdolkarten gesteuert. Die Holzkartenmusterspiele

(Abb. 237) bestehen aus Holzleisten, welche durch Ringe zusammenhängen. Diese Leisten tragen der Schaftanzahl entsprechende Bohrungen. Nach der Patrone werden nun in diese Löcher entsprechend der Bindung Holzstöpsel eingeschlagen. Ein eingeschlagener Stab läßt den betreffenden Schaft ins Oberfach gehen.

Die Eisenblechkarten werden von der Fabrik mit den verschiedensten Bohrungen fertig bezogen und dem Muster entsprechend mit Ringen aneinandergereiht.

Die Pappkarten sind Streifen aus einer guten Spezialpappe, der „Jacquardpappe", in welcher mittels Locheisen, Lochzange oder Kartenlochmaschine Löcher gedrückt bzw. gestanzt werden. Jeder Schuß der Musterzeichnung bzw. des Gewebes erfordert ein Kartenblatt. Außer den Musterlöchern müssen in die Kartenblätter noch die Zapfen- und Bindelöcher eingestanzt werden. Die ersten

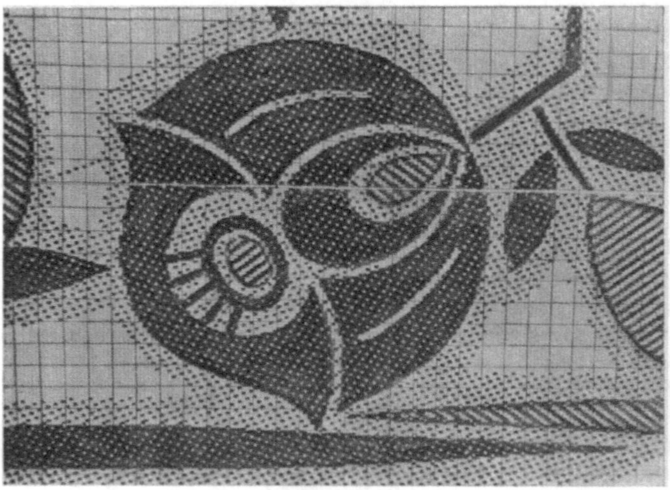

Abb. 235. Teil einer Patrone.

dienen zum Einlegen in die Zapfen des Prismas, die letzten zum Vereinigen aller zu einem Muster gehörenden Kartenblätter zu einer Kette ohne Ende.

Abb. 238 zeigt eine Lochzange für Schaft- und Jacquardmaschinen-Pappkarten (Fabrikat Oskar Schleicher, Greiz), wie sie zur Ausbesserung fehlerhaft gelochter Karten benützt wird.

Die einfachste Art des Kartenschlagens ist die mit nachstehend abgebildeter Handschlagplatte (Abb. 239). Karte für Karte wird mittels eines Stempels für die Dessin-, Binde- und Warzenlöcher entsprechend der Patrone und unter Zuhilfenahme eines Holzhammers gelocht. Diese Arbeit ist sehr zeitraubend und findet nur da Anwendung, wo es sich nur um ganz klein zu webende Muster oder um Ersatzherstellung schadhaft gewordener Jacquardkarten handelt.

Zum Ausschlagen der Pappkarten für Schaftmaschinen dient weiter eine Maschine ähnlich der, wie sie später für die Jacquardmaschinen beschrieben ist. Die Maschine ist bei Hermann Grosse, Greiz, als Tastenschlag- und zugleich als Kopiermaschine eingerichtet (Abb. 240). Beim Schlagen der Karte nach der Patrone werden nach der Leseweise die zweireihig geordneten Tastenhebel mit den Fingern zurückgedrückt. Das zwischen den Schlagplatten eingelegte Kartenblatt wird durch Niederziehen des Hebels mit einem Male gelocht. Die zurückgedrückten Tasten schlagen keine Löcher, nur die unberührten Tasten bewirken eine Lochung der betreffenden Kartenstelle. Wird der Hebel nach ausgeführtem Schlagen der Karte zurückgedrückt, so wird die gelochte Karte selbsttätig aus der Maschine geworfen. Auf der Rückseite der Maschine befindet sich ein Prisma, auf welches die zu kopierende Karte gelegt wird.

Das Binden der Schaftkarten kann entweder mit der Hand (siehe Jacquardkartenspiele) oder mit einer Maschine erfolgen, ähnlich wie sie weiter unten bei den Jacquardkarten beschrieben wird.

Abb. 236. Fertiges Tischtuch.

c) Herstellung der Kartenspiele für Jacquardmaschinen.

In Pappkarten, Jacquardpappen, dem Prisma entsprechender Größe werden der Patrone gemäß Löcher gestanzt, und zwar stets an jener Stelle, die laut Patrone einen gehobenen Kettenfaden bedeuten soll. Jede Karte gibt die Bindung für einen Schuß.

Die einfachste Vorrichtung zum „Kartenschlagen" ist auch hier die Schlagplatte mit Locheisen, ähnlich Abb. 239.

α) **Klaviatur-Schlagmaschine.** Meistens verwendet man die Schlagmaschine. Es gibt davon zwei Arten, wovon die eine jedesmal eine Querreihe, die andere hingegen ein ganzes Kartenblatt auf einmal schlägt. Zum Schlagen von Querreihen auf einmal bedient man sich der Klaviatur-Schlagmaschine, die als Tasten- und als Schnürenzug-Schlagmaschine gebaut wird (Abb. 241 und 242, der Firma Hermann Grosse, Greiz). Zunächst schlägt man mit einer gesonderten Vorrichtung die Warzen- und Bindelöcher ein. Hierauf wird die Karte in das aus Stahl hergestellte Schlagbuch eingelegt und von Warzen festgehalten. Das Schlagbuch gewährleistet ein einwandfreies Glattliegen der Karte während des Schlagens. Dasselbe wird von einem Wagen, der mit seinen Rollen auf Gleitschienen läuft, unter die Schlagpresse geführt. Das gleichmäßige Fortrücken des Wagens geschieht durch Zahnstange und Schaltklinke. Die Schlagpresse enthält die Stempel. Die obere Preßplatte hat je einen Ausschnitt für die Stempel, in den beim Niederdrücken der Platte die Stempel mit ihrem Kopfteil eindringen und die Kartenteile ungelocht lassen. Das Lochen einer Kartenstelle geschieht durch Verriegeln des freien Ausschnittes der Schlagplatte mittels Schiebers. Dann drückt beim Pressen die Platte

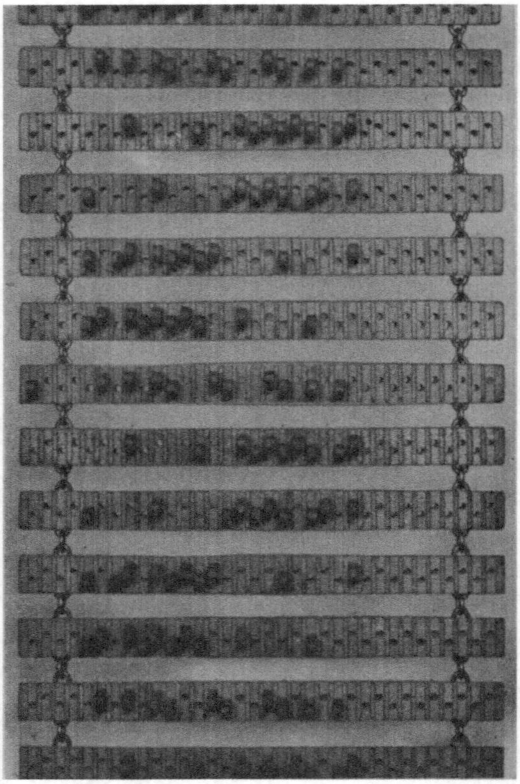

Abb. 237. Holzkartenmusterspiel

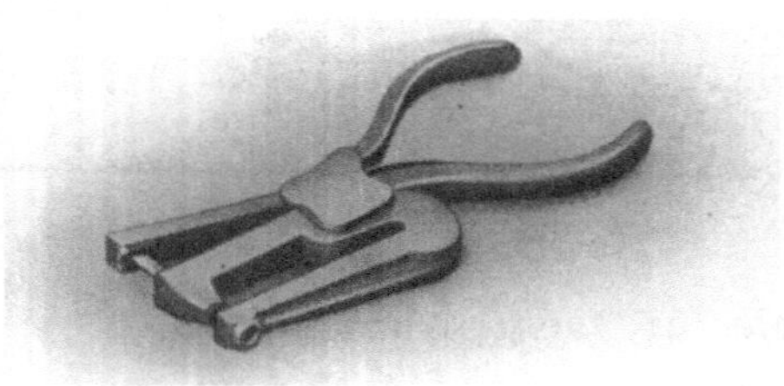

Abb. 238. Lochzange für Schaft- und Jacquardmaschinen-Pappkarten, Mod. LZ der Firma Oskar Schleicher, Greiz.

Abb. 239. Schlagplatte zum Schlagen der Schaftkarten für Schaftmaschinen.

mittels des Schiebers den Stempel gegen die Karte und locht sie. Die Maschine kann auch mit einer Kopiermaschine versehen werden.

Bei Grobstich kann der Billigkeit halber die Maschine ohne Schlagbuch geliefert werden. In diesem Falle wird das Kartenblatt an beiden Enden von Schlössern gehalten.

Meistens wird die Maschine durch Fußhebel betätigt, sie kann aber auch für Handkurbel oder für elektrischen Betrieb eingerichtet werden.

β) Kopiermaschine. Zur maschinellen Herstellung und Vervielfältigung der Jacquardkarten dient die Kartenschlag- und Kopiermaschine (Abb. 243, Firma Oskar Schleicher, Greiz). Sie besteht aus der eigentlichen Schlagmaschine und einer Hochfach-Jacquardmaschine als Kopiermaschine. Ein Semperwerk kann angebaut werden. Sie kann ganze Karten mit einem Male — bei Neuanfertigung mittels Sempers, bei Vervielfältigungen mittels der Kopiermaschine — ausschlagen. Das Kartenblatt wird zwischen die gelochten Anpreßplatten gelegt. Beim Anpressen drückt die Karte gegen die waagerecht liegenden Schlagstempel. Diese haben Nasen, die sich vor den senkrecht gerichteten und mit Aussparungen versehenen Platinen befinden. Soll die Kartenstelle kein Loch erhalten, so wird beim Anpressen des Kartenblattes der Schlagstempel, dessen Nase in die Aussparung der Platine eindringt, zurückgedrängt. Beim Schlagen eines Loches wird die Platine durch die gezogene Semperschnur oder von der Kopiermaschine aus so hoch gezogen, daß nicht mehr die Auskerbung vor

Abb. 240. Tastenschlag- und Kopiermaschine für Schaftkarten, Hermann Grosse, Greiz. (Festschrift, Seite 207.)

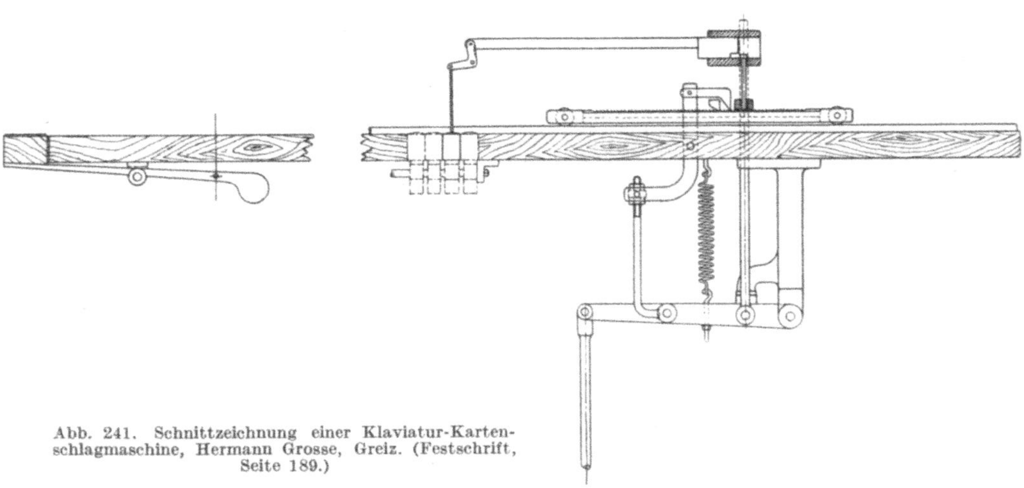

Abb. 241. Schnittzeichnung einer Klaviatur-Kartenschlagmaschine, Hermann Grosse, Greiz. (Festschrift, Seite 189.)

der Nase liegt, sondern der volle Platinenteil. Wird nun das Kartenblatt angedrückt, so kann der Stempel nicht mehr zurückweichen, weil seine Nase an der Platine Widerstand findet, er durchstanzt also das Kartenblatt. Ein sofortiger Stillstand tritt selbsttätig nach Herstellung einer Karte beim Schlagen mit dem Semper ein oder auch durch einen Kartenwächter bei Störungen in der Kartenzuführung. Die Karten können entweder mit der Hand oder mit einem automatischen Karteneinleger eingeführt werden. Ein Numerierwerk versieht die geschlagenen Karten mit fortlaufenden Nummern. Die geschlagenen Karten werden durch einen Kartenwender in der Nummernfolge zum Wegnehmen bereitgestellt.

Soll die Maschine als Kopiermaschine benutzt werden, so ist an ihr,

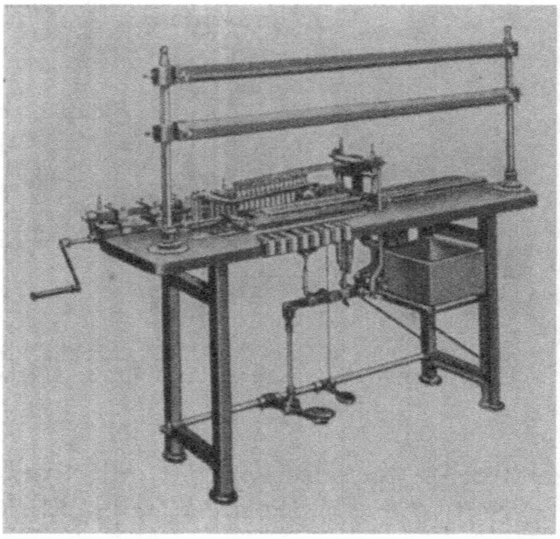
Abb. 242. Ansicht einer Klaviatur-Kartenschlagmaschine, Hermann Grosse, Greiz. (Festschrift, Seite 205.)

Abb. 243. Kartenschlag- und Kopiermaschine Mod. KS Firma Oskar Schleicher, Greiz.

wie schon oben erwähnt, eine Hochfach-Jacquardmaschine angebaut. Hierbei wird durch eine besondere Hebelstellung die Maschine so lange in stetigem Gang erhalten, bis die letzte Karte hergestellt ist. Ferner ist eine Vorrichtung vorhanden, um mehrere Karten mit der gleichen Lochung herzustellen. Die Leistung der Maschine ist 1200 bis 1500 Karten in einer Stunde bei einem Kraftbedarf von ½ bis 1 PS [1].

Beim Arbeiten mit der Maschine ist besonders darauf zu achten, daß die Stößel des Preßwerkes nach etwa 300 Karten geölt werden, wenn keine automatische Ölung vorhanden ist.

γ) Über den **Semper** (Abb. 244) schreibt Oelsner[2]:

„Der Semper ist ein einfaches, vertikales Holzgestell, welches in der Nähe des Fußbodens mit zwei Aufdrehbäumen und am oberen Ende mit

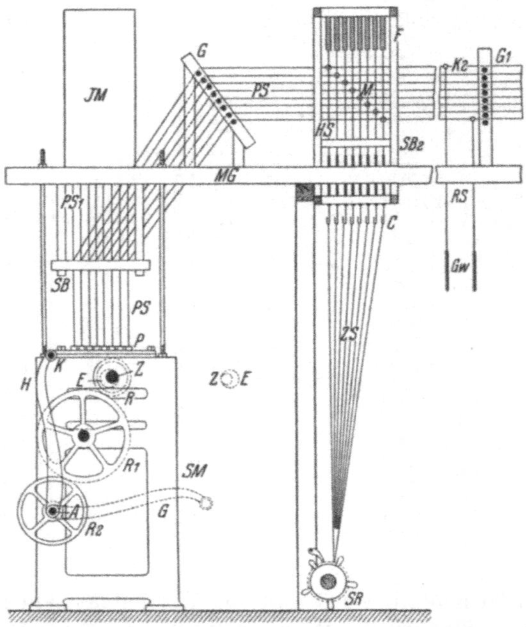

Abb. 244. Schema einer Sempereinrichtung nach Franz Donat: Technologie der Jacquard-Weberei.

[1] Verfasser stellte an einer Maschine älterer Konstruktion der Firma Hermann Ulbricht, Chemnitz, folgende Daten fest: Motor 1,5 kW, Drehzahl 1420, Leerlauf 0,2 kW, Belastung 1,2 bis 1,8 kW, Leistung 800 bis 1200 Karten stündlich, je nach Schwere des Musters.

[2] Oelsner, G. Hermann: Die deutsche Webschule 5. Aufl. S. 320. Altona: Anton Send 1881.

einem durchlöcherten Brett, ähnlich einem Chorbrett, versehen ist; durch letzteres sind lange, senkrecht laufende Schnüre gezogen, welche unten auf den Bäumen enden. Diese Schnüre sind oberhalb des sogenannten Chorbrettes (besser Richtungsbrettes) mit waagerechten Schnüren verbunden. Die letzteren sind hoch angebracht und laufen über verschiedene Holzrollen, durch welche die Schnüre gleichzeitig geteilt und in Ordnung gehalten werden.

Abb. 245. Ansicht einer Sempereinrichtung der Firma Liebscher & Sohn, Groß-Schönau i. Sa.

Die Schnüre gehen zur Schlagmaschine und sind mit den Platinen derselben verbunden.

Die senkrechten Schnüre jeden Sempers sind zwischen zwei starken waagerechten Stäben, wie das Schienenkreuz in der Kette, eingekreuzt. Das Muster wird daselbst eingelesen, nach technischer Bezeichnung leviert; dies geschieht derart, daß man nach Vorschrift der oberhalb eingespannten Zeichnung das „Genommene“ und „Gelassene“ mit den Fingern der rechten Hand im Kreuz abliest und über und unter die Finger der linken Hand nimmt. Hat man einen Schuß der Zeichnung zu Ende leviert, so zieht man in die entstandene Öffnung eine waagerechte Schnur. So fertigt man jeden Schuß der Zeichnung. bis das obere Ende des Musters erreicht ist. Hiernach kann das Ausschlagen beginnen und geschieht dieses, indem die Leviererin die eingelesenen vorderen Schnüre an sich zieht, wodurch die betreffenden Platinen der Schlagmaschine gehoben werden. Während dieser Zeit legt eine andere Person die Pappkarte ein und läßt die Löcher durchpressen.

Abb. 246. Binderahmen für Jacquardkarten.

An den anderen Sempern können die Leviererinnen ungestört fortarbeiten, da das Ausschlagen der Karte keinen weiteren Einfluß auf die anderen Semper ausübt. Ist vermittels des einen Sempers Schuß für Schuß gezogen und das Muster fertig geschlagen, so kann das Kartenschlagen mit einem demnächst fertig gewordenen Semper beginnen.“

Der Semper kann für massenweises An- und Abhängen eingerichtet werden, damit die Schlagmaschine während des Einlesens für andere Arbeiten benutzt

Abb. 247. Kartenbindemaschine, Hermann Grosse, Greiz (Festschrift, Seite 211).

und die Semper in Heimarbeit usw. eingelesen werden können. Besondere Vorrichtungen sind von verschiedenen Firmen herausgebracht, um das massenweise Auswechseln der eingelesenen Schnüre möglichst schnell vornehmen zu können (Abb. 245, Firma Liebscher & Sohn, Groß-Schönau i. S.).

ε) Das Zusammenschnüren der Karten. Sind die Karten fertiggestellt, so müssen sie zusammengebunden werden. Dies geschieht entweder mit der Hand auf Binderahmen oder auf Bindemaschinen.

Der Binderahmen (Abb. 246) ist ein einfaches Rahmengestell mit entsprechend verteilten Warzen, worauf die einzelnen Kartenblätter, nebeneinander geordnet, gelegt werden. Der Schnürfaden wird mit einer kurzen Nadel durchgezogen.

Dieselbe Arbeit kann meistens besser und

Steinhuder Leinen-Industrie Gebr. Bretthauer	**Lieferbedingungen für Kartenschnur** S. auch DIN Tex......	*LUWE-5-M*

Kartenschnur ist ein zum Schnüren von Jacquard- u. Schaftmaschinenkarten verwendeter kordonnierter, geschlichteter Baumwollzwirn.

Nummer der Kartenschnur: 20/8 × 3 *
Die Nummer des einfachen Fadens entspricht der englischen Numerierung für Baumwollgarne nach DIN Tex......

Drall: 30 Windungen auf 10 cm (bei der fertigen Schnur).

Werkstoff: Mako-Baumwolle.

Lieferart: Geglättet und gestreckt, in Knäueln zu 1 kg, 1fädig gewickelt.

Schlichten: Die Kartenschnur muß so imprägniert, geschlichtet, sein, daß sie sich auf der Kartenschnürmaschine einwandfrei verarbeiten läßt. Zu starkes Schlichten ist zu vermeiden, da sonst die Schnürmaschine verunreinigt wird.

Farbe der Imprägnierung: gelb bzw. nach Belieben.

Mindestzerreißfestigkeit: 10 kg (Einspannlänge 20 cm).

* Die Bezeichnung 20/8 × 3 gilt für eine Schnur, die aus einem 8fachen Vorzwirn durch 3faches Nachzwirnen entsteht.	Gez. *Febr. 29* Gepr. *Fischer*	Lfd. Nr. *398.*

Die Zeichnung ist sauber und ungeknickt zu erhalten und nach Gebrauch wieder zurückzuliefern, andernfalls muß Schadenersatz geleistet werden.

Abb. 248.

wirtschaftlicher durch eine Kartenbindemaschine geleistet werden. Die Arbeitsweise einer solchen gleicht der einer Nähmaschine. Die Aufnahmefähigkeit einer Schiffchenspule ist so groß, daß darin Bindefäden für etwa 1000 Karten untergebracht werden können. Die Leistung der Bindemaschine beträgt bis 1800 Karten[1] je Stunde (Abb. 247, Herm. Grosse, Greiz).

Sollen die Musterspiele viel gebraucht werden, so ist die beste Kartenschnur die billigste. Verfasser hat gute Erfahrungen gemacht mit einer Kartenschnur nach nebenstehenden Lieferbedingungen (Abb. 248). Die Schnüre werden im Betrieb stark beansprucht, besonders an jenen Stellen, wo sich die Kartendrähte (siehe auch weiter unten) befinden. Sie haben hier das Gewicht einer größeren Anzahl Karten zu tragen. Sind die Kartenbügel nicht richtig angebracht, so hängen die Karten einseitig und vermehren hier den Zug. Die durchgesteckten Kartendrähte spannen ohnehin schon die Schnur, sodaß diese durch die geschilderten Belastungen leicht überdehnt wird und zerreißt. Nicht genügend gestreckte Schnur vergrößert beim Arbeiten am Webstuhl die Abstände von Karte zu Karte, sodaß diese sich nicht richtig auf die Warzen des Prismas legen können. Es ist daher zweckmäßig, die Schnur vor dem Gebrauch noch besonders zu strecken.

Abb. 249. Öseneinsetzmaschine.

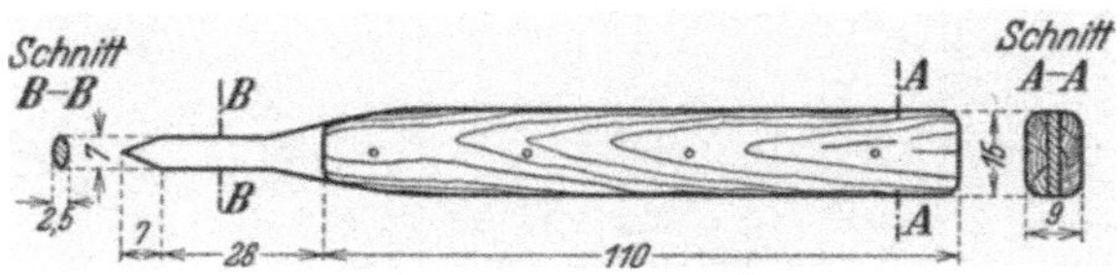

Abb. 250. Messer zum Drähteeinziehen.

Da beim Gebrauch der Jacquardpappen die Warzenlöcher zuerst defekt werden, so hat Verfasser diese mit Schusterösen versehen lassen. Abb. 249 zeigt eine Maschine, welche beim Einsetzen die Ösen automatisch den Preßstempeln zuführt.

Um die Kartenspiele in die Kartenbügel der Jacquardmaschinen einhängen zu können, müssen Drähte eingezogen werden, und zwar z. B. bei einer 1072er Maschine nach etwa je 24 und bei einer 670er Maschine

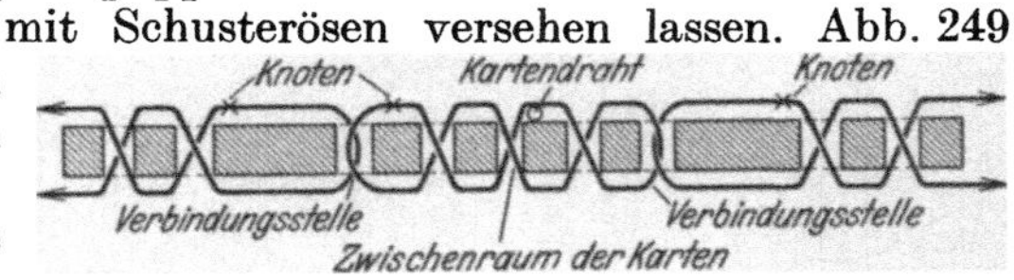

Abb. 251. Das Schnüren von Karten, bei denen Kartendrähte eingezogen sind.

[1] Verfasser stellte an einer älteren Bindemaschine der Firma Hermann Ulbricht, Chemnitz, fest: Motorengröße 0,2 kW, Drehzahl 910, Belastung 0,2 kW, Leistung 550 bis 600 Karten pro Stunde.

nach etwa je 36 Karten. Zweckmäßig wird man die betreffende Anzahl Karten auf dem Schnürrahmen durch Marken festlegen. Zum Einführen der Drähte benützt man ein schmales, stumpfes Messer nach Abb. 250, mit welchem man durch Drehen des Messers die obere Bindeschnur etwas anhebt. Die Drähte müssen gerade ausgerichtet sein. Sie müssen von beiden Karten gehalten werden. Das

LVPF 146 B **Begleitzettel** für Kartenspiele. Steinhuder L.-I. Gebr. Bretth.	Symbol: WUW .... K.	
	Artikel:	Größe: ....
Maschine:	Vorrichtung: QUW .... W	

	Prüfvermerk				
Betriebsmittel von .... nach	besonders gut — gut — reparaturbedürftig. Sonstiges.				
Lagerung der Karten Raum:					
Gestell:	DWUK Prüfen	DWUK Schleppdienst	DWUK 1 Kartei	DWUK Musterwechs.	DAK Ablage
Platz Nr.:					

Abb. 252.

Kopfende des Drahtes ist klammernförmig gestaltet, so daß sich hier die Schnur einlegen kann. Das Kopfende soll einmal links und einmal rechts der Karte liegen, damit sich der Mehrbedarf an Raum, welchen die Köpfe beanspruchen, ausgleichen kann. Der Platz der Drähte ist an den Karten zu bezeichnen.

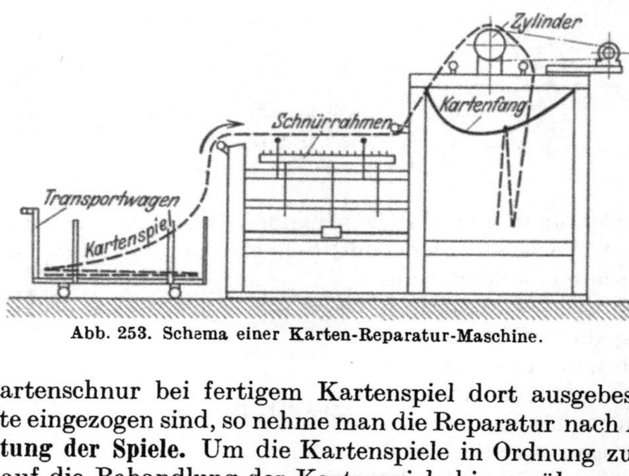

Abb. 253. Schema einer Karten-Reparatur-Maschine.

Muß die Kartenschnur bei fertigem Kartenspiel dort ausgebessert werden, wo Kartendrähte eingezogen sind, so nehme man die Reparatur nach Abb. 251 vor.

ζ) Die Wartung der Spiele. Um die Kartenspiele in Ordnung zu halten, und um die Weber auf die Behandlung der Kartenspiele hin zu überwachen, müssen die Spiele planmäßig nach jedem Musterwechsel oder nach einer gewissen Arbeitszeit auf ihren Zustand durchgesehen werden. Zur Kontrolle der Prüfung leistet ein Begleitzettel (Abb. 252), der den Kartentransport und die Prüfung veranlaßt sowie den Ausfall der Prüfung zurückmeldet, gute Dienste. Eine vom Verfasser konstruierte einfache Maschine (Abb. 253 und 254) erleichtert diese Durchsicht. Das Kartenspiel wird durch ein angetriebenes Prisma über einen versenkbaren Schnürrahmen gezogen. Kleine Fehler können durch Emporsteigenlassen des Schnürrahmens leicht behoben werden.

Muß ein Kartenspiel einer vollständigen Durchreparatur unterzogen werden, so sind hierzu folgende Arbeiten notwendig (siehe auch Abb. 255, Laufschema für die Hauptreparatur der Kartenspiele): 1. Entfernen der Kartenschnur auf dem Schnürrahmen, 2. Auswahl der unbrauchbaren Karten, 3. Ablegen der Karten, getrennt in brauchbare und unbrauchbare, 4. Kopieren der unbrauchbaren Karten, 5. Prüfen und Numerieren der kopierten Karten, 6. Einordnen der geprüften Karten, 7. Zusammenlegen sämtlicher Karten und Zusammenschnüren, 8. Einsetzen der fehlenden Ösen, 9. Einziehen der Kartendrähte.

Abb. 254. Ansicht einer Karten-Reparatur-Maschine.

Zum Ablegen der Karten läßt Verfasser Tabletts nach Abb. 256 verwenden, welche etwa 500 Karten fassen können und drei versetzbare Teilbrettchen haben. Einen Kartentransportwagen zeigt Abb. 257. Am Webstuhl müssen die Enden der Kartenspiele zusammengebunden werden. Es ist darauf zu achten, daß der Knoten auf der Nummernseite der Karte sich befindet. Kommt der Knoten zwischen Karte und Prisma, so liegt die Karte hohl auf und kann nicht einwandfrei arbeiten. Zweckentsprechende Kartenverbindungsstücke, die das Zusammenbinden ersetzen, sind leider noch nicht auf den Markt gekommen.

d) Die Herstellung der Verdolkarten.

Zum Schlagen der endlosen Papierkarten für Verdol-Jacquardmaschinen dient die abgebildete Schlagmaschine (Abb. 258) der Maschinenfabrik Carl Zangs A. G., Herm. Schroers Nachf., Krefeld. Die Papierrolle liegt in einem Schlitten, welcher Schlag um Schlag von rechts nach links weitertransportiert wird, so daß der Kartenschläger jeden Schlag beobachten kann. Die 16teilige Tastatur ist ortsfest. Die Maschine wird in zwei verschiedenen Konstruktionen gebaut, und zwar erstens mit einem komplett eingesetzten Preßwerk mit 1344 Stempelchen. Es wird also jedes einzelne Loch der Karte von einem besonderen Stempelchen geschlagen, so daß ein Verziehen des Papiers ausgeschlossen ist. Bei dieser Anordnung ist die fertiggeschlagene Verdolkarte genau entsprechend einer kopierten Karte, so daß sie also ohne weiteres auf der Verdolmaschine Verwendung finden kann. Die zweite Ausführung ist das einfachere Modell mit 16 Lochstempeln. Es werden also bei der 1344er Karte alle Löcher mit den 16 Stempelchen geschlagen. Diese Maschine findet dort Verwendung, wo bereits eine Kopiermaschine im Betrieb ist.

Das Schlagen der Knopf-(Warzen-)Löcher erfolgt selbsttätig. Die Maschine kann sowohl für 448er, 896er als auch 1344er Kartengröße verwendet werden.

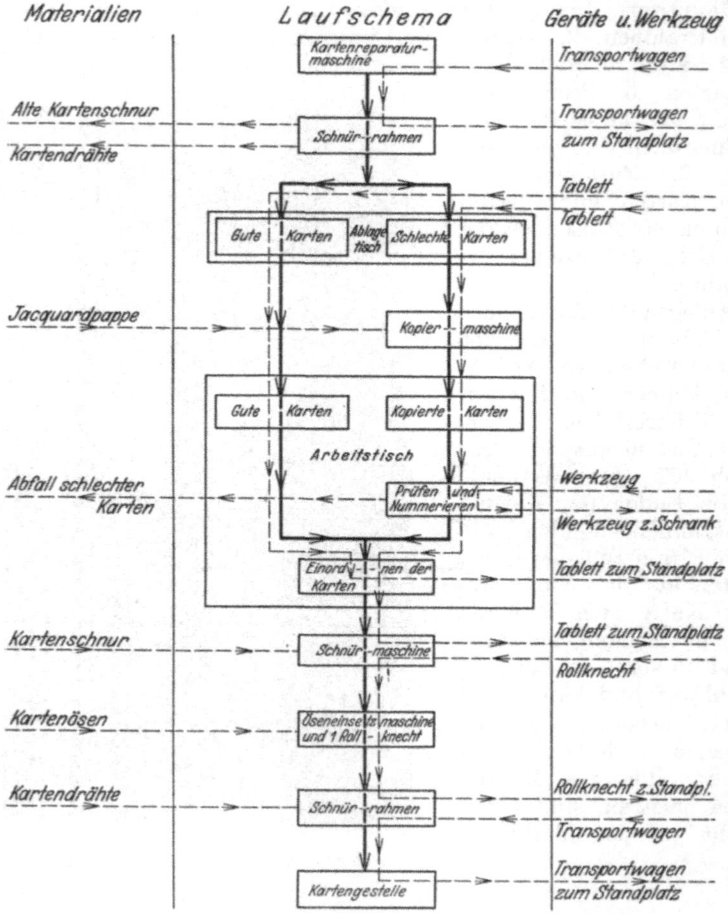

Abb. 255. Laufschema für die Hauptreparatur der Kartenspiele.

Zum Kopieren der Verdolkarten dient eine Maschine nach Abb. 259 (Maschinenfabrik Karl Zangs A.-G., Krefeld[1]). Sie arbeitet ohne jegliches Schnürenmaterial und hat eine Leistung von 50 bis 100 Karten in der Minute. Ein Numerierapparat versieht die Karten fortlaufend oder paarweise mit Nummern. Die Verwendungsmöglichkeit dieser Maschine ist bei weitem vielseitiger als die Bezeichnung vielleicht vermuten läßt. Es werden mit ihr nicht nur Kartenspiele vervielfältigt, die gleichzeitig auf mehreren Stühlen Verwendung finden sollen. Die Maschine bietet vor allem den großen Vorteil, daß durch das gleich-

[1] Nach dem Prospekt der Firma Karl Zangs A.-G., Krefeld.

zeitige Stanzen aller Löcher für jeden Schuß ein Verstrecken des Papiers durch den Stanzprozeß vermieden wird. Die Verwendung der Kopiermaschine ist daher in allen Fällen angezeigt, in denen Kartenspiele neu übertragen werden sollen, die durch Lagern, längeren Gebrauch, Beschädigungen oder andere Ursachen nicht mehr ganz einwandfrei geblieben sind.

Abb. 256. Tablett für Karten.

Abb. 257. Wagen für Kartenspiele.

Ein Zusammenschnüren der Verdolkarten ist natürlich nicht notwendig. Nach dem Ausschlagen werden die Papierstreifen in Lagen von etwa 54 cm = 20 Kartenblättern gelegt und an diesen Stellen etwas geknickt.

Damit die Verdolkarten den Maschinen vorgelegt werden können, müssen sie mit Haltestücken, den Agraffen (Abb. 260), versehen werden. Diese sind Metallstücke, die an den Karten dort, wo diese zusammengefaltet sind, an beiden Seiten angeklemmt werden, wobei immer eine Faltung übersprungen wird.

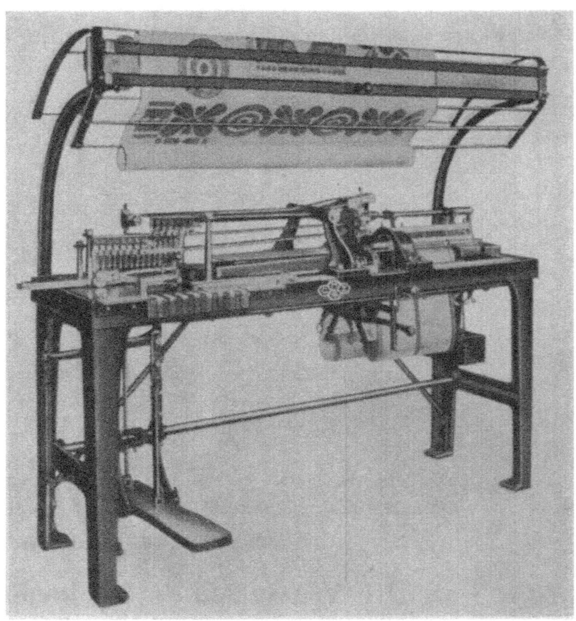

Abb. 258. Schlagmaschine für Verdolkarten, Karl Zangs A.-G., Krefeld.

Als Verdolpapier muß ein zähes Spezialpapier verwendet werden, das auch gegen Feuchtigkeits- und Temperaturschwankungen unempfindlich ist. Wo sich die Warzenlöcher befinden, ist das Papier zweilagig; stärkere Papierbänder sind hier aufgeklebt, die außerdem mit Gaze unterzogen sind.

Das Endlosmachen der Verdolkartenspiele ist etwas umständlicher, als wie es bei den Pappkarten durch Anschnüren erfolgt. Die Enden der Verdolkarten werden auf einem Klebebrett mit Preßdeckel (Abb. 261) zusammengeklebt. Der zu verwendende Klebstoff muß sehr große Klebkraft besitzen. Auch muß er schnell trocknen und darf nicht spröde und brüchig werden.

Abb. 259. Kopiermaschine für Verdolkarten, Carl Zangs A.-G., Krefeld.

e) Aufbewahrung der Kartenspiele.

Besondere Sorgfalt muß dem Aufbewahren der Kartenspiele gewidmet werden. Das Aufbewahren

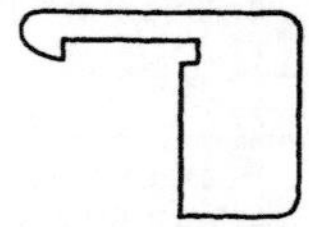

Abb. 260. Agraffe.

geschieht in Gestellen. Abb. 262 zeigt ein Gestell für Jacquardkarten, Abb. 263 ein solches für Verdolkarten. Der Aufbewahrungsraum muß dieselbe Temperatur und dieselbe Feuchtigkeit besitzen wie der Webraum, in welchem die Kartenspiele benützt werden sollen. Zur Kennzeichnung versieht man die Spiele mit Kontrollanhängern (Abb. 264). Die Patronen werden in Papprollen[1] aufbewahrt.

Abb. 261. Klebebrett für Verdolkarten.

6. Die Warenschau, Nachseherei, Nopperei.

Nachdem die Webstücke (Bahnen) im Webstuhl die vorgeschriebene Länge bekommen haben, werden sie abgeschnitten, vom Warenbaum abgetafelt oder

[1] Lieferant der Papprollen z. B. Emil Adolff A.G., Reutlingen.

gleichzeitig mit dem Warenbaum zur Warenschau gebracht. Hier wird einerseits die Bahn auf Fehler und vorgeschriebene Schußzahl untersucht, ihre Länge und Breite gemessen sowie von Fadenschlingen, Fadenenden, Knötchen, Ölspritzern und sonstigen Flecken befreit.

Auch wenn der Webelohn auf die geleistete Schußzahl, die durch Schußzähler festgestellt wird, aufgebaut ist, muß die Länge der Warenbahnen nachgemessen werden. Man erhält dadurch eine Kontrolle sowohl des Schußzählers als auch der Warenqualität durch Vergleichen der gemessenen Länge in Metern mit der abgelesenen Schußzahl. Ferner benötigt man die Meterzahl als Berechnungsunterlagen entweder für die sich noch anschließenden Behandlungen (Bleiche usw.) oder für den Verkauf.

Abb. 262. Ablagegestell für Jacquardkarten.

Eine Warenschaumaschine ist in Abb. 265 zu sehen. Eine Momentkupplung bewirkt sofortigen Stillstand der Maschine.

Das Noppen, Entfernen der Knötchen, Faserenden, Flecken usw. geschieht entweder vor oder nach dem Messen. Es kann hierzu die vorstehend aufgeführte Maschine verwendet werden, häufig kommen Nopptische wie nach Abb. 266 vor oder einfache Tische (Abb. 267). Das Werkzeug der Abputzerin, Messer, Schere, Putzeisen, Putzkamm, Waschbecken mit Kernseife, Fleckenwasser und Abfallbeutel für die Garnenden, ordne man handgerecht an.

Für bestimmte Zwecke sind auch sogenannte Schmirgelmaschinen im Gebrauch.

Schließlich werden in der Nachseherei auch häufig die Bleichbüken zusammengestellt, d. h. diejenigen Bahnen, die einer gemeinsamen Bleichbehandlung unterworfen werden sollen.

Abb. 263. Ablagegestell für Verdolkarten.

Literatur.

Fachmaschinen, Stuhl-Vorrichtungen, Anfertigung der Musterkarten und Warenschau.

1. Kohl, F.: Geschichte der Jacquardmaschinen. Berlin 1872.
2. Oelsner, G. Hermann: Die deutsche Webschule 5. Aufl. Altona: Anton Send 1881.
3. Müller, Ernst Prof.: Handbuch der Weberei, Karmarsch: Handbuch der mechanischen Technologie Bd. 3 Abt. 2. Leipzig: Baumgärtner 1896.
4. Donat, Franz Prof.: Technologie der Jacquardweberei. Leipzig: Hartlebens Verlag 1902.

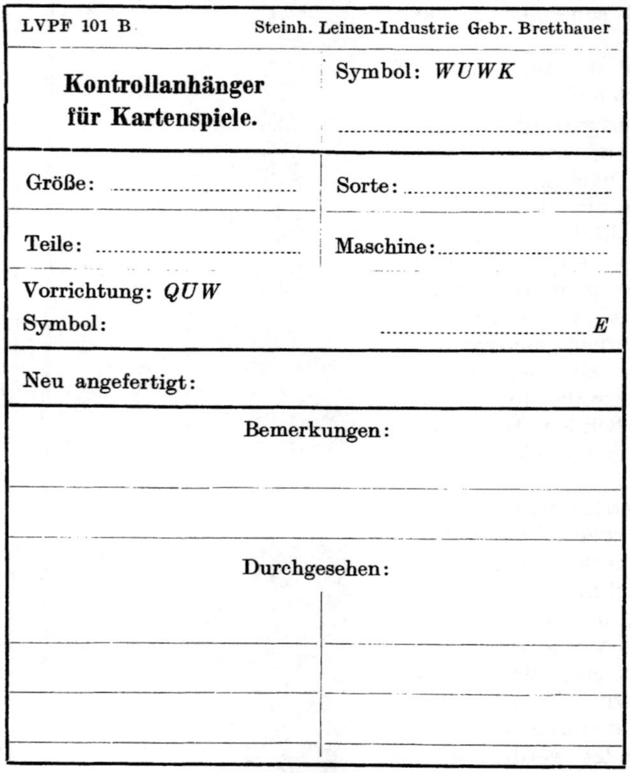
LVPF 101 B Steinh. Leinen-Industrie Gebr. Bretthauer

Kontrollanhänger für Kartenspiele. Symbol: *WUWK*

Größe: .... Sorte: ....

Teile: .... Maschine: ....

Vorrichtung: *QUW*
Symbol: .... *E*

Neu angefertigt:

Bemerkungen:

Durchgesehen:

Abb. 264.

Abb. 265. Warenschaumaschine.

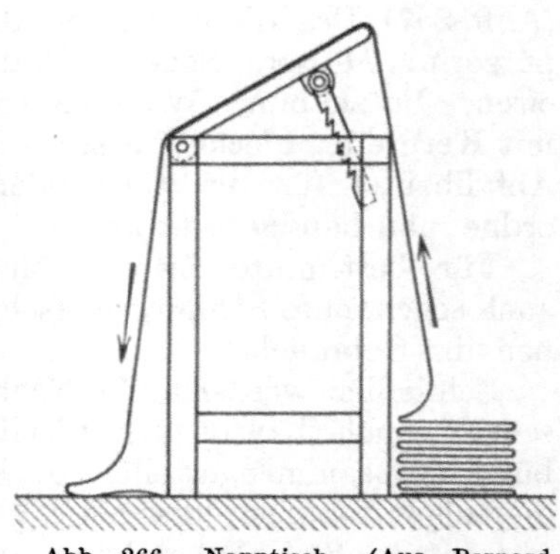
Abb. 266. Nopptisch. (Aus Bernard Kozlik: Technologie der Gewebeapparatur. Berlin: Julius Springer 1908.)

5. Utz, Ludwig: Die Praxis der mechanischen Weberei. Leipzig: Uhlands technischer Verlag 1907.
6. Edelstein, Siegmund Prof.: Die Fachbildegetriebe am mechanischen Webstuhl. Leipzig: Deuticke 1909.
7. Wickardt, A.: Die Webereimaschinen. Leipzig: Bernh. Fr. Voigt 1911.
8. Donat, Franz Prof.: Technologie, Bindungslehre, Dekomposition und Kalkulation der Jacquardweberei. Leipzig: A. Hartleben 1912.
9. Schams, J.: Handbuch der Weberei 5. Aufl. Leipzig: Voigt 1914.
10. Rohn, G. Dr.-Ing.: Die Garnverarbeitung. Berlin: Julius Springer 1917.
11. Gräbner, Ernst Prof.: Die Weberei 2. Aufl. Leipzig: Jänecke 1920.
12. Repenning, H. Prof.: Die mechanische Weberei 3. Aufl. Berlin: M. Krayn 1921.
13. Weiss, Arthur Prof.: Vorlesungen über technische und wirtschaftliche Grundlagen der Textil-Industrie. Leipzig: Deuticke 1923.
14. Leis, P. Dr.-Ing.: Der Webstuhl 1. Aufl. Stuttgart: Franckhs Verlag 1924.
15. Thiering, Oskar Prof. Dr.-Ing.: Die Getriebe der Textiltechnik. Berlin: Julius Springer 1926.
16. Kraus, Franz: Der Webmeister für mechanische Weberei. Teil 3: Die Schaft- und Jacquardmaschinen 2. Aufl. Leipzig: Deuticke 1926.
17. Lüdicke, A. Prof.: Die Weberei. Berlin: Julius Springer 1927.
18. Festschrift zum 50jährigen Bestehen der Firma Hermann Grosse, Greiz i. V. 1928.

Abb. 267. Einfacher Tisch zum Abputzen.

7. Die Betriebsführung der Weberei.

a) Der Platz- und Kraftbedarf und die Tourenzahlen der Webstühle.

Bei Müller[1] finden wir über den Raumbedarf der Webstühle folgende Tabelle:

Blattbreite	85	107	112	120	140	160	180	200	225	250 cm
Warenbreite	75	96	100	108	128	148	167	196	210	234 ,,
Stuhlbreite	196	218	233	244	252	275	305	324	348	380 ,,

Die Tiefe der Stühle betrüge meistens 130 cm, nur wenige Fabriken bauten die breiten Stühle (über 200 cm) etwas tiefer (135 bis 140 cm). Die Stühle hätten ein Gewicht von 700 bis 1125 kg.

Ähnliche Maße fand Verfasser bei Hartmannschen Stühlen Modell 10:

Blattbreite	87	109	120	162	183	203	240
Stuhlbreite	210	220	243	300	300	340	390
Stuhltiefe			115—135				135

Für den Jacquardmaschinenantrieb sind noch etwa 30 bis 40 cm hinzuzurechnen.

Den Kraftbedarf der Webstühle gibt Müller[2] für Jacquardstühle von 100 bis 120 cm Blattbreite mit 0,25 PS an und solche mit 155 bis 250 cm Blattbreite mit 0,33 PS. Die schwereren Stühle (für Segeltuche usw.) benötigten 0,27 PS

[1] Müller, Ernst Prof.: Handbuch der Weberei S. 714. Leipzig: Baumgärtner 1896.
[2] a. a. O. S. 714.

bei 105 cm Blattbreite und 0,43 PS bei 150 bis 200 cm. Hierbei sei der Kraftbedarf der Wellenleitung nicht mit berücksichtigt.

Verfasser stellte folgenden Kraftbedarf fest:

Webstuhlbreite in cm	80	87	87	87	87	163	203
Warenbreite max. der Fertigware	60	70	70	70	70	140	180
Stuhlart	Rüti-Automat	Hartmann Modell 10	Hartmann Modell 10	Hartmann Modell 10	Hartmann Modell 10	Hartmann Modell 10	Hartmann Modell 10
Fachmaschine	Verdol. mit 1344 Platinen	Komb. Schaft- und Jacquard-maschine 10 Schäfte und 144 Plat.	Schroers Jacquard-maschine 1072 Plat.	Schroers Jacquard-maschine 1616 Plat.	Schleicher Verdol-doppelhub 1344 Plat.	Schroers Jacquard-maschine 1616 Plat.	Schroers Jacquard-maschine 1616 Plat.
Tourenzahl	164	135	135	135	174	120	110
Motorgröße in kW	0,55	0,33	0,36	0,5	0,54	0,8	0,8
Motor-belastung[1] ohne Blockier-vorrichtung	—	0,33—0,39	—	0,47	0,7	0,54—0,55	0,6—0,65
Motor-belastung[1] mit Blockier-vorrichtung	0,4—0,5	—	0,4	—	0,68	0,52	0,58—0,61

Der Kraftbedarf der Webstühle ist nicht proportional der Tourenzahl, sondern er steigt schneller. Der Mehrbedarf errechnet sich nach der Formel:

$$\frac{(a^2 - b^2) \cdot 100}{b^2}.$$

Die Tourenzahl der Webstühle ist nicht allein von der Stuhlkonstruktion und der Stuhlbreite, sondern auch besonders von der Fachmaschine und der Güte des Kettenmaterials abhängig. Es können daher die unten angegebenen Zahlen nur Mittelwerte darstellen. Müller[2] führt für Leinen- und Segeltuchstühle folgende Tourenzahlen an:

bis	80 cm	Blattbreite	etwa	140	Touren
	105 „	„	„	135	„
	145 „	„	„	110	„
	212 „	„	„	100	„
	370 „	„	„	42	„

Über die Tourenzahl ihrer Maschinen macht die Maschinenfabrik Rüti[3] folgende Angaben:

[1] Motorbelastung einschl. Kraft für den Motor.
[2] a. a. O. S. 713.
[3] Maschinenfabrik Rüti vorm. Caspar Honegger, Rüti, Kt. Zürich (Schweiz).

70 cm Warenbreite	190 Touren		160 cm Warenbreite	135—140 Touren	
80 „ „	190	„	170 „ „	130—135	„
90 „ „	185	„	180 „ „	125—130	„
100 „ „	180	„	190 „ „	120—125	„
110 „ „	170—175	„	200 „ „	115—120	„
120 „ „	160—165	„	210 „ „	110—115	„
130 „ „	150—155	„	220 „ „	110	„
140 „ „	145—150	„	230 „ „	105—110	„
150 „ „	140—145	„	240 „ „	105	„

Für Stühle mit doppelten Schifflikastenzungen soll die Tourenzahl um 5 bis 10% erhöht werden können.

Die vom Verfasser gefundenen Tourenzahlen sind schon in der Zusammenstellung auf S. 156 gegeben.

b) Das Ausgebringe der Webstühle.

Das Ausgebringe (Produktion) eines mechanischen Webstuhles errechnet sich aus der Tourenzahl des Stuhles in der Minute und dem Nutzeffekt, d. h. von der theoretischen Tourenzahl muß ein Verlustsatz für Stillstände, die durch Erneuern der Schußspulen, Anknüpfen zerrissener Fäden usw. entstehen, abgezogen werden[1].

Über die Höhe der Tourenzahlen der Webstühle wurden schon Angaben gebracht. Es muß aber nochmals bemerkt werden, daß jene Zahlen nicht als feststehend zu betrachten sind. Für jeden Fall muß die optimale Tourenzahl, durch die das größte Ausgebringe zu erhalten ist, festgestellt werden. Bei gleicher Art des Webstuhles und der Fachmaschine spielen auch der Zustand der gesamten Webmechanismen, die Güte des Garnes und die Eigenschaften des Bedienungspersonals eine große Rolle. Es kann daher vorkommen, daß mit einer niedrigeren Tourenzahl ein größeres Ausgebringe zu erreichen ist. Verfasser fand bei Leinenstühlen mit Jacquardvorrichtungen mit den oben angegebenen Tourenzahlen normalerweise Nutzeffekte von etwa 66 bis 83%.

Die Angaben über Tourenzahlen der Webstühle weichen auch bei denselben Breiten erheblich voneinander ab. Das ist nicht weiter verwunderlich, da auch die im Gebrauch befindlichen Stuhl- und Fachmaschinenkonstruktionen sehr verschiedenartig sind, konnten doch einige Neukonstruktionen der letzten Jahre die Tourenzahlen bedeutend heraufsetzen.

Daß die Konstruktion und der Zustand des Stuhles und der Fachmaschine stark auf den Nutzeffekt wirkt, ist augenscheinlich. Auf den ersten Augenblick ist jedoch nicht ersichtlich, daß auch bei gleichen Stühlen usw. und gleichen herzustellenden Geweben erhebliche Unterschiede im Nutzeffekt vorkommen können. Den Grund hierfür werden wir in den Abschnitten über die Verlustzeiten kennenlernen.

Um die optimale Herstellungsmenge eines Gewebes zu erhalten, ist es wohl selbstverständlich, daß dasselbe auch mit dem zweckentsprechenden Webstuhl und der passenden Fachmaschine hergestellt werden muß. So kann z. B. Militärdrell wohl auf einem Jacquardwebstuhl hergestellt werden, wie es im Kriege von manchen Webereien geschehen mußte, man kann dann aber nicht die höchste Produktion verlangen.

Die Verlustzeiten (Stuhlstillstände) beim Weben können in normale und anormale eingeteilt werden.

Unter die normalen sind zu rechnen: 1. Einziehen bzw. Andrehen neuer Ketten, 2. Schuß erneuern, 3. eine bestimmte Anzahl von Kettenfadenbrüchen,

[1] Bühring, F.: Die Produktionshöhen der Webstühle. Der Deutsche Leinenindustrielle 1920 S. 545.

4. eine bestimmte Anzahl von Schußfadenbrüchen, 5. bestimmte Arbeiten an den Musterkarten und deren Wechsel, 6. Abschneiden der fertigen Bahnen, 7. Verluste durch den Antrieb (Riemenschlupf usw.), 8. Schmieren und Reinigen der Maschinen, 9. Schußmaterial vom Lager holen, 10. persönliche Bedürfnisse.

Zu den anormalen sind zu rechnen: 1. Schußreißer und Kettenfadenbrüche, soweit sie die normale Höhe überschreiten, 2. durch den Weber selbst oder durch den Meister ausgeführte Reparaturen an a) Stuhl, b) Fachmaschine, c) Vorrichtungen, 3. Ausbesserungsarbeiten an den Musterkarten, soweit sie am Webstuhl ausgeführt werden.

Die Verlustzeit für Einziehen bzw. Andrehen neuer Ketten ist von der Laufzeit (Kettenlänge, Tourenzahl und Schußdichte) der Kette abhängig. Sie wird von Leis[1] mit 1 bis 4% angegeben. Verfasser fand dieselben Zahlen, wobei allerdings noch ein besonderes Stuhlputzen und Maschinenölen mit eingerechnet war.

Je größer die Spule genommen werden kann und je feiner das Garn ist, um so geringer wird der Einfluß der Schußerneuerung sein. Z. B. stellte Verfasser bei 30er ½ weiß Leinenspulen mit einer Lauflänge von etwa 750 m eine Verlustzeit von etwa 1,5% fest.

Über die Verlustzeiten, die durch Kettenfadenbrüche entstehen, kann eine Norm schwer angegeben werden, da die Kettenfadenbrüche durch die verschiedensten Ursachen hervorgerufen werden können, wie z. B. Garnqualität, Bearbeitung im Vorwerk (Spulerei, Schärerei, Schlichterei), Zustand der Webmechanismen, Bindung usw. Bei Leis[1] finden wir 2 bis 3% angegeben, doch dürften sich diese Zahlen wohl auf Baumwolle beziehen. Die Zahlen bei Leinengarnen liegen meistens höher. Bei Zeitstudien fand Verfasser etwa 4 bis 8%, doch kamen auch Ketten vor, bei denen diese Verlustzeit noch größer war.

Die Verlustzeiten der Schußfadenbrüche machen nur einen sehr geringen Prozentsatz aus, wenn das Schußgarn gut vorgespult wurde; man kann mit 0,5 bis 1,5% rechnen.

Normale Verlustzeiten durch die Muster entstehen durch Auflegen neuer Muster und Umhängen und Anbinden von Musterteilen, z. B. Borten, Mitten und Kreuzmitten in Tischtüchern bei nicht durchgeschlagenen Jacquardmustern. Bei einfachen Mustern wird man mit einigen Prozenten auskommen, doch können auch Muster vorkommen, wo diese Verlustzeit auf 5 bis 8% ansteigt.

Das Abschneiden der fertigen Bahnen wird bei dichteren Geweben nur einen geringen Prozentsatz ausmachen, dessen Einfluß ähnlich wie Pos. 1 ist. Werden aber lose Gewebe hergestellt, bei denen in kurzer Zeit (jeden Tag usw.) die Stücke abgeschnitten werden, so wird diese Verlustzeit entsprechend in die Höhe gehen.

Verluste durch den Antrieb betragen auch einige Prozent, deren Höhe sich nach der vorhandenen Transmissionsanlage richtet. Es ist aber nicht allzu selten, daß hierfür 10% angesetzt werden müssen. Durch den elektrischen Einzelantrieb mittels genügend starker Drehstrommotoren, Zahnrad und Ritzel verringert sich dieser Prozentsatz und kann meist ganz außer Ansatz gebracht werden.

Für Schmieren und Reinigen werden bei Leis[1] 2 bis 3% angegeben. Zweckmäßig kann man mindestens das Reinigen außerhalb der normalen Arbeitszeit durch bestimmte Leute ausführen lassen. Durch Verbessern der Ölung läßt sich auch jene Verlustzeit herabsetzen.

Es dürften nur wenige Betriebe noch vorhanden sein, bei denen der Weber das Schußmaterial selbst holen muß.

---

[1] Leis, Peter Dr.-Ing.: Der Webstuhl S. 126. Stuttgart: Dieck & Co. 1924.

Die anormalen Verlustzeiten können einen großen Prozentsatz der Gesamtverlustzeiten ausmachen, vielleicht einen größeren, als von vielen Webereileitern angenommen wird.

Nur durch systematische Untersuchungen (Zeitstudien[1]) ist man in der Lage, die Höhe der Verlustzeiten festzustellen. Sie sind nur durch planmäßige Arbeiten (Instandhaltung), die von einer Stelle (Arbeitsbüro) angeordnet und überwacht werden, dauernd auf ein Minimum herabzudrücken.

c) Das Mehrstuhlsystem.

Zur Herstellung von besseren Leinengeweben war es früher üblich, daß ein Weber einen breiten oder zwei schmale (z. B. Mundtuch- oder Handtuch-) Stühle bediente. Durch Verwendung von modernen Fachmaschinen, Kettenfadenwächtern, größeren Schußspulen, Automaten usw. kann die Anzahl der Stühle heraufgesetzt werden.

Bei der Einführung des Mehrstuhlsystems ist einmal die technische Möglichkeit, des anderen die Wirtschaftlichkeit zu untersuchen.

Um festzustellen, welche Anzahl Stühle ein Weber bei gegebenem Stuhlsystem und bestimmter anzufertigender Ware bedienen kann, ermittelt man durch Zeitstudien die Zeit, während der der Weber in einer Stunde an einem Stuhl beschäftigt ist. Diese Beschäftigungszeit umfaßt das Auswechseln des Schützens, Einziehen gerissener Kettenfäden, Beseitigung von Schußfadenbrüchen usw., alles bei Stuhlstillstand; darüber hinaus das Einlegen voller Spulen in den Schützen, Ausputzen der Kette, Reparaturen an den Musterspielen usw., alles bei laufendem Stuhl. Teilt man 60 durch die gefundene Minutenzahl der Beschäftigungszeit, also nicht nur der Laufzeit des Stuhles, so erhält man die gesuchte Stuhlanzahl. In der Praxis wird man natürlich entsprechend unter dieser Zahl bleiben müssen.

Die Wirtschaftlichkeit einer Automatisierung wird häufig ungünstiger sein, als man im allgemeinen anzunehmen geneigt ist. Bei der Automatisierung wird man meist nicht allein mit den Mehrkosten der Automaten zu rechnen haben, sondern man muß auch entsprechende Fachmaschinen einbauen, um überhaupt die Automaten ausnutzen zu können. Bei Vergrößerungen oder Neueinrichtung eines Betriebes werden die Automaten wohl meist wirtschaftlich arbeiten. Sollen jedoch nur Einbauautomaten an vorhandene Stühle angebracht werden, oder sollen sonst noch gut laufende Stuhlgruppen durch Automaten ersetzt werden, so wird man häufig finden, daß die Herstellung der Ware mit dem alten Stuhlsystem billiger ist als durch die Umänderung.

Die alten Stühle sind meist mehr oder weniger stark abgeschrieben. Der bestehende hohe Zinssatz belastet bei Neuanschaffungen die Unkosten stark, besonders da, wie schon oben erwähnt, meist neue Fachmaschinen mit eingebaut werden müssen.

d) Die Entlohnung.

Die Entlohnung der Weber kann hier nur gestreift werden. Der Tagelohn wird wohl nur noch in Einzelfällen (nicht laufende Ketten usw.) vorkommen. Die Regel dürfte der Akkordlohn sein. Andere Lohnarten haben sich in Deutschland wegen der bestehenden Tarife nur sehr wenig eingeführt.

---

[1] An verschiedenen Stellen dieses Werkes sind Zeitstudien angedeutet worden. Leider ist es Verfasser aus Mangel an Raum nicht möglich, die Zeitstudien in einem besonderen Abschnitt zu behandeln. Verfasser hofft, die Bearbeitung an anderer Stelle nachholen zu können. Hier sei nur auf die Literatur verwiesen, die allerdings für Textilbetriebe noch sehr spärlich ist.

Zur Festsetzung von einwandfreien Akkorden, zur Vermeidung von sogenannten guten und schlechten Akkorden, die das „Schieben" der Akkorde hervorrufen, sind Zeitstudien anzustellen. Auf Grund dieser Zeitstudien kann die Produktionsmöglichkeit festgestellt werden und daraus wieder unter Berücksichtigung des Tarifs der Akkord selbst.

Um Umrechnungen bei Tarifänderungen zu vermeiden, ist es zweckmäßig, zwischen Produktionshöhe und Akkordlohn die Zeit einzuschieben, d. h. man sagt nicht: 1 m zu weben kostet 50 Pf., sondern man schreibt dem Weber 1 Stunde gut, wenn als Produktionshöhe 1 m je Stunde festgesetzt war und multipliziert die Anzahl der gemäß Löhnung gutgeschriebenen Stunden mit dem tarifmäßigen Akkordrichtsatz (in unserem Falle 50 Pf. je Stunde).

Häufig benutzt man zur Lohnberechnung anstatt der gewebten Meterlängen die Anzahl der eingeschlagenen Schußfäden, die man durch einen Schußzähler feststellt. Die Benutzung der Schußzahlen erleichtert die Lohnabrechnung, die Webstuhlkontrolle und Statistik. In diesem Falle ist eine gutzuschreibende Stunde gleich einer bestimmten Schußzahl.

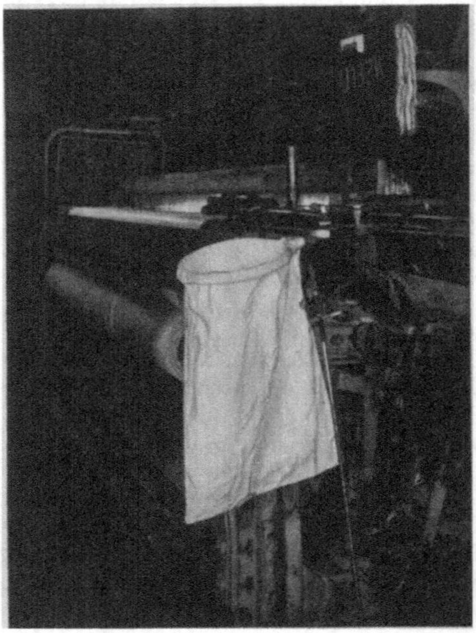

Abb. 268. Abfallbeutel am Webstuhl.

e) Die Abfälle.

Der in der gesamten Weberei entstehende Abfall ist besonders zu beobachten. Bei dem hochwertigen Leinengarn kann unsachgemäße Behandlung des Garnmaterials die Herstellungskosten verhältnismäßig stark erhöhen. Abfall entsteht beim Herstellen der Ketten, des Schusses und der Ware. Auch der Behandlung des unvermeidlichen Abfalls soll Bedeutung beigelegt werden, damit dieser nicht in den Kehricht wandert, sondern für einen verhältnismäßig guten Preis verkauft werden kann. Der bei der Ketten- und Schußanfertigung entstehende Abfall ist gering. Verfasser fand z. B. bei der Anfertigung der Ketten 0,9 bis 1,7% und beim Schuß durchschnittlich 1,1%. Ebenso ist der Kettenabfall, der beim Einlegen neuer Ketten entsteht, gering. Durch Verwendung der Kettenverlängerer (siehe S. 92) kann er weiter herabgesetzt werden. Einen größeren Prozentsatz zeigt das Schußmaterial beim Verweben. Verfasser fand hier 4,2 bis 6,5%.

Bei hochwertigen Erzeugnissen der Leinenweberei darf die Spule nicht ganz ablaufen, sondern muß vorher erneuert werden, damit keine Fehlstellen in der Ware entstehen. Hierbei haben manche Weber die unangenehme Gewohnheit, die Spule zu früh zu wechseln und den Spulenrest in den Abfall zu werfen. Auch beim Einlegen der Schußspule in den Schützen und Auswechseln des Schützen wird häufig unnötig Abfall gemacht, indem der Weber gedankenlos den Faden unnütz herauszieht.

Zur Kontrolle der Weber sind Abfallbeutel (Abb. 268) zweckmäßig. Für jeden Stuhl sind zwei vorhanden, von denen sich der eine am Stuhl, der andere im

Lager befindet. Das Wechseln läßt man in ungleichmäßigen Zwischenräumen von einer Person des Lagers vornehmen. Den Befund des Beutels hat dieser dem Betriebsführer zu melden.

f) Veränderung der Ware beim Verweben.

Beim Verweben geht die Ware sowohl in der Länge als auch in der Breite ein. Die Verkürzung in der Länge, das Einweben, ist von der Fadendichte und Bindungsart abhängig. Leinenbindung und dichtgestellte Waren haben eine größere Einwebung als schüttere Ware und Gewebe mit Atlasbindung. Verfasser stellte z. B. bei Tischzeugen besserer Qualität einen Einwebungsprozentsatz von 5,8 bis 6,9 fest.

Um eine bestimmte Breite der Rohware zu bekommen, muß die Kette entsprechend breiter im Riet eingestellt werden. Wird nasser Schuß verarbeitet, so ist das Einspringen beträchtlicher als bei trockenem Schuß. Dieselbe Kette mit feinem Einschuß verwebt, springt mehr ein als mit gröberem. Verfasser fand bei oben angeführten Waren etwa 8 bis 11,5%.

g) Die Kanten.

Jedes Gewebe muß auf dem Webstuhl mit einer Kante, Leiste, versehen werden als Schutz gegen das Ausfransen der Kettenfäden und gegen Beschädigungen der Seiten beim Weben, in den Vollendungsarbeiten und beim Gebrauch. Man spricht von geschlossenen und offenen oder Schnittleisten und versteht unter diesen solche, die sich beim Aufschneiden eines Stückes in der Längsrichtung bilden. Die Beanspruchung der Kanten ist meist so groß, daß die dort befindlichen Fäden nicht als einfache Fäden genommen werden können, sondern verdoppelt oder als Zwirn verwendet werden müssen. Die Kanten müssen der Ware auch ein gutes Aussehen geben, was für die Verkäuflichkeit der Ware von großer Bedeutung ist.

Die Bindung der Kantenfäden muß sich möglichst der Grundbindung anpassen, um ein gleichmäßiges Einarbeiten der Ware zu gewährleisten, doch können länger flottende Bindungen nicht benutzt werden. Entsteht durch die Kantenbindung eine andere Längeneinarbeitung als für die Grundfäden, so müssen die Kantenfäden gesondert gebremst bzw. auf gesonderten Rollen nachgeführt werden.

Eine Leistenbindung, bei welcher auf der einen Seite die Kette, auf der anderen der Schuß stark vorherrscht, ist für keinen Fall zu empfehlen, weil sich eine solche Leiste leicht einrollt und besonders in der Appretur mannigfaltige Störungen verursacht.

Um eine gute Kante zu erhalten, muß besondere Obacht auf die richtige Bremsung bzw. Spannung des Schußfadens im Schützen gelegt werden. Einlegen von Plüsch oder Fell im Schützen und Anbringen von Bürstchen am Schützenkastenausgang begünstigen die Bildung von guten Kanten.

h) Die Kalkulation.

Die Kalkulation der Leinengewebe weicht von jener der Baumwollgewebe usw. nicht ab. Vorkommende Unterschiede in der Kalkulation sind nicht durch die Art des zu verarbeitenden Garnes und des herzustellenden Artikels bedingt, als vielmehr durch die Art der vorhandenen Organisation, die Anzahl der im Betriebe herzustellenden Artikel und schließlich auch durch die Einstellung des betreffenden Fabrikleiters.

Je vielseitiger die Produktionsstufen sind und um so mannigfaltiger das Fabrikationsprogramm ist, um so wichtiger wird eine entsprechend verfeinerte

Kalkulation sein. So werden Webereien, die den Schuß und womöglich auch die Ketten fertig beziehen und die gewebte Ware auswärts bleichen, appretieren usw. lassen und die nur einige wenige Artikel herstellen, mit einer sehr einfachen Kalkulation auskommen. Es ist hier die früher allgemein angewendete Kalkulation am Platze, in der man die Unkosten in einem Vomhundertsatze der Webakkordlöhne aufschlägt. Abb. 269 zeigt ein Formular für eine derartige einfache Kalkulation. Unter gewissen Umständen kann auch diese noch weiter vereinfacht werden,

Sorte .... Breite roh .... / fertig .... Datum ....

für Anfrage ....

Fadenzahl .... E. Breite .... | K. F. | S. F. | Stücklänge .... m

Kette Nr. .... Angel. Kette .... m

Schuß Nr. ....

Garninhalt der Kette .... à kg P.

..........% Verlust

Garninhalt des Schusses .... à kg P.

..........% Verlust

Vorbereitungskosten Kette ....kg St. à ....

Schuß ....kg St. à ....

Schlichten ....kg St. à ....

Webelohn . . . .

Unkosten .... × Webelohn . . . .

Ausrüstung . . . .

Summe . . . .

..........% Handlungskosten . . . .

Preis per 100 Meter Gewebe

LVPF 87 B. 200 St. B & Sch.

Abb. 269. Kalkulationsformular, einfach.

sodaß man irgendwelche Vorarbeiten auch noch in die Unkosten einrechnet. Es würde dann zu kalkulieren sein: Garnkosten + Webakkordlohn + ... % Zuschlag zu den Webakkordlöhnen + auswärtige Arbeiten = Herstellungskosten. Zu dieser Summe kommt dann noch ein prozentualer Zuschlag für die Handlungs- und Verkaufsspesen, um die Selbstkosten zu erhalten. An Hand schon einer einfachen Buchhaltung wird man jährlich oder in kürzeren Perioden leicht imstande sein, die beiden Unkostenprozentsätze nachzukontrollieren bzw. neu festzusetzen.

Vollkommen andersartig liegen jedoch die Verhältnisse in jenen Betrieben, wo neben der Weberei noch eine Anzahl anderer Produktionsstufen, wie Garnbleiche, Winderei, Schußspulerei, Schärerei, Schlichterei, Warenbleiche, Appretur, Konfektion usw. zu berücksichtigen sind, oder wo die Weberei nicht einheitlich ist, wo neben den verschiedensten Breiten auch die verschiedensten Stühle und Fachmaschinen vorkommen.

Da die einzelnen Erzeugnisse häufig nicht alle vorhandenen Produktionsstufen durchlaufen und auch in diesen meist ungleiche Kosten verursachen, so wird man bei Verwendung von einheitlichen Zuschlägen zu falschen Resultaten kommen. In diesem Falle hat man den Betrieb in einzelne Abteilungen (Betriebsmittel) aufzulösen und hat diese gesondert für sich abzurechnen bzw. in der Kalkulation einzusetzen.

Es genügt aber nicht, daß man für die einzelnen Betriebsmittel nur die Akkordlöhne (direkten Löhne) erfaßt und die für jede Abteilung aufgelaufenen indirekten Kosten unberücksichtigt läßt. Es werden hier unter direkten Kosten jene verstanden, welche man direkt auf die einzelne Wareneinheit verrechnen kann (Spul-, Schär-, Webakkordlohn usw.). Die indirekten Kosten sind nur unter Verwendung eines Schlüssels zu verrechnen (Kosten für Maschinenwartung und Instandhaltung, Abschreibungen, Heizung, Kraft, Beleuchtung, Beaufsichtigung usw.).

Um die indirekten Kosten zu erfassen, teilt man die Betriebsmittel sinngemäß wie oben die Kosten in direkte Betriebsmittel (Spulerei, Weberei usw.) und indirekte (Dampferzeugung, Krafterzeugung usw.) ein. Nun rechnet man die indirekten Betriebsmittel für sich ab und verteilt sie nach einem bestimmten Schlüssel auf die direkten (z. B. bei Krafterzeugung nach den von jeder Abteilung verbrauchten kWh).

Man faßt jede einzelne (direkte und indirekte) Abteilung als selbständigen Betrieb auf und belastet ihn mit den für ihn auflaufenden direkten und indirekten Kosten. Andererseits erkennt man jede Abteilung für die geleistete Arbeit (Produktionslöhne).

Durch Gegenüberstellung der Kosten und der Produktionslöhne erhält man eine Über- oder Unterdeckung, den Deckungsfaktor. Man ersieht aus diesem, ob die Abteilung wirtschaftlich gearbeitet hat und ob die in der Kalkulation eingesetzten Produktionslöhne der Wirklichkeit entsprechen. Durch Gegenüberstellung sämtlicher Kosten und sämtlicher Produktionslöhne erhält man den Deckungsfaktor des gesamten Betriebes. Meist genügt es, wenn der Deckungsfaktor des gesamten Betriebes zur Richtigstellung der Kalkulation in Berücksichtigung gezogen wird.

Die Errechnung der Produktionslöhne ist nicht so schwierig, wie es den Anschein hat. Zunächst versucht man für jede Abteilung möglichst eine Produktionseinheit festzustellen, z. B. für Abteilung Dampf: Tonne verdampftes Wasser, Kraft: erzeugte kWh, Scheibenspulerei: Einheitspack usw. Die in einer bestimmten Zeiteinheit aufgelaufenen Kosten werden durch die Anzahl der Einheitsausgebringe dividiert, um den Produktionslohn pro Einheit zu erhalten.

Man hat z. B. in der Scheibenspulerei in einer gewissen Zeit je 100 Pack 16er, 30er und 40er Leinengarn verspult. Durch Zeitstudien hat man festgestellt, daß sich die Spulzeiten dieser Nummern wie 1,43 : 1,0 : 1,01 verhalten. Unter Berücksichtigung dieser Faktoren erhält man:

$$\begin{aligned} 100 \cdot 1{,}43 &= 143 \\ 100 \cdot 1{,}0 \;\; &= 100 \\ 100 \cdot 1{,}01 &= \underline{101} \\ & \;\;\; 344 \text{ Einheitspack.} \end{aligned}$$

Sind dann im gleichen Zeitraum 585.— RM. Kosten (einschließlich Kraft, Abschreibung usw.) aufgelaufen, so beträgt der Produktionslohn des Einheits-

LVPF 125 B Steinhuder Leinen-Industrie Gebr. Bretthauer

Ausrechnung der Produktionslöhne der einzelnen Sorten nach dem Jahresdurchschnitt 19 . . .

Sorte	Faktor	Einheitskosten	Jahreskosten		Kosten pro Tag		Faktor	Einheitskosten	Jahreskosten		Kosten pro Tag		Faktor	Einheitskosten	Jahreskosten		Kosten pro Tag		Faktor	Einheitskosten	Jahreskosten		Kosten pro Tag	
			RM.	Pf.	RM.	Pf.			RM.	Pf.	RM.	Pf.			RM.	Pf.	RM.	Pf.			RM.	Pf.	RM.	Pf.
Heizung																								
Kraft																								
Arbeitsbüro																								
Reparaturwerkstatt																								
Grundstücke u. Gebäude																								
Verschiedene																								
Abschreibungen: Maschinen																								
Abschreibungen: Gebäude																								
Weberei: Saal																								
Weberei: Vorrichterei																								
Weberei: Mustermacher.																								
Summe																								
Produktion pro Tag in m																								
Unkosten pro 100 m																								
Kosten für Abputzen von 100 m Ware																								
Akkordlohn pro 100 m																								
Produktionslohn pro 100 m																								
dito pro H. P. Schuß. 1 H. P. = 100000 m																								
Bemerkungen:																								

Abb. 270. Formular zur Ausrechnung der Produktionslöhne in der Weberei.

Sorte	Bezeichnungsart / Fertigbreite cm	Bemerkung:	Symbol:
Für			Datum:

Qualität	Faden pro cm	Ges. Fadenzahl / Einst.-Breite	Garnsymbol	Einweb. % / Hüls.-Gew.	Lauflänge	Kettsymbol	Stuhlart	Stuhlzahl
Kette							Verdol-Automat	1-, 2-, 3-, 4stühlig
Schuß						╳	Stuhl-Normbreite.	

Garnpreise loco Lager: Datum

Fabrikationsmaterialien:

Kette: $\frac{\times 100}{} = \quad + \quad \%$

$=$ ____

Garnmenge $=$ ____

Schuß: $\frac{\times 100 \times 100}{} = \quad + \quad \%$

$=$ ____

Garnmenge $=$ ____

			RM.	Pf.	RM.	Pf.
Hüls.-Gew.	%					
Vergütung	%	Kette				
Tara	%	Schuß				
Einwebung	%					
Abfälle	%					
Summe	%					
Hüls.-Ges.						
Vergütung						
Tara						
Vorbereitung						
Weberei						
Summe						

Produktionslöhne:

Abteilung	Einheit	Prod.-Lohn	Menge	Bemerkungen	RM.	Pf.	RM.	Pf.	RM.	Pf.	RM.	Pf.
Gr. Spulerei K.												
Gr. Spulerei S.												
Schuß-Spulerei												
Schärerei-Zettelei												
Schlichterei	1 Kette			+Einwebung								
Weberei												
Bleicherei	100 m		Eigene Ausrüstekosten									
Mangelei	100 m											
Deckungsfaktor				Summe								
Lohnarbeiten												
Sonderkosten												
Handlungskosten + %				Herstellungskosten								
Faktor $\frac{100}{}$												

Konfektion	Einheit	Prod.-Lohn	Längenzugabe für Säumen:	
Säumen	100 Stück			Selbstkosten
Bändern	100 Stück			— Herstellungskosten
	Summe			= Handlungskosten

Abb. 271. Kalkulationsformular für eingehendere Kalkulation.

packs 585 : 344 = 1,70 RM. Mit Hilfe der oben angegebenen Faktoren kann der Produktionslohn für die betreffende Garnnummer errechnet werden.

Bei diesen Berechnungen ist der größere Wert auf die Bestimmung des Einheitsausgebringes bzw. der Abwägung der einzelnen Fabrikate unter sich als auf die absolute Höhe des Produktionslohnes zu legen. Die absolute Höhe des Produktionslohnes wird später durch Benutzung des Deckungsfaktors stets genau festzustellen sein.

In der Weberei selbst wird man häufig wegen Vielseitigkeit der Anfertigung ein einheitliches Ausgebringe nicht zweckentsprechend ausrechnen können. Man ist dann gezwungen, die mutmaßlichen Kosten (siehe Abb. 270) nach den vorhandenen Unterlagen zusammenzustellen und mit der betreffenden Zeit (meist nimmt man wohl ein Jahr) in Beziehung zu setzen.

Die Betriebsorganisation muß von Grund aus darauf eingerichtet sein, daß sämtliche Kosten, Löhne, Materialien schon beim Entstehen (Zeitkarte, Materialausgabezettel) auf den bestimmten Kostenträger verbucht werden. Nur in diesem Falle sind gute Kalkulationsgrundlagen und eine richtige Betriebsabrechnung ohne wesentliche Mehrarbeit zu erhalten. Abb. 271 zeigt ein Kalkulationsschema, welches oben Besagtem Rechnung trägt.

i) Die Normenblätter.

Auf die Einführung der Normen in der Textilindustrie kann ebenfalls nicht eingegangen werden. Untenstehend sind jedoch die bezugsfertigen Normenblätter aufgeführt.

Bezugsfertige Normblätter nach dem Stande vom 1. 4. 1932. Alleinvertrieb der Normblätter durch Beuth-Verlag, Berlin S 14, Dresdener Str. 97.

TEX 4500 Schußwächtergabeln für leichte Webstühle,
TEX 4501 Halter für Schußwächtergabeln nach DIN TEX 4500,
TEX 4502 Schußwächtergitter für Festblattstühle,
TEX 4504 Schußwächtergitter für Seidenwebstühle,
TEX 4505 Kettbaum-Durchmesser, Kettbaumscheiben-Durchmesser,
TEX 4506 Kettbäume aus Holz,
TEX 4507 Kettbäume aus nahtlosem Flußstahlrohr,
TEX 4508 Kettbäume für Jutewebstühle,
TEX 4509 Kettbäume für Buckskin-Webstühle,
TEX 4510 Zettelbäume,
TEX 4514 Kettbaumscheiben aus Stahlblech mit Klemmuffe,
TEX 4515 Kettbaumscheiben aus Stahlblech mit Klemmuffe und Bremsring,
TEX 4516 Kettbaumscheiben aus Temperguß, ungeteilt,
TEX 4517 Kettbaumscheiben aus Temperguß, zweiteilig,
TEX 4520 Bremsscheiben für leichte und mittelschwere Webstühle,
TEX 4521 Bremsringe für leichte und mittelschwere Webstühle,
TEX 4530 Wechselräder für mechanische Webstühle, Konstruktionsblatt,
TEX 4531 Schaltrad für mechanische Webstühle, Konstruktionsblatt,
TEX 4539 Kettbaum-Bremsgewichte für Seidenwebstühle,
TEX 4540 Kettbaum-Bremsgewichte,
TEX 4545 Webstuhlbreiten,
TEX 4600 Webeblätter,
TEX 4601 Rietschienenstahl, Toleranzen,
TEX 4602 Geschirrstäbe,
TEX 4603 Stahldraht-Webelitzen,
TEX 4604 Jacquard-Gewichte,
TEX 4607 Reiter für Webgeschirre,
TEX 4648 Schlagstöcke für Seidenwebstühle,
TEX 4649 Schlagstöcke für Oberschlagstühle,
TEX 4650 Picker für leichte Oberschlagstühle,
TEX 4651 Picker für Jutewebstühle,
TEX 4652 Picker für Seidenwebstühle,
TEX 4653 Picker für Buckskinwebstühle,

TEX 4654 Pickerschoner,
TEX 4655 Picker für Unterschlagwebstühle,
TEX 4656 Schlagkappen,
TEX 4657 Verbinder für Schlagkappen,
TEX 4660 Webschützen, Außenmaße, Bezeichnungen,
TEX 4661 Webschützen, Spitzen,
TEX 4662 Webschützen, Spindelköpfe, Querschnitte der Bügelfedern, Spindeln,
TEX 4663 Webschützen, Unterfedern,
TEX 4670 Pickerspindelfedern,
TEX 4700 Wechselkarten für gewöhnliche 6schützige Revolverwebstühle,
TEX 4701 Wechselkarten für 6schützige Revolver-Überspringerwebstühle,
TEX 4800 Schaufelschaftmaschinen, Zylinder, Klaviaturstift, Pappkarte, Konstruktionsblatt,
TEX 4801 Doppelhubschaftmaschinen, Kartenprisma, Holzkarte, Holzpflöcke,
TEX 4803 Schemelschaftmaschinen (Crompton), Pappkarten, Zylinderwarzen,
TEX 4804 Schemelschaftmaschinen (Crompton), Teile für Eisenrollenkarten,
TEX 4805 Doppelhubschaftmaschinen, Kartenpapier, Schlagmatrize,
TEX 2 Harnischschnur,
TEX 301 Kartenschnur,
TEX 4840 Jacquardmaschinen, ungeschlagene Karten für Chemnitzer Grobstich,
TEX 4841 Jacquardmaschinen, Schlagmaschinen für Chemnitzer Grobstich, Maschinengrößen, Schlagmatrize,
TEX 4845 Jacquardmaschinen, ungeschlagene Karten für französischen Feinstich,
TEX 4846 Jacquardmaschinen, Schlagmaschinen für französischen Feinstich, Maschinengrößen, Schlagmatrize,
TEX 4850 Jacquardmaschinen, Kartenpapier für Verdolmaschinen,
TEX 4851 Jacquardmaschinen, Verdolmaschinengrößen, Schlagmatrize für Verdolschlagmaschinen,
TEX 4855 Jacquardmaschinen, Prismenwarzen,
TEX 4856 Jacquardmaschinen, Prismenprofile für Chemnitzer Grobstich und französischen Feinstich,
TEX 4857 Jacquardmaschinen, Strupfen aus Stahldraht,
TEX 4858 Jacquardmaschinen, Strupfen aus Leinengarn.

Literatur.

1. Grimshaw, Robert Dr.: Organisation industrieller Betriebe. Hannover: Jänecke 1909.
2. Hiemann, R.: Die Organisation eines Fabrikkontors. Leipzig: Verlag Poeschel 1912.
3. Taylor, Frederik Winslow: Die Grundsätze wissenschaftlicher Betriebsführung. Deutsch von Dr. jur. Rudolf Roesler. Berlin: R. Oldenbourg 1913.
4. Taylor, Frederik Winslow: Die Betriebsleitung insbesondere der Werkstätten. Deutsch von Prof. A. Wallichs. Berlin: Julius Springer 1914.
5. Gilbreth, Frank B.: Das ABC der wissenschaftlichen Betriebsführung, bearbeitet von Dr. Colin Ross. Berlin: Julius Springer 1917.
6. Seubert, Rudolf Dipl.-Ing.: Aus der Praxis des Taylor-Systems 4. Aufl. Berlin: Julius Springer 1920.
7. Michel, Eduard: Wie macht man Zeitstudien? (Nach Taylor und Merrick.) Berlin: VDI-Verlag 1920.
8. Hütte, Taschenbuch für Betriebsingenieure. Berlin: Wilh. Ernst & Sohn 1924.
9. Michel, Eduard: Arbeitsvorbereitung als Mittel zur Verbilligung der Produktion. Berlin: VDI-Verlag 1924.
10. Peiser, Herbert: Selbstkosten und Erfolg in Buchhaltung, Nachrechnung und Vorrechnung. Berlin: Ausschuß für wirtschaftliche Fertigung 1924.
11. Freund, Hans Dipl.-Ing.: Zeitstudien. Berlin: Georg Stilke 1927.
12. Reichsausschuß für Arbeitszeitermittlung: Einführung in die Arbeitszeitermittlung. Berlin: Beuth-Verlag 1928.
13. Hellwig, Alexander Dr., u. Frank Mäckbach: Neue Wege wirtschaftlicher Betriebsführung. Berlin: Walter de Gruyter & Co. 1928.
14. Hennig, Karl Wilhelm Prof. Dr.-Ing.: Betriebswirtschaftslehre der Industrie. Berlin: Julius Springer 1928.
15. Ausschuß für Handarbeit beim AWF: Grundlagen für Arbeitsvorbereitung, Zeitstudien. Berlin: Beuth-Verlag 1929.
16. Ahlburg, M. Dr.: Betriebswissenschaft in Einzel- und Massenanfertigung. Zusammenhänge zwischen den Grundsätzen von Taylor und Ford. Dissertation Aachen 1929. Es wird auch ein größeres Literaturverzeichnis gebracht.

17. Ausschuß für wirtschaftliche Verwaltung: Einheitsbuchführung für Webereien mit besonderer Berücksichtigung der Buntwebereien und Anhang. Dortmund: Fr. W. Ruhfuß 1929.
18. Reuter, Fritz Dr.: Handbuch der Rationalisierung. Berlin: Spaeth & Linde 1930.
19. Jung, Ed.: Die Berechnung des Selbstkostenpreises der Gewebe. Berlin: Julius Springer.
20. Grimshaw, Robert Dr.: System und Organisation in kaufmännischen Betrieben. Stuttgart: Violet.
21. Taylor-Zeitschrift. Wien: Verlag Lotties.

C. Ausrüstung, Appretur.

1. Zweck und Einteilung der Ausrüstung.

Die Ausrüstung gibt dem Leinenfaden seine durch die Verarbeitung teilweise verdeckten natürlichen edlen Eigenschaften wieder. Anders liegen die Verhältnisse bei den Baumwollwaren, denen Griff und Aussehen aufgezwungen werden muß, um sie der Leinenfaser ähnlich zu machen. Allerdings kommen auch in der Leinenweberei Appreturen vor, welche die „Qualität" billigerer Ware verbessern sollen, oder welche das Leinengewebe für einen bestimmten Zweck (z. B. Steifleinen) geeignet machen.

Obgleich alle mit der Ware nach ihrer Fertigstellung am Webstuhl vorgenommenen Arbeiten und Operationen als „Appretur" zusammengefaßt werden, wobei im weiteren Sinn auch das Bleichen, Färben usw. der Gewebe zu verstehen ist, so sollen hier zur Appretur nur die Arbeiten gerechnet werden, die man nach dem Trocknen der Ware am Schluß der Bleichbehandlung mit der Ware vornimmt. Das zum Versand Fertigmachen der Ware, die Aufmachung, gehört ebenfalls zur Ausrüsterei.

In erster Linie wird die Ausrüstung der Leinengewebe durch mechanische Mittel bewirkt, wie Druck, Reibung, Schlag, Stoß und Spannen.

Das Imprägnieren, Stärken, wäre auch an dieser Stelle anzuführen, kann aber wegen Platzmangels nicht gebracht werden.

Somit sind folgende Operationen zur Ausrüsterei zu rechnen:

A. Die Bearbeitung durch die eigentlichen Appreturmaschinen wie: Einsprengen, Dämpfen, Spannen (Egalisieren), Brechen, Mangeln, Stampfen (Beetlen), Kalandern und Pressen.

B. Die Weiterverarbeitung der vorbehandelten Bahnen (Stücke), die Aufmachungsarbeiten wie: Zerschneiden, Aufwickeln, Dublieren, Messen, Säumen und Bändern, Legen und Pressen.

Die Behandlungen können auch ihrer Wirkung nach eingeteilt werden in: Behandlungen, die 1. der Ware den gewünschten Griff, 2. ein geschlossenes Aussehen geben, 3. den natürlichen Leinenglanz wieder hervorrufen, 4. die Qualität verbessern sollen. — Die Mittel für diese Behandlungen werden häufig ineinandergreifen. — 5. die Ware zum Versand fertigmachen.

2. Die in der Ausrüstung zur Verwendung kommenden Maschinen.

Zur Erzielung der gewünschten Ausrüstungseffekte werden für die Leinengewebe hauptsächlich folgende Maschinen verwendet: 1. Einsprengmaschine, 2. Egalisiermaschine, 3. Kastenmangel und hydraulische Mangel, 4. Reihenstampfe, Beetlekalander, 5. Kalander, 6. Meß- und Dubliermaschinen. Auf die Nähmaschinen, die Hand- und hydraulischen Pressen, welche einen besonderen Abschnitt Näherei (Konfektion) umfassen würden, kann wegen Platzmangels nicht eingegangen werden.

a) Die Einsprengmaschinen.

Schon Kurrer[1] schreibt, daß die Behandlung der Leinenware vorgenommen werden müsse, wenn sie sich noch etwas feucht anfühle. Durch die künstliche Trocknung verlieren die Gewebe meist noch einen Teil ihrer natürlichen Feuchtigkeit. Diese ist aber bei allen Appreturbehandlungen sehr wichtig, da von ihr der Ausfall des gewünschten Effekts abhängt. Im allgemeinen gibt zu trockene Ware nach dem Kalandern eine rauhe, harte, papierartige Ware, während zu hohe Feuchtigkeit schlaffe, weiche Ware ergibt. Für heiße Kalandrierung muß die Ware im allgemeinen stärker befeuchtet sein als für kalte.

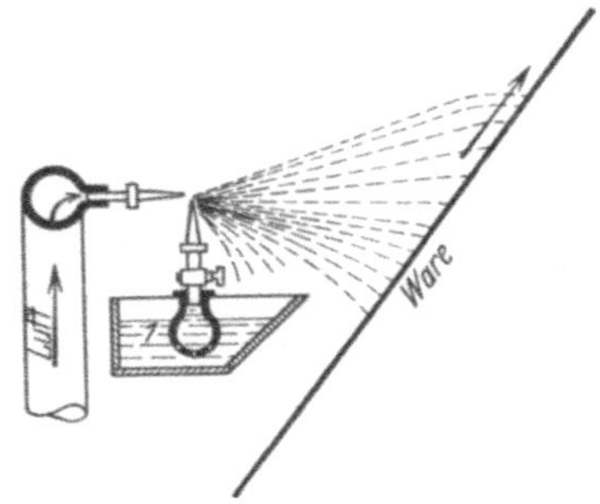

Abb. 272. Schema einer Einsprengmaschine. (Aus Kozlik: Technologie der Gewebeappretur S. 184. Berlin: Julius Springer 1908.)

Da sich beim Mangeln infolge des starken Druckes und der Reibung die Ware erwärmt und deshalb trocken wird, so muß sie vorher und zwischen mehreren Passagen ebenfalls eingesprengt werden. Ebenso wie beim Mangeln muß die Ware auch vor und zwischen den Behandlungen auf dem Stampfkalander eingesprengt werden. Nach dem Anfeuchten läßt man die Ware zweckmäßig einige Stunden liegen, damit sich die Feuchtigkeit in derselben verteilen kann. Das Anfeuchten der Ware geschieht meistens durch Maschinen, welche nach Art der Blumensprenger mit Druckluft arbeiten (Abb. 272). Eine Anzahl von Düsen sind in einer Reihe angeordnet. Diese erhalten von einer umlaufenden Luftpumpe Druck-

Abb. 273. Einsprengmaschine, Bauart BR der Firma C. G. Haubold A.G., Chemnitz.

luft und zerstäuben das von ihnen angesaugte Wasser gegen die durchlaufende Ware in einem feinen Nebel. Zur Regelung der Anfeuchtung können die Düsen einzeln abgestellt werden. Die Abb. 273 zeigt eine Einsprengmaschine der Firma C. G. Haubold A.G., Chemnitz. Beim Einlauf sind Spannvorrichtungen und Laufrollen angebracht. Im Auslauf befindet sich entweder eine Ablege- oder Aufrollvorrich-

[1] von Kurrer, W. H. Dr.: Das Bleichen der Leinwand S. 85. Vieweg 1850.

Abb. 274. Gewebebreitspannmaschine der Firma C. G. Haubold A.G., Chemnitz, Einlaßseite.

tung. Der Kraftbedarf einer derartigen Einsprengmaschine beträgt etwa 2,4 kW (einschließlich Motor) bei einer Warengeschwindigkeit von 40 m je Min.

Wenn das Einsprengen nicht nur mit Wasser vorgenommen werden soll, sondern wenn auch Salzlösungen oder Flotten mit Beschwerungsmitteln usw. zum Befeuchten aufgesprengt werden sollen, bedient man sich einer Einsprengmaschine, die als Hauptteil eine umlaufende Bürstwalze aufweist, die in die zu verstäubende Flotte etwas eintaucht. Ein feinmaschiges Sieb regelt die gleichmäßige Verteilung des Sprühregens auf die vorbeigleitende Ware.

b) Die Gewebebreitspanner (Egalisiermaschinen).

Abb. 275. Gewebebreitspannmaschine der Firma C. G. Haubold A.G., Chemnitz, Warenauslauf.

In der Warenbleiche sind die Gewebe nicht allein mehr oder weniger in der Breite eingelaufen, sondern auch, besonders in der Strangbleiche, häufig „verzogen", d. h. die Schußfäden liegen nicht mehr gerade im Gewebe. Um nun die verlorene Breite teilweise wieder zu erlangen und die verschobenen Schußfäden wieder rechtwinklig zu den Kettenfäden zu bringen, läßt man die Gewebe den Breitspanner durchlaufen. Am verbreitetsten sind die Spannrahmenmaschinen mit Tasterkluppenketten; es sollen daher nur diese beschrieben werden. Abb. 274 bis 277 zeigen derartige Maschinen der Firma C. G. Haubold A.G., Chemnitz. An den beiden Längsseiten eines Rahmens, der der Stoffbreite entsprechend eingestellt werden kann, sind endlose Kluppenketten befestigt. Diese Ketten erhalten mittels Konusstufenscheiben (Abb. 276) oder Diskusgetriebes (Abb. 277) verschieden einstellbare Geschwindigkeiten. Der Abstand dieser Kettenbahnen läuft allmählich auseinander, sodaß sie die erfaßte Ware spannen und auf eine größere Breite bringen. Mittels eines Handrades kann die eine Kette gegen die andere verzögert oder beschleunigt werden, sodaß ein Geraderichten des Gewebes in der Schußrichtung erfolgt. Bei Tischzeugen

Abb. 276. Gewebebreitspannmaschine der Firma C. G. Haubold A.G., Chemnitz, Konusstufenscheibenantrieb.

schwerer Qualität beträgt die Durchlaufgeschwindigkeit etwa 16 m je Min., wobei am Motor ein Kraftbedarf von 0,85 kWh gemessen wurde. Mittels des Diskusgetriebes kann die Geschwindigkeit den Bedürfnissen entsprechend zwischen 9 und 22 m verstellt werden.

c) Die Kastenmangel.

Abb. 277. Gewebebreitspannmaschine der Firma C. G. Haubold A.G., Chemnitz, Diskusgetriebe.

Zur Bearbeitung der Leinenwaren wurden früher neben den später zu beschreibenden Reihenstampfen nur die Kastenmangeln benutzt. Bei diesem Glätteverfahren wickelt man das Gewebe um eine dünne Walze und legt diese zwischen zwei ebene (bei der hydraulischen Mangel zwischen zwei trommelförmige) Flächen, welche entsprechend aufeinandergedrückt und gegenseitig verschoben werden, sodaß die bewickelte Walze zwischen ihnen rollt. Es findet das Zusammendrücken des Stoffes an zwei einander gegenüberliegenden Stellen statt. Auch wenn das Gewebe straff aufgewickelt ist, wird die Bewicklung durch den Druck oval, wodurch Verschiebungen zwischen den Gewebeflächen herbeigeführt werden. Bei dem Hin- und Herrollen werden die einzelnen Gewebestellen nacheinander belastet und wieder vom Druck entlastet, sodaß der Vorgang mit einem Durchkneten vergleichbar ist. Hierdurch wird dem Gewebe eine große Weichheit gegeben, der Gewebeschluß gefördert, eine Glätte der Fäden (nicht der Fläche) bewirkt und der dem Leinenfaden charakteristische, gleichmäßige und „lebende" Glanz hervorgerufen.

Die Konstruktion der Kastenmangeln ist ähnlich jenen, wie sie im Haushalt gebräuchlich sind. Zwei mit Gewebe bewickelte Kaulen aus hartem Holz (Ahorn, Hainbuche, Esche) von etwa 95 bis 150 mm ∅ liegen in einem der

Mangelgröße entsprechenden Abstande auf einem festen Tisch von etwa 6 bis 10 m Länge und 1,20 bis 1,40 m Breite. Über diese Kaulen läuft ein mit Steinen oder Eisen beschwerter Kasten hin und her. Der Antrieb dieses Kastens erfolgt durch Ketten, die sich auf besonderen Walzen auf- und abwickeln und ihre Umdrehung von der Transmission aus erhalten. Eine besondere

Abb. 278. Kastenmangel mit automatischer Steuerung der Firma Erste Trautenauer Maschinenfabrik und Eisengießerei Valentin Jaeggle, Trautenau i. Böhmen.

Vorrichtung besorgt das Umsteuern der Bewegung. Die Mangeln sind meist ganz aus Holz (Platten meist aus Ahorn und Buche mit querlaufenden Jahren) ausgeführt. Hin und wieder findet man den Mangeltisch oder den Kastenboden mit eisernen Tafeln belegt oder ganz aus Gußeisen.

Wenn hoher Glanz und große Weichheit erzielt werden soll, nimmt man beide Laufböden aus Holz, verwendet möglichst dünne Kaulen, beschwert den Mangelwagen stark (10000 bis 30000 kg) und verlängert die Behandlung. Starkes Moiré tritt auf, wenn nur kurze Zeit unter starkem Druck gemangelt wird, sodaß die Wickelungen ihre Lagen zueinander möglichst wenig ändern. Auch Walzen mit größerem Durchmesser begünstigen das Moiré. Soll kein Moiré entstehen, so muß länger gemangelt und das Gewebe zwischendurch mehrmals umgebäumt werden, damit das Gewebe seine Lage zueinander möglichst oft ändert.

Abb. 279. Bäumstuhl, Bauart TX der Firma C. G. Haubold A.G., Chemnitz.

Abb. 278 zeigt eine Kastenmangel mit automatischer Steuerung der Firma Erste Trautenauer Maschinenfabrik und Eisengießerei Valentin Jaeggle, Trautenau in Böhmen. Die Firma C. G. Haubold A.G., Chemnitz, fertigt Doppelmangel-Bäumstühle nach Abb. 279 und Abziehstühle zum selbsttätigen Abziehen der Ware von fertig gemangelten Kaulen nach Abb. 280 an. Einen einfachen Bäumstuhl beim Umbäumen sehen wir auf Abb. 281. Die Stühle sind mit Spannriegeln zum Spannen der Ware und mit Breithaltern (Abb. 282) zum Ausstreichen der Falten versehen.

Abb 280. Abziehstuhl für Mangelware, Bauart AI der Firma C. G. Haubold A.G., Chemnitz.

Das Aufbäumen der Stücke muß namentlich vor dem ersten Mangeln sehr straff und immer faltenlos erfolgen. Die Ware dehnt sich beim ersten Mangeln sehr stark, sodaß sich ihre Wicklung stark lockert. Hierdurch wird das Rollen der Stoffwalzen beeinträchtigt, die Stofflagen verschieben sich gegeneinander und können dabei beschädigt werden. Man mangelt daher anfangs nur kurze Zeit und läßt erst nach mehrmaligem Umbäumen länger laufen.

Die breiten Stoffe müssen vor dem Mangeln gedoppelt, dubliert werden. Hierbei muß die Falte bei jedem Umbäumen verlegt werden, damit sie nicht zu fest eingepreßt wird. Diese Arbeiten sind sehr umständlich und da sie viel Arbeitskräfte erfordern, so verteuern sie die Ausrüstung sehr.

Abb. 281. Einfacher Bäumstuhl.

d) Die hydraulische Mangel.

In den hydraulischen Mangeln wird die Stoffrolle zwischen abwechselnd rechts und links herum bewegten Eisenwalzen unter starkem Druck (25000 bis 80000 kg) gerollt. Die untere Walze wird durch hydraulischen Druck gehoben und preßt die eingelegte Warenwalze gegen die obere Walze (oder die oberen Walzen). Diese liegt in einem Hebelsystem, welches den Druck aufnimmt. Der Druck kann durch Verändern der an den Hebeln befindlichen Gewichte gesteigert oder vermindert werden. Eine besondere Vorrichtung bewirkt, daß die Walzen abwechselnd nach links oder rechts herumrollen. Zum Ein- und Auslassen der Kaulen (oder Keulen) sind Halter angebracht. Als Kaulen werden solche aus Holz oder Eisen benutzt. Die Kaulvorrichtungen sind teils besonders, teils direkt an der hydraulischen Mangel angebaut. Angebaute Dreikaulenrevolver heben die Leistungsfähigkeit bedeutend. Die Mängel aller Kastenmangeln sind: großer Raum- und Kraftbedarf, starke Abnutzung, geringe Leistung und teure Bedienung. Demgegenüber haben die hydraulischen Mangeln den Vorzug rascheren Arbeitens, also größerer Produktion und geringeren Raumbedarfs.

Abb. 282. Breithalterleiste in Ansicht und Schnitt. (Aus Rohn: Die Ausrüstung der texilen Waren S. 37. Berlin: Julius Springer 1918.)

Bis vor wenigen Jahren erreichten die hydraulischen Mangeln jedoch nicht die Wirkung der Kastenmangeln, wenn hohe Ansprüche gestellt wurden. Dieser Nachteil soll jedoch von der Dreiwalzenmangel, wie sie z. B. von der Firma C. G. Haubold A.G. in ihrer Bauart DX hergestellt wird, behoben sein. Diese soll den Waren denselben dichten Gewebeschluß ohne drahtartiges Aussehen geben, wie er sonst nur auf der Kastenmangel zu erhalten war. Abb. 283 zeigt eine derartige Mangel der oben genannten Firma. Wir entnehmen dem Prospekt der Firma folgendes:

Abb. 283. Dreiwalzen-Spezial-Mangel, Bauart DX der Firma C. G. Haubold A.G., Chemnitz.

Die beiden oberen Walzen sind fest und parallel nebeneinander gelagert. Sie haben verhältnismäßig kleinen Durchmesser und liegen dicht aneinander. Die untere, im Durchmesser bedeutend größere Walze liegt mit ihrer Achse in der senkrechten Symmetrieebene zu den Achsen der oberen Walzen. Sie wird durch hydraulische Kraft auf und nieder bewegt. Die oberen Walzen werden angetrieben, die untere nicht. Während die oberen aus hartem oder weichem Werkstoff (Stahl oder Jute, Holzwolle oder dergleichen) gefertigt werden können, besteht die untere große Walze stets aus elastischem Gut. Um ihre Achse ist ein an beiden Seiten vorstehender Schaltrevolver mit vier offenen Taschen am Außenkranz angeordnet. Auf gelenkartig mit den Walzenlagern verbundenen und außen auf schwingenden Stützen ruhenden Schienen laufen die Kaulen dem Revolver zu, der sie in einer der Taschen faßt und in Mangelstellung bringt. Auf gleichfalls schräg geneigten Schienen gibt der Revolver die gemangelten Kaulen wieder frei. Sobald die Kaule in Mangelstellung ruht, steigt die untere Walze und drückt sie gegen die zwei Oberwalzen. Die Kaule wird also beim Mangeln sicher zwischen die drei Walzen gebettet. Da der Druck von drei Seiten kommt, so ist ein Zerspalten der Kaulen unmöglich, so daß auch die Holzkaulen eine lange Lebensdauer haben.

Die große Unterwalze aus elastischem Werkstoff ersetzt die Sohlplatte der Kastenmangel, die beiden oberen Walzen den Kasten. Bei der Kastenmangel wechselt der Mangeldruck: Er wird größer, wenn sich die Kaule der Kastenmitte nähert und kleiner, wenn sie sich davon entfernt. Etwas Ähnliches findet sich auch bei dieser Spezialmangel: Während die Unterwalze den ganzen hydraulischen Druck auf die Kaule überträgt, sind die Gegenwirkungen der einzelnen beiden Oberwalzen geringer als dieser Druck, da die Oberwalzen kleiner im Durchmesser sind und eng zusammenliegen. Der auf die Kaule wirkende Druck ist demnach an den drei Druckstellen verschieden. Gesteigert wird diese Druckverschiedenheit durch Veränderlichkeit des hydraulischen Druckes, der vom Mangelführer während des Mangelns leicht beliebig vermindert oder verstärkt werden kann. Für das Mangelergebnis ist es ferner von Vorteil, daß die Unterwalze nicht angetrieben, sondern durch die bewickelte Kaule mitgenommen wird.

Die Kaulen können mit Hilfe des Schaltrevolvers beinahe augenblicklich ausgewechselt werden, da die Unterwalze nicht tiefer herabgelassen zu werden braucht, als es zum Heraus- und Hineinführen der Kaulen erforderlich ist und da das Steigen der Unterwalze besonders schnell erfolgt.

Die Mangel wird für einen Höchstdruck von 40000 kg gebaut.

Mittels einer durch Druckknöpfe gesteuerten Vorrichtung werden die Kaulen selbsttätig zwischen die Mangelwalzen befördert und ebenso nach dem Mangeln herausgehoben. Das Auf- und Umdocken erfolgt innerhalb der Maschine, während die eine Docke gemangelt wird, kann von der anderen die gemangelte Ware abgedockt werden.

e) Der Stoß- oder Stampfkalander, die Reihenstampfe oder Beetlemaschine.

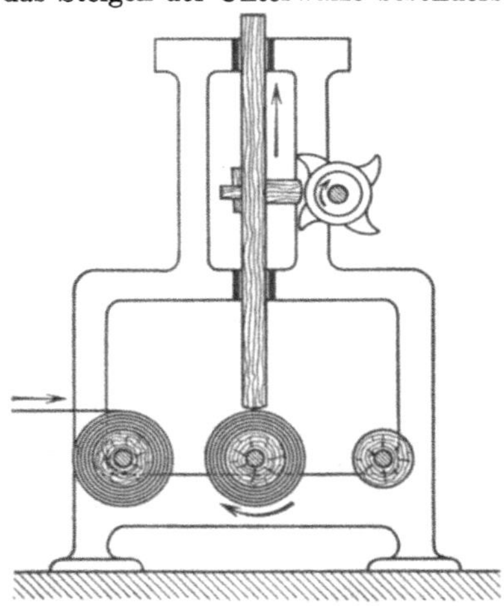

Abb. 284. Querschnitt eines Stampfkalanders. (Aus Kozlik: Technologie der Gewebeappretur S.215. Berlin: Julius Springer 1908.)

Eine andere Art der Gewebeglättung wird mittels Klopfmaschinen erzeugt; es schließt sich dieses Verfahren eng an jenes, das mittels Hämmer (Polierhammer, Aufsatzhammer, Rundgesenk) in anderen Zweigen der Technik benützt wird (Abb. 284). Eine horizontal gelagerte Holzwalze oder ein Eisenzylinder mit verhältnismäßig großem Durchmesser wird in sehr langsame Drehung und in etwas hin- und hergehende Bewegung versetzt. Über dieser Walze, auf welche die Ware fest aufgewickelt ist, sind Holzstampfen aus Buchen- oder Eschenholz dicht nebeneinander in einer Reihe (etwa 30 bis 40 Stück) angeordnet. Diese werden der Reihe nach durch eine Daumenwelle, auf welcher Hubdaumen spiralförmig angeordnet sind, gehoben und danach fallengelassen, sodaß sie mit der durch ihr Eigengewicht und durch die Fallhöhe bedingten Wucht auf die Stoffrolle auftreffen. Durch die Drehung der Walze und deren Achsenverschiebung fallen die Stampfen nach jedem Hub auf eine andere Stelle der Ware. Neben dieser Walze ist eine zweite angebracht, welche mit der anderen ausgewechselt werden kann. Während die eine Walze arbeitet, kann die andere ab- oder aufgewickelt werden. Die mit Stoff überzogenen Walzen sind so breit gebaut, daß man einige Bahnen (Stücke) nebeneinander aufwickeln kann. Beim erstmaligen Aufwickeln muß der Zwischenraum der Bahnen voneinander mehrere cm betragen, damit der Warenwickel, der durch das Stampfen breiter wird, sich ausdehnen kann. Die Stößel (Stampfen), welche auf die Zwischenräume treffen würden, müssen natürlich ausgerückt werden, da sie sonst die Kanten zerschlagen würden. Beim zweiten Aufwickeln kann man die Stücke näher aneinander bringen. Die Gewebe müssen sorgfältig, straff und faltenfrei

(Abb. 285), aufgewickelt werden, da jede Falte sicher zerschlagen wird. Die Stampfen sind etwa 165 cm lang, 8 cm breit und 8,7 cm dick. Sie haben ein Gewicht von etwa 8,0 kg. Am unteren Ende sind sie flach und sehr glatt, ihre Kanten sind abgerundet. In der Minute erfolgen etwa 60 Schläge. Der Kraftbedarf ist mit 0,4 kW bei kleinen Stampfen anzusetzen.

Die Wirkung der Reihenstampfe kann als eine Steigerung des Mangeleffektes aufgefaßt werden. Die aufgewickelte Ware bietet den herunterfallenden Stampfen eine schwachgewölbte Fläche dar, sodaß sich deren Druck auf eine größere Fläche verteilt. Die Stampfen geben daher einen stärkeren Kneteffekt und damit dem Gewebe größere Weichheit, als dieses beim Mangeln möglich ist. Da durch die Stoßwirkung die Gewebelagen weit stärker zusammengepreßt werden, als dieses beim Mangeln geschieht, so werden die Gewebe auch glänzender.

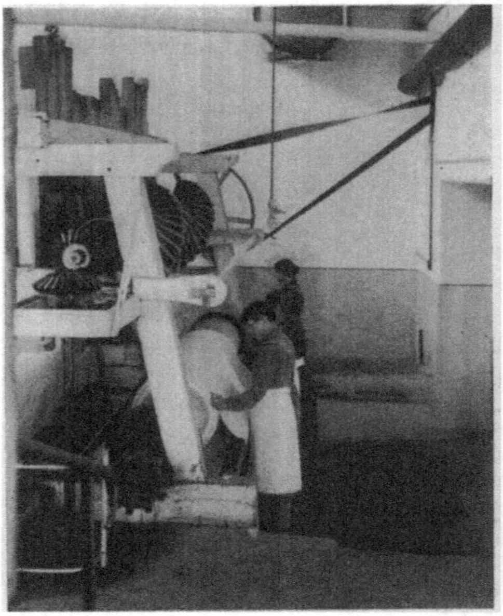

Abb. 285. Stampfkalander, Ansicht.

Zusammenfassend kann als Effekt des Stampfens angeführt werden: a) große Weichheit des Textilgutes, b) dessen hoher, edler, natürlicher aussehender, atlasartiger Glanz, c) ein lebendiges, nicht papierartiges glattes Aussehen und Anfühlen des Stoffes, d) gut geschlossene Ware. Diese Effekte werden ziemlich gleichmäßig hervorgerufen und werden diese von keiner anderen Maschine, weder von Kalander noch Mangel erreicht.

Es wird beim Stampfen nicht die Warenfläche als Ganzes glatt und glänzend gemacht, sondern die einzelnen Fäden an sich. Dieser in die Tiefe gehende lebendige Glanz entsteht durch das Zusammenpressen der Stofflagen in der Stoffrolle, wobei die Fäden der darüber und darunter liegenden Stofflagen gepreßt werden, sodaß sie sich teils herausrunden, teils aneinander abplatten. Da die herausgerundeten Fäden das Licht anders reflektieren als die abgeplatteten, entsteht der dem Stampfen eigentümliche Glanz. Das Gewebe bleibt dabei verhältnismäßig uneben und hat deshalb einen vollen, weichen Griff. Die Wirkung der Reihenstampfe ist daher eine außerordentliche. Ihrer umfangreicheren Anwendung steht nur die teure Verarbeitung entgegen. Die Maschinen leisten wenig, und muß das Gewebe wenigstens einmal umgedockt werden.

Die gewöhnliche Einzelstampfzeit beträgt 2 Stunden, danach wird die Ware abgewunden und in entgegengesetzter Richtung aufgewickelt, abermals 2 Stunden bearbeitet und so fort.

f) Der Kalander.

Auch der Kalander bezweckt die Glättung der Warenoberfläche, die Erzeugung von Glanz und Griff und das Schließen der Gewebe (Verleihung eines dichteren Aussehens). Beim Kalander laufen die Gewebe zwischen zwei oder mehreren Walzenpaaren hindurch. Die Walzen werden mehr oder weniger durch

Gewichte und Hebelübertragung oder durch hydraulischen Druck aufeinander gepreßt. Die Walzen bestehen entweder aus hartem oder elastischem Stoff. Die harten Walzen sind aus Gußeisen, Stahl oder Hartguß gefertigt. Sie sind hohl und können geheizt werden. Ihre Oberfläche ist hochglanzpoliert. Die elastischen Walzen sind aus Papier-, Baumwoll- oder Jutescheiben hergestellt. Diese Scheiben werden mit sehr hohem Druck zusammengepreßt und mittels Diamant abgeschliffen. Der Antrieb der Walzen erfolgt durch Räderübersetzung entweder mit Fest- und Losriemen oder durch Friktionsscheiben. Dieser läßt zwei verschiedene Geschwindigkeiten, Kriechgang

Abb. 286. Querschnittsvergleich roher und gepreßter Ware. (Aus Rohn: Die Ausrüstung der textilen Waren S. 6. Berlin: Julius Springer 1918.)

Abb. 287. 5-Walzen-Roll-Kalander, Bauart NR der Firma C. G. Haubold A.G., Chemnitz.

und normalen Lauf, zu. Im allgemeinen wird nur die harte Walze direkt angetrieben, alle übrigen werden durch diese mitgenommen.

Die Gestelle der Kalander müssen sehr stark ausgebildet sein, da die Walzen ohne Erschütterung (Vibration) laufen müssen. Im Einlaß sind Spann- und Breithalterriegel vorhanden, im Auslaß Vorrichtungen zum Auftafeln oder Aufrollen der Ware.

Hoher Walzendruck ergibt größeren Glanz und besseren Gewebeschluß, der Griff wird aber mehr papierartig (Abb. 286). Mit Walzen aus weicherem Material, z. B. Papier und Baumwolle, bekommt man geringeren, matten Glanz, Gewebeschluß und geringere Glätte, aber weicheren Griff. Umgekehrt liegen die Ergebnisse bei Walzen aus hartem Material. Heiße Walzen ergeben größeren Glanz. Größerer Walzendurchmesser gibt kleineren Druck, aber weicheren Griff. Je größer die Geschwindigkeit des Warendurchlaufs ist, desto geringer wird die Wirkung sein. In der Praxis wechseln polierte Hartgußwalzen mit elastischen Walzen aus Papier, Baumwolle usw. fast immer ab, weil die Ware durch beiderseitig hartes Material angegriffen wird. Hiernach können selbstverständlich elastische Walzen in Paaren verwendet werden.

Der Kalander gibt dem Gewebe eine papierartige Glätte, wenn das Gewebe zwischen einer harten und einer weichen Walze durchläuft. Will man einen Effekt haben, der dem Mangeleffekt ähnlich ist, so läßt man die Ware zwischen zwei weichen Walzen durchlaufen.

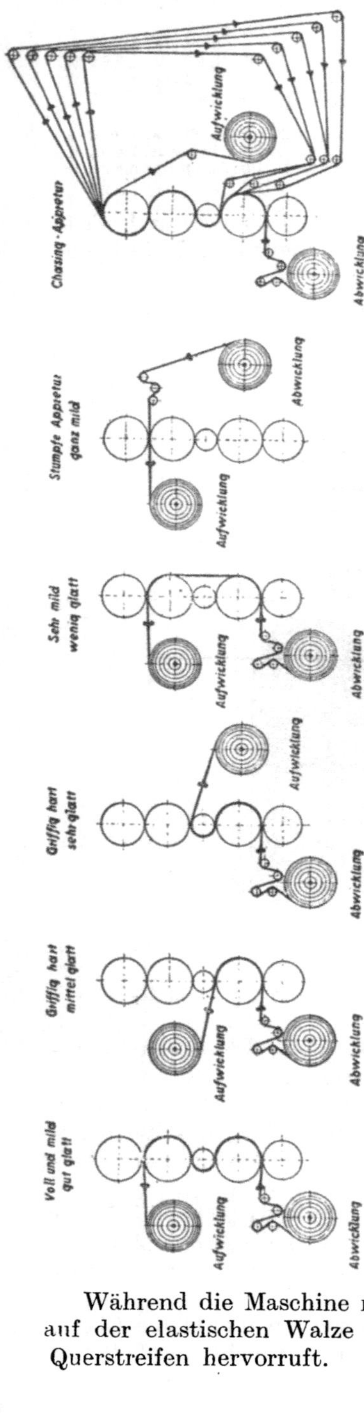

Abb. 288. Schematische Darstellung der verschiedenartigen Anwendung eines 5-Walzen-Kalanders der Firma C. G. Haubold A.G., Chemnitz.

Abb. 289. Thermometer an Kalander-Walze.

Die Behandlung von Leinenware im Kalander wird die in der Mangel und in der Reihenstampfe nie ersetzen können. Jedoch genügt auch diese Behandlung in manchen Fällen, wenn wenig Ansprüche an die Aufmachung gestellt werden, und wenn besonders Billigkeit der Behandlung gefordert ist. Andererseits wird eine Vorbehandlung durch den Kalander die Effekte der Mangel und der Reihenstampfe wirkungsvoll unterstützen bzw. vorbereiten können. Abb. 287 stellt einen 5-Walzen-Friktions-Matt- und Rollkalander Bauart NR der Firma C. G. Haubold A.G., Chemnitz, dar. In Abb. 288 sehen wir die schematische Darstellung der verschiedenen Anwendungen dieses 5-Walzenkalanders. Während die Maschine ruht, ist der Walzendruck auszulösen, da sich sonst auf der elastischen Walze eine Abflachung bildet, welche dann in der Ware Querstreifen hervorruft.

Der oben angeführte Kalander der Firma Haubold hat eine Warengeschwindigkeit von 10 m für den Kriechgang und 24 m für den normalen Gang. Als Kraftbedarf wurde etwa 2,6 kWh vom Verfasser gemessen.

Beim Kalandern ist besonders auf die Luftfeuchtigkeit zu achten. Bei zu trockener Luft können sich elektrische statische Ladungen bilden, welche das Bedienungspersonal belästigen und die Ware aufrauhen. Beim Heißkalandern ist das Einhalten einer bestimmten Metallwalzentemperatur von Wichtigkeit. Das häufig geübte Betupfen der heißen Walzen mit angefeuchteten Fingern dürfte nur einen sehr unsicheren Aufschluß über die Wärme der Walze geben. Angebrachte Thermometer (Abb. 289) erfüllen auch nur sehr unvollkommen ihren Zweck, da das Thermometer durch Art der Anbringung der Walzentemperatur sehr stark nachhinkt.

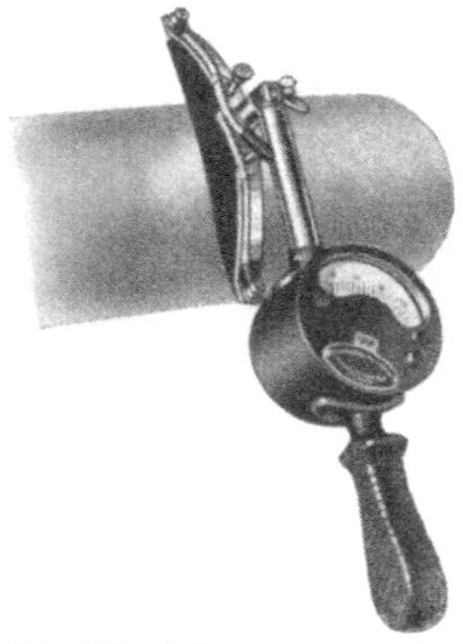

Abb. 290. Anlegepyrometer der Firma Pyro-Werk Dr. Rudolf Hase, Hannover.

Das Anlegepyrometer der Firma Pyro-Werk Dr. Rudolf Hase, Hannover (Abb. 290 u. 291), welches mit Thermoelement arbeitet, dürfte sich zur Messung der Kalanderwalzen immer mehr einführen. Die Anwendung geht aus der Abbildung hervor. Gegenüber dem Quecksilberthermometer hat es den Vorteil einer geringeren Wärmeträgheit und größeren Meßgenauigkeit. Das Instrument wird bis + 250 C oder bis + 400° C gebaut.

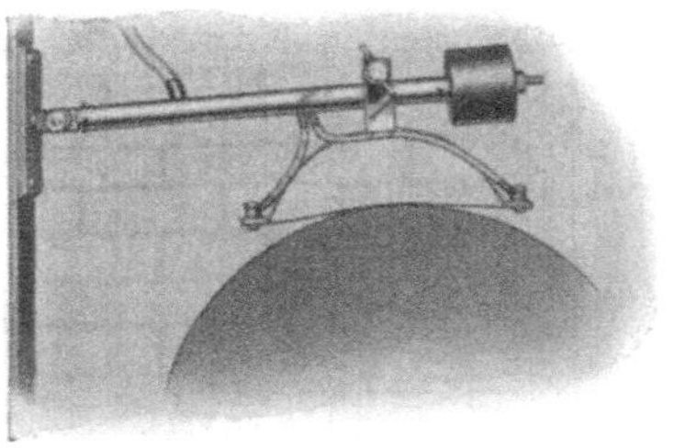

Abb. 291. Anlegepyrometer der Firma Pyro-Werk Dr. Rudolf Hase, Hannover.

g) Die Meß-, Dublier- und Schaumaschinen.

Das Messen der fertigen Bahnen zwecks Verkaufs bei Schnittware oder nur zur Kontrolle bei abgepaßten Waren wird gleichzeitig mit irgendeiner anderen Operation vorgenommen, z. B. beim Aufkaulen. Als Meßapparate dienen solche, wie sie im Abschnitt Schlichterei oder im Abschnitt Weberei beschrieben sind, oder ähnliche (Abb. 292). Breite Stoffe werden zum Mangeln dubliert, desgleichen breite Schnittware für den Verkauf. Die Abb. 293 stellt schematisch eine einfache Dublier- und Faltmaschine dar, welche die Ware auf die halbe Breite zusammenlegt und dann auftafelt. Die Ware ist auf einer Walze *a* aufgewickelt. Die beiden Gewebeleisten werden mit der Hand genau aufeinandergelegt und die so halbierte Ware über das Schwert *b* nach der Walze *c* geführt, von dort läuft sie horizontal nach *e*, dann zwischen *d* und *f* hindurch und wird durch *g* aufgetafelt. Während das Schwert die Ware der Breite nach halbiert, gibt die Preßwalze *f* der Ware den Kniff.

Abb. 292. Meßrad mit zeigendem Zifferblatt. (Aus Rohn: Die Ausrüstung der textilen Waren S. 223. Berlin: Julius Springer 1918.)

Vor der Ablieferung der Ware aus der Ausrüstungsanstalt ist ein Beschauen derselben, ähnlich wie bei der Rohware, S. 154, vielfach notwendig. Es werden hier dieselben Maschinen benützt, wie sie dort angegeben sind.

h) Die selbsttätigen Gewebebahn- und Kantenführer.

Die selbsttätigen Gewebebahn- und Kantenführer sollen in einer Reihe von Appreturmaschinen wie Stärkemaschinen, Breitstreckmaschinen usw., das Gewebe selbsttätig genau und faltenfrei sowie vor allem kantengerade einführen.

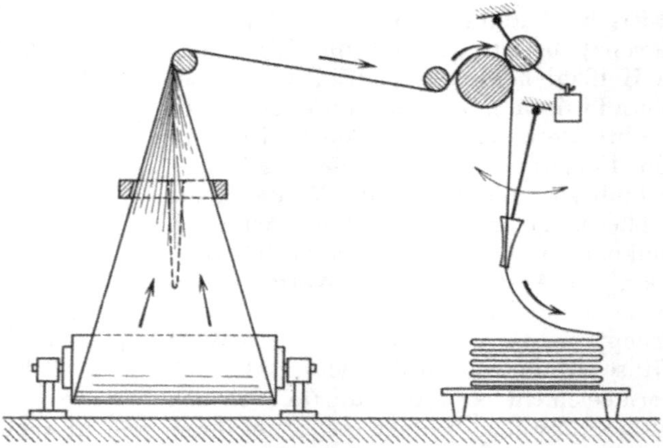

Abb. 293. Dublier- und Faltmaschine von Gebauer. (Aus Kozlik: Technologie der Gewebeappretur S. 98. Berlin: Julius Springer 1908.)

Dieselben werden entweder durch Druckluft oder mittels Elektrizität betätigt. Die Abb. 294 und 295a und b zeigen eine Ausführung der Firma C. G. Haubold A.G.,Chemnitz. Rechts und links der Gewebebahn sind Rollenpaare *a* schwingend angeordnet, die durch Federdruck dauernd zusammengedrückt werden.

Abb. 294. Selbsttätiger Gewebebahn- und Kantenführer der Firma C. G. Haubold A.G., Chemnitz.

Sie werden durch den Gewebezug in schräge Richtung gestellt und spannen so das Gewebe bis zu einem gewissen Grade (Abb. 295a). Hinter den Rollen pendelt je ein Fühler *c*, der ganz leicht an der Gewebekante anliegt und mit einer Druckluft-Zu- und Umleitung verbunden ist. Sobald das Gewebe nach der Seite so weit verläuft, daß die Gewebekante den auf dieser Seite befindlichen Fühler zurückdrängt, erfolgt augenblicklich die Steuerung, d. h. das Rollenpaar auf dieser Seite wird durch Druckluft rechtwinklig zur Warenlaufrichtung verstellt (Abb. 295b linkes Rollenpaar). Dadurch wird das Gewebe augenblicklich zur Mitte zurückgeführt. Das Rollenpaar steht dabei so lange rechtwinklig zur Gewebelaufrichtung, bis der Fühler, den die Gewebekante zurückgedrückt hat, in seine Ausgangsstellung zurückgekehrt ist. In diesem Augenblick schaltet die Druckluftregelung aus, und das Rollenpaar stellt sich wieder schräg in Richtung des Gewebelaufes wie zuvor; das Gewebe läuft wieder normal ein.

Die Firma C. H. Weißbach, Chemnitz, hat einen Kantenführapparat herausgebracht, der ohne jede Kraftquelle arbeitet.

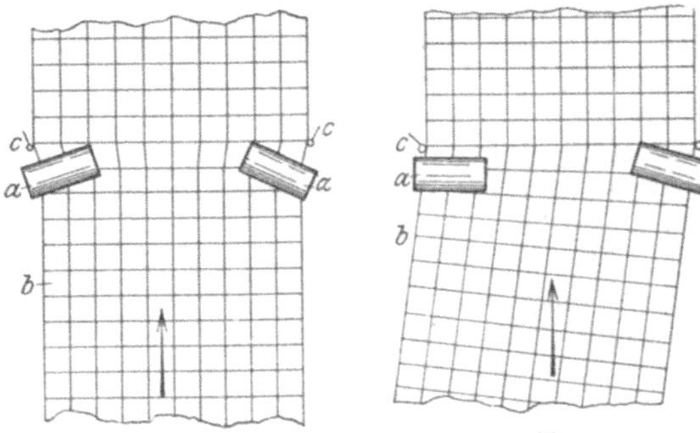

a) b)

Abb. 295a und b. Selbsttätiger Gewebebahn- und Kantenführer der Firma C. G. Haubold A.G., Chemnitz.

3. Die Behandlungsarten.

Die Behandlungsarten bzw. Behandlungszusammenstellungen sind in der Ausrüstung sehr vielseitig. Sie hängen nicht allein von der vorliegenden Warensorte und dem gewünschten Charakter der Ware als auch von dem vorhandenen Maschinenpark ab. Es sollen daher nur einige Behandlungsbeispiele gegeben werden.

1. Ausrüstung von weißgarniger Ware.

a) Einsprengen auf der Bürsteneinsprengmaschine mit Schlichtflotte in Verdünnung 1 : 15 bis 1 : 20. Ganz dünn eingestellte Gewebe oder solche, die eine besonders schwere Appretur erhalten sollen, zieht man auch durch Appreturmasse. Die eingesprengte Ware bleibt 24 Stunden liegen. b) Kalandern, kalt, ein Durchgang. c) Mangeln auf Eisenmangeln, dichtere Ware weniger, dünnere Ware mehr, bis Gewebeschluß erreicht ist. Ware muß 2 bis 3mal umgedockt werden. d) Einsprengen der Ware wie unter a). Ware bleibt 24 Stunden liegen. e) Kalandern, heiß, ein Durchgang. f) Kastenmangel. Ware wird dubliert, wenn breite Ware vorliegt, aufgedockt und je nach Griff gefahren, umgedockt, und zwar jetzt gedreifacht oder gevierfacht, je nach Warenbreite, nochmals abgefahren und ist nach dem Abziehen fertig.

Abb. 296. Fertige Ware.

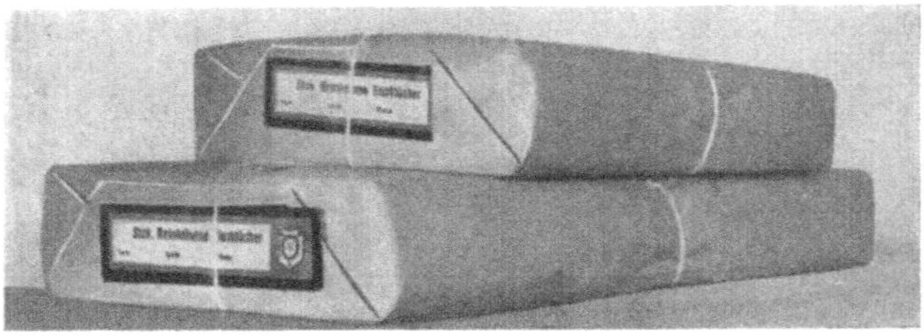

Abb. 297. Versandfertige Ware.

2. Gerstenkorn.

a) Unter Kastenmangel abfahren, bis Gewebeschluß erreicht ist, wozu 3 bis 4maliges Umdocken notwendig ist. Dann wird das Gewebe so eingeschlagen, daß die Leiste nach innen zu liegen kommt (○), die Ware in dieser Legeart aufgedockt und einmal abgefahren, jetzt nochmals in voller Breite aufgedockt und einmal abgefahren. b) Dämpfen, um das Gerstenkorn voll heraustreten zu lassen. Ware hiermit fertig.

Weißgarnige Ware soll sich nach der Ausrüstung weich anfühlen. Papierener Griff muß vermieden werden.

3. Mundtücher.

a) Mangeln, 3 Gang. b) Umdocken. c) Mangeln, 3 Gang. d) Einsprengen. e) Egalisieren. f) Kalandern (gut angewärmt) rechts. g) Kalandern heiß links. Fertig zum Schneiden.

4. Tischtücher.

a) Einsprengen. b) Reihenstampfe 1 Stunde. c) Umdocken. d) Reihenstampfe 1½ Stunde. e) Einsprengen. f) Egalisieren. g) Kalandern (gut angewärmt) rechts. h) Kalandern heiß links.

Durch die Bearbeitung in der Ausrüsterei nimmt die Leinenware in der Breite um etwa 2,5% und in der Länge um etwa 4% zu, bei Waren aus Halbleinen sind die Zahlen etwa 3% und 6%.

Literatur.

1. von Kurrer, W. H. Dr.: Das Bleichen der Leinwand. Vieweg 1850.
2. Fischer, Hermann Prof.: Mechanische Aufbereitung. Handbuch der mechanischen Technologie 6. Aufl. Berlin: W. & S. Loewenthal 1887.
3. Müller, Ernst Prof.: Handbuch der Weberei. Leipzig: Baumgärtner 1896.
4. Kozlik, Bernard Prof.: Technologie der Gewebeappretur. Berlin: Julius Springer 1908.
5. Polleyn, Friedrich: Die Appreturmittel und ihre Verwendung 3. Aufl. Leipzig: Hartlebens Verlag 1909.
6. Willkomm, Otto Dr.-Ing.: Beiträge zur Frage der Luftbefeuchtung in Spinnereien und Webereien. Habilitationsschrift. Leipzig: Martins Textil-Verlag 1909.
7. Brenger, F. Prof.: Die Ausrüstung der Stoffe aus Pflanzenfasern. Leipzig 1913.
8. Rohn, G. Dr.-Ing.: Die Ausrüstung der textilen Waren. Berlin: Julius Springer 1918.
9. Weiß, Arthur Prof.: Vorlesungen über technische und wirtschaftliche Grundlagen der Textilindustrie. Leipzig: Franz Deuticke 1923.
10. Thiering, Oscar Dr.-Ing.: Die Getriebe der Textiltechnik. Berlin: Julius Springer 1926.
11. Heermann, Paul Prof. Dr.: Technologie der Textilveredelung 2. Aufl. Berlin: Julius Springer 1926.
12. Rüf, Eugen: Die Praxis der Baumwollwaren-Appretur. Berlin: Julius Springer 1930.

Abb. 298. Schwurhand, das Wahrzeichen von Reinleinen.

II. Die Taschentuchweberei.

Von **Artur Schneider,** Lauban.

Die Taschentücher kamen aus Italien, und so spricht man noch heute in einzelnen Gegenden Süddeutschlands und der Schweiz von Fazenetten, vom italienischen fazzoletto.

Während die Weberei der Leinenstückzeuge eine große Verbreitung in Deutschland fand, entwickelte sich die Taschentuchweberei hauptsächlich in Schlesien, und hier war es die Stadt Lauban, die diesen Zweig der Weberei besonders ausbildete, so daß sie bis heute als Zentrum für diesen Artikel angesehen werden kann.

Zur Herstellung der Taschentücher findet hauptsächlich Leinen und Baumwolle, auch in sehr beschränktem Maße Seide und Kunstseide Verwendung.

Nach dem Kriege, als die wirtschaftlichen Verhältnisse sich immer mehr verschlechterten, ging der Gebrauch der wertvolleren, also auch teueren, Leinentücher sehr zurück, so daß jetzt hauptsächlich Baumwolle zur Verwendung kommt.

A. Baumwolltaschentücher.

a) Kettengarnaufbereitung.

Für die Fabrikation des Artikels eignet sich nur eine Baumwolle, die mindestens 28 bis 30 mm Stapel hat. Es kommt daher nur amerikanische und ägyptische Baumwolle in Frage, von denen die amerikanische in den Nummern 30er bis 42er, ägyptische in den Nummern 44er bis 100er verwendet wird.

Das Kettmaterial wird auf leichten Papierhülsen oder auf schweren Hülsen aus Holz oder Hartpapier geliefert. Erstere Hülsen sind nach Gebrauch für die Spinnerei wertlos, werden daher seitens der Weberei als Papierabfälle an Papierfabriken verkauft. Die Schwerhülsen dagegen werden von den Spinnereien gegen Verrechnung in Garn zurückgenommen. Bei Leichthülsen wird für die Hülsentara seitens der Spinnerei 2½ bis 3% vergütet, doch stellt diese Vergütung nur ca. 40 bis 60% der eigentlichen Hülsentara dar.

Das von der Spinnerei gelieferte Kettmaterial ist in Trosselkopsaufmachung und muß, weil der Kops zu wenig Garn enthält — was beim Zetteln zu Zeitverlusten führen würde —, nunmehr auf Schärkonusse umgetrieben werden. Hierzu bedient man sich der Treib- oder Spulmaschine. Man unterscheidet zweierlei Bauarten: 1. Maschine für Parallelspulung, 2. Maschine für Kreuzspulung (Abb. 1).

Bei Parallelspulung haben die Spindeln eine stehende oder liegende Lagerung, bei Kreuzspulung nur eine waagerechte. Die Maschine für Kreuzspulung dürfte für die Taschentuchindustrie die gebräuchlichste sein.

Auf einen Schärkonus wird ungefähr bei 50er Mako das Garn von 26 Trosselkopsen aufgespult. Da ein Trosselkops an Garn ungefähr 33 g oder 2350 m enthält, so nimmt ein Schärkonus ca. 875 g oder 62450 m Garn auf. Bei anderen Garnnummern entsprechend mehr oder weniger. Die Arbeit des Spulens wird im Akkord verrichtet und fast durchweg von weiblichen Arbeitskräften. Eine Person bedient ungefähr 30 Spindeln. Die Arbeitsweise der Maschine ist folgende:

Die Trosselkopse werden auf Holzzapfen gesteckt und der Faden über eine feststehende Bremsvorrichtung und eine bewegliche Fadenführung dem Schärkonus zugeführt (Abb. 1). Dieser ist auf eine Spindel gesteckt, die von zwei Spindelhaltern festgehalten wird. Die Spindelhalter werden dann mit dem Schärkonus, welcher aus Holz oder Hartpapier besteht, nach unten gegen eine rotierende Welle gedrückt und der Konus erhält Drehung. Sobald der Konus genügend Garn aufgespult erhalten hat, springen die Spindelarme automatisch in Ruhestellung, und der volle Konus wird durch einen leeren ersetzt. Die Fadenführungsnase erhält durch ein Exzenterrad eine in der Breite des Schärkonusses pendelnde Bewegung. Diese beschriebene Maschine ist Fabrikat Schlafhorst (Abb. 1). Eine Verbesserung zeigt die Schlitztrommelmaschine von Schlafhorst. Sie unterscheidet sich von obiger Maschine dadurch, daß die Fadenführung durch zwei sich bewegende Trommelflügel ausgeführt wird.

Abb. 1. Konus-Kreuzspulmaschine.

b) Kettenschären.

Die Länge einer Kette richtet sich nach dem Bedarf, wobei man allerdings berücksichtigen sollte, daß die Unkosten der Vorbereitung steigen, je kürzer eine Kette ist und umgekehrt.

Die Durchschnittslänge einer Kette dürfte 1000 m betragen. Man teilt die Kette in Stücke von einer bestimmten Länge ein, und auch hier richtet sich die Anzahl sowie die Länge der Stücke nach dem jeweiligen Bedarf. Der Durchschnitt beträgt in der Stückzahl 10 bis 12 und in der Länge 80 m. Das Schären erfolgt auf Konusschärmaschinen (Abb. 2) und Zettelmaschinen (Abb. 3 u. 4).

Abb. 2. Konus-Schärmaschine.

Da nun für die Taschentuchindustrie nur feinere Garne Verwendung finden, kommt auf eine Breite eine immerhin recht beträchtliche Fadenzahl; wohl selten unter 2500 Faden. Die Schärkonusse, die wir durch das Umspulen von Trosselkopsen erhalten haben, gelangen nunmehr zur Zettelmaschine. Die Zettelmaschine zerfällt in das Zettelgestell und die Zettelmaschine. Das Zettelgestell dient zur Aufnahme der Schärkonusse und hat zu diesem Zweck nach zwei

Seiten Spindeln mit Federung zum Festhalten der Konusse. Der Umfang der Schärkonusse bestimmt die Abstände der Spindeln nach rechts und links, oben und unten und somit auch die Gesamtzahl der Spindeln eines Zettelgestells.

Abb. 3. Zettelmaschine.

Der Faden jedes Schärkonusses wird durch ein Fadenauge (meistens aus Porzellan) und durch vorn am Zettelgestell angebrachte kurze Schärblätter nach der Zettelmaschine gebracht. Hier laufen die Faden durch ein größeres Blatt über Brems-, Meß- und Regulierungswalzen durch den Expansionskamm auf den Zettelbaum. Letzterer wird angetrieben durch eine Antriebstrommel. Vor dem Expansionskamm befindet sich eine Fadenwächtervorrichtung in Form eines ca. 5 cm breiten stählernen Vierkants, welcher mehrere Schlitze, von oben nach unten gehend, hat. Jeder Faden erhält eine Lamelle, die in den Schlitz zu hängen kommt. Unter dem Vierkant befinden sich zwei Walzen. Reißt ein Faden, so fällt die Lamelle durch den Schlitz und zwischen die Walzen hindurch. Dadurch wird eine Walze für einen Augenblick zur Seite gedrückt und bewirkt durch eine Ausrückvorrichtung den Stillstand. An der Meßwalze befindet sich die Meßuhr, welche die durchlaufenden Meter anzeigt.

Abb. 4. Zettelmaschine (Seitenansicht).

Da für die Taschentuchindustrie Ketten mit hoher Fadenzahl in Frage kommen, würde man dazu Zettelgestelle mit ebenso hoher Spindelzahl benötigen. Dies würde neben unnötigem Raumbedarf zu Unübersichtlichkeit der Faden und zu technischen Schwierigkeiten führen. Man zettelt daher nicht alle Faden einer Kettenbreite auf eine Walze, sondern bedient sich mehrerer Walzen, z. B. bei einer Kette mit 3000 Faden nimmt man, wenn das Zettelgestell 500 Spindeln hat, auf eine Walze 500 Faden und fertigt 6 Walzen an. Diese 6 Walzen kommen dann vor die Schlichtmaschine und werden zu einer Kette von 3000 Faden vereinigt. Die Zettelwalzen lassen sich durch verstellbare Zettelwalzenscheiben für jede Breite von Ketten verwenden.

Trotzdem das Garn als Kettmaterial schon gute Haltbarkeit aufweisen soll, muß es doch für den Webprozeß noch besonders vorbereitet werden. Zu diesem Zweck muß das Garn durch die Schlichtmaschine laufen, deren Arbeitsweise man in drei Abteilungen einteilt: Schlichten, Trocknen und Aufbäumen.

Man unterscheidet diese Maschinen in solche mit Zylinder- und mit Lufttrocknung.

c) Schlichten.

Sämtliche Faden der Zettelwalzen gelangen vereinigt über Führungs- und Spannungswalzen unter die Tauchwalze, die die Faden in den Schlichtetrog drückt. Diese Walze ist verstellbar. Weitere Walzen, Schlicht- und Druckwalzen genannt, unterstützen das Eindringen der Schlichte in das Fadeninnere bzw. pressen den Schlichteüberfluß aus.

Bürstenwalzen reinigen den Faden und streichen ihn glatt. Der erste Arbeitsgang ist damit erledigt.

Abb. 5. Schlichtmaschine (Kettenaufbäumvorrichtung).

d) Trocknen.

Die Faden gelangen nunmehr in den Trockenkasten, aus Fachwerk mit Fenstern bestehend. In diesem Gehäuse sind unten Heizrohre, die vom Dampfkessel gespeist werden und die Aufgabe haben, die Luft in diesem Trockenraume auf ca. 50° C zu bringen. Den übrigen Raum des Gehäuses füllen aus Stäben gebildete Trommeln aus: 4, 5, 7, 9, je nach der zu schaffenden Leistung. Innerhalb dieser Trommeln befinden sich Windflügel, die die heiße Luft gegen die Faden treiben. Die entstandene feuchte Luft wird durch eine Saugvorrichtung (Exhaustor) herausgezogen. Die Faden werden über sämtliche Trommeln geführt. Damit ist der zweite Arbeitsgang erledigt, und die Faden gelangen wieder außerhalb des Gehäuses.

e) Aufbäumen.

Teilstäbe besorgen die Aufteilung der Faden. Alsdann gelangen die Faden durch den Einlesekamm, welcher die Baumbreite reguliert, über die Meß- und die Zugwalze auf den Kettbaum (Abb. 5). Die Geschwindigkeit beim Aufwickeln muß auch bei zunehmender Bewicklung die gleiche bleiben, so daß es notwendig wird, dem Kettbaum nach und nach einen langsameren Antrieb zu geben. Dies geschieht durch die Friktionsvorrichtung, die durch Handantrieb geregelt wird. Bei Fadenbrüchen müßte normal die Maschine zum Stillstand gebracht werden, was aber Schlichtestellen hervorrufen würde, die dann beim Weben größere Schwierigkeiten ergeben. Man läßt daher die Maschine so langsam wie nur möglich laufen und versucht, die Fadenbrüche beim Laufen zu beseitigen. Zwei große Riemenkonusse, entgegengesetzt unterhalb des Gelesefeldes angebracht, dienen zur Regulierung des Ganges. Läuft der Riemen beim hinteren Konus mehr auf der verjüngten Seite, auf dem vorderen entgegengesetzt, so wird der Gang verlangsamt und umgekehrt. Eine Steuerungsstange, von der Druckwalze nach der Zugwalze gehend, reguliert die Spannung der Kette in der Maschine.

Wie oben angegeben, kann ein Kettbaum im Durchschnitt 10 bis 12 Stück à ca. 80 m aufnehmen. Da der Webstuhl nur 1 Stück, im Höchstfall 2 Stück, ununterbrochen weben kann, wird beim Aufbäumen an der Schlichtmaschine nach der vorgesehenen Meterzahl je Stück automatisch ein Zeichen mit blauer Farbe aufgedrückt, das sogenannte Schmitzzeichen. Sobald beim Weben dieses Zeichen den Riffelbaum passiert hat, schneidet der Weber das Stück durch.

Das Hauptschlichtmittel ist Kartoffelmehl oder Stärke, das einer größeren Menge Wasser beigegeben wird. Um das Kartoffelmehl oder die Stärke besser aufzuschließen, wird ein Aufschließpulver mit verwendet, ferner Wachs und Talg, um einen festen und trotzdem geschmeidigen Faden zu erzielen. Die Zusammensetzung des Rezeptes ist für fast alle Betriebe verschieden, hat aber für den Webprozeß die größte Bedeutung. Das Wasser mit der Stärke wird in einem Bottich durch Kochen gebrauchsfähig zubereitet und nach Bedarf in den Schlichtetrog der Schlichtmaschine überführt. Auch hier wird die Schlichtflotte, so nennt man das Ganze, heiß erhalten, und zwar durch Heizschlangen, welche durch den Schlichtetrog gehen. Man achte darauf, stets frische Schlichtflotte zu verwenden.

Für bunte Faden ist besondere Aufmerksamkeit beim Schlichten notwendig. In den meisten Fällen läßt man diese durch einen zweiten Trog gehen, ohne den ersten zu berühren. Die Flotte dieses Troges ist durchweg dünner.

f) Geschirr und Blatteinzug.

Jede fertig geschlichtete und aufgebäumte Kette muß nunmehr ins Geschirr eingezogen werden, den sogenannten Litzen oder Helfen. Diese bestehen aus feinem Draht, haben in der Mitte eine 2 bis 3 mm große Öffnung, Auge genannt, und an beiden Enden Ösen, mittels deren sie auf Stäbe aufgezogen werden. Diese Stäbe hängen in einem Rahmen, dessen waagerechte Seiten aus Holz und die senkrechten aus Eisen sind und von Geschirreitern gehalten werden. Das Ganze nennt man Schaft. Zwei Schäfte ist die niedrigste Zahl, die zur Anwendung kommt, 20 wohl die höchste. In jeden Schaft kommen die jeweils gleichbindenden Faden. Die Fäden werden der Reihenfolge nach eingezogen, und zwar nach dem durch die Patrone, die die Bindung aller Faden aufzeichnet, bestimmten Schema. Im allgemeinen kommt ein Faden in eine Litze (Abb. 6).

Hat man noch ein Geschirr von einem vorangegangenen Webprozeß in der gleichen Qualität, dann braucht nicht mehr jeder Faden eingezogen zu werden, sondern man dreht die Faden des Geschirrs mit den Faden der neuen Kette an. Dieses Andrehen wird mit der Hand und zum Teil schon mit Maschinen ausgeführt.

Das Blatt besteht aus Stahlstäben, die in einer Weite voneinander abstehen, wie solche durch die Einstellung (Dichtigkeit) der Ware bedingt wird, und dem Bund. Letzterer dient zum Festhalten der Stahlstäbchen in der vorgeschriebenen Entfernung — Einstellung. Mittels Baumwollzwirn werden die Stäbchen an Holzschienen festgewickelt. Alsdann wird zur weiteren Befestigung jede Bundstelle in flüssiges Pech gehalten, so daß eine Pechschicht haften bleibt. Unmittelbar nach dem Entfernen aus dem Pechbade wird Papier über die Bundstellen geklebt. Dieser Pechbund genügt für Baumwollwaren, jedoch nicht für feinfädigere Ware, wie z. B. Seide. Hier tritt an Stelle des Pechbundes Zinnbund, wodurch ein Verlöten der Rietstäbe stattfindet. Ein Überkleben ist nicht notwendig. Das Ganze nennt man Webblatt, den Zwischenraum zweier Stäbchen Rohr oder Riet. Die Blattlücke richtet sich nach der Einstellung der Kette und soll noch so groß sein, daß ein geknoteter Faden ohne Schwierigkeiten die Lücke passieren kann, wobei zu beachten ist, daß der Knoten auch oben und unten das Rohr gut durchlaufen kann. Ob durch ein Rohr ein, zwei oder mehr Faden laufen, wird durch die Bindung und Dichte des Gewebes bestimmt. Zum Einziehen bedient man sich des Blattstechers, wozu zwei Personen nötig sind, oder einer Handblattstechmaschine, die von einer Arbeitskraft bedient werden kann.

Abb. 6. Faden-Einziehgestell.

Nachdem so die Kette fertig ins Blatt eingezogen worden ist, gelangt sie in den Webstuhl. Ehe nun der Webprozeß geschildert wird, muß noch einiges über das Schußmaterial gesagt werden.

Abb. 7. Schuß-Spulmaschine mit konischen Rollen.

g) Schußmaterial-Vorbereitung.

Das Schußmaterial braucht nicht von der Festigkeit wie das Kettgarn zu sein. Es wird auf Pinkopsen — leichte Papierhülsen — geliefert, und zwar in zwei Arten: Durchhülsen (DH) (Abb. 7) und kurze Hülsen (KH). Bei ersteren ist die Hülse so lang, daß trotz aufgespultem Garn oben und unten die Hülse frei liegt, während bei kurzen Hülsen die Länge der Hülse nur ½ oder ⅓ des Kopsformats beträgt. Kurzhülsen sind bei den Webereien wenig beliebt, weil zuviel Abfall entsteht. Die Hülsentara wird von den Spinnereien auch bei D-Hülsen mit durchschnittlich 2% vergütet, doch beträgt diese Vergütung nur ca. 40 bis 50% der Gesamthülsentara. Durch die Pinkopsaufmachung ist das Schußmaterial bereits verwendungsfähig, indem solch ein Kops in den Schützen gelegt wird.

Der Schützen hat wohl im allgemeinen für die Taschentuchindustrie eine einheitliche Form, aber weist verschiedene Größen auf und ebenso ist die Holzart, die verwendet wird, verschieden. Auch hier gilt, daß das beste Holz letzten Endes noch immer das billigste ist. Vulkanfiberbelag hat sich sehr gut bewährt. Eine Spindel mit Federung dient zur Aufnahme des Kopses. Durch eine Bremsung und ein Auge gelangt der Faden außerhalb des Schützens und wird zwischen die Kettfaden gelegt.

Abb. 8. Webstuhl mit eingelegter Kette, Bremsvorrichtung, Schwungbaum, Kartenlauf.

h) Das Weben.

Die fertig eingezogene Kette wird in den Webstuhl eingelegt, das Geschirr und das Blatt befestigt. Die Bremsung des Kettbaumes erfolgt durch Stricke oder Ketten, die mit einem Ende an der Stuhlwand befestigt, mehrmals um eine Bremsscheibe gewickelt und mit dem anderen Ende an einem Gewichtshebel befestigt werden (Abb. 8). Die Bremsung ist notwendig, weil die Kettfäden stets Spannung haben müssen. Die beiden Gewichtshebel haben Kerben, Einschnitte zum Einhängen von Bremsgewichten. Diese Gewichte, die zuerst am äußersten Ende der Gewichtshebel hängen, müssen mit dem Kleinerwerden der Kette nach und nach umgehängt werden, und zwar nach dem Drehpunkt des Hebels zu. Beachtet man dies nicht, wird die Spannung immer größer. Einwandfrei ist diese Regulierung der Spannung nicht, doch ein guter Weber hat ein feines Gefühl für richtige Spannung und wird der Bremsregulierung gute Aufmerksamkeit schenken. Da beim Schußanschlag die Kettfäden straffer sein müssen als kurz zuvor beim geöffneten Fach, verwendet man einen beweglichen Baum, den man Schwingbaum nennt. Derselbe ruht auf zwei Lagern oberhalb des Kettbaumes. An einer Seite ist ein Hebelarm, dessen Ende auf einem Exzenter der Kurbelwelle neben dem Schwungrad ruht. Beim Laufen des Stuhles entsteht durch den Exzenter eine schwache Auf- und Niederbewegung des Schwungbaumes, und zwar wird er sich beim geöffneten Fach nach dem Geschirr hin neigen, also dem Faden Spielraum lassen. Bei geschlossener Fachstellung hebt er sich, zieht also die Faden nach hinten an.

Abb. 9. Webstuhl mit Regulator.

An der vorderen Seite des Stuhles befindet sich oben der Brustbaum, darunter der Sand- oder Riffelbaum (letzterer ist mit Riffelblech überzogen), ferner der Warenbaum, der die fertiggewebte Ware aufwickelt. Während der Riffelbaum durch ein Transportrad gedreht wird, muß die Drehung des Warenbaumes durch den Riffelbaum erfolgen. Dies geschieht durch Druck des Warenbaumes gegen den Riffelbaum mittels Gewichtshebels.

i) Schuß-Regulierung.

Die Drehung des Riffel- und Warenbaumes ist von seitlich angebrachten Regulatoren abhängig. Man kennt negative und positive Regulatoren, doch nur letztere Art kommt für die Fabrikation von Taschentüchern in Frage (Abb. 9). Der Vorgang ist folgender: Auf einer kurzen Achse außen an der Stuhlwand befindet sich ein sogenanntes Steig- oder Sperrad, welches eine bestimmte Anzahl Zähne hat, im allgemeinen 59. Eine Klinke, die durch eine Verbindung mit der Lade deren Bewegung mitmacht, rückt das Steigrad um einen Zahn weiter, oder um mehrere, je nach Einstellung. Auf dieselbe Achse wird nun das sogenannte Wechselrad aufgesetzt, dessen Zähneanzahl sich nach der Anzahl der Schuß per Zentimeter richtet. Fast in Verlängerung des Warenbaumes befindet sich außerhalb der Stuhlwand neben dem Wechselrad ein großes Transportrad mit 125 Zähnen, dicht dahinter auf derselben Achse ein kleines angegossenes Rad mit 19 Zähnen. Oberhalb dieses Rades sitzt auf der verlängerten Achse des Riffelbaumes das Transportrad des Riffelbaumes mit 125 Zähnen. Der Vorgang der Drehung ist nun folgender:

Durch die Bewegung der Lade rückt die Klinke des Steigrades bei jedem Schuß das Steigrad um einen Zahn weiter und gibt dadurch dem Wechselrad Drehung. Das Wechselrad greift nun in das 125er Transportrad ein und das darauf sitzende 19er Rad in das Transportrad des Riffelbaumes. Die Errechnung des für die Schußeinstellung maßgebenden Wechselrades ist folgende:

1. Zähne des Transportrades des Riffelbaumes × Zähne des großen Transportrades × Zähne des Steigrades.
2. Zähne des angegossenen Rades × Umfang des Riffelbaumes.
3. Letzteres Ergebnis in ersteres dividieren. Resultat ist Grundzahl.
4. Diese Zahl wird durch die Anzahl der Schuß per Zentimeter, die die Ware bekommen soll, geteilt. Das Resultat ist das Wechselrad, das für die Ware Verwendung finden muß.

Zum Beispiel: Es soll eine Ware mit 38 Faden Schuß gewebt werden:

1. $125 \times 125 \times 59 = 921\,875$,
2. $36 \times 19 = 684$,
3. $921\,875 : 684 = 1347{,}7$ (Grundzahl 1347,7),
4. $1347 : 38 = 35$.

Mithin ist ein Wechselrad mit 35 Zähnen zu verwenden.

k) Breithalter.

Beim Weben wird die Ware an den Seitenleisten (Salleisten) durch den Schuß eingezogen, und um nun eine Beschädigung der Kettfäden zu verhindern, muß die Ware so breit gehalten werden, wie die Blattbreite ist. Dies erfolgt durch das Breithalten der Ware mittels Breithalter. Für die Taschentuchfabrikation kommen zwei Arten in Frage: der Walzenbreithalter und der Stachelringbreithalter.

Ersterer besteht aus zwei nebeneinanderliegenden Walzen, die mit Dornen versehen sind. Ein darüber befindlicher Deckel drückt die Ware gegen die Walzen. Der Stachelringbreithalter hat mehrere Ringe, die mit Stacheln versehen sind. Jeder Ring dreht sich exzentrisch um einen Bolzen.

l) Schützen- und Revolverkasten.

Die Lade ist am Fuße des Webstuhles angebracht, durch zwei Arme mit der Kurbelwelle verbunden, so daß eine fortgesetzte Vor- und Rückwärtsbewegung der Lade vonstatten geht, sobald der Stuhl in Gang ist. Der obere Teil trägt die Ladenbahn, den Schützenkasten, den Revolver- oder Steigkasten und das Blatt. Auf der Ladenbahn gleitet der Schützen bei jedem Schlage vom Revolverkasten in den gegenüberliegenden einfachen Schützenkasten bzw. zurück. Das Blatt dient dabei dem Schützen als Führung.

Der Revolverkasten besteht meist aus 6 Zellen und befindet sich auf einer Seite. Wo eine Lade auf beiden Seiten Revolverkästen hat, nennt man den Stuhl einen Pick à Pick-Stuhl. Der Wechselmechanismus geht wie folgt vor sich: Der Revolverkasten hat an der Außenseite einen Nutenring, in welchen links und rechts je ein Zughaken eingreift. Diese Zughaken reichen vom Revolverkasten bis fast unten auf den Fußboden. Hier sind diese mit je einem waagerechten Hebel verbunden. An diesen waagerecht liegenden Hebeln befinden sich senkrecht stehende Platinen, die durch Schlitze eines Messerhebels gehen. Dieser Messerhebel hat seine Verankerung in einer Kupplung vorn am Webstuhl und läuft über einen Exzenter, der an der Schlagwelle außerhalb des Stuhlinnern angebracht ist. Jede zwei Schuß wird dieser Hebel durch diesen Exzenter gehoben und gesenkt. Senkrecht herabreichende Arme zweier Hebel liegen mit ihren Enden an den Platinen, während die Enden der waagerecht liegenden Arme derselben Hebel, mit je einem Stift versehen, auf dem Wechselkartenzylinder liegen. Wenn nun der Stift eines Hebels auf das ausgestanzte Loch einer Karte stößt, versenkt sich der Stift tief in das Loch und drückt durch den senkrecht herabhängenden Arm des Hebels die Platine im Schlitz des Messerhebels gegen das Ende des Schlitzes. Die Platine wird dadurch beim Hochgehen des Messerhebels ebenfalls mit hochgenommen. — Durch diesen Vorgang wird mittels der Zugarme und der Zughaken der Revolverkasten um eine Zelle nach rechts oder links gedreht.

Der Kartenzylinder hat 8 Kanten. Auf jede Kante kommt eine Blechkarte der Musterkarte für die Dauer von zwei Schuß zu liegen. Je eine Lochausstanzung an der linken und rechten Seite ist für die Warzen des Zylinders bestimmt, der dadurch beim Drehen die Musterkarte weiter rückt. Die einzelnen Karten sind durch Ringel miteinander verbunden. Außer den beiden Lochausstanzungen für die Warzen hat jede Karte eine Lochausstanzung für den Laufhebel. Dieser Hebel gleicht den Hebeln zum Wechseln des Revolverkastens, nur hat dieser nur einen waagerechten Arm. Dafür befindet sich an ihm ein Wendehaken. Der Stift des Hebels versenkt sich jedesmal durch das Loch der Karte in den Zylinder, und dadurch greift der Wendehaken in die am tiefsten gelegene Nute des Kartenzylinders. Vor dem Kartenwechsel wird außer den Hebeln zum Revolverkastenwechsel auch dieser sogenannte Laufhebel gehoben, wodurch der Wendehaken nach oben gezogen wird und der Kartenzylinder um eine Drehung weiterrückt. Um einen Stillstand der Musterkarte während des Webens herbeizuführen, darf der Stift des Laufhebels sich nicht versenken, also auf der Karte keine Lochausstanzung sein. Sobald jedoch die Musterkarte wieder arbeiten soll, wird durch eine Zugvorrichtung — Abmeßvorrichtung — der Wendehaken nach unten gesenkt, so daß er wieder den Zylinder transportiert.

Da bei Taschentüchern stets mit einer Schußkante gearbeitet wird, entweder in weißen oder bunten Effekten, muß immer eine mehr oder weniger lange Karte zur Verwendung kommen. Bei Verwendung von mehreren Farben heißt es zuvor prüfen, ob mit dem 6schützigen Revolver auch das Muster zu arbeiten ist. Lautet z. B. der Schußschärbrief wie folgt:

2 Faden blau,	2 Faden gold,
4 Faden weiß,	4 Faden weiß,
2 Faden lila,	2 Faden grün,
4 Faden weiß,	4 Faden weiß,

so ergibt sich aus der Lauffolge der Schützen die Unmöglichkeit der Durchführung.

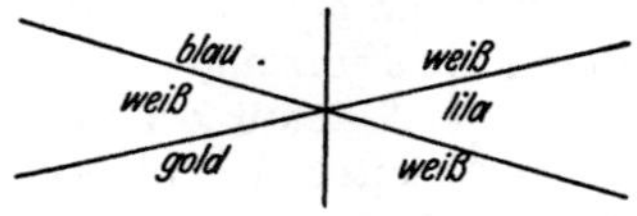

Man muß dann entweder das Muster ändern oder einen Stuhl mit Revolverüberspringer verwenden. Bei diesen Stühlen kann der Revolver um 1, 2 oder 3 Zellen weiterspringen. Diese Stühle dürften aber selten in Anwendung kommen. Eine Blechkarte ist immer für 2 Schuß vorgesehen. Da beim Taschentuch die beiden Musterkanten nur einen kleinen Teil des Tuches ausmachen, würde die Musterkarte zu lang werden. Man arbeitet deshalb mit sogenannten Abmeßvorrichtungen und nimmt in die Wechselkarte nur die Kante. Der Fond wird bei Stillstand des Kartenzylinders gearbeitet. Nasen, die in die erwähnte Abmeßkette eingefügt werden, bewirken ein Wiederintätigkeittreten des Kartenzylinders. Die Abmeßvorrichtung besteht aus einem Zahnrad, am Riffelbaum angebracht, der Abmeßkette und einzusetzenden Nasen. Die Kette läuft über ein Zahnrad und erhält straffe Spannung durch eine am Fuße des Stuhles angebrachte Führung mit Federung oder Beschwerung. In die Glieder der Ketten werden Nasen eingesetzt, die einen Abreißhebel bewegen, der mit dem Wendehaken des Laufhebels in Verbindung steht und dadurch den Transport des Kartenzylinders wieder bewerkstelligt. Ein Glied der Abmeßkette dürfte ungefähr für einen halben Zentimeter Ware sein, so daß sich daraus die Länge der Kette je nach der Größe des Tuches ergibt.

Nachdem im Revolverkasten sämtliche in Frage kommenden Schützen eingesetzt worden sind, kann der Webstuhl in Gang gesetzt werden. Durch den Ausrücker wird der Antriebsriemen von der Losscheibe auf die Festscheibe gerückt. Diese Scheibe übersetzt nun durch Räder die Bewegung der Kurbelwelle auf die Schlagwelle. Auf der Schlagwelle sind nahe der Innenseite der Stuhlwände Exzenter mit Schlagnasen angebracht, die zueinander versetzt sind. Durch ihre Umdrehung wird die Schlagrolle gedreht und damit gleichzeitig der Schlagstock, während die an den Schlagstöcken sitzenden Schlagarme nach innen zu Schlagbewegungen ausführen. An dem Schlagarm befindet sich ein Schlagriemen und an diesem der Picker. Der Picker ist auf eine Spindel aufgesteckt. Zur Schonung des Pickers befindet sich auf der Spindel nach innen zu ein Prelleder, zum Auffangen des Stoßes befindet sich am anderen Ende der Spindel eine Fangriemenvorrichtung.

m) Schußfadenwächter.

Um bei Fadenbruch einen selbständigen Stillstand des Stuhles herbeizuführen, ist eine Schußfadenwächtervorrichtung am Brustbaum angebracht, und zwar an der Seite des einfachen Schützenkastens. Bei Pick à Pick-Stühlen muß der Wächter in der Mitte angebracht werden. Die Schußfadenwächtervorrichtung besteht aus der Schußgabel und dem Hammer. — Die Schußgabel hat vorn drei Zinken, hinten einen Haken und in der Mitte eine Schraubenaushöhlung. Mittels einer Schraube, die durch die Aushöhlung geht, ist die Gabel an einem

Halter befestigt, welcher beweglich ist und durch eine am Brustbaum angebrachte Führung geht. Dieser Halter erhält Verbindung durch einen unter dem Brustbaum angebrachten Eisenstab mit dem Ausrücker. — Der Wächterhammer sitzt beweglich auf einem unterhalb des Brustbaumes im Innern des Stuhles angebrachten Zapfen und erhält mittels eines auf einem Exzenter der Schlagwelle ruhenden Armes beim Gang des Stuhles Bewegung nach dem Brustbaum zu.

Die Arbeitsweise ist nun wie folgt: Die Zinken der Schußgabel gehen beim Anschlag durch ein Gitter der Lade, und der Schußfaden bewirkt nun, daß die Gabel den hinteren Teil, also den Haken, hebt. Der Schußhammer bewegt sich nach dem Brustbaum zu. In dem Augenblick aber, wo der Schußfaden reißt, wird der Haken der Schußgabel nicht mehr gehoben, sondern fällt in die Hammernase. Der Hammer zieht die Gabel nach vorn, und der Ausrücker wird in die Ruhelage gebracht. Der Riemen rückt von der Festscheibe auf die Losscheibe, und der Stuhl steht.

n) Losblattstühle.

Bei schnellaufenden Stühlen verwendet man eine Lade, in welcher das Blatt lose eingesetzt ist.

Das Blatt wird mit dem oberen Bund in die Aussparung des Ladendeckels eingeschoben und der untere Bund durch eine Blattschiene fest angedrückt. An dieser Stelle befindet sich seitlich außerhalb der Stuhlwand ein unter der Lade hervortretender Hebel. Bleibt nun ein Schützen im Fach stecken, dann wird das Blatt nach hinten herausgedrückt, der Hebel gehoben und gegen einen Stecher gestoßen. Der Stecher wirkt auf die Ausrückvorrichtung des Stuhles und der Stuhl kommt zum Stehen. Die Stühle mit dieser Vorrichtung nennt man Losblattstühle oder Blattfliegerstühle.

o) Festblattstühle.

Bei langsam laufenden Stühlen ist das Blatt fest in die Lade eingefügt. Unterhalb der Ladenbahn befindet sich eine Welle, Stecherwelle genannt, die an beiden Seiten des Webstuhles einen Stecher mit einem Stecherfinger hat. Letztere liegen an der Rückseite der Schützenkasten an. Am Brustbaum außerhalb der Stuhlwände befinden sich eiserne Puffer, die wieder hart an einen Haken der Ausrückstange stoßen. Durch den Schützen wird im Schützenkasten eine Klappe gegen den Stecherfinger gedrückt, dadurch der Stecher gehoben, so daß er den Puffer nicht berührt. Ist aber der Schützen im Fach steckengeblieben, dann drückt auch die Feder nicht gegen den Stecherfinger und der Stecher stößt gegen den Puffer. Der Puffer drückt auf den Haken der Ausrückstange und der Ausrücker kommt in seine Ruhelage. Der Stuhlriemen wird von der Festscheibe auf die Losscheibe gedrückt, der Stuhl kommt zum Stehen. Diese Stühle nennt man Stecherstühle.

p) Webtechnik für Taschentücher.

Um mehrere Faden in ein Fach schießen zu können, wie dies zur Bildung von Effekten ohne Verwendung von Zwirnfaden nötig wird, muß eine Fachstillstandvorrichtung eingebaut werden. Diese besteht aus Exzentern, die auf die Schlagwelle aufmontiert werden. Der Exzenter hat zwei Teile, wovon einer lose, der andere fest auf der Welle sitzt. Durch Hebelübertragung vom Kartenzylinder wird bewerkstelligt, daß durch eine Feder der lose sitzende Teil vom fest sitzenden getrennt wird. Eine Bremsvorrichtung unterstützt noch das richtige Funktionieren der Auslösung. Durch den Stillstand des Exzenters bleibt das Fach offen, während der Stuhl weiter in Gang bleibt. Der Vorgang der Auslösung und

Wiedereinlösung des Offenfachexzenters wird, wie oben bemerkt, durch Hebel, ähnlich wie die Hebel zum Revolverwechsel, bewirkt. Der Stift des einen Hebels senkt sich in ein ausgestanztes Loch der Wechselkarte und löst somit durch Hebelübertragung den Exzenter aus. Ein zweiter Hebel bewirkt auf dieselbe Art die Einlösung. Zu beachten ist, daß bei Offenfachgebrauch an den Salleisten je ein Fangfaden vorhanden sein muß, welcher durch je eine Helfe gezogen und außerhalb des Geschirrs auf und ab bewegt wird. Der Schußfaden wird dadurch abgefangen.

Durch Heben und Senken der Kettfäden mittels der Schäfte bildet man ein Fach, in welches der Schußfaden durch den Schützen gelegt wird. Das Heben und Senken geschieht durch Exzenter, die auf die Schlagwelle aufmontiert sind, oder durch Schaftmaschinen. Befinden sich die Exzenter innerhalb des Stuhles,

Abb. 10. Webstuhl mit Schaftmaschine für Verdolkarten (Vorderansicht).

so spricht man von Innentrittvorrichtung, sind sie außerhalb des Stuhles, von Außentrittvorrichtung.

Innentritt:

Die Schäfte werden durch Riemen über eine Welle, Geschirrwelle genannt, miteinander für Gegenzug verbunden. Die Tritte befinden sich in der Mitte mit einem Drehpunkt unterhalb des Kettbaumes und sind mit den Schäften durch Stäbe verbunden.

Außentritt:

Exzenter und Tritt sind außerhalb angebracht. Der Drehpunkt der Tritte liegt vorn unten. Nach oben führende Zugstangen übertragen die Trittbewegung auf einen Kerbenhebel, an dessen vorderem Teil die Schäfte befestigt sind. Durch den Niedertritt wird der Schaft gehoben. Der Rollenzug ist unter den Schäften.

An Stelle des geschilderten Gegenzuges können auch Federn und Gewichte verwendet werden, ebenso Federzugregister.

Dem Arbeiten mit Trittexzentern sind natürlich Grenzen gesetzt, und man arbeitet, wenn eine größere Anzahl von Schäften nötig wird, mit der Schaftmaschine. Bei Taschentüchern mit Leinewand- und Atlasbindung kann nur die Schaftmaschine zur Verwendung kommen. In der Taschentuchindustrie kommen hauptsächlich zwei Systeme Schaftmaschinen in Frage: eine Doppelhubmaschine

Abb. 11. Webstuhl mit Schaftmaschine für Verdolkarte (Hinteransicht).

für Stiftkarte und eine solche mit einem Zylinder für Papierkarte (Verdol) (Abb. 11 u. 12). Die Art und Arbeitsweise der Maschine für Stiftkarte (Abb. 13 u. 14) ist folgende:

Abb. 12. Webstuhl mit Schaftmaschine für Verdolkarte (Vorderansicht).

Die Schwingen haben an dem einen Ende einen viertelkreisförmigen, nach oben gehenden Ansatz und sind mit dem Platinenhebel verbunden. Der Drehpunkt liegt an dem unteren Ende des viertelkreisförmigen Ansatzes. Da nun jeder Schaft durch zwei Schwingen gehoben wird, sind die zweiten Schwingen durch Verlängerungsschienen an den viertelkreisförmigen Ansatz angeschlossen und bewegen sich dadurch genau wie die kurzen Schwingen. Am Platinenhebel befinden sich die Platinen. Je eine Hälfte läuft in einem oberen und unteren

Abb. 13. Webstuhl mit Schaftmaschine für Holzkarte, 2 Zylinder (Vorderansicht).

Teil in waagerechter Richtung. Die oberen erhalten Halt und Verbindung nach dem Fühlhebel durch einen Nadelansatz. Die unteren Platinen liegen auf kurzen Aufsätzen auf dem Fühlhebel. Diese Fühlhebel oder Zwischenhebel werden

Abb. 14. Webstuhl mit Schaftmaschine für Holzkarte, 2 Zylinder (Hinteransicht).

durch die Kartenstifte gehoben und bewirken, daß die Platinen fallen. Da zwei Kartenzylinder seitlich, räumlich getrennt nebeneinander liegen, aber die gleichen Funktionen ausüben, sind die Fühler oder Zwischenhebel durch Verlängerungsstücke mit dem zweiten Kartenzylinder verbunden. An Fühlern oder

Kartenhebeln müssen immer die doppelte Anzahl wie Schäfte vorhanden sein. Der Messerhebel erhält Antrieb durch eine Zugstange von der Schlagwelle aus. Der Messerhebel hat zwei Messer, die sich waagerecht gegen die Platinen bewegen. Bei Vorwärtsbewegung des einen Messers geht das andere Messer zurück und umgekehrt. Die durch die Kartenstifte zum Senken gebrachten Platinen werden durch die Messer gezogen und damit auch die Schäfte. Die Verwendung von zwei Karten bringt eine wesentliche Kartenersparnis und damit Erleichterung beim Weben. Man kann selbstverständlich auch mit einer Karte arbeiten, doch dann wird diese Karte eine Länge bekommen, die beim Arbeiten größere Schwierigkeiten mit sich bringt. Bei zwei Karten arbeitet die eine Karte nur die Kante und die andere den Fond. Ein Umschaltzylinder besorgt das Umschalten der beiden Zylinder. Für die Karte, welche den Fond arbeitet, ist eine Kartensparvorrichtung in Form eines kleinen Zylinders für eine Holzkarte von 5 bis 8 cm Breite hinten dem Umschaltzylinder angegliedert.

Verdolmaschine.

Die Art und Arbeitsweise dieser Maschine unterscheidet sich wenig von der der Schaftmaschine für Holzkarte. Die Schwingen sind in etwas anderer Form mit dem Platinenhebel verbunden. Die oberen Platinen haben fast den gleichen Mechanismus, ebenso die Zwischenhebel oder Fühler. Auf den äußersten Enden der letzteren sind jedoch kurze Platinen senkrecht aufgesetzt, die durch ein Messer entsprechend gehoben werden können. Fast am Fuße dieser Platinen sind waagerechte Nadeln angesetzt, an welchen feinere Nadeln senkrecht über dem Kartenzylinder hängen. Der Kartenzylinder ist aus Messing und weist über die ganze Breite ausgestanzte Löcher auf. Über diesen Zylinder läuft die Verdolkarte. Nach jeder Fortbewegung des Zylinders setzen die Nadelenden auf die Karte auf. Treffen sie auf ein Loch der Karte, das sich mit einem Loch im Zylinder deckt, dann versenken sich die Nadeln tief in den Zylinder und ziehen dadurch die waagerechten runden Stäbchen mit tief. Ein waagerecht arbeitendes Messer drückt nun mit seiner Breitseite die nicht gesenkten runden Stäbchen nach innen und dadurch die Platinen vom Messer fort. Das senkrecht arbeitende Messer hebt die nicht zurückgedrückten Platinen hoch, wodurch die Fühler oder Zwischenhebel die eigentlichen oberen und unteren Platinen an das obere oder untere Messer bringen. Durch die Vor- und Rückbewegung dieser Messer werden die Schäfte gehoben und gesenkt. Der Antrieb dieser Messerbewegung wird durch eine Zugstange von der Schlagwelle vollzogen, während eine zweite Stange das Drehen des Kartenzylinders von der Schlagwelle aus regelt. Die Fortbewegung des Kartenzylinders erfolgt alle zwei Schuß.

Die Jacquardmaschine wird zur Fabrikation von Taschentüchern fast gar nicht oder sehr wenig verwendet. Eine Beschreibung wird daher unterlassen.

B. Leinentaschentücher.

Die Fabrikation von Leinentaschentüchern hat nach dem Kriege eine starke Verminderung erfahren, wohl in der Hauptsache wegen gesunkener Kaufkraft der breiten Masse. Zur Verwendung gelangen außer deutschen tschechoslowakische, belgische, französische und englische Garne in den Nummern 50 bis 150.

a) Kettenvorbereitung.

Das Garn wird in Bündelaufmachung bezogen und muß durch Treibmaschinen von Weifen auf Scheibenspulen umgetrieben werden. Teils sind die Weifen oben auf der Maschine, teils unten angebracht. Der Faden läuft durch eine Führung auf eine Scheibenspule in Parallelwindung. Die Scheibenspule ist aus Holz oder Hartpapier und wird auf eine Spindel gesteckt. Drehung erhält die Spule durch Drücken gegen eine rotierende Scheibe. Auch hier rücken die Spindelarme in Ruhestellung, sobald auf die Spule das nötige Garn aufgewickelt ist.

Das Schären von Leinenketten wird mittels Schärmaschinen ausgeführt, von denen es mehrere Systeme gibt. Für die Taschentuchindustrie wird die Konusschärmaschine wohl am meisten verwendet. Diese besteht aus dem Spulengestell, Geleseblock, Schärtrommel und der Bäumvorrichtung. (Abb. 2 auf Seite 184.)

Das Spulengestell ist in Dreieckform an der breiten Seite offen. Die Seitenwände bestehen aus schräg hintereinanderliegenden Rahmen aus Holz zur Aufnahme der Spindel für die Scheibenspulen. Um den Spulen Bremsung zu geben, ruht ein Hebel auf der Spule bzw. dem Garn. Die Anzahl der Spindeln richtet sich nach der Größe des Rahmens und wird zwischen 200 und 300 schwanken.

Vom Spulengestell werden die Faden zum Geleseblock geführt und laufen in diesem Block über den Spannungsstab unter einem Führungsstab hindurch in das Geleseblatt. Durch das Laufen der Faden über eine drehbare Blendschiene wird das Beobachten der Faden auf Fadenbruch hin erleichtert. Bei weißen Faden laufen die Faden über die schwarze Seite, bei bunten Faden über die weiße Seite. Unter der Bremswalze hindurch führt nun der Weg weiter zur Schärtrommel. Im Geleseblatt befindet sich immer ein durchgehendes Rohr oder Riet neben einem abgebundenen, um das Fadenkreuz mittels des Spannungsstabes bilden zu können. Die Bremswalze ist mit Plüsch oder Fries bezogen.

Die vom Geleseblock kommenden Fäden haben zunächst das Schärblatt zu passieren. Da das Schären bandweise zu erfolgen hat, muß die Breite am Schärblatt richtig eingestellt sein, z. B. die Kette hat insgesamt 3000 Faden, das Spulengestell aber nur 300 Spindeln, so sind 10 Bänder à 300 Fäden zu schären. Die Breite der Kette soll 100 cm betragen, folglich hat ein Band 10 cm Breite. Ein Meßstab am Schärblatt ermöglicht genaue Einstellung. Beim Drehen der Schärtrommel erfolgt ein langsames Verschieben des Schärblattes nach der Seite hin, wo die Schärtrommel konische Ansätze hat. Ein Meterzähler liegt beim Schären des ersten Bandes obenauf und zeigt die geschärte Länge an. Ein weiterer Zähler, der sogenannte Umdrehungszähler, ist seitlich angebracht, hat eine Skala bis 100. Vor Beginn der Umdrehungen wird der Zeiger auf 100 gestellt. Der Zeiger läuft rückwärts. Ist nun das erste Band fertig aufgewickelt und zeigt der Umdrehungszähler z. B. 60 Umdrehungen an, so steht der Zeiger auf 40, dann wird der Umdrehungszähler bei den nächsten Bändern immer auf 60 Umdrehungen bzw. auf 60 eingestellt. Da die Bänder nebeneinander aufgewickelt werden, muß vor Beginn des Aufwickelns des zweiten und der anderen Bänder das Schärblatt um die Schärblattbreite weitergerückt werden, wobei man zwischen den einzelnen Bändern einen millimeterbreiten Abstand läßt, um ein Überdecken der Faden des vorangegangenen Bandes zu verhindern. Nachdem sämtliche Bänder geschärt sind, erfolgt das Aufbäumen auf den Kettbaum mittels der Aufbäumevorrichtung.

Der Kettbaum hat rechts und links Kettbaumscheiben, beim Aufbäumen muß darauf acht gegeben werden, daß die Eckfaden gleichmäßig an die Scheiben zu liegen kommen. Bekanntlich sind die Faden der einzelnen Bänder konisch aufgewickelt, so daß beim Aufbäumen sich die Schärtrommel mit dem Garn entsprechend seitlich zu bewegen hat. Zu diesem Zweck wird vor dem Aufbäumen die Spindel, die das Schärblatt bewegt, durch eine Kette mit einer Kettenscheibe oder Trommel verbunden. Diese Kettentrommel greift durch ein gezahntes Laufrad der Trommel in die Zahnstange ein und bewirkt eine allmähliche Seitwärtsbewegung der Schärtrommel mit dem Garn. Die Anzahl der

Meter eines Stückes und die Anzahl der Stücke einer Kette richtet sich nach dem jeweiligen Bedarf und schwankt zwischen 50 und 70 m für ein Stück und 6 bis 10 Stück für eine Kette. Das Fadenkreuz wird beim Beginn eines Stückes mittels eines Spannstabes und Geleseblattes durch Einlegen einer Garnschnur gebildet, so daß bei jeder aufgebäumten Kette das Kreuz oben zu liegen kommt. Spulengestell und Geleseblock sind ebenso wie die Schärtrommel fahrbar. Da Taschentuchketten Effektkanten aus Baumwollzwirn haben, muß darauf geachtet werden, daß beim Schären in ein Rohr weniger Faden genommen werden als sonst das Rohr Leinenfaden enthält, weil sonst die Zwirnfaden beim Band eine Aufbauschung herbeiführen.

Die Ketten werden auf besonderen Schlichtmaschinen geschlichtet, wozu sich die englische Maschine „Sizing" gut eignet. Der Unterschied besteht in der Hauptsache in der Trocknung, die hier durch kupferne Trockenzylinder erfolgt. Die Faden laufen über eine kleinere, dann über eine größere Trommel und werden beim Laufen über Führungswalzen durch einen Windflügel, der sich hinter der größeren Trommel befindet, nachgetrocknet. Bei gutem Kettmaterial erübrigt sich des öfteren das Schlichten.

b) Schußmaterial und Vorbereitung.

Das Schußmaterial wird vor dem Spulen in Sodalauge gekocht, getrocknet und gemangelt, um dem Garn für den Spul- und Kopsprozeß die nötige Geschmeidigkeit zu geben. Das Umspulen auf Scheibenspulen ist bereits geschildert. Es folgt nunmehr ein Umspulen auf Schußkopse, die kurze oder lange Hülsenform haben und aus Holz oder Hartpapier sind. In Schußspulmaschinen gibt es eine ganze Anzahl von Systemen. Man unterscheidet auch hier wieder Maschinen für Parallelbewicklung und solche für Kreuzbewicklung.

Es kommen für die Taschentuchindustrie hauptsächlich in Frage: 1. die Trichterspulmaschine, 2. die Spulmaschine mit konischen Rollen und 3. die Spulmaschine mit Reibungsrollen.

1. Die Spindel mit der Spule dreht in einem feststehenden Trichter. Durch einen schmalen Spalt wird der Faden geführt. Ein Fadenführer bewegt sich am Konus auf und ab. Mit zunehmender Bewicklung wird die Spule mit der Spindel allmählich nach oben gedrückt, bis die Spindel aus dem Wirtel tritt. Durch die konusartige Bewicklung ist beim unteren dünneren Teil die Bremsung der Faden nur genau so stark wie am oberen dicken Teil, wodurch sehr leicht die Windungen am dünnen Teil des Konusses zu locker werden könnten. Um dies zu verhindern, ist am Fadenführer ein Spannungsausgleicher angebracht, der auf dem Faden ruht und sich senkt, wenn der Fadenführer nach unten geht. Er bildet also eine Bremsung durch eine Schleife. Geht der Fadenführer nach oben, bewegt sich auch der Spannungsausgleicher nach oben und hebt die Fadenschleife auf.

2. Die Spulmaschine mit konischen Rollen stellt eine Verbesserung dar. Die Spindel sitzt fest in einer drehbaren Vorrichtung. Der untere Teil der Spindel — vierkantig — steckt in dem Spindelmitnehmer. Der Wirtel dreht sich um einen hohlen Zapfen und nimmt durch eine Reibungskupplung die Spindel in der Drehung mit. Der Fadenführer besitzt eine konische Rolle, welche die Spindel mit dem Konus nach oben drückt, je nachdem die Bewicklung vorgeschritten ist. Tritt die Spindel aus dem hohlen Zapfen, erfolgt Stillstand. Zum Anhalten der Spindeldrehung bei Fadenbruch ist ein Hebel für Handbedienung unten am Wirtel angebracht.

3. Bei der Maschine mit Reibungsrollenführung sitzt die Spindel auf einem waagerechten Rade, welche von einem darunter befindlichen Rade Drehung erhält. Letzteres sitzt auf einer Welle. Der Fadenführer, der sich ebenfalls bei

der Bewicklung der Spule auf und abbewegt, wird hier auch entsprechend dem Fortschreiten der Bewicklung höher gestellt. Der Vorgang ist folgender:

Eine Reibungsrolle mit senkrecht stehender Feder sitzt lose auf einer Schraubenspindel und erhält Halt durch die in die Windungen der Spindel eingreifende Feder. Die Bewegung des Fadenführers erfolgt durch eine Zahnstange und ein Zahnrad, die Verbindung mit dem Tisch haben.

Verwendet werden in der Taschentuchindustrie die Trichterspulmaschine und die Spulmaschine mit konischen Rollen.

Bei der Trichterspulmaschine hat die Spindel oben einen kleinen Kegelansatz. Parallel zu ihr befindet sich eine Stange, welche mittels Gewichten eine Art Belastung der Spindel ausführt. Der Fadenführer erhält eine schnelle Auf- und Abwärtsbewegung durch einen Kreisexzenter von der Triebwelle aus. Das untere Ende der Spindel sitzt in einer Hülse, die durch Kupplung mit dem Winkelrade verbunden ist, welches Antrieb durch die Triebwelle erhält. Eine Fadenwächterrolle ist durch einen Hebel und Ansatz in Verbindung mit der Hülse. Der Faden läuft über die Fadenwächterrolle durch den Fadenführer auf die Spule. Beim Fortschreiten der Bewicklung drückt der Trichter die Spindel allmählich nach oben, bis sie aus der Hülse heraustritt. Bei Fadenbruch senkt sich der Hebel der Fadenwächterrolle und löst durch den Ansatz die Kupplung der Hülse. Die Spindel kommt zum Stehen.

Bei der Maschine mit konischen Rollen läuft der Faden über eine Fadenwächterrolle durch den Schlitz einer Trommel auf die Spindel, wobei eine konische Rolle die vorgeschriebene Bildung des Konusses bewerkstelligt. Bei Fadenbruch senkt sich die Fadenwächterrolle mit Hebel, löst die Kupplung aus und bringt die Spindel zum Stehen.

c) Webtechnik für Leinentaschentücher.

Der Webprozeß der Leinentücher ist der gleiche wie bei der Fabrikation von baumwollenen Taschentüchern, nur verwendet man bei den Geschirren nicht Stahldrahtlitzen, sondern solche aus Zwirn und ferner fast nur Festblattstühle.

Bei geschlichteten Leinenketten bildet man das Fadenkreuz erst, wenn die Kette zum Weben fertig im Stuhl lagert. Zu diesem Zweck bildet man durch Heben und Senken der Schäfte das Fach, legt in das Fach zwischen Geschirr und Schwungbaum eine Holzschiene und führt dieselbe gut nach hinten zum Schwungbaum zu. Dann erfolgt Fachwechsel, und man legt auch in dieses neue Fach eine Holzschiene. Beide Schienen werden an den Enden mit Schnur verbunden.

Der Zweck des Fadenkreuzes ist ein vielfacher:

1. Der Weber findet bei Fadenbruch leichter den Faden.
2. Das Fach wird reiner, d. h. das Herabhängen von weniger gespannten Faden im Fach wird verhindert.
3. Das paarige Weben wird zum Teil vermindert.

In der Taschentuchindustrie findet der Einzug „geradedurch“ und „springend“ Anwendung.

Geradedurch: Dieser Einzug wird bei Atlasbindung angewendet. Die Einzieherin beginnt mit dem Einziehen ins Geschirr von links, hinterer Schaft, z. B. bei 4 Schäften:

1. Faden in 1. Litze hinterer Schaft,
2. Faden in 1. Litze zweiter Schaft,
3. Faden in 1. Litze dritter Schaft,
4. Faden in 1. Litze vierter Schaft,
5. Faden in 2. Litze hinterer Schaft

usw.

Springend: Die Reihenfolge bei z. B. 4 Schäften ist wie folgt:

1. Faden in 1. Litze hinterer Schaft,
2. Faden in 1. Litze dritter Schaft,
3. Faden in 1. Litze zweiter Schaft,
4. Faden in 1. Litze vierter Schaft,
5. Faden in 2. Litze hinterer Schaft

usw.

Die Mehrstuhlweberei erforderte, daß auch bei Kettfadenbruch ein selbsttätiger Stillstand des Webstuhles eintrat. Zu diesem Zweck werden Kettfadenwächter, von denen es mehrere Systeme gibt, eingebaut. Der mechanisch arbeitende Kettfadenwächter mit Lamelle, ohne elektrischen Kontakt, ist wohl für die Taschentuchbranche der am meisten in Anwendung kommende. Der Apparat wird zwischen den Seitenwänden des Stuhles in gleicher Höhe mit dem Schwungbaum und in geringer Entfernung von demselben eingebaut. Er besteht aus 5 Rollstäben, darunter vier senkrecht stehenden Lamellenführungen von 5 bis 7 cm Höhe und unter diesen 4 Sägeschienen. Über den Rollstäben werden 4 Führungsstäbe angebracht. Die Lamelle — auch Reiter genannt — besteht aus feinem Stahlblech und hat im oberen Teil einen geschlossenen, im unteren Teil einen nach unten offenen Schlitz. Je eine Lamelle wird auf je einen Faden aufgesetzt — mittels des unteren Schlitzes —, so daß der Schlitz die senkrecht stehende Lamellenführung leicht umschließt. Nachdem alle Faden mit Lamellen versehen sind, werden Führungsstäbe durch die ausgestanzten oberen Schlitze der Lamelle gesteckt und die Stäbe oberhalb der Rollenstäbe angebracht. Die Lamellen können dadurch bei der Erschütterung des Stuhles nicht von den Faden springen.

Die Sägeschienen erhalten durch einen Hebel, der auf einem Exzenter der Schlagwelle sitzt, eine unter der Lamellenführung hin- und herpendelnde Bewegung. Reißt ein Faden, so fällt die betreffende Lamelle ganz auf die Lamellenführung und kommt mit ihrem unteren Teil zwischen die Sägeschienen. Die pendelnde Bewegung der Sägeschienen wird unterbunden. Eine Hebelvorrichtung wirkt dann auf den Ausrücker ein und bringt den Stuhl zum Stehen.

Automatenstühle haben einen Kopsauswechsler, der einen abgelaufenen Kops aus dem Schützen herauspreßt und einen vollen Kops hineindrückt, ohne daß der Stuhl vom Weber abgestellt werden braucht. Es gibt auch Schützenauswechsler, die den Schützen mit dem abgelaufenen Kops automatisch heraus- und einen anderen Schützen mit einem vollen Kops hineindrücken. Beim Weben von Taschentüchern mit bunten Kanten muß bekanntlich mit mehreren Schützen gearbeitet werden, so daß die Auswechselvorrichtung einen anderen Mechanismus haben muß wie bei einschützigger Ware. Dieser automatische Webstuhl, kurz „Buntautomat" genannt, findet erst langsam Eingang in die Taschentuchweberei.

III. Schwerweberei.

Von **Max Kaulfuß**, Zillerthal im Riesengebirge.

A. Kettenherstellung.

Die Vorbereitung.

Für die Verarbeitung der Garne ist eine hohe Luftfeuchtigkeit von besonders günstigem Einfluß. Aus diesem Grunde ist es erforderlich, während des gesamten Fabrikationsprozesses, angefangen bei der Garnlagerung bis zur fertigen Ware, stets unter dem Einfluß einer möglichst gleichbleibenden Luftfeuchtigkeit zu arbeiten.

Baumwollgarne, die fast ausschließlich in gezwirnter Aufmachung verarbeitet werden, kommen schon in Form von Kreuzspulen in die Weberei, sie bedürfen in diesem Zustand keiner weiteren Vorbereitung.

Leinen- und Hanfgarne dagegen kommen allgemein in Bündelaufmachung aus der Spinnerei und bedürfen zu ihrer Weiterverarbeitung einer Umwandlung auf Scheiben- oder Kreuzspulen. Die zur Verarbeitung kommenden groben Garnnummern bedingen große Kettspulen, um für das nachfolgende Schären recht viel Material auf die Spulen zu bekommen und dadurch Kettpartien von genügender Länge herstellen zu können. Man wird im allgemeinen Spulen wählen, die 2 bis 3 Strähne 10er englisch fassen. Größere Spulen würden beim Schären durch die Verschiedenheit ihres Durchmessers während der Verarbeitung zu stark bremsen, was bei Band- bzw. Konusschärmaschinen auch dem Kettbaum in sich verschiedene, ungleiche Spannung geben würde. Bei Verwendung von konischen Kreuzspulen, deren Faden beim Schären über die Spitze, d. h. axial, abgezogen wird, kann sich die Größe der Spulen weiter steigern, sie wird lediglich begrenzt durch den zur Verfügung stehenden Raum beim Schärrahmen bzw. Spulengatter.

Um ein besseres Ablaufen der Strähne von den Haspeln oder Winden zu erreichen, ist es notwendig, die Garne in den Strähnen genügend auszuschlagen, zu öffnen. Die einzelnen Strähne werden dabei nebeneinander über einen dauerhaft befestigten Querstab gelegt und dann durch ein an dem anderen Ende durchgestecktes Holz schlagenderweise angespannt, dabei werden die Strähne mehrmal über den Querstab vorgezogen. Die bei den rohen Garnen zwischen den Faden befindlichen Schäben fallen dabei größtenteils heraus, zusammenhängende Stellen lösen sich, so daß sich die Faden beim Abspulen leichter voneinander trennen. Weiter ist es wichtig, daß die Strähne sorgfältig auf die Winden gelegt und ausgebreitet werden, damit die einzelnen Gebinde regelmäßig nebeneinander zu liegen kommen. Der Faden wird dadurch, ohne größeren Widerstand zu finden, leichter von der Winde ablaufen. Die hierfür aufgewendete Zeit und Arbeit wird durch größere Produktion und bessere Spulen reichlich ausgeglichen.

Zur Herstellung von Kettspulen auf Scheibenspulen dient eine Kettspulmaschine (s. Abb. 3 Seite 3). Fabrikat der Firma Rudolph Voigt in Chemnitz.

Die unterhalb liegenden Winden lassen sich in dieser Lage bequem bedienen. Diese Anordnung bietet den Vorteil, daß die noch im Strähngarn enthaltenen

Unreinlichkeiten und Schäben nicht auf die Spulen fallen können. Die Winden werden gebremst durch seitlich an den Windenkörpern (Kronen) angebrachte, verstellbare Bremsfedern, die in beiden Drehrichtungen an einem an den Windenträgern befindlichen Anschlag Widerstand finden oder durch über die Krone gelegte Bremsriemen mit anhängenden und aufgelegten Bremsgewichten. Der Antrieb der Spulen erfolgt von einer durchgehenden Welle aus, auf welcher die Antriebstrommeln befestigt sind. Die Ablaufgeschwindigkeit des Fadens ist bei dieser Antriebsart eine gleichmäßige. Die Spulenhalter gestatten ein leichtes Auflegen der Spulen auf die Antriebstrommeln und gleichzeitig ein bequemes Feststellen beim Anlegen bzw. Suchen des Fadens. Die Fadenführer sind verstellbar und dienen gleichzeitig als Knotenfänger. Ihre Bewegung erfolgt von der Antriebswelle aus durch Schneckenradgetriebe und Exzenter, dabei läßt sich der Hub der Fadenführerstange entsprechend der lichten Weite der Scheibenspulen genau einstellen.

Die Verwendung von Scheibenspulen erfordert ein großes Spulenlager, dessen Instandhaltung und Ersatz der unbrauchbaren Spulen beträchtliche Kosten verursacht. Die leeren Scheibenspulen beanspruchen viel Platz. Es ist ferner von

Abb. 1. Kreuzspulmaschine.

Nachteil, daß sich bei der Parallelwicklung die Fadenenden zwischen die Windungen einlegen und dann schwer zu finden sind.

Diese Übelstände vermeidet die Kreuzspulmaschine, bei welcher nur Papphülsen ohne seitliche Scheiben verwendet werden. Die einzelnen Fadenlagen liegen hier kreuzweise übereinander, geben dadurch der Spule Halt und ermöglichen ein leichtes Auffinden der Fadenenden.

Zum Spulen auf Kreuzspulen dient eine Kettspulmaschine (Abb. 1) der Firma Rudolph Voigt in Chemnitz.

Wie bei der zuvor beschriebenen Maschine liegen die Winden unterhalb. Anordnung und Ausführung ist dieselbe. Der Antrieb erfolgt ebenfalls durch eine durchgehende Welle mit großen Antriebstrommeln, die dem Faden eine gleichmäßige Ablaufsgeschwindigkeit geben. Die Bewegung der Fadenführer erfolgt durch einen Exzenter mit durchgehender Führerstange, auf welcher die einzelnen Fadenführer auswechselbar befestigt sind. Der Exzenter läuft mit seinem Zahnrädergetriebe und dem Fadenführerschlitten in einem dichtverschlossenen Gehäuse im Ölbad. Die Spulenhalter sind mit einer gut wirkenden Bremsvorrichtung versehen, die sowohl ein Unrundwerden wie auch ein Hüpfen der Spulen verhindert. Auf der Maschine lassen sich Kreuzspulen herstellen bis zu einer Länge von 230 mm und einem größten Durchmesser von 240 mm, und zwar sowohl in zylindrischer wie auch in konischer Form, lediglich durch entsprechende Umstellung der Fadenführersteuerung.

An Stelle der bei dieser Maschine verwendeten Fadenführer werden auch Schlitztrommeln verwendet. Der Fadenführer fällt weg, und der Faden wird durch einen in der Antriebstrommel angebrachten Schlitz auf die sich entwickelnde Spule aufgelegt. Die Laufgeschwindigkeit läßt sich bei dieser Anordnung weiter steigern.

Es empfiehlt sich, die Scheiben oder Kreuzspulen je nach Garnnummer stets mit einer bestimmten Länge vollzuspulen, d. h. mit 1, 1½, 2 usw. Strähnen; es läßt sich dabei leichter kontrollieren, ob die Kettenspulerinnen nicht zuviel Abfall machen, weiter lassen sich die Spulen beim Schären so einteilen, daß keine großen Rester übrigbleiben, wodurch die Produktion beim Schären günstig beeinflußt wird. Ferner ist darauf zu achten, daß die Spulen, die für eine bestimmte Schärpartie bestimmt sind, auf der Kettspulmaschine durchweg gleichmäßig gebremst werden; dabei ist ein zu starkes Bremsen zu vermeiden, damit der Faden nicht zuviel seiner ursprünglichen Elastizität einbüßt. Ein zu starkes Anspannen der Kettfaden würde sich in einer größeren Anzahl von Fadenbrüchen und geringerer Produktion bemerkbar machen.

B. Die Kettenschärerei.

Durch das Kettenschären wird die für eine Kette notwendige Anzahl Faden auf dem Kettbaum zusammengebracht. Die einzelnen für das Kettenschären vorbereiteten Spulen werden in der notwendigen Anzahl auf den Schärrahmen, auch Spulengestell oder Schärgatter genannt, aufgesteckt. Bei Scheibenspulen wird der Faden tangential abgezogen. Die eigene Schwere der Spule ergibt genügend Bremswirkung. Das beim plötzlichen Anhalten in Erscheinung tretende Vorlaufen der Spulen ist gering; ein Abrutschen des Fadens wird durch die Spulenscheiben verhindert. Bei Verwendung von Kreuzspulen werden allgemein für jede Spule noch besondere Bremsbügel verwendet, die ein Vorlaufen der Spule und damit ein Abrutschen des Fadens verhindern. Ein Nachteil des tangentialen Fadenabzuges ist der, daß sich die Bremswirkung mit der abnehmenden Spulendicke verschieden auswirkt. Um dies zu vermeiden, werden Spulen in konischer Form verwendet, die ein Abziehen des Fadens in axialer Richtung über die Spitze gestatten. Da dabei das Spulengewicht keine Rolle spielt, wird durch eine dazwischen angebrachte Fadenbremsvorrichtung eine gleichmäßige Fadenspannung erzielt. Bei Verwendung von konischen Kreuzspulen läßt sich außerdem die Laufgeschwindigkeit des Fadens verdoppeln.

Kommen für eine Kette nur verhältnismäßig wenig Faden zusammen, so ist es möglich, diese in einem Arbeitsgang direkt vom Schärrahmen bzw. Spulengestell auf den Kettbaum aufzubäumen; im allgemeinen wird man aber die Kette in vollständiger Dichte, aber nur in teilweiser Breite in mehreren Bändern schären.

Beim Schären der ganzen Kette in voller Breite und Dichte direkt vom Schärrahmen auf den Kettbaum muß der Schärrahmen so groß sein, daß die der Summe der Kettfaden entsprechenden Spulen im ganzen aufgesteckt werden können. Da dafür ein Schärrahmen gewöhnlich nicht ausreicht, werden zwei oder mehrere Schärrahmen nebeneinander aufgestellt. Die Bäummaschine ist ausgerüstet mit Zuführungswalzen, mit verstellbarem Scherenkamm mit Präzisionsschraubenspindel zur genauen Einstellung der Kettbaumbreite, mit Abzugswalze und Meterzähler, Kettbaumantrieb mittels Reibscheibe und verstellbarem Kettbaumlager.

Wird in einer Kette eine größere Fadenzahl gebraucht, so wird diese geteilt und in mehreren Bändern auf die Schärtrommel gebracht, von wo dann die Kette durch die Bäummaschine auf den Kettbaum gebäumt wird.

Abb. 2 zeigt eine Ketten-Schär- und Bäummaschine der Firma Sächsische Webstuhlfabrik (Louis Schönherr) in Chemnitz.

Die Kettfaden werden geführt von dem Spulengestell durch ein Rispel- oder Geleseblatt mit Fadenspannwalzen, von dort durch den Kamm und den Meterzähler nach der Schärtrommel. Diese besteht aus 12 hölzernen Trommellatten, die auf Reifen befestigt sind. Die Trommellatten haben 4 Reihen Löcher von 5 mm Teilung, in welche die Schärbügel gesteckt werden. Die Schärtrommel hat einen Durchmesser von 1 m. Der Schärsupport ist ausgestattet mit Meterzähler, bis 1000 m zählend und einer aufklappbaren Leitwalze. Er ist mittels Differentialschraube einstellbar.

Abb. 2. Kettenschär- und Bäummaschine.

Die zu schärende Kette wird nun je nach der Anzahl Schärbänder in möglichst gleiche Fadenpartien untergeteilt. Aus dem Fassungsvermögen des leeren Kettbaumes und der auf den Spulen befindlichen Fadenlänge errechnet sich die Anzahl der einzelnen Schärbänder.

Es sollen beispielsweise Ketten geschärt werden für 100 cm breites Segeltuch mit einer Einstellung von 50 Riet (die Bezeichnung 50 Riet gibt an, wieviel Rohre oder Riet auf 10 cm im Blatt vorhanden sind), Blattbreite 102 cm; dies ergibt eine Fadenzahl von 2040.

Eine Spule 12er englisch faßt 3 Strähne zu je 2743 m, mithin eine Gesamtlänge von 8229 m. Unter Berücksichtigung eines Spulabfalls und evtl. ungleicher Lauflänge sollen 8000 m abgeschärt werden. Ein Kettbaum faßt 500 m Schärlänge. Es werden dann geschärt: 2 Ketten zu je 8 Bändern mit je 255 Spulen = 2040 Faden oder 4 Ketten zu je 4 Bändern mit 510 Spulen = 2040 Faden bei einer Schärlänge von 500 m. — Oder es werden Ketten gebraucht für 80 cm breites Segeltuch mit einer Einstellung von 45 Riet und einer Blattbreite von 82 cm; dies ergibt eine Fadenzahl von 1476 Faden.

Eine Spule 8er englisch faßt 2 Strähne zu je 2743 m, mithin eine Gesamtlänge von 5486 m; davon sollen unter Berücksichtigung des vorher Gesagten 5280 m abgeschärt werden und zwar je Kettbaum mit 440 m Schärlänge. Man wird schären, entweder: 2 Ketten zu je 6 Bändern mit je 246 Spulen = 1476 Faden oder 4 Ketten zu je 3 Bändern mit je 492 Spulen = 1476 Faden bei einer Schärlänge von 440 m.

Die einzelnen von dem Spulengestell kommenden Fadenpartien erhalten durch das Rispel- oder Geleseblatt das Fadenkreuz oder Gelese. Die Faden werden durch den Kamm weitergeführt und hinter demselben durch eingelegte Fadenkreuz- oder Geleseschnüre festgehalten. Aus der Schärbreite und der Anzahl der Bänder errechnet sich die Breite des einzelnen Bandes, wobei zu berücksichtigen ist, daß die Schärbreite gegenüber der Warenbreite ca. 10 bis

Abb. 3. Konus-Kettenschärmaschine.

12 cm breiter eingestellt werden muß, um nachher beim Weben genügend straffe Ränder zu bekommen. Die errechnete Bandbreite wird durch die Schärbügel auf den Latten der Schärtrommel abgesteckt. Das Band wird dann durch den schräg verstellbaren Kamm auf diese Breite genau eingestellt und an den an einer Trommellatte befindlichen Mitnehmerhaken befestigt. An Stelle der einsteckbaren Schärbügel werden auch festschraubbare Scheiben verwendet. Die Trommellatten haben dann ein entsprechendes Profil und längslaufende Stahlschienen. Durch die Meßwalze des Meterzählers wird während des Auflaufens des Schärbandes auf die Trommel die Kettenschärlänge gemessen, nach der dann der seitlich an der Maschine befindliche Tourenzähler eingestellt wird. Nach dessen Einstellung erfolgt dann durch diesen Tourenzähler die selbsttätige Abstellung der Maschine, sobald die folgenden Bänder die eingestellte Schärlänge des ersten Bandes erreicht haben.

Um die unterschiedliche Fadenspannung, die durch die nach und nach an Durchmesser abnehmenden Scheibenspulen erzeugt wird auszugleichen, kann bei dieser Maschine das Schären der einzelnen Bänder so vorgenommen werden, daß abwechselnd ein Band links, das andere rechts und so weiter bis nach der Mitte geschärt wird. Die fertig geschärte Kette wird dann durch die Bäummaschine von der Schärtrommel auf den Kettbaum gebracht, wobei die Schärtrommel durch einseitige Backenbremse gebremst wird. Durch zwei schmiedeeiserne Streichrohre wird die Kette weiter angespannt.

Die Bäummaschine hat einseitigen Kettbaumantrieb, fahrbares Bäumgetriebe und Schiebelager, beide durch Handräder und Spindeln auf dem Unterbau feststellbar. Beim Abbäumen muß der Anfang der Kette so am Kettbaum befestigt werden, daß dort keine großen auftragenden Knoten entstehen, wodurch Ungleichheiten in der Kette entstehen würden. Die Fadengeschwindigkeiten sind verschieden, je nach dem veränderten Durchmesser. Die geringe Auswirkung bei der Schärtrommel sowie die größere beim Abbäumen auf den Kettbaum ist jedoch bedeutungslos.

Die Verwendung von Schärbügeln oder Scheiben, wie sie bei der eben beschriebenen Maschine notwendig sind, wird bei der Konusschärmaschine vermieden. Die einzelnen Bänder werden bei der Maschine von links nach rechts an einen verstellbaren Konus angelegt.

Abb. 3 zeigt eine Patent-Konus-Kettenschärmaschine der Firma Gebrüder Sucker in Grünberg (Schlesien), die jetzt von der Großenhainer Webstuhlfabrik gebaut wird.

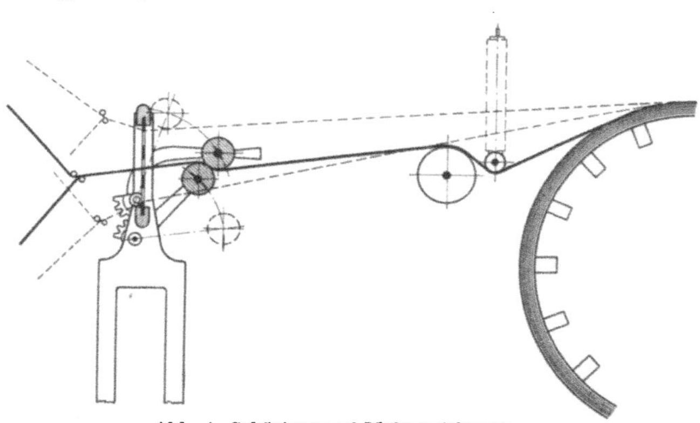

Abb. 4. Schärtrommel-Meßvorrichtung.

Wie bei der zuvor beschriebenen Schärmaschine werden die Faden vom Spulengestell geführt durch das Rispel- oder Geleseblatt, zwischen den Fadenspannwalzen hindurch durch das Schärblatt des Schärsupports nach der Schärtrommel.

Das Geleseblatt ist hier so eingerichtet, daß die Fadenspannwalzen auseinander schwingen, so daß zum Schlagen des Fadenkreuzes die Faden vom Blatt bis zur Auflaufstelle auf der Schärtrommel frei sind und ein bequemes Einführen der Fadenkreuz- und Geleseschnuren gestattet. Durch ein V-förmiges, verstellbares Schärblatt werden die Fadenpartien der Meßwalze zugeführt, die mit einer genau zählenden Meßuhr versehen ist. Unter einer Andruckwalze, die hochklappbar ist, gelangen die Fadenpartien auf die Schärtrommel, wo sie an Mitnehmerstiften befestigt werden (Abb. 4).

Die einzelnen Latten der Schärtrommel haben verstellbare Winkelhebel, die den Faden eine breite Auflage bieten und die seitlich auf den Holzlatten der Trommel durch Umstecken der Drehstifte verschoben werden können (Abb. 5). Je nach der Garnnummer und der Fadendichte muß die seitliche Verschiebung des Supports, welcher Schärblatt und Meßwalze trägt, und die Schräge der Konushebel eingestellt werden. Die Verschiebung erfolgt durch eine von der Schärtrommel angetriebene und nach einer errechneten Tabelle umwechselbaren Räderübersetzung nebst Wechselrädern auf eine Spindel, in welche die Mutter des Supports eingreift. Zur genauen Einstellung des Supports dient eine Vorrichtung, die jeden toten Gang sowohl beim Vorwärts- wie beim Rückwärtsarbeiten unmöglich macht. Die Einstellung der Winkelhebel erfolgt durch ein Handrad, welches auf einer Gewindebüchse läuft, die auf der Schärtrommelwelle verschiebbar angeordnet ist, und den zugehörigen Konuswinkelmesser (Abb. 5).

Der Antrieb der Schärtrommel, die mit einem Umfang von 2800 mm oder 4000 mm gebaut wird, erfolgt durch zweiseitigen Friktionsantrieb, der gestattet, die Trommel je nach Qualität des Garnes mit 12 bis 24 Umdrehungen pro Minute laufen zu lassen. An der rechten Seite befindet sich eine bis 200 Touren zählende Kontrollzähluhr (Abb. 3). Diese Zähluhr hat vor- und rückwärtslaufende Zifferneinteilung. Sie arbeitet nach Einstellung rückwärts und setzt die Trommel, sobald sie bei Null angekommen ist, selbsttätig still. Beim ersten Band wird nach der Meßuhr, die sich an der Meßwalze befindet, die Länge aufgeschärt und festgestellt, wieviel Umdrehungen die Trommel dabei gemacht hat. Bei allen weiteren Bändern wird dann die Zähluhr auf die erforderliche Tourenzahl eingestellt. Sie arbeitet, wie bereits erwähnt, rückwärts und setzt die Trommel, bei Null angelangt selbsttätig still, so daß kein Band länger als das erste Band werden kann. Beim Abbäumen der Kette wird diese genau zwischen die Baumscheiben des Kettbaumes eingestellt, sodann auf der unteren Spindel ein Handrad mit Klaue in das dort ebenfalls sitzende Kettenrad des oben erwähnten Kettengetriebes in Eingriff gebracht und nun abgebäumt. Dadurch bewegt sich die Schärtrommel genau dem Konus entsprechend auf den Laufschienen zurück.

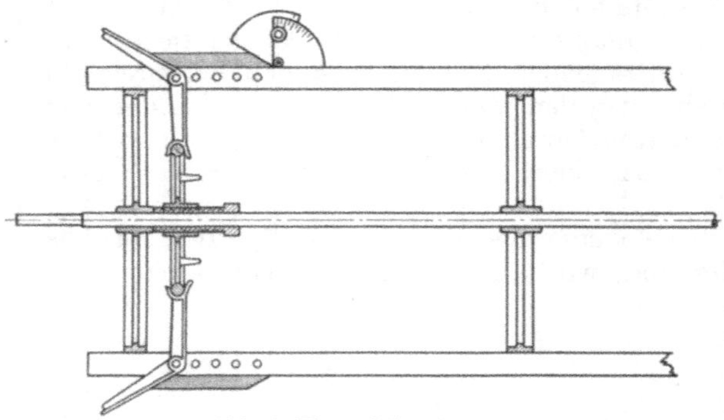

Abb. 5. Konus-Winkelmesser.

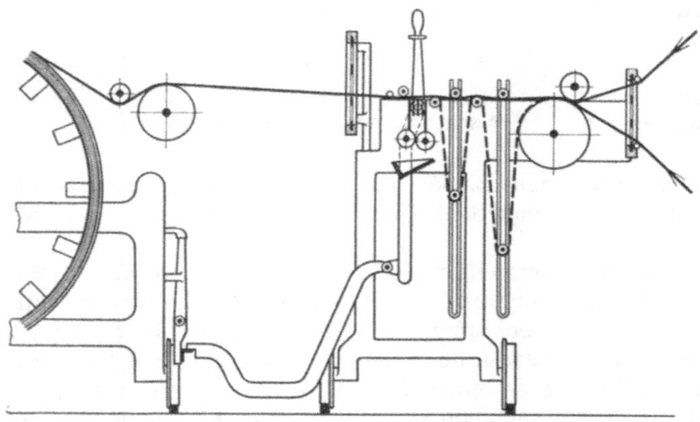

Abb. 6. Fadenbruch-Selbstabsteller-Vorrichtung.

Die Aufbäummaschine hat verstellbare Schleifriegel und Antrieb durch doppeltes Rädervorgelege.

Für Höchstleistungen bis zu 200 m in der Minute wird die Maschine mit einer elektrisch oder mechanisch zu betätigenden patentierten Moment-Doppelbackenbremsvorrichtung ausgerüstet. Diese Maschine arbeitet vorteilhaft mit einem Spulengestell für feststehende konische Kreuzspulen, Patent Schlafhorst, München-Gladbach. Trotz der hohen Geschwindigkeiten ist hier ein sofortiges Stillstehen der Maschine beim Ausrücken durch den Schärer oder vom Spulengestell aus durch die Momentbackenbremse gewährleistet. Die Schärmaschine wird dabei vorteilhaft mit der mechanischen Patent-Fadenbruch-Selbstabstellung (Abb. 6) ausgerüstet. Jeder Faden erhält hier für die Selbstabstellung einen Reiter, welcher bei Fadenbruch zwischen zwangsläufig angetriebene Preßwalzen gelangt und hierbei die Ausrückung der Schärtrommel bewirkt. Zum sofortigen Stillstand der Schärtrommel ist diese hier mit einer Moment-Bandbremse ausgerüstet.

Neben der beschriebenen Suckerschen Schärmaschine ist auch besonders beachtenswert die Kettenschär- und Aufbäummaschine der Großenhainer Webstuhl- und Maschinenfabrik, Großenhain (Sachsen) zu beachten, die in Abb. 7 dargestellt ist.

Die Aufbewahrung der fertigen Kettbäume in besonderen Gestellen ist deshalb empfehlenswert, weil dadurch an Raum gespart wird und außerdem ein Beschädigen von Baumscheiben und der Kette selbst vermieden wird. Einige praktische Modelle, System Bratke der A.T.G., Allgemeine Transportanlagen-

Abb. 7. Kettenschär- und Aufbäummaschine zum Schären mit Konus, Stiften oder Stelleisen. (Großenhainer Webstuhl- und Masch.-Fabrik A.-G., Großenhain, Sa.)

Gesellschaft m. b. H., Maschinenfabrik Leipzig, sind für die schweren Kettbäume der Schwerweberei besonders geeignet. Diese A.T.G.-Patent-Kettbaum-Lagerung, System Bratke, hat den Vorteil, daß sie durch ihre Anordnung jedem verfügbaren Raum angepaßt werden kann. Ihre Konstruktion ist derartig, daß sie bei genügendem Platz ohne weiteres über Arbeitsmaschinen hinweggeführt werden kann; sie ist in gleicher Weise sowohl in horizontaler wie auch in vertikaler Richtung ausführbar. Die Unterbringung von 50 und mehr vollen Kettbäumen ist ohne weiteres möglich.

Die A.T.G.-Kettbaumlagerung besteht aus einer im Gestell untergebrachten Doppelgleisbahn, auf der durch Transportketten verfahrbare Baumträger mittels Rollen laufen. An diesen Trägern werden die zu lagernden Kettbäume durch Stahldrahtseile aufgehängt. Dabei werden zwecks Anpassung an die jeweilige Baumlänge auf den Trägern verschiebbare Lager verwendet, die mit einer Stellschraube bedarfsweise auf die eingestellte Distanz festgehalten werden. Die Lager sind exzentrisch hängend und um ihre eigene Achse drehbar an den Trägern befestigt. Sie befinden sich dadurch ständig in aufnahmebereiter Lagerstellung, d. h. der einzulegende Kettbaum kann ohne Behinderung und ohne lange Vorbereitung sofort an einen unbesetzten Träger angehangen werden. Als Zugorgan dienen zwei parallel zueinander laufende Spezialketten, in welchen die Baum-

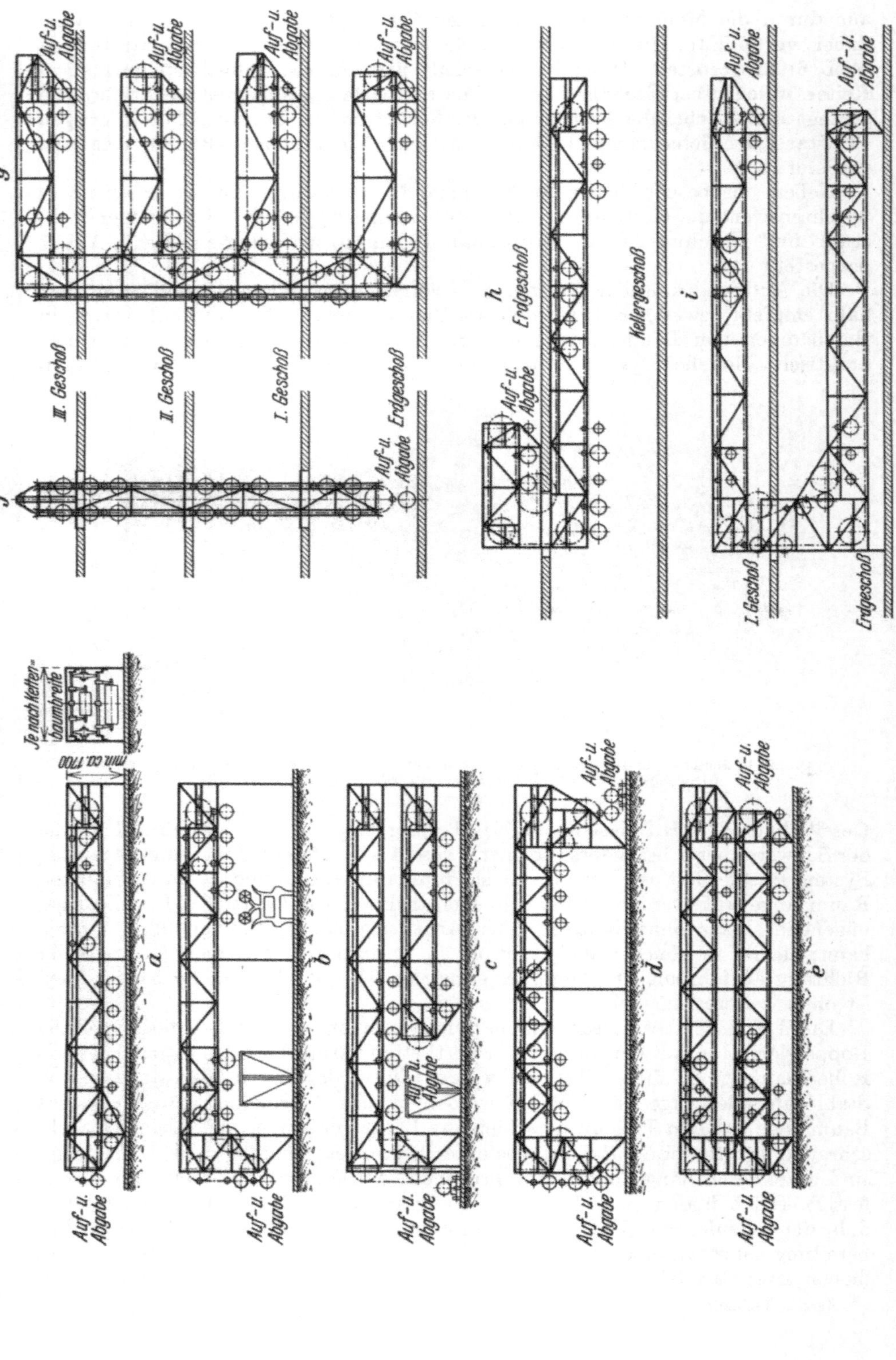
Auf-u. Abgabe
Je nach Kettenbaumbreite
min. ca. 1700
a
b
c
d
e
f
g
h
i
III. Geschoß
II. Geschoß
I. Geschoß
Erdgeschoß
Kellergeschoß

Abb. 8a bis i.

träger beiderseits gelagert sind. Die Laufrollen zum Verfahren der Baumträger in horizontaler Lage sind jeweils an den Enden der Träger angebracht und stützen gleichzeitig, infolge der festen Verbindung der Ketten mit den Trägern, die Ketten selbst mit ab. Dadurch ist es möglich, die schweren Bäume fortzubewegen bzw. zu lagern.

Der Antrieb erfolgt durch einen Elektromotor, wobei dessen Bewegungen durch Reduziergetriebe, Vorgelege und Antriebskettenräder auf die Transportketten übertragen werden. Die Apparate sind für Vor- und Rückwärtsfahrt eingerichtet, so daß die Kettbäume auf dem jeweils kürzesten Wege zur Abgabestelle gebracht werden können. Die Fahrgeschwindigkeit wird je nach Größe der Anlage mit 6 bis 12 m je Minute bemessen.

Um das Lagergut vor Verschmutzung durch anfallenden Staub zu schützen, kann das Traggestell durch geeignetes Material verkleidet werden. Hierauf Rücksicht nehmend, sind die einzelnen Rollenträger in Übereinstimmung mit der vorn an der Maschine angebrachten Sammeltafel fortlaufend numeriert. Der Laufzettel des Kettbaumes wird jeweils unter derselben Nummer in der Sammeltafel abgehängt, unter welcher der Kettbaum in der Lagereinrichtung aufgenommen worden ist. Der Bedienungsmann kann sich also auch bei umkleideter und unübersichtlicher Anlage sofort an der Tafel darüber unterrichten, wo der betreffende Baum, der gebraucht wird, aufgehängt ist und danach disponieren, ob er durch Vor- oder Rückfahrt den Baum am schnellsten zur Abgabestelle bringt.

Zu erwähnen ist noch die bei der Patentlagerung gegebene Möglichkeit, den einzelnen Baum direkt vom Zubringerwagen abheben zu können, ohne dazu eine Hubvorrichtung zu benötigen. Das Heben erfolgt ohne weiteres Zutun des Bedienungsmannes ganz allein durch die in Bewegung gesetzte Maschine. Es genügt nur jeweils die Schlingseile um die Zapfen der Bäume zu legen, und der Kettbaum ist aufnahmebereit. Im gleichen Sinne wird die Übernahme des Baumes von der Maschine auf den Zubringerwagen durchgeführt. Die Lagereinrichtung wird so lange in Bewegung gehalten, bis sich der Baum auf den untergeschobenen Transportwagen abgesetzt hat und sich die Schlingseile so weit gelockert haben, daß sie von den Seillagern gelöst werden können. Diese Kettbaumlagerung kann in verschiedenen Ausführungen hergestellt werden (Abb. 8a bis i).

Der Kettbaumlagerständer ist in Anlehnung an die Kettbaumlagereinrichtung durchgebildet. Er besteht aus einem kräftigen Profileisengestell mit 4 Kettenrädern, über die zwei endlose Ketten geführt sind. Die Ketten sind miteinander durch Rundeisen zum Tragen der Kettbäume verbunden. Zum Anhängen der Bäume an diese Träger werden ebenfalls verschiebbare Seillager verwendet, die durch eine Flügelschraube gegen unbeabsichtigtes Versetzen des anhängenden Kettbaumes gesichert werden. Durch die pendelnde Aufhängung befinden sich die Lager stets in aufnahmebereiter Stellung und kann der zu lagernde Kettbaum sofort angehängt werden. Für den Antrieb kommt in der Regel Handbedienung in Frage; jedoch kann auch elektrischer Antrieb verwendet werden. Bei dem Handantrieb wird ein Schneckengetriebe mit Handkurbel benutzt; dasselbe ist selbsthemmend und hält dadurch die einzelnen Bäume in jeder Höhenlage fest. Der Ständer wird in einfacher, bis zu 14 Bäume fassend, und in doppelter Ausführung, bis zu 28 Bäume fassend, hergestellt.

Diese Kettbaumlagerständer finden in kleineren Betrieben Verwendung.

C. Die Schuß-Vorbereitung.

Für die Verarbeitung des Schußgarnes bedarf dieses einer Umwandlung in Kopse, und zwar verwendet man allgemein Schlauchkopse, die im Schützen von innen heraus verarbeitet werden.

Für die Vorbehandlung des Garnes, das von Bündeln weiterverarbeitet wird, gilt dasselbe, was schon für die Behandlung des Kettengarnes gesagt wurde. Ein sorgfältiges Ausschlagen des Garnes sowie ein vorsichtiges Auflegen auf die Winden wird sich günstig auf die Produktion der einzelnen Maschinen auswirken.

Zur Herstellung von Schlauchkopsen dient eine Schußspulmaschine der Firma Rudolph Voigt in Chemnitz (s. Abb. 20 S. 16).

Das Garn läuft vom Strang über eine Führungsstange um die Porzellanrolle des Fadenspann- bzw. Abstellhebels durch den Fadenführer nach der Spindel. Der Antrieb der Spindeln erfolgt durch Kegelräder und einen in einer Hohlwelle sich drehenden Spindelfuß oder Mitnehmer, der durch das Heben des Fadenspannhebels mit dem Kegelrad gekuppelt wird. Die Spindel ruht lose in einer Aussparung des Mitnehmers und wird durch einen an einem Führungsstab angebrachten Winkel niedergehalten. Die Fadenführerbewegung erfolgt von der Antriebswelle aus durch Zahnradantrieb, Exzenter und Hebel auf die Fadenführerwelle. Die auf der Fadenführerwelle befestigten Fadenführerhebel bewegen sich dicht vor dem mit einem Schlitz versehenen Kopstrichter derartig, daß die einzelnen Fadenwindungen kreuzweise übereinandergelegt werden. Der Hub der Fadenführerhebel ist verstellbar, und wird dadurch die Stärke der Kopse bestimmt. Die Länge der Kopse richtet sich nach der Länge der Spindel; sie läßt sich beliebig verkürzen durch auf die Spindel dazwischen geschobene Wirtel. Hat der Kops die richtige Länge erreicht, so zieht sich die Spindel aus dem Mitnehmer heraus und steht still. Bei Fadenbruch fällt der durch Gegengewicht ausbalancierte Fadenspannhebel herunter, der in der Hohlwelle sich drehende Spindelfuß senkt sich und schaltet durch sein Niedergehen die Kupplung mit dem antreibenden Kegelrad aus. Durch Heben des Fadenspannhebels wird die Spindelbewegung wieder eingeschaltet. Der Anschlag der Kupplung trifft eine Feder, die am Mitnehmer befestigt ist. Diese Feder nimmt den Antriebsstoß auf und bewirkt dadurch ein ruhiges Anlaufen.

Die Bremsung des Fadens erfolgt wie bei der Kettspulmaschine durch an den Garnwindenkronen befindliche, verstellbare Bremsfedern oder durch Lederriemen, die um die Kronen gelegt und mit Gewichten beschwert werden.

Die Einrichtung der Maschine gestattet nicht die Herstellung besonders fester Kopse, da das Gewicht der Spindel und deren Belastung nur einen geringen Druck auf die Kopse ausübt. Beim Abnehmen der Kopse muß die Spindel aus dem Trichter genommen werden, der Kops wird dann über die sich verjüngende Spindelspitze abgestreift.

Besonders feste Kopse mit harter Wicklung liefert die Spulmaschine (Abb. 9) derselben Herstellerfirma.

Der Faden läuft in genau derselben Weise von der Garnwinde über eine Führungsstange, um die Porzellanrolle des Fadenspannhebels, durch den Fadenführer nach der Spindel. Der Antrieb der Spindeln erfolgt durch Kegelräder. Die Spindel ist durchgehend ausgeführt; sie ruht unten fest verankert in einem Fußtritthebel, der sich durch Gegengewicht auf die gewünschte Einstellung ausbalancieren läßt. Die Fadenführerbewegung erfolgt durch einen auf der Antriebswelle sitzenden Exzenter und Hebel auf die Fadenführerwelle. Der Hub des Fadenführerhebels ist verstellbar zur Einstellung der Stärke der Kopse.

Die Länge des Kopses wird eingestellt an einer besonderen Steuerstange, die mit dem Fußtritthebel drehbar verbunden, beim Emporsteigen dieses Hebels mit einem verstellbaren Ansatz gegen einen Winkelhebel stößt. Dieser wirkt auf den Ausrückerhebel, wodurch die Spindelbewegung ausgeschaltet wird. Bei Fadenbruch fällt der Fadenspannhebel herunter, er wirkt dabei auf den Ausrückerhebel, wobei in gleicher Weise die Spindelbewegung ausgeschaltet wird. Um die Spindel wieder einzuschalten, wird der Fadenspannhebel gehoben, wodurch die Kupplung wieder eingreift. Durch eine dazwischen geschaltete Feder wird der Antriebsstoß aufgefangen. Aus den vollen Kopsen wird durch den Fußtritt die Spindel herausgezogen; dabei wird der Kops in den Spultrichter hineingepreßt und erfährt eine weitere Festigung.

Abb. 9. Spulmaschine für feste Kopse.

Bei dem Verweben von Kopsen ist zu beachten, daß durch das axiale Abziehen des Schußfadens dieser eine gewisse Drehung erhält, und zwar wird ein Faden mit Rechtsdraht auf einer Kopsmaschine mit rechtsdrehender Spindel und einer Kopsbildung nach oben, aus dem Trichter heraus, eine verstärkte Rechtsdrehung bekommen. Umgekehrt wird ein Faden mit Rechtsdrehung auf einer Spulmaschine mit linksdrehender Spindel und einer Kopsbildung nach oben, aus dem Trichter heraus, einen Linksdraht, also eine geringere Drehung und damit eine Schwächung erfahren. Bei solchen Spulmaschinen, an denen sich die Kopse nach unten aus dem Trichter heraus entwickeln, erfolgt die Drehung in umgekehrter Richtung. Da durch diese Auswirkungen der Schußfaden immerhin in seiner Festigkeit beeinflußt wird, darf dieser Umstand, besonders bei Waren mit bestimmter vorgeschriebener Festigkeit, nicht unbeachtet bleiben.

Bei bestimmten Geweben wird in der Schwerweberei der Schußfaden doppelt eingetragen, und zwar sowohl in ungezwirntem, wie auch in gezwirntem Zustand. Das Zusammenkopsen von zwei gleichzeitig von Winden bzw. Spulen auflaufenden Garnen zeigt den Übelstand, daß dabei sehr häufig der eine Faden abreißt und nur der andere weiterläuft. Da beide Faden um die Rolle des Fadenspannhebels geführt werden, erfolgt beim Bruch nur eines Fadens keine Abstellung. Man bringt deshalb beide Faden erst gemeinsam auf eine Spule und gibt ihnen dabei eine geringe Drehung auf der Zwirnmaschine, oder man benutzt besondere Fachspul- oder Doubliermaschinen, die die beiden Faden zusammenbringen, wobei bei Bruch eines einzelnen Fadens oder bei voller Spule die automatische Abstellung erfolgt. Soll der Doppelfaden nicht gezwirnt, sondern parallel im Fache liegen, so wird demselben auf der Zwirn- bzw. Doubliermaschine der Drall in der Richtung gegeben, daß die Drehung beim Verarbeiten der Kopse wieder verschwindet.

Bei einem Garn, das nur wenig gezwirnt sein soll, wird man die Drehungsrichtung beim Zwirnen nicht ändern, da sonst der einzelne Faden aufgedreht und in seiner Festigkeit geschwächt wird, d. h. ein Faden mit Rechtsdraht wird auf der Zwirnmaschine ebenfalls im doppelten Faden Rechtsdraht bekommen. Man wird auch darauf achten, daß beim Verarbeiten der Garne, beim Abziehen des Zwirnes aus den Kopsen der Drall in der Drehungsrichtung des einzelnen Fadens weitergeführt wird. Scharfe bzw. harte Zwirne werden dagegen immer mit Gegendraht gearbeitet.

Abb. 10. Ringzwirnmaschine.

Für das Zwirnen der Garne, die sowohl für Kette wie auch für Schuß Verwendung finden, dienen Ring- und Flügelzwirnmaschinen.

Abb. 10 zeigt eine Ringzwirnmaschine der Firma Carl Hamel Aktien-Gesellschaft in Schönau bei Chemnitz.

Der Antrieb der Spindeln erfolgt durch Weißblechtrommeln von 250 mm Durchmesser mittels Gurten derart, daß gleichzeitig 4 Spindeln, und zwar zwei auf jeder Seite der Maschine von einem Gurt angetrieben werden. Dieser Gurt wird durch eine Spannrolle mit Gewichtsbelastung in stets gleichmäßiger Spannung gehalten.

Die zu zwirnenden Faden kommen von einem Aufsteckgatter, das für die Spulen mit 2 bis 5 Reihen schrägliegender Eisenstifte ausgestattet ist.

Die Fadenlieferung erfolgt durch 2 Reihen Stahlzylinder von 50 mm Durchmesser und 1 Reihe Druckzylinder aus Gußeisen von 76 mm Durchmesser, wobei der Druckzylinder in einem ausschwenkbaren Rahmen gelagert ist und dadurch leicht abgehoben werden kann.

Die Faden gehen weiter durch Fadenführer nach den Zwirnringen, die auf breiten und schweren Ringschienen angebracht sind. Kräftige Hubstangen bewirken durch Hebel das Auf- und Niedergehen der Ringschienen nach Maßgabe der lichten Weite zwischen den Zwirnspulenscheiben. Die Aufwindung des gezwirnten Fadens erfolgt in Parallelwindungen. Die einzelnen Spindeln sind mit Kniebremshebeln ausgestattet, die ein bequemes Anhalten der Spindel und Abnehmen der Spulen während des Laufes ermöglichen. Der Wirtel besitzt auf der Spulenauflagestelle einen Ansatz zum Festhalten der Spule (Abb. 11).

Abb. 11. Vorrichtung zum Festhalten der Spulen.

Bei der Ringzwirnmaschine erfährt die Spule, die auf der Spindel fest verankert ist, einen zwangsläufigen Antrieb durch die Spindel. Beeinflußt durch die von den Lieferwalzen in der Zeiteinheit geleistete Fadenlieferung wird der Zwirnring von der sich drehenden Spule in einer bestimmten Geschwindigkeit mitgenommen und erzeugt dadurch die Drehung der Faden. Durch Veränderung dieser Fadenlieferung je Zeiteinheit wird auch die Zahl der Drehungen geändert. Diese Veränderung läßt sich durch Auswechseln der Wechselräder erreichen. Je nach der in der Zeiteinheit gelieferten Fadenlänge ist auch die Produktion der Maschine verschieden. Ein Zwirn mit geringer Drehung gibt eine höhere, ein solcher mit starker Drehung eine geringere Produktion.

Abb. 12 zeigt eine Flügelzwirnmaschine derselben Herstellerfirma.

Der Antrieb der Spindeln erfolgt durch Weißblechtrommeln von 200 mm ⌀ mittels Schnuren. An Stelle des Schnurenantriebes wird die Maschine auch mit Gurtenantrieb ausgeführt, dergestalt, daß durch die Trommel über Spann-

Abb. 12. Flügelzwirnmaschine.

rollen je 4 Spindeln, und zwar 2 auf jeder Seite der Maschine gleichzeitig angetrieben werden.

Das Aufsteckgatter ist mit 4 schrägliegenden Stiften für jede Zwirnspindel ausgerüstet.

Die Faden kommen von den Spulen am Aufsteckgatter durch die Lieferzylinder und Fadenführerklappen nach den Spindeln. Die Spindeln und Flügel sind aus bestem Stahl hergestellt und mit Gewinde- oder Bajonettverschluß versehen, der ein leichtes Auswechseln der Spulen gestattet. Die Spindeln sind in der Mitte und am Fuße in Rotgußbüchsen gelagert, die mit Ölbechern versehen und durch Doppelmuttern befestigt sind.

Die Bremsung der Zwirnspulen wird in der Regel durch Schnur und Gewicht bewirkt, und zwar so, daß für jede Spule eine besondere Schnur verwendet wird. Die Schiene, in welche die Bremsschnuren eingelegt werden, kann verstellbar eingerichtet werden, so daß die Bremsung gleichzeitig über die ganze Länge der Maschine erfolgt. Für Garne mit sehr geringer Haltbarkeit werden an Stelle der Schnurbremsen Friktionsunterlegscheiben verwendet.

Die Hubbewegung des Spulenbrettes erfolgt durch Ketten und Rollen.

Im Gegensatz zur Ringzwirnmaschine, bei welcher die Spulen in der Höhe unveränderlich sind und der Zwirnring die auf- und abwärtsgehende Bewegung ausführt, bleibt bei der Flügelzwirnmaschine die Höhenlage der Flügel unverändert, während die Spulen durch das Spulenbrett oder den Spulenwagen auf- und abwärtsbewegt werden.

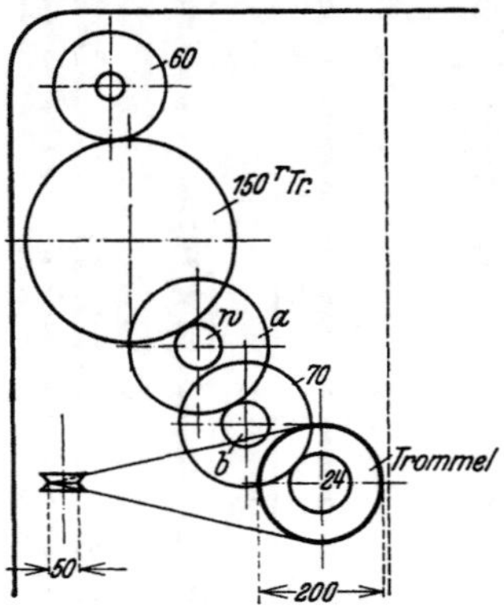

Abb. 13. Wirkung der Flügelzwirnmaschine.

Bei der Ringzwirnmaschine dreht sich die Spule mit der Spindel und nimmt den Zwirnring mit sich. Bei der Flügelzwirnmaschine dreht sich die Spindel mit dem Flügel und nimmt die lose auf der Spindel sitzende Spule mit sich, wobei sich der herangezwirnte Faden aufwindet.

Je schneller die Lieferzylinder arbeiten, desto geringer die Drehungszahl und desto größer die Produktion, je langsamer sie arbeiten, desto stärker die Drehung und desto geringer die Produktion.

Die Drehungen auf 1000 m Fadenlänge werden wie folgt ermittelt:

$$\frac{1000 \times \text{Zylinderrad (60)} \times \text{Vorgelegerad } (a) \times \text{Bockrad (70)} \times \text{Trommeldurchmesser}}{\text{Zylinderumfang} \times \text{Drahtwechsel } (w) \times \text{Vorgelegerad } (b) \times \text{Trommelrad (24)} \times \text{Wirteldurchmesser}} = \text{Drehungen auf 1000 mm.}$$

Die Vorgelegeräder werden in der Regel mit folgenden Zähnezahlen geliefert:

$$a = 70,\ 60,\ 45,\ 30,\ 20 \text{ Zähne},$$
$$b = 20,\ 30,\ 45,\ 60,\ 70 \text{ Zähne},$$

so daß fünf verschiedene Zusammenstellungen und somit Änderungen der Drehungen in weiten Grenzen möglich sind. Für die genaue Berechnung sind sowohl zum Durchmesser der Trommel als auch zum Durchmesser des Spindelwirtels je nach Stärke der Spindelschnur etwa 3 bis 5 mm hinzuzurechnen.

Es ergibt sich deshalb beispielsweise bei 60 mm Zylinderdurchmesser (= 188,5 mm Umfang) 200 mm Trommeldurchmesser und 50 mm Spindelwirtel unter Berücksichtigung von 5 mm Zuschlag für die Schnur folgende Berechnung:

schärfste Drehung

$$\text{mit 20er Wechsel} = \frac{1000 \times 60 \times 70 \times 70 \times 205}{188{,}5 \times 20 \times 20 \times 24 \times 55} = 605 \text{ Drehungen auf 1000 mm}$$

loseste Drehung

$$\text{mit 42er Wechsel} = \frac{1000 \times 60 \times 20 \times 70 \times 205}{188{,}5 \times 42 \times 70 \times 24 \times 55} = 23 \text{ Drehungen auf 1000 mm.}$$

Die beiden in Abb. 10 und 12 beschriebenen Maschinen werden auch mit Naßeinrichtung gebaut, wobei die Faden vor dem Passieren durch die Lieferzylinder erst noch durch einen mit Wasser gefüllten Trog gehen.

D. Die Webstühle der Schwerweberei.

Die Schwerweberei erfordert, wie dies auch schon der Name ausdrückt, besonders schwer gebaute Webstühle, die bei großer Bremswirkung auf die Kette einen starken Ladenanschlag ausüben können.

Abb. 14 zeigt einen Oberschlag-Kurbelwebstuhl Modell E der Sächsischen Webstuhlfabrik (Louis Schönherr) in Chemnitz.

Abb. 14. Oberschlag-Kurbelwebstuhl.

Webstuhlwände und Traversen sind stark ausgeführt. Der Kettbaum mit durchgehender Welle hat doppelte Bremsscheiben mit doppelter Stahlbandbremse und übersetzter Hebelbelastung. Eine weitere Bremswirkung erhält die Kette durch zwei feste Streichriegel.

Für schwerere Waren wird das Stuhlmodell mit drei eisernen Streichriegeln mit verstärkter Bremswirkung für die Kette gebaut. Die Anordnung der Streichriegel ist derartig, daß der eine davon beim Fachtreten durch Hebel und Exzenter von der Kurbelwelle aus bewegt werden kann. Dadurch wird im Moment der stärksten Beanspruchung ein Nachgeben der Kette erreicht. Die Lagerung der Streichriegel ermöglicht ein bequemes Höher- und Tieferstellen derselben, was in Verbindung mit der Geschirreinstellung und damit des Faches von wesentlichem Einfluß auf die Gewebewalke ist. Die Kurbelwelle hat an beiden Seiten Schwungräder und außerdem an der Antriebsseite noch einen besonderen Lagerbock. Der Stuhl arbeitet mit zweischäftiger Mitteltritteinrichtung. Die glatte Lade hat Beschläge für Schützen mit Seitenspitzen, Winkelschienen unter der

Lade und einen eisernen Ladendeckel. Der hölzerne Warenabzugsbaum (Riffelbaum) hat Kratzenbelag und arbeitet mit einem positiven Regulator mit je einem Steig- und Wechselrad. Die Schaltung des Regulatorrades und damit des Riffelbaumes erfolgt bei anschlagender Lade. Der hölzerne Warenaufwickelbaum steigt in schrägliegenden Gleitschienen bei zunehmendem Warendurchmesser aufwärts. Beim Abziehen der Ware ruht der Warenbaum in den am Ende der erwähnten Gleitschienen angebrachten Lager und gestattet dadurch eine leichte Handhabung. Ebenso ist ein leichtes Auswechseln des vollen Warenbaumes gegen einen leeren Reservebaum möglich, so daß der Stuhl ohne großen Stillstand weiterarbeiten kann.

Abb. 15. Unterschlag-Kurbelwebstuhl.

Abb. 15 zeigt einen Unterschlag-Kurbelwebstuhl Modell FS 1 derselben Herstellerfirma.

Die Stuhlwände und Traversen sind bei diesem Stuhl besonders stark gebaut. Der schmiedeeiserne Rohrkettbaum mit 127 mm ⌀ hat Blechgarnscheiben von 580 mm ⌀, zwei Bremsscheiben mit 250 mm ⌀, die in Mulden gelagert sind und durch beidseitige Klötzelbremse und Bremshebel mit Gewichten gebremst werden. Die Bremshebel sind in der Mitte unter dem Kettbaum durch einen in Schlitzen sitzenden Zapfen verbunden, wodurch die Bremswirkung nach beiden Seiten ausgeglichen und gleichzeitig durch schmiedeeiserne Entlastungshebel die Bremswirkung auf die beiden Muldenbremsen ausgelöst werden kann. Durch diese Einrichtung wird das Zurücknehmen der Kette nach dem Schußausbrechen ganz wesentlich erleichtert. Die Kette wird geführt um ein festes Streichrohr 127/115 mm ⌀ und eine bewegliche Rohrwalke 127/115 mm ⌀, die durch doppelte

Walkhebel mittels verstellbarer Exzenter bewegt wird. Die Schaftbewegung erfolgt durch eine doppelt angeordnete zweischäftige Mitteltritteinrichtung mit Zwischenhebeln.

Die Kurbelwelle hat zu beiden Seiten schwere Schwungräder. Kurbel- und Exzenterwellen mit 50 mm ⌀ haben extra starke Antriebsräder mit 25 bzw. 50 Zähnen. Bei der glatten Lade wird der Ladenklotz vorn durch eine Flachschiene und unten durch eine Winkelschiene verstärkt. Der Ladendeckel besteht aus einer Grubenschiene mit Holzbelag. Die Schützenkastenvorderwände sind federnd, wodurch ein sanfteres Auffangen des Schützens ermöglicht wird. Je zwei starke doppelte Blattfedern fangen die Stöße der Stecher auf die Puffer auf. Der Schützenschlag erfolgt durch zwei kräftig durchgebildete Unterschläger von der Exzenterwelle aus. Der Warenabzugsbaum von Rohr mit gelochtem Stahlblechbelag ist direkt unter dem Brustbaum angeordnet. Er wird durch positiven Regulator mit je einem Steig- und Wechselrad betätigt. Die Schaltung des Regulatorrades bzw. des Riffelbaumes erfolgt bei anschlagender Lade. Die Ware geht um eine Leitwalze nach dem festgelagerten Warenwickelbaum, der noch besonders durch negativen Regulator und Friktionsantrieb bewegt wird.

Abb. 16. Ruthardt-Segeltuchwebstuhl.

Einen Webstuhl mit vollständig abweichender Konstruktion zeigt der unter Abb. 16 abgebildete Patent-Ruthardt-Segeltuchstuhl der Maschinenfabrik Tannwald in Tannwald (Tschechoslowakei).

Die stark beanspruchten Teile des Webstuhls sind nicht aus Gußeisen, sondern aus Stahl oder Flußeisen; dadurch wird trotz des geringeren Stuhlgewichts eine erhöhte Festigkeit der betreffenden Teile erreicht.

Der Kettenbaum ist aus Mannesmannrohr und hat Stahlblechscheiben von 650 mm ⌀. Die beiderseitigen Bremsscheiben mit 400 mm ⌀ ruhen in Mulden. Die Kettbaumbremsung wird in Verbindung mit Stahlbremsbändern erreicht. Die Kette wird geführt um eine Spezialstreichriegeleinrichtung aus Mannesmannrohr, durch welche die erforderliche Spannung mit wenig Bremsgewichten erreicht wird. Der obere Streichriegel ist verstellbar, sowohl in vertikaler als auch in horizontaler Richtung. Auf diesen Streichriegel wird auch zwecks besserer Kettenführung noch eine gebogene Streichriegelstange aufgeschraubt, und zwar dergestalt, daß in der Mitte die höchste Erhebung ist, während die Wölbung nach den Kanten zu abfällt. In diesem Falle sind die Teilstäbe aus einzelnen dünnen Flachschienen so zusammengesetzt, daß sie durchbiegen und sich so der gewölbten Führung der Kette leicht anpassen. Eine doppelte zweischäftige Innentrittvorrichtung dient zur Bewegung der Schäfte. Große Sorgfalt wurde auf die Durchbildung der Trittexzenterformen angewandt. Zwecks größtmöglicher Schonung des Kettfadenmaterials ist dadurch die Schaftbewegung möglichst stoßfrei gestaltet. Je nach der erforderlichen Fachstellung wird durch eine gleichmäßig beschleunigte bzw. gleichmäßig verzögerte Bewegung eine Anpassung an sämtliche Phasen der Schaftbewegung und des Schaftstillstandes erreicht. Entsprechend der starken Beanspruchung sind die Kurbel- und Exzenterwellen reichlich stark bemessen. Die Kurbelwelle ist hergestellt unter Verwendung von Mannesmannrohr, in das von beiden Seiten die Kurbeln eingelassen sind. Diese Anordnung soll vermeiden, daß infolge von Längsverdrehungen die eine Kurbel vor- bzw. nacheilen kann. An beiden Enden der Kurbelwellen sind besonders schwere und massige Schwungräder angebracht, was bei schwersten Waren und bei schnellaufenden Stühlen von großem Vorteil ist. Um die lebendige Kraft des bei hoher Tourenzahl in rotierender Bewegung befindlichen Schwungrades im Moment des Einkrachens der Stecher aufzufangen bzw. auszugleichen, sind die Schwungräder mit Rutschkupplungen versehen; dadurch wird ein Bruch so gut wie ausgeschaltet. Die Übertragung von der Kurbelwelle auf die Exzenterwelle geschieht durch in der Zahnform zweckmäßig gefräste Zahnräder.

Die Lade wird durch Eisenschienen verstärkt und trägt eine ganze Reihe besonderer Spezialmechanismen. Die Schützenkästen sind mit einer allmählich ausgleichenden Schützenbremse versehen. Die vordere Schützenkastenwand ist beweglich und kann durch Stellschrauben eingestellt werden, um die Bewegung des Schützens so aufzufangen, daß sie wenige Millimeter vor dem Picker ihr Ende erreicht. Ein an den Ladenbeinen unterhalb des Kurbelarmes angebrachter zweiarmiger Winkelhebel trägt an dem einen Arm eine Rolle, die beim Niedergehen des Kurbelarmes durch eine an demselben angebrachte Nase nach unten gedrückt wird; dadurch muß der an dem anderen Arm in einem Schlitz dieses Hebels sich bewegende Dorn nach oben ausweichen. Dieser Dorn befindet sich an dem einen Schenkel eines zweiten Winkelhebels, der über eine unter dem Schützenkasten befindliche, als Drehpunkt wirkende Achse, mit den daran befestigten beiden anderen Schenkeln die vordere Schützenkastenwand abhebt, den Schützenkasten weitet und den auf den Schützen wirkenden Bremsdruck aufhebt. Diese Anordnung ist so getroffen, daß die Entlastung bei dem Schützenschlag beginnt und beim Einlaufen des Schützens in dem Schützenkasten ihr Ende erreicht. Zur genauen Einstellung der Kastenöffnung dienen die in der Abbildung sichtbaren beiden Stellschrauben. Der über dem Schützenkasten sichtbare waagerechte Bügel wirkt beim Zurückdrücken entlastend auf die vordere Schützenkastenwand, wobei er gleichzeitig an den senkrechten Taster der Bremsbacke drückend, diese mit auslöst. Auf diese Weise ist ein leichtes Einbringen und Zurückschieben des Schützens möglich.

Die Stecher werden nicht unmittelbar durch die vom Schützen verdrängte Kastenzunge ausgehoben, sondern sie schwingen bei der Ladenbewegung dauernd auf und nieder. Ihre Bewegung wird nur unterbrochen, wenn der Schützen den Kasten nicht erreicht, was die Veranlassung gibt, daß die Stecher in die Puffer einsetzen.

Direkt unter der Ladenbahn liegt die Stecherwelle. Der eine Stecher hat nach rückwärts einen Hubdaumen mit einer Gleitrolle, die sich auf einer an der Stuhlseitenwand befestigten Gleitfläche bewegt, wobei sie durch Federzug angedrückt wird. Dadurch schwingt die Stecherwelle mit den beiden Stechern bei jeder Ladenbewegung mit. Solange die Gleitrolle an die Gleitfläche angedrückt wird, bewegen sich die Stecher über die Puffer weg. Wird dieses Abgleiten an der erwähnten Gleitfläche bzw. das Tiefergehen des rückwärtigen Hubdaumens verhindert, so müssen die Stecher einsetzen.

Auf der Stecherwelle sitzt an der Antriebsseite des Stuhles ein hinter den Schützenkasten greifender Hebel, der nach oben, nach der Schützenkastenwand zu, einen vierkantigen Klotz trägt. Hinter diesen Klotz greift eine an der

Schützenkastenzunge angebrachte Nase, sobald der Schützen den Kasten nicht erreicht hat und die Schützenkastenzunge nicht verdrängt wird. Dadurch wird der Klotz festgehalten, der mit der Stecherwelle schwingende Hubdaumen kann nicht zurück, der Federzug kann die Gleitrolle nicht an die Gleitfläche drücken, und die Stecher, die dann nicht mehr hochgehoben werden, krachen ein. Die Schützenkastenzungen werden durch zwei an einer besonderen durchgehenden Welle angebrachten Taster vermittels Blattfedern angedrückt.

Die Schlaggebung erfolgt nicht durch einen offenen Schlagexzenter, sondern die gehärtete Schlagrolle läuft in dem Nutengang einer besonderen Schlagscheibe. Die ganze Bewegung erfolgt also über eine federnde Schlagspindel vollkommen zwangsläufig. Die Bewegung des Schlägers wird nicht durch Fangriemen und Prelleder aufgehalten, sondern derselbe trifft auf seitwärts angebrachte elastische Schlägerpuffer. Eine besondere Sicherheit bieten die dreistufigen Stecherpuffer. Es ist bei dieser Anordnung ausgeschlossen, daß der Stecher nur auf der einen Seite einsetzt, während auf der anderen Seite durch die in der Stecherwelle auftretenden Verdrehungen der Stecher eben noch über die Puffer hinweggegangen ist. Die dadurch auftretenden Biegungs- und Verdrehungsbeanspruchungen in der Lade, den Ladenstützen und den Wellen werden erheblich herabgemindert, da ja der abgeglittene Stecher unbedingt in die nächste Stufe des Puffers, die nur 8 mm weiter entfernt ist, einsetzen muß. Der Warenabzugsbaum liegt direkt unter dem Brustbaum, er ist an Stelle des üblichen Riffelbleches mit kurzen Stahlnadeln besetzt. Der Warenabzugsbaum wird durch einen positiven Regulator bewegt. Die Schaltung erfolgt beim Zurückgehen der Lade. Die Zahnräder des Regulators sind aus Stahlguß und gefräst. Der Warenbaum ist auswechselbar, dergestalt, daß nach Fertigstellung eines Stückes der volle Baum gegen eine leere Walze ausgetauscht werden kann. Das zeitraubende Abziehen der fertigen Ware wird dadurch vermieden. Der Warenbaum kann einen Warenwickel bis zu 450 mm ⌀ aufnehmen. Damit bei zunehmendem Durchmesser des Warenbaumes die Gewichtshebel nicht die Geschirrbewegung hindern, kann der Baum nach Bedarf in rückwärts bzw. tieferliegende Lagerschalen umgelegt werden. In der Abbildung liegt der Baum in dem am weitesten innerhalb des Stuhles liegenden Lager. Durch ein Zahnradsegment und Klinke läßt sich der Gewichtshebel während des Umlegens des Warenbaumes in ein anderes Lager entsprechend feststellen.

Durch eine Rücklaufvorrichtung kann die Lade ohne Anstrengung in jede gewünschte Stellung gebracht werden. Das Schußsuchen sowie das Einlegen eines anderen Schützens wird dadurch erheblich erleichtert. Ebenso leicht läßt sich das Gleichstellen der Schäfte erreichen beim Fadeneinziehen. Auf der Kurbelwelle befinden sich drei Scheiben, und zwar eine mittlere Losscheibe, eine Festscheibe für den Vorwärtsgang des Stuhles und eine weitere auf einer Buchse laufende Scheibe, die durch ein auf der Buchse befestigtes Zahnrad durch Kettengetriebe auf ein zweites, an der Exzenterwelle befestigtes Zahnrad die Rückwärtsbewegung des Stuhles über die Kammräder bei verminderter Geschwindigkeit bewirkt.

Der in Abb. 17 gezeigte Stuhl der Sächsischen Webstuhlfabrik (Louis Schönherr) in Chemnitz wird für die Köper- und Drellweberei mit einer Trommelexzenter-Seitentritteinrichtung gebaut. Durch Kegelradgetriebe von der Kurbelwelle aus und zwei Kammräder werden die nach der Bindungsart zusammengestellten Trommelexzenter bewegt.

Die Schaftbewegung erfolgt vermittels der Seitentritte zwangsläufig durch über Rollen geführten Zug und Gegenzug. Die Feineinstellung der Schäfte wird erreicht durch Schraubenmuttern am Gestänge. Im übrigen bleibt die Konstruktion des Stuhles unverändert.

Für die Herstellung von Doppeldrell für die Bedachung von Eisenbahnwagen dient der in Abb. 18 gezeigte Webstuhl derselben Herstellerfirma unter Weglassung des Hubkastenwechsels mit entsprechender Schäftezahl.

Abb. 17. Trommelexzenter-Seitentrittvorrichtung.

Der zweiteilige hölzerne Kettbaum mit 350 mm ⌀ hat gußeiserne Garnscheiben mit 595 mm ⌀. Die beiden Kettbäume werden verbunden durch einen Mittelzapfen und weitere Zapfen, die von einer der zusammenstehenden Baumscheiben in entsprechende Löcher der anderen Baumscheibe greifen. Der ganze Kettbaum ruht seitwärts mit den Zapfen in aufsetzbaren Lagern, während in der Mitte die Ränder der zusammenstehenden Baumscheiben in einer entsprechenden halbkreisförmigen Führung auf zwei besonderen Gleitrollen laufen. Durch diese kombinierte Lagerung erhält der schwere Kettbaum eine sichere und feste Lage.

Der Kettbaum wird an beiden Seiten gebremst durch Bremsscheiben mit 560 mm ⌀ und belegter Stahlbandbremse. Die Bremswirkung wird durch eine

Abb. 18. Doppeldrell-Webstuhl.

unter den Kettbaum greifende Fühlerrolle, je nach Abnahme des Kettbaumdurchmessers, durch Übersetzung reguliert. Bei geringer werdendem Kettbaumdurchmesser belastet ein Hebel mit seiner Gleitrolle den eigentlichen Bremshebel näher an seinem Drehpunkt. Ein an dieser Stelle einwirkender Gewichtshebeldruck wird dann, entsprechend dem verkürzten Bremshebel, auch einen geringeren Druck auf die Bremsscheibe ausüben.

Die Kette wird geführt um zwei starke Streichriegel aus Mannesmannrohr, die in der Mitte des Stuhles noch besonders gestützt werden.

Die Schaftbewegung erfolgt durch eine Seitentritteinrichtung. Die Antriebswelle liegt quer zum Stuhl, im Gegensatz zu den bisher beschriebenen Stuhltypen. Durch ein Zahnradgetriebe wirkt diese Antriebswelle direkt auf die parallel angeordnete Exzenterwelle. Auf dieser sind bei 4bindigem Doppeldrell 4 Exzenter angeordnet, die derartig auf die 4 Schafthebel wirken, daß der einzelne Schaft im Rapport einmal in das Unterfach gezogen wird, während er dreimal im Oberfach verbleibt. Durch starke, unter dem Stuhl angebrachte Zugfedern, werden dabei die Tritthebel an die Exzenter angepreßt, so daß die Schäfte, wenn kein Exzenterhub einwirkt, dauernd im Oberfach bleiben. Der Stuhl arbeitet also auch während des Ladenanschlages dauernd mit offenem Fache.

Ein auf der Antriebswelle sitzender Exzenter wirkt auf einen ebenfalls seitwärts angebrachten Hebel, der durch Zugstangen und Winkelhebel die Lade anschlägt. Durch die Vorwärtsbewegung der Lade wird durch je eine Schubstange zu beiden Seiten und Winkelhebel eine starke Spiralfeder angespannt, die im Augenblick, wo der Druck des Exzenters aufhört, die Lade wieder zurückgehen läßt. Beide Vorrichtungen, sowohl für den Ladenanschlag als auch für den Ladenrückwärtsgang, sind unterhalb des Brustbaumes angebracht. Da die Ladenvorwärtsbewegung ausschließlich von der Form des Exzenters abhängig ist, läßt sich diese der Dauer des Schützendurchganges leicht anpassen. Der Exzenter ist demnach so bemessen, daß während des Schützendurchganges Ladenstillstand, die Bewegung beim Vorwärtsgang, Anschlag und Rückwärtsgang aber gleichmäßig erfolgt.

Die Antriebswelle wirkt durch Zahnradübersetzung 1 : 2 unmittelbar auf eine Kurbelwelle, die der Schützenschlagvorrichtung dient. Im Gegensatz zu den bisher erwähnten Oberschlag- und Unterschlagstühlen erfolgt hier der Schützenschlag durch Federzug. Die Kurbelwelle wirkt durch Kurbel und Kurbelstange auf eine Hebelanordnung. Durch das Zurückgehen des einen, durch die Kurbel direkt bewegten Hebels wird der eine Schlagarm mitgenommen und dadurch eine zwischen den beiderseitigen Schlagarmen angebrachte doppelte Zugfeder angespannt und schließlich durch eine besondere Sperrklinke festgehalten. Beim Vorwärtsgehen des durch die Kurbel bewegten Hebels stößt ein damit verbundener Dorn gegen die erwähnte Sperrklinke, löst sie aus und gibt dadurch den Federzug frei, der durch den Schlagarm und den Schlagriemen den Picker vorschnellen läßt.

Der Antrieb des Stuhles erfolgt durch eine der Lade parallel stehende Antriebsscheibe, die beim Einrücken des Stuhles durch Friktion die Festscheibe mitnimmt. Mit der Festscheibe fest verbunden bewegt sich noch eine Bremsscheibe, die durch eine Bremsbacke gebremst wird.

Diesem Antriebsmechanismus ist die Stuhl-Ein- und Ausrückvorrichtung angepaßt. Durch eine über die ganze Stuhlbreite gehende Einrückstange wird durch eine entsprechende Hebelübertragung der Antrieb eingestellt bzw. ausgelöst. Dabei wird im Moment des Einrückens die gegen die Bremsscheibe drükkende Bremsbacke abgehoben und die Scheibe freigegeben, während andererseits im Moment des Ausrückens durch die Einwirkung der Bremsbacke auf die Bremsscheibe eine unmittelbare Bremsung und damit ein sofortiger Stillstand des Webstuhles erreicht wird.

Der Schützenkasten der Lade hat eine feste Hinterwand, während die Kastenzunge vorn angebracht ist. Wird nun der Schützen in seinem Lauf irgendwie behindert und gelangt nicht in den Schützenkasten, so wird dadurch ein gegen die Ausrückvorrichtung gerichteter Finger nicht aus seiner Lage gedrängt, sondern stößt beim Ladenvorwärtsgang gegen die Ausrückvorrichtung und setzt damit den Stuhl unmittelbar still. Die Bewegung der Schützenkastenzunge wird durch eine besondere Verbindungsstange von einer Seite auf die andere übertragen.

Die fertige Ware wird durch einen mit Kratzenband belegten Warenabzugsbaum durch einen negativen Regulator abgezogen. Der negative Regulator arbeitet so, daß die Schaltklinke jeweils durch die Anspannung eines über die Lade gelegten Riemens bewegt wird. Dieser Riemen hebt beim Zurückgehen der Lade einen mit Gewicht belasteten Arm nach oben. Beim Vorwärtsgehen der Lade lockert sich der Riemen, der Arm wird frei und schaltet durch Hebelübersetzung und Schaltklinke das Schaltrad und damit den Warenabzugsbaum weiter. Wird kein Schuß eingetragen, so wird der Ladenanschlag auch keine Kette abziehen, die Kettspannung bleibt und der Hebelarm vermag durch sein Gewicht, durch die stärkere Kettspannung, nicht weiterzuschalten. Der Einsatz der Sperrklinken wird dabei von der Ladenbewegung durch Hebelübersetzung beeinflußt.

Bei diesem negativen Regulator wird die Schußdichte nur durch entsprechende Einstellung der Bremsgewichte reguliert. Der Stuhl erfordert daher eine dauernde Kontrolle der Schußfadenzahl.

Der Stuhl arbeitet ohne Warenwickelbaum. Die fertige Ware wird über eine dazwischen angeordnete Leitwalze von dem Warenabzugsbaum abgezogen, unter dem Trittbrett durchgeführt und außerhalb des Stuhles in Lagen aufgeschichtet.

Nach dem in Abb. 16 beschriebenen Webstuhl stellt die Maschinenfabrik Tannwald einen Webstuhl her mit 410 cm Blattöffnung. An Stelle der zweischäftigen Mitteltritteinrichtung ist unter Verwendung einer besonderen Exzenterwelle eine vierschäftige Tritteinrichtung vorhanden. Für die große Blattbreite ist der Stuhl entsprechend stärker gebaut, er hat extra große Schwungräder; im allgemeinen ist aber die Konstruktion dieselbe wie die schon beschriebene Type dieser Firma. Die Lade wird durch Kurbelwelle bewegt, der Schlag erfolgt durch die schon beschriebene Unterschlagvorrichtung, ebenso ist der Stuhl mit der Schützenkastenbremse und der Schützenentlastung beim Schlag ausgerüstet.

Ein Warenwickelbaum ist auch bei diesem Stuhl nicht eingebaut, dafür ist aber ein solcher außerhalb des Stuhles vorgesehen; derselbe kann dadurch Doppeldrellstücke bis zu einer Länge von 500 m und einem Wickeldurchmesser bis 1050 mm aufnehmen. Die durch den Warenabzugsbaum vermittels eines positiven Regulators abgezogene Ware wird unter dem Trittbrett hindurch nach der Aufwickelvorrichtung geführt, wo sie durch Ketten- und Zahnradgetriebe aufgewickelt wird. Die Übertragung erfolgt vom Regulator aus. Der Warenwickelbaum, der durch Friktion gedreht wird, liegt mit seinen Zapfen auf einer schrägaufwärts gerichteten Gleitfläche.

E. Technik der Schwerweberei.

Wie bereits an früherer Stelle erwähnt wurde, wird die Kette immer etwas breiter aufgebäumt, als diese im Geschirr und weiter im Blatt steht. Im allgemeinen wird man Segeltuche mit einem um 10 bis 15 cm breiteren Kettbaum arbeiten. Zwecks Erzielung einer guten Ware ist auf folgendes zu achten:

Der Kettbaum muß vollkommen rund aufgebäumt sein. Voraussetzung dafür ist, daß die Baumscheiben durchaus plan und genau rechtwinklig zur Baumwalze aufgezogen sind. Bei Bäumen mit Zapfen müssen diese genau zentrisch sitzen. Jede unrunde Stelle im Kettbaum wird an der Stelle, wo sie erhöht ist, mehr Kette hergeben, so daß die Ware bis zu einem gewissen Grade beutelt, andererseits wird eine tieferliegende Stelle weniger Fadenlänge hergeben, dadurch die betreffenden Faden der Kette mehr anspannen und mehr Fadenbruch verursachen. Der stete Wechsel zwischen loser und fester Spannung muß sich ungünstig auswirken, ganz besonders bei der späteren Behandlung der Ware. Das beliebte Auspolstern beim Kettschären bzw. Bäumen bringt oft mehr Schaden wie Nutzen; nur ein genaues und gewissenhaftes Arbeiten schafft die Voraussetzungen für eine gute Ware.

Die Kettbaumbremsen werden in ihrer Wirkung auf beiden Seiten des Stuhles gleichmäßig eingestellt. Die gleichschweren Gewichte kommen dabei auf beiden Seiten in die einander genau entsprechenden Nuten der Bremshebel. Dabei ist zu beachten, daß auch die Entfernungen vom Drehpunkt der Bremshebel bis zu der Stelle, wo die Bremsbänder befestigt sind, auf beiden Seiten übereinstimmen und weiter, daß die Bremshebel so hoch schwingen, daß die Gewichte nicht den Boden berühren können. Eine verrostete Gleitfläche einer Bremsscheibe wird der Bremse einen viel größeren Widerstand entgegensetzen als eine blanke Gleitfläche. Eine Selbstverständlichkeit ist es, daß die Bremsgewichte entsprechend dem abnehmenden Baumdurchmesser gleichmäßig zurückgehängt werden. Bei solchen Stühlen, bei denen nicht die Walzen des Kettbaumes, sondern die Bremsscheiben in Muldenlagern ruhen, ist besonders auf ein unbehindertes Gleiten der Bremsscheiben zu achten, damit jede Fachöffnung, jeder Ladenanschlag bzw. jede Fortbewegung des Riffelbaumes ein gleichmäßiges Stück Kette abziehen kann.

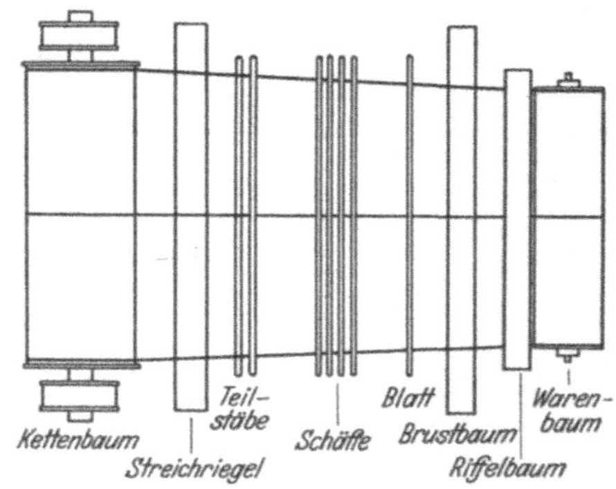

Abb. 19. Führung der Kette im Webstuhl.

Sämtliche Stellen, durch welche die Führung der Kette bedingt ist, müssen unbedingt parallel zueinander stehen, als da sind: Kettbaum, Streichbaum, Teilschienen, Geschirr, Lade mit Blatt, Brustbaum, Riffelbaum und Warenbaum. Jede windschiefe Einstellung beeinträchtigt den Ausfall der Ware unter Umständen recht bedeutend. Es ist notwendige Pflicht des Stuhlmeisters oder Vorrichters, daraufhin die Webstühle dauernd zu beobachten; denn selbst bei richtiger Einstellung der Kette beim Vorrichten, können im Verlauf des Abwebens durch Lockerung von Schrauben usw. Verschiebungen auftreten.

Die Führung der Kette ist aus der Abb. 19 zu ersehen.

Der Kettbaum ist um 10 bis 15 cm breiter gebäumt als die Breite der fertigen Ware auf dem Warenbaum. Die Kette nimmt bis zum Warenbaum, d. h. bis zur fertigen Ware, dauernd an Breite ab, sie wird geführt: zunächst über den Streichbaum, durch die Teilschienen, das Geschirr und das Blatt, sie bewegt sich weiter als fertige Ware über den Brustbaum, um den Riffelbaum nach dem Warenbaum. Es ist dabei Voraussetzung, daß Geschirr und Blatt dem Schmälerwerden der Kette angepaßt sind. Die Ware drängt sich nach dem Ladenanschlag, nach dem Warenbaum zu, noch etwas zusammen. Die Blattbreite ist, je nach der hergestellten Ware, mehr oder weniger breiter als die fertige Ware am Warenbaum gemessen.

Es ist natürlich, daß die Lade beim Anschlag und bei dem Zurückgehen die Randfaden besonders stark beansprucht; man verwendet aus diesem Grunde für diese Randfaden feste und elastische Faden (Baumwollzwirne).

Die Art der Fachbildung ist aus Abb. 20 zu ersehen. Es ist eine bekannte Tatsache, daß Gewebe mit Leinwandbindung, im vorliegenden Falle Segeltuchbindung, bei einem gleichmäßigen Ober- und Unterfach und gleich hochstehendem Streichbaum, Geschirr und Brustbaum paarig oder gassig werden. Die Rietstäbe, die für die schwere Ware immerhin eine ziemliche Stärke haben, verdrängen die zwischen ihnen geführten Kettfaden; diese werden beim Fachwechsel durch den Schuß in ihrer Lage festgehalten, und die Einwirkung der Rietstäbe ist in der Ware deutlich zu sehen. Bei 2-, 3- oder 4fädigem Einzug im Blatt liegen eben diese Faden zusammengedrängt, der durch den Rietstab erzeugte Zwischenraum wird offen bleiben, die Ware wird dadurch hohl und sieht hungrig aus. Die gleichmäßige Anspannung des Ober- und Unterfaches verbraucht nur das geringstmögliche Maß an Kettenlänge. Um diesem für den Ausfall der Ware recht beachtenswerten Übelstand abzuhelfen, läßt man die Ware gut walken. Die Anwendung dieser Walke ist aus der Abbildung zu erkennen. Der Streichbaum liegt erheblich höher als der Brustbaum, das Geschirr liegt dabei aber sehr viel tiefer als eine vom Streichbaum über den Brustbaum gespannte Schnur.

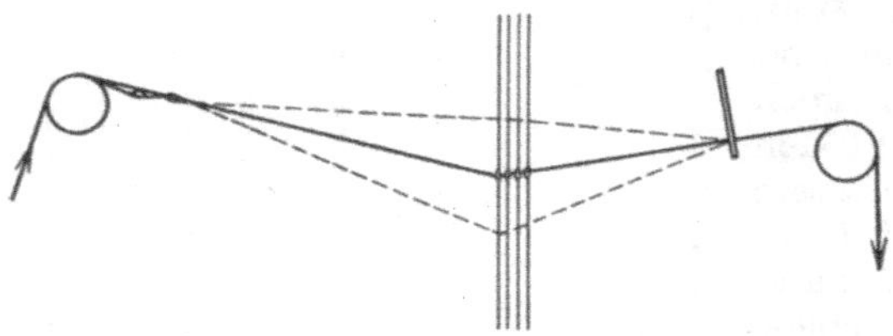

Abb. 20. Fachbildung.

Die Teilstäbe werden eingelegt, indem zuerst die erste Schaftpartie gehoben wird, der Teilstab eingelegt, dann das Fach gewechselt und der zweite Teilstab eingelegt wird. Dabei wird darauf geachtet, daß der dem Geschirr naheliegende Teilstab von geringerer Dicke, also flacher, genommen wird als der hintere Teilstab. Um die Fachöffnung nicht zu kurz zu halten und die Kette zu schonen, kommen die Teilstäbe möglichst nahe an den Streichbaum.

Das Geschirr wird nicht zu stramm angespannt, damit die Litzen beim Ladenanschlag und beim Fadeneinziehen etwas nachgeben können. Die Kurbelarme dürfen weder an den Kurbeln noch an den Ladenstelzen ausgearbeitete Lager haben.

Die Wirkungsweise ist nun folgende: Bei der Fachöffnung werden die in das Unterfach gehenden Faden weiter angespannt, während die Faden im Oberfach entspannt bzw. gelockert werden. Die anschlagende Lade bzw. das Blatt wird also von dem lockeren Oberfach mehr Kette heranholen als aus dem gespannten Unterfach. Der angeschlagene Schuß weicht nach der lockeren Seite aus und läßt die im Oberfach liegenden Fadenpartien aufwellen. Beim folgenden Schuß wiederholt sich diese Wirkung, indem nunmehr die vorher angespannten Faden des Unterfaches ins Oberfach kommen.

Bei jedem Fachwechsel sind außerdem die Spannungen in der Kette verschieden. Während bei dem einen Fach die Kette durch die eingelegten Teilstäbe nur eine einmalige Kreuzung erfährt und der vordere Teilstab nur lose im Blatt liegt, wird beim Fachwechsel durch eben diesen Teilstab eine doppelte Kreuzung und dadurch eine stärkere Kettspannung erzielt.

Bei dichten Waren wird nun mit umgetretenem Fach gearbeitet, damit der Schuß beim Ladenrückgang nicht zurückspringen kann, d. h. beim Ladenanschlag hat das Fach bereits angefangen, wieder zu wechseln. Der zwischen den Fadenpartien des Ober- und Unterfaches liegende, dadurch festgehaltene

Schuß wird beim Ladenanschlag in verstärktem Maße die lockeren Faden des inzwischen wieder neugebildeten Oberfaches einarbeiten. Die Einstellung für das umgetretene Fach wird durch den Umstand begrenzt, inwieweit der Schützen noch genügend Öffnung für den Durchgang beim Schützenschlag findet.

Es ist erklärlich, daß durch das fortgesetzte Wechseln von Anspannung und Lockerlassen der Fadenpartien, durch das Ziehen und Zerren Verschiebungen im Gewebe vorkommen. Die einzelnen Faden suchen in der Anordnung im Gewebe einen Ausgleich, indem sie die freien und offenen Stellen schließen. Die Ware wird voll, bekommt Griff und ein hervortretendes Korn.

Für die Einstellung der Fadenwalke lassen sich bestimmte Richtlinien nicht aufstellen; dieselbe ist abhängig von der Art, Qualität und Elastizität des verwendeten Materials, von der Fadendichte, den Garnnummern und dem Stuhlsystem.

Die Ladenbahn muß entsprechend dem „im Sack" arbeitenden Geschirr eingestellt sein und einige Zentimeter tiefer liegen als der Brustbaum. Die Kette soll bei geöffnetem Fach nur lose auf der Ladenbahn aufliegen, keinesfalls soll die Kette beim Zurückgehen der Lade verdrängt werden.

Die Fachhöhe wird bedingt durch den ziemlich großen Schützen. Die Exzenter der Tritteinrichtung müssen so durchgebildet sein, daß sie sich an alle Phasen der Schaftbewegung und des Schaftstillstandes weitgehendst anpassen.

Bei der Schlaggebung ist zunächst für eine sichere Schützenführung zu sorgen. Bei Oberschlagstühlen wird die Pickerspindel so eingestellt, daß sie am Spindelkopf etwas höher und weiter nach vorn gehalten wird. Der Picker wird dadurch beim Schlag so geführt, daß die hintere Spitze durch den Picker nach oben und vorn gehoben wird. Die vordere Spitze senkt sich und folgt so sicherer der nach unten und nach hinten etwas gewölbten Ladenbahn. Der Schützen landet sicher im gegenüberliegenden Schützenkasten. Diese sind nach der Ladenmitte etwas breiter gehalten als hinten, bei zurückgedrückter Kastenzunge muß der Schützen noch genügend Spielraum im Kasten haben. Fangriemen und Prellleder regulieren den Schlag, so daß keine harten Stöße vorkommen.

Um ein Abschlagen der Kopse nach Möglichkeit zu verhindern, wird der Schlag in der Richtung des ablaufenden Fadens nur mit der unbedingt nötigen Stärke ausgeführt, dagegen wird derselbe nach der anderen Seite stärker gewählt, da dadurch eher eine Festigung der Kopse erreicht wird.

Im Moment des Ladenanschlages ist die Beanspruchung der Kette am größten. Zunächst wird das sich öffnende Fach, und zwar die Fadenpartien des Unterfaches, die Kette spannen. Sofort nach dem Schützendurchgang tritt die Geschirrgleichstellung, das geschlossene Fach, ein, um noch vor dem Ladenanschlag erneut zu wechseln. Bevor das Fach seine volle Öffnung erreicht hat, erfolgt der Ladenanschlag.

Verschiedene Stuhltypen gleichen diese stärkste Beanspruchung durch den nachgebenden oberen Streichriegel aus.

Die geringste Kettbeanspruchung liegt also in dem ersten Stadium der Ladenvorwärtsbewegung; aus diesem Grunde wird gewöhnlich die Vorwärtsbewegung der Lade zum Weiterschalten des Regulators benutzt.

Der Einzug ins Blatt erfolgt je nach Einstellung der Kette 2fädig, d. h. 2 Doppelfaden im Riet oder 3fädig mit 3 Doppelfaden im Riet; dabei ist zu beachten, daß eine 2fädig eingestellte Ware naturgemäß eine reinere und geschlossenere Ware ergibt wie eine 3fädig eingestellte Ware. Andererseits wird sich eine 3fädig eingestellte Ware leichter arbeiten als eine 2fädig eingestellte.

Bei Segeltuch wird die rechte Seite der Ware nach unten gearbeitet.

Die Vorrichtung der Drellstühle ist im allgemeinen die gleiche wie beim

Segeltuchstuhl. Man arbeitet hier die rechte Seite der Ware nach oben, dementsprechend werden die Trittexzenter eingestellt. Der Schaft kommt nur einmal im Rapport von 4 Schuß ins Unterfach und bleibt dreimal im Oberfach. Der Stuhl arbeitet also auch beim Ladenanschlag mit offenem Fach. Der Streichbaum wird nur wenig höher gestellt als der Brustbaum. Durch den Umstand, daß im Unterfach nur immer ¼ der Kette verbleibt, sind der Fachtieferstellung engere Grenzen gezogen, weil sonst die Kette zu sehr beansprucht werden würde. Der Einzug der Teilstäbe ist wie beim Segeltuch. Zur Erzielung eines reineren Faches und sauberer Ware werden vor den Teilschienen noch besondere Klemmschienen angebracht. Durch den Wechsel des Faches würden die von den Teilschienen kommenden Faden ungleichmäßig gespannt; um das zu vermeiden, wird die Kette durch Klemmschienen zusammengehalten, d. h. eine Schiene liegt oberhalb, eine unterhalb der gesamten Fadenpartien; beide Schienen werden mehrmals über die Breite zusammengebunden. Sämtliche Faden haben dadurch dieselbe Spannung.

Der Einzug im Geschirr erfolgt je nach der gewünschten Bindung: Köper, Kreuzköper oder Drell. Der Einzug im Blatt wird je nach der Ketteneinstellung 2-, 3- oder 4fädig ausgeführt.

In derselben Weise wird der Doppeldrell für Eisenbahnbedachungsstoffe vorgerichtet. Wie schon der Name sagt, ist der Doppeldrell 2fädig in der Kette, es binden wie beim Segeltuch immer 2 Faden gleich. Im Schuß wird die Ware größtenteils auch doppelfädig gearbeitet, geringere Qualitäten werden auch mit einfachem Schuß gearbeitet. Der Streichbaum ist nur unwesentlich höher als der Brustbaum, die rechte Seite (Kettenseite) arbeitet am Stuhl nach oben.

Der Kettfaden bleibt im Schußrapport von 4 Faden dreimal dauernd im Oberfach und wird nur einmal ins Unterfach gezogen. Die Ketteilung durch die Teilstäbe erfolgt in der gleichen Weise wie bisher beschrieben. Vor den Teilschienen sind auch hier Klemmschienen angebracht, um die Kette bei der Fachbildung zusammenzuhalten und die Kettfaden gleichmäßig zu spannen. Der Einzug im Geschirr wird durch die Bindung bestimmt, je nachdem die Ware in Doppelköper, Kreuzköper oder Drell 3 oben 1 unten oder in gleichseitigem Doppelköper, Kreuzköper oder Drell 2 oben 2 unten gearbeitet wird. Dabei ist zu beachten, daß die Schaftbewegung zur Erzielung einer griffigeren Ware 1—3—2—4 erfolgt.

Die Kette wird im Blatt 4fädig eingezogen, d. h. es kommen 4 Doppelfaden ins Riet.

1. Die Ketten- und Schuß-Einarbeitung.

Durch die Verwendung relativ starker Garnnummern in der Schwerweberei sind auch die Zahlen für die Einarbeitung, in Prozenten ausgedrückt, außerordentlich groß, besonders in der Kettrichtung. Es ist daher wichtig, über die für eine Ware infolge der Einarbeitung mehr verbrauchte Garnmenge möglichst genau unterrichtet zu sein. Die Verschiedenartigkeit der zur Verwendung kommenden Garnmaterialien in bezug auf Fasermaterial, Drehung, trocken oder naß Gespinst, Härte, Geschmeidigkeit, Dehnung usw. lassen es unmöglich erscheinen, die verschiedenen Werte für die Einarbeitung unter Zugrundelegung verschiedener Garnnummern und Dichtigkeiten rechnerisch zu erfassen. Jede Änderung der Garnnummer und weiter jede Änderung der Fadendichte stellt an die Durchbiegung des Fadens in seinem Bestreben, sich den kreuzenden Faden nach Möglichkeit anzupassen, andere Anforderungen. Jede Verschiedenheit in der Kettspannung, wie auch in der Schußspannung, ergibt unterschiedliche Resultate für die Einarbeitung.

Jeder Versuch, diese Einarbeitungsprozente rechnerisch festzulegen, ohne dabei die eben erwähnten verschiedenartigen Einwirkungen in weitestem Maße zu berücksichtigen, bedeutet schon von vornherein einen Mißerfolg. Es ist weiter Voraussetzung, daß für jede Gewebeart, die sich von einer andern durch die Art des verwandten Materials unterscheidet, verschiedene Berechnungen aufgestellt werden.

Die Errechnung selbst kann nur in Anpassung an Einarbeitungsprozente erfolgen, die auf Grund genauer Beobachtungen bei einer größeren Anzahl von Ketten der gleichen Art festgestellt wurden. Eine Tabelle, die aus einer solchen Grundlage errechnet wurde, muß dann durch die in der Praxis gefundenen Verhältniszahlen weiter entwickelt werden. Es werden dabei Tabellen erhalten, die sehr wohl den praktischen Anforderungen genügen.

Abb. 21 zeigt einen Querschnitt durch ein Gewebe mit einer Fadeneinstellung 50 Riet (10 Doppelfaden je cm) und 10 Faden Schuß je cm, und zwar in Kette und Schuß aus 9er Flachsgarn. Für diese Art Gewebe sei durch genaue Beobachtung der Erfahrungswert von 20% Einarbeitung, für Kette und Schuß zusammen gerechnet, festgestellt worden.

Es bedeuten in dem eingezeichneten Dreieck ABC: a den Abstand von einem Schußfaden zum andern: die Schußdichte, bei dem angenommenen Beispiel 10 Faden je cm bzw. 1 Faden je mm. d die Summe des Schußfadendurchmessers d_s und des für die Berechnung erforderlichen Anteils der beiden Kettfadendurchmesser d_k. Seite $AB = v$ den Verbrauch an Garn, bei dem angenommenen Beispiel $1 + 20\% = 1{,}20$. Dabei ist zunächst der Anteil der Schußeinarbeitung in dieser Zahl mit eingeschlossen. e Einarbeitung, d. h. also die Differenz $v - a$.

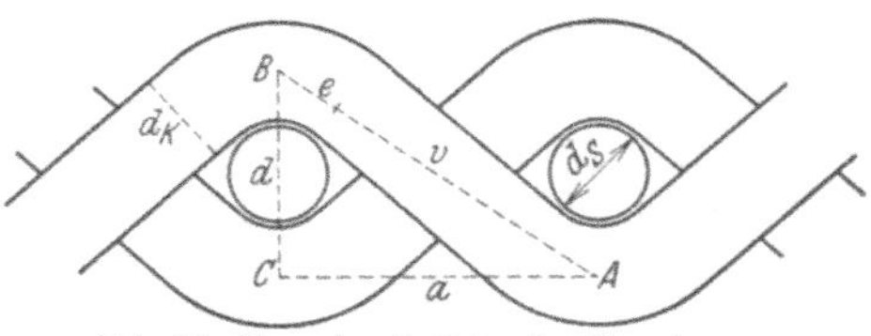

Abb. 21. Garneinarbeitung im Gewebe.

Es sind:

$$d = \sqrt{v^2 - a^2} = \sqrt{1{,}20^2 - 1^2} = \sqrt{1{,}44 - 1} = \sqrt{0{,}44} = 0{,}66332\,,$$

$$v = \sqrt{d^2 + a^2} = \sqrt{0{,}66332^2 + 1^2} = \sqrt{0{,}44 + 1} = \sqrt{1{,}44} = 1{,}20\,,$$

$$e = v - a = 1{,}20 - 1 = 0{,}20\,,$$

d. h. also auf $a = 1$ bezogen 20%.

Ändert sich nun der Durchmesser des Schußfadens d_s oder der Durchmesser des Kettfadens d_k oder beide Durchmesser d_s und d_k zusammen, so muß sich auch d ändern und damit auch v. In dem angenommenen Beispiel ist zunächst $d_s = d_k$ gerechnet, d. h. also 0,33166.

Nun verhalten sich die Durchmesser zweier Garne umgekehrt wie die Wurzeln ihrer Garnnummern; es verhalten sich z. B. die Durchmesser von

$$9\text{er Garn zu } 4\text{er Garn} = \sqrt{4} : \sqrt{9} = 2:3\,.$$

Aus dem Verhältnis der Wurzeln errechnet sich nun bei gleichbleibender Kettgarnnummer für die verschiedenen Schußgarnnummern 3 bis 12 folgende Tabelle Nr. 1. Dabei wird der Wert d_s 9er mit 0,33166 wie folgt umgerechnet:

$$d_s 9 : d_s 3 = x : 0{,}33166\,,$$

$$x = \frac{0{,}33166 \cdot \sqrt{9}}{\sqrt{3}} = \frac{0{,}33166 \cdot 3}{1{,}7321} = 0{,}57446\,.$$

Tabelle 1.

Garn-nummer	Wurzel-zahl	$d_s + d_k = d$	d^2	$d^2 - 1^2$	$\sqrt{d^2 - 1^2}$	e %
3	1,7321	0,574 + 0,331 = 0,906	0,821	1,821	1,349	34,9
4	2,0000	0,497 + 0,331 = 0,829	0,687	1,687	1,299	29,9
5	2,2361	0,444 + 0,331 = 0,776	0,603	1,603	1,266	26,6
6	2,4495	0,406 + 0,331 = 0,737	0,544	1,544	1,242	24,2
7	2,6458	0,376 + 0,331 = 0,707	0,500	1,500	1,225	22,5
8	2,8284	0,351 + 0,331 = 0,683	0,467	1,467	1,211	21,1
9	3,0000	0,331 + 0,331 = 0,663	0,440	1,440	1,200	20,0
10	3,1623	0,314 + 0,331 = 0,646	0,417	1,417	1,191	19,1
12	3,4641	0,287 + 0,331 = 0,618	0,383	1,383	1,176	17,6

Bemerkung: Bei der vorstehenden Tabelle, wie auch bei allen folgenden, sind die Dezimalstellen jeweils bis auf drei verkürzt, ohne daß dabei die voranstehenden Zahlen aufgerundet wurden.

Ändert sich nun auch die Nummer des Kettgarnes, so würden sich die nachstehenden Werte errechnen; dabei werden die Werte für das veränderte $d_k\,3$ bis $d_k\,12$ von den entsprechenden Zahlen $d_s\,3$ bis $d_s\,12$ der vorstehenden Tabelle übernommen, da diese bei der zunächst angenommenen Berechnungsart miteinander übereinstimmen. So würde beispielsweise für 12er Kette und 3er Schuß, immer bei der gleichen Einstellung, der Wert für d sein:

$$d_k\,12 + d_s\,3 = 0{,}287 + 0{,}574 = 0{,}861\,,$$

für 12er Kette und 8er Schuß:

$$d_k\,12 + d_s\,8 = 0{,}287 + 0{,}351 = 0{,}639$$

und weiter für 8er Kette und 6er Schuß

$$d_k\,8 \quad + d_s\,6 = 0{,}351 + 0{,}406 = 0{,}757 \text{ und so fort.}$$

Ändert sich bei einer Ware nur die Schußfadenzahl, so bleibt d gleich, während a und damit auch v sich für jede verschiedene Fadenzahl ändern müssen. Bei veränderter Schußfadenzahl sind a_1 und folgende immer gleich 1 dividiert durch die Fadenzahl. Bei größerer Schußdichte und sonst gleichen Kett- und Schußgarnnummern wird demnach der Abstand a kleiner und damit die Einarbeitung in Prozenten eine größere, umgekehrt wird bei einer geringeren Schußdichte der Abstand a größer und damit die Einarbeitung in Prozenten eine kleinere.

Es ist beispielsweise bei 9er Kette und 9er Schuß bei 1,25 Faden Schuß je mm:

$$a = \frac{1{,}00}{1{,}25} = 0{,}80\,,$$

$$d = 0{,}66332 \text{ (da sich } d \text{ nicht ändert)},$$

$$v = \sqrt{0{,}80^2 + 0{,}66332^2} = \sqrt{0{,}64 + 0{,}44} = \sqrt{1{,}08} = 1{,}039\,,$$

$$e = v - a = 1{,}039 - 0{,}80 = 0{,}239\,,$$

d. h. also auf 0,80 bezogen

$$e = \frac{0{,}239}{0{,}80} = 0{,}299 = 29{,}9\,\%\,,$$

bei 0,75 Faden Schuß je mm

$$a = \frac{1{,}00}{0{,}75} = 1{,}333\,,$$

$$d = 0{,}66332\,,$$

$$v = \sqrt{1{,}333^2 + 0{,}663^2} = \sqrt{1{,}778 + 0{,}44} = \sqrt{2{,}218} = 1{,}489\,,$$

$$e = v - a = 1{,}489 - 1{,}333 = 0{,}156\,,$$

d. h. also auf 1,333 bezogen

$$e = \frac{0{,}156}{0{,}133} = 0{,}117 = 11{,}7\,\%\,.$$

Abb. 22 zeigt diese Veränderung, wobei gleichzeitig die Strecken für e (die Einarbeitung) abgeteilt sind.

Bei dieser Berechnungsart ist es notwendig, die Einarbeitungsprozente jeweils auf den veränderlichen Abstand von einem Schußfaden zum anderen, d. h. also auf die verschiedene Fadendichte, die Strecken AC, A_1C und A_2C zu beziehen. Für die Berechnung ist es aber zweckmäßiger, die Strecke AC, das ist also a, unverändert zu lassen, und die Verschiebungen in der Schußdichte lediglich durch eine Veränderung von d zum Ausdruck zu bringen.

d muß sich also dann bei steigender Schußdichte vergrößern und umgekehrt bei geringerer Schußdichte verkleinern.

Für die Umrechnnug muß d mit der Fadenzahl je mm multipliziert, das Produkt mit der der Berechnung zugrunde gelegten Fadenzahl, in dem angenommenen Beispiel 1, dividiert werden.

In Wiederholung des vorangegangenen Beispiels errechnet sich die Einarbeitung wie folgt; dabei bleibt a immer = 1.

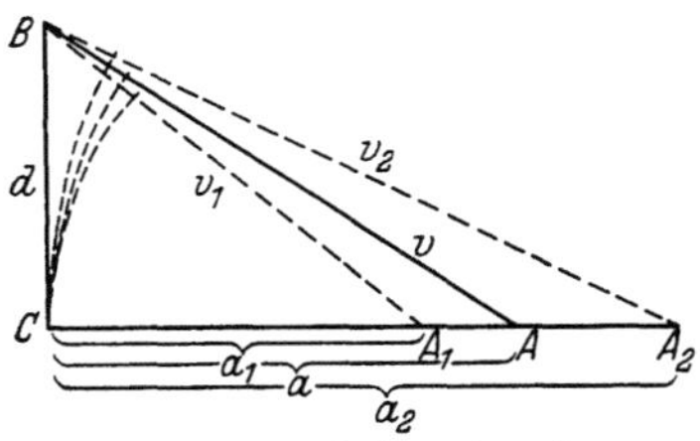

Abb. 22. Einarbeitungsberechnung.

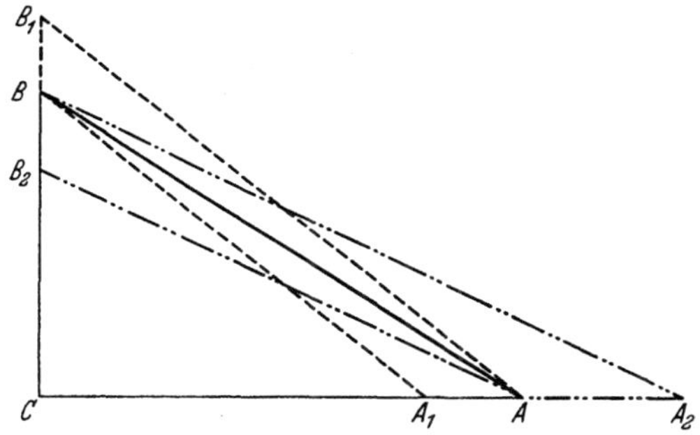

Abb. 23. Geometrische Darstellung der Einarbeitung.

1,25 Faden Schuß je mm:

$$d = \frac{0{,}663 \cdot 1{,}25}{1{,}00} = 0{,}829\,,$$

$$v = \sqrt{1^2 + 0{,}829^2} = \sqrt{1 + 0{,}687} = \sqrt{1{,}687} = 1{,}299\,,$$

$$e = v - a = 1{,}299 - 1 = 0{,}299 = 29{,}9\,\%\,.$$

0,75 Schuß je mm:

$$d = \frac{0{,}663 \cdot 0{,}75}{1{,}00} = 0{,}497\,,$$

$$v = \sqrt{1^2 + 0{,}497^2} = \sqrt{1 + 0{,}247} = \sqrt{1{,}247} = 1{,}117\,,$$

$$e = v - a = 1{,}117 - 1 = 0{,}117 = 11{,}7\,\%\,.$$

In Abb. 23 ist diese Rechnung nach den bekannten Strahlensätzen geometrisch dargestellt.

Die Strecke AC entspricht der angenommenen Grundfadenzahl 1 auf je 1 mm.

Die Strecke A_1C entspricht der Fadenzahl 1,25 auf je 1 mm.

Die Strecke A_2C entspricht der Fadenzahl 0,75 auf je 1 mm.

Aus der Berechnung zu Skizze Abb. 22 ist zu ersehen, daß AB um 20% länger ist als AC, A_1B um 29,9% länger ist als A_1C, A_2B um 11,7% länger ist als A_2C.

Werden nun durch A die Parallele AB_1 zu A_1B und weiter durch A die Parallele AB_2 zu A_2B gezogen, so ist damit bei gleichbleibender Strecke AC die Verschiebung der Einarbeitungsprozente auf B_1C und B_2C übertragen; es verhält sich nun:

$$A_1C : BC : A_1B = AC : B_1C : AB_1$$

und

$$A_2C : BC : A_2B = AC : B_2C : AB_2.$$

Es errechnet sich nun für die verschiedenen Schußfadenzahlen unter Zugrundelegung von 9er Kette und 9er Schuß folgende

Tabelle 2.

$d = d_s 9 + d_k 9 = 0{,}663.$

Schußfadenzahl · d = d 0,60 bis d 1,20	d^2	$d^2 + 1^2$	$\sqrt{d^2 + 1^2}$	e %
0,60·0,663 = 0,397	0,158	1,158	1,076	7,6
0,65·0,663 = 0,431	0,185	1,185	1,089	8,9
0,70·0,663 = 0,464	0,215	1,215	1,102	10,2
0,75·0,663 = 0,497	0,247	1,247	1,117	11,7
0,80·0,663 = 0,530	0,281	1,281	1,132	13,2
0,85·0,663 = 0,563	0,317	1,317	1,148	14,8
0,90·0,663 = 0,596	0,356	1,356	1,164	16,4
0,95·0,663 = 0,630	0,397	1,397	1,182	18,2
1,00·0,663 = 0,663	0,440	1,440	1,200	20,0
1,05·0,663 = 0,696	0,485	1,485	1,219	21,9
1,10·0,663 = 0,729	0,532	1,532	1,238	23,8
1,15·0,663 = 0,762	0,581	1,581	1,258	25,8
1,20·0,663 = 0,795	0,633	1,633	1,278	27,8

Es errechnet sich weiter unter Zugrundelegung von 9er Kette und 3er Schuß die

Tabelle 3.

$d = d_s 3 + d_k 9 = 0{,}574 + 0{,}331 = 0{,}906.$

Schußfadenzahl · d = d 0,60 bis d 1,20	d^2	$d^2 + 1^2$	$\sqrt{d^2 + 1^2}$	e %
0,60·0,906 = 0,543	0,295	1,295	1,138	13,8
0,65·0,906 = 0,588	0,346	1,346	1,160	16,0
0,70·0,906 = 0,634	0,402	1,402	1,184	18,4
0,75·0,906 = 0,679	0,461	1,461	1,209	20,9
0,80·0,906 = 0,724	0,525	1,525	1,235	23,5
0,85·0,906 = 0,770	0,593	1,593	1,262	26,2
0,90·0,906 = 0,815	0,665	1,665	1,290	29,0
0,95·0,906 = 0,860	0,740	1,740	1,319	31,9
1,00·0,906 = 0,906	0,821	1,821	1,349	34,9
1,05·0,906 = 0,951	0,905	1,905	1,380	38,0
1,10·0,906 = 0,996	0,993	1,993	1,412	41,2
1,15·0,906 = 1,042	1,086	2,086	1,444	44,4
1,20·0,906 = 1,087	1,181	2,181	1,477	47,7

Aus diesen weit auseinander liegenden Berechnungen 0,60 bis 1,20 Faden 3er Schuß und 0,60 bis 1,20 Faden 9er Schuß läßt sich leicht eine graphische Darstellung (Abb. 24) konstruieren, und zwar dergestalt, daß die in den Tabellen 2 und 3 errechneten Einarbeitungsprozente die Verbindungspunkte der schrägliegenden Linien für die Fadenzahlen und die in Tabelle 1 errechneten Einarbeitungsprozente die Ausgangspunkte der waagerechten Abszissen für die Schußgarnnummern ergeben. Die entsprechenden Punkte werden dazu im genauen Verhältnis eingezeichnet und verbunden. Um dabei die Darstellung auf einer kleineren Fläche unterzubringen, sind sowohl die Zahlen für die Garnnummern sowie auch die Zahlen für die Fadenzahlen auf ein Viertel reduziert.

Bemerkung: Die Tabellen 1, 2 und 3 sind lediglich aus dem Grunde von Schußgarnnummer 3 bis 12 und Fadenzahlen 0,60 bis 1,20 berechnet, um daraus die ganze Folge zwischen diesen Zahlen zu erfassen, in der Praxis liegen die möglichen Schußfadenzahlen und Garnnummern selbstverständlich erheblich enger begrenzt. Aus diesem Grunde können sich auch vorkommende Abweichungen nur ganz unwesentlich auswirken.

Aus diesem Diagramm lassen sich in den Schnittpunkten der schrägen Linien und Abszissen die verschiedenen Einarbeitungsprozente ablesen. Diese Zahlen ergeben aber nur unmittelbar an dem festgestellten Erfahrungswert genaue Resultate, je weiter sich jedoch die Schnittpunkte von dem als Grundlage angenommenen Punkt entfernen, desto ungenauer werden die Resultate. Es ist

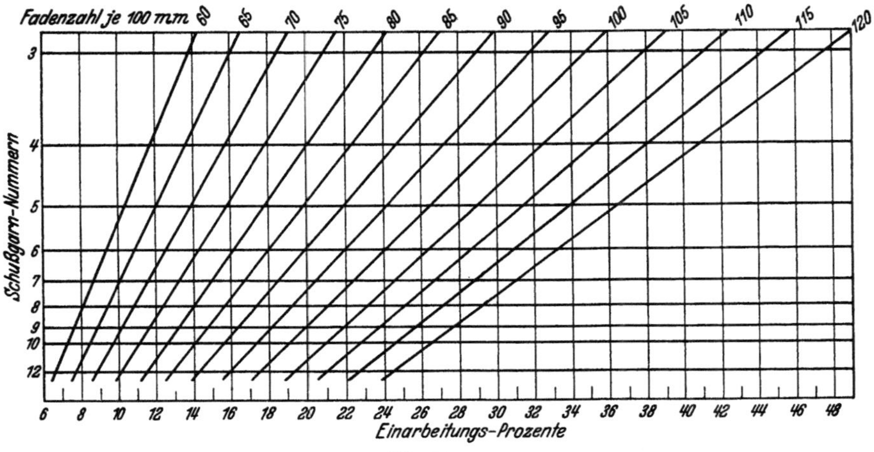

Abb. 24.

wohl durch diese Berechnung eine gewisse Gesetzmäßigkeit festgestellt worden, die aber noch durch Anpassung an die Werte der Praxis richtiggestellt werden muß.

In der Abb. 21 ist die Auswirkung der Kettfadenstärke bzw. des Kettfadendurchmessers auf die Einarbeitung dergestalt angenommen, daß in dem Wert d nur eine volle Durchmesserstärke des Kettfadens enthalten ist. Ganz abgesehen davon, daß der Lauf des Kettfadens sich der eingezeichneten geraden Linie AB infolge seiner Krümmung nur annähern kann, müßte bei der angenommenen Berechnung bei dem Kettfaden im Innern seines Durchmessers, gleichsam in der Längsachse oder der Mittellinie, die Länge konstant bleiben, während der Faden am äußeren Rand gedehnt, am inneren Rand, um den Faden herum, gestaucht werden würde. Wenn sich diese Verschiebungen innerhalb der Länge AB auch mehr oder weniger ausgleichen, so ist damit noch nicht gesagt, daß die Mittellinie die richtige sein muß. Ein Kontrollversuch bei der Einstellung 1,00 Faden 6er Schuß oder einer entsprechenden Fadenzahl für 4er oder 3er Schuß wird diese Vermutung nur bestätigen.

Die Beobachtung der Einarbeitung bei einer Ware mit 9er Kette und 1,00 Faden 6er Schuß habe nun ergeben, daß diese Einarbeitung nicht 24,2% sondern 25,5% beträgt, und zwar wiederum für Kette und Schuß zusammengenommen.

Die für die einzelnen Garnnummern bei 1,00 Faden Schuß festgelegten Zahlen:

bei	3er	Schuß	= 34,9%	Einarbeitung,	bei	8er	„	= 21,1%	Einarbeitung,
„	4er	„	= 29,9%	„	„	9er	„	= 20,0%	„
„	5er	„	= 26,6%	„	„	10er	„	= 19,1%	„
„	6er	„	= 24,2%	„	„	12er	„	= 17,6%	„
„	7er	„	= 22,5%	„					

müssen nun nach der für 6er Schuß gefundenen Zahl umgerechnet werden, wobei für 9er Schuß aber 20% Einarbeitung bleiben. Die Berechnung ergibt für d_k einen Wert von 0,235 anstatt wie vorher 0,331 und damit für d_s 0,428. Daraus ist zu schließen, daß sich der Kettfaden weniger in der Berechnung von d auswirkt, als zuerst angenommen wurde.

Die Tabelle 1 wird nun, unter Berücksichtigung dieser Verschiebung umgerechnet, folgende Tabelle 4 ergeben:

Tabelle 4.

Garn-nummer	Wurzel-zahl	$d_s + d_k =$	d	d^2	$d^2 + 1^2$	$\sqrt{d^2 + 1^2}$	e %
3	1,732	0,741 + 0,235	0,976	0,954	1,954	1,398	39,8
4	2,000	0,642 + 0,235	0,877	0,770	1,770	1,330	33,0
5	2,236	0,574 + 0,235	0,809	0,655	1,655	1,286	28,6
6	2,449	0,524 + 0,235	0,759	0,577	1,577	1,255	25,5
7	2,645	0,485 + 0,235	0,720	0,519	1,519	1,232	23,2
8	2,828	0,454 + 0,235	0,689	0,475	1,475	1,214	21,4
9	3,000	0,428 + 0,235	0,663	0,440	1,440	1,200	20,0
10	3,162	0,406 + 0,235	0,641	0,411	1,411	1,188	18,8
12	3,464	0,370 + 0,235	0,605	0,367	1,367	1,169	16,9

Die Verschiebungen, wie sie aus der Umrechnung ersichtlich sind, lassen sich nach dem bereits an anderer Stelle erwähnten Strahlensatz auf graphischem Wege nach Abb. 25 festlegen.

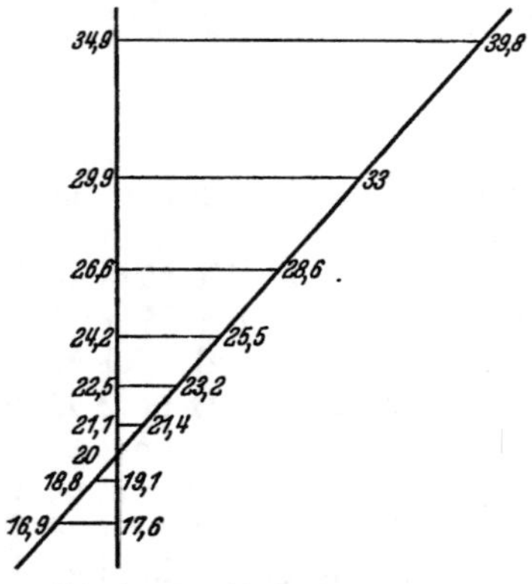

Abb. 25. Graphische Darstellung der Einarbeitungsprozente.

Auf der senkrechten Linie werden die Einarbeitungsprozente von 17,6 bis 34,9 im Maßstab 1 : 4 abgetragen und waagerecht Parallelen durch die abgetragenen Punkte gezogen. Um den Punkt 20,0% wird ein Kreisbogen mit der Differenz 25,5 — 20,0 = 5,5 geschlagen. Durch den Schnittpunkt mit der Waagerechten durch den Punkt 24,2 und den Punkt 20,0 wird nun eine Linie gezogen, die durch die waagerechten Parallelen in dem veränderten Verhältnis eingeteilt wird. Die Entfernungen, die auf der Skizze in ein Viertel Größe gezeichnet sind, gestatten mit dem Maßstab ein leichtes Ablesen der gesuchten Einarbeitungsprozente.

Wie bereits erwähnt, verhalten sich die einzelnen Fadenarten, Hanf, Flachs, trocken und naß gesponnen, Baumwolle, Jute, einfach und gezwirnt, ganz verschiedenartig. Bei einem harten Schußfaden wird der umschlingende Kettfaden mehr Widerstand finden, das Verhältnis von $d_s : d_k$ muß sich erneut verändern und erfordert eine neue Berechnung.

Ändert sich nun wiederum der Kettfaden, so erfolgt die Umrechnung unter denselben Umständen wie anfangs erwähnt, der Wert für d_k wird nur auf der neu gewonnenen Basis 0,235 für 9er umgerechnet, und zwar in derselben Weise, wie dies aus den Tabellen 1 und 4 ersichtlich ist. Die erhaltenen Zahlen werden dann wieder vermittels der gefundenen Erfahrungswerte richtig gestellt.

Genau so, wie die errechneten Zahlen bei der Verwendung verschiedener Schußgarnnummern an die Zahlen der Praxis angepaßt werden müssen, so müssen auch die Zahlen in den Tabellen mit den verschiedenen Schußgarnzahlen nach den Zahlen der Praxis umgestellt werden.

Die Beobachtung in der Praxis habe ergeben, daß für 0,80 Faden 9er Schuß anstatt der errechneten 13,2% Einarbeitung eine solche von 14,5% zu rechnen ist.

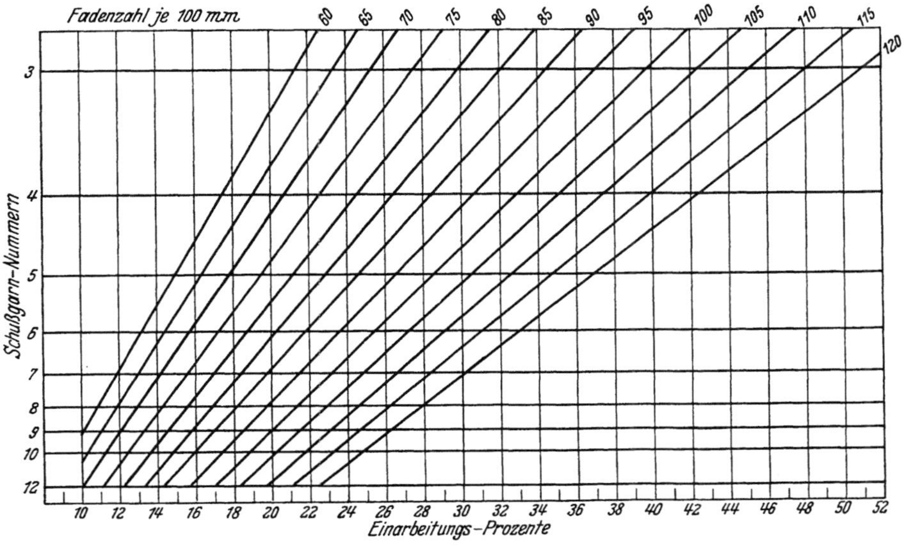

Abb. 26.

Eine einfache Umrechnung ergibt nach der Gleichung

$$(20{,}0 - 13{,}2 =)\ 6{,}8 : (20{,}0 - 14{,}5 =)\ 5{,}5 =$$
$$(20{,}0 - 7{,}6 =)\ 12{,}4 : \qquad x\,,$$
$$x = \frac{12{,}4 \cdot 5{,}5}{6{,}8} = 10{,}0$$

die Tabelle 5.

In Tabelle 4 ist für 1,00 Faden 3er Schuß anstatt 34,9 nunmehr 39,8% festgestellt worden. Durch eine prozentuale Umstellung wird aus der Reihe 13,8 bis 47,7 der Tabelle 3 die Reihe 15,8 bis 54,5 der Tabelle 6.

Die Beobachtung in der Praxis habe nun für 70 Faden 3er Schuß nicht die neu errechneten 21,0% sondern 25,4% Einarbeitung ergeben; eine Umstellung nach der vorher benutzten Gleichung ergibt nun die Reihe 21,4 bis 51,0% der Tabelle 6.

Tabelle 5.

Fadenzahl	zuerst errechnete Einarbeitungs-prozente	neu berechnete Einarbeitungs-prozente
0,60	7,6	10,0
0,65	8,9	11,0
0,70	10,2	12,1
0,75	11,7	13,3
0,80	13,2	14,5
0,85	14,8	15,8
0,90	16,4	17,1
0,95	18,2	18,5
1,00	20,0	20,0
1,05	21,9	21,5
1,10	23,8	23,1
1,15	25,8	24,7
1,20	27,8	26,3

Die in den Tabellen 4, 5 und 6 neu festgelegten Zahlen ergeben nun eine neue graphische Darstellung in Abb. 26. Die wiederum auf ein Viertel ihres Wertes reduzierten Zahlen in Tabelle 4 ergeben die Ausgangspunkte für die waagerechten Abszissen, während die Verbindungslinien zwischen den auf den Abszissen für 3er und 9er Schußgarn abgetragenen Einarbeitungsprozenten der Tabellen 5 und 6 die Werte für die verschiedenen Schußfadenzahlen ergeben. Die von den Schnittpunkten senkrecht nach unten gedachten Linien zeigen auf die Einarbeitungsprozente für die betreffende Fadenzahl und Schußgarnnummer bei 9er Kette.

Tabelle 6.

Fadenzahl	aus Tabelle 3	umgerechnet	neu berechnet
0,60	13,8	15,8	21,4
0,65	16,0	18,3	23,3
0,70	18,4	21,0	25,4
0,75	20,9	23,8	27,6
0,80	23,5	26,7	29,8
0,85	26,2	29,8	32,2
0,90	29,0	33,1	34,6
0,95	31,9	36,4	37,2
1,00	34,9	39,8	39,8
1,05	38,0	43,3	42,5
1,10	41,2	47,0	45,3
1,15	44,4	50,7	48,1
1,20	47,7	54,5	51.0

Es sei wiederholt bemerkt, daß die in dem Diagramm enthaltenen Fadenzusammenstellungen und Einarbeitungsprozente in der Praxis selbstverständlich erheblich enger begrenzt liegen.

Wie bereits erwähnt, ist in den erhaltenen Einarbeitungsprozenten die Gesamteinarbeitung von Kette und Schuß enthalten.

Ein Gewebe mit einem weichen schmiegsamen Schuß, der einer Fadenverkreuzung mit dem Kettfaden weniger Widerstand entgegensetzt, wird eine größere Einarbeitung im Schuß, dafür aber entsprechend weniger in der Kette verbrauchen. Umgekehrt wird ein harter Schuß (beispielsweise Jute) im Schuß weniger aus seiner geraden Linie verdrängt, weniger Einarbeitung im Schuß, dafür aber mehr in der Kette verbrauchen. Ein dünner Schuß mit geringer Fadendichte wird mehr einarbeiten als ein dicker Schuß bei dichterer Einstellung. Derselbe Schuß wird bei dichterer Ketteinstellung weniger einarbeiten als bei einer geringeren Kettdichte, ganz im Gegensatz zur Einarbeitung der Kette, die bei dichterer Schußeinstellung eine größere ist.

Die Kette wird durch die Fachbildung zwangsläufig um den eingelegten Schußfaden herumgeführt und entsprechend der Widerstandskraft des Schusses verbraucht. Der Schuß, der durch die dichtere Ketteneinstellung kürzer flottet, d. h. kürzer frei liegt, wird nicht so durchbiegen und weniger einarbeiten, als wenn er länger flottet. Gezwirnter Schuß arbeitet mehr ein als einfacher Schuß.

Da der Schuß in der Breite der Ware im Verhältnis zur Kette nur ganz wenig einarbeitet, werden dafür keine besonderen Berechnungen aufgemacht. Die Werte liegen in der Praxis so eng beieinander, daß sie auf Grund der Beobachtung leicht ausgerechnet werden können.

Die angegebenen Einarbeitungen verstehen sich für rohe Ware, die spätere Verarbeitung, Mangeln bzw. Kalandern, das Imprägnieren und Färben, beeinflußt die gefundenen Zahlen erneut. Für das in Erscheinung tretende Ausmaß lassen sich in der Praxis die Werte leicht feststellen.

Allgemeines. Beim Einlegen der Ketten in den Webstuhl werden dieselben gewöhnlich im Stuhl angeknüpft, und zwar werden bei Segeltuch und Doppeldrell die Faden immer paarweise zusammengenommen.

Die fertige Ware, so wie sie vom Webstuhl kommt, wird in der Warenschau genau durchgesehen, Fadenenden und Schlurkse werden entfernt, etwaige fehlende Faden werden nachgezogen, vorhandene Nester werden gestopft. Die Natur des Segeltuches erfordert ein gleichmäßig geschlossenes Gewebe, hohle und dünne

Stellen können selbst durch die beste Imprägnierung nicht vollständig beseitigt werden. Wie in jeder anderen Weberei, so ist ganz besonders in der Schwerweberei darauf zu achten, daß ein Abschlagen bzw. ein Schlurksen der Kopse nach Möglichkeit vermieden wird. Schonendste Behandlung der Kopse und Verbrauch bei gleichbleibender Feuchtigkeit sind Voraussetzungen für ein gutes Verarbeiten derselben. Der Umstand, daß die Feuchtigkeit den Faden verkürzt, wird dazu benützt, um in besonderen Befeuchtungsanlagen dem Kops in seinen Windungen einen festeren Zusammenhalt zu geben. Jeder entfernte Schlurks gibt eine hohle Stelle, die nur schwer sauber zusammenzubringen ist.

Die sorgfältig durchgesehene Ware kommt dann auf die Cropping- oder Schermaschine, um dann ihrem Verwendungszweck entsprechend fertig gemacht zu werden.

2. Die Weiterverarbeitung der Schwergewebe.

Die in der Schwerweberei zur Verwendung kommenden Garne sind zum größten Teil rauh und faserig. Die von den einzelnen Faden abstehenden Faser-

Abb. 27. 4-zylindrige Scher- und Gewebeputzmaschine Modell 24/Z der Firma A. Monforts.

enden werden auch beim Verweben nur unvollständig erfaßt. Die faserige Oberfläche der Ware muß daher vor der Weiterverarbeitung gesäubert werden. Zu diesem Zweck werden die Gewebe durch eine Schermaschine geführt.

Abb. 27 zeigt eine derartige Schermaschine mit vier Scherwerken von der Firma A. Monforts, M.-Gladbach, Maschinenfabrik und Eisengießerei (Modell Nr. 24/Z).

Der vorn an der Maschine angebrachte Putzkasten bearbeitet beide Seiten des Gewebes zu gleicher Zeit, wobei je zwei Schmirgelwalzen für jede Warenseite die Ware entsprechend vorbehandeln. Die längeren, abstehenden Fadenenden werden dabei bis auf einige Millimeter entfernt. Die im Putzkasten vorgereinigte Ware kommt nun in die vier Scherwerke, von denen zwei für jede Warenseite vorgesehen sind. Den einzelnen Scherwerken ist je eine Borstenbürstwalze vorgelagert, die sich mit der Ware dreht, wodurch der Flaum und die Fadenenden gegen das feststehende Untermesser angelegt und von dem rotierenden Scherzylinder sauber abgeschnitten werden. Es ist natürlich, daß die Ware um so sauberer und glatter aus der Schermaschine herauskommt, je mehr Scherwerke hintereinander angeordnet sind. Es werden Maschinen mit zwei, drei, vier und sechs Scherwerken gebaut. Der Umstand, daß die Ware über Doppeltische geführt wird, verhindert ein Zerschneiden bei dicken Schußstellen und ungleichem Garn; derartige Ungleichheiten können vielmehr unter bzw. über dem Untermesser ausweichen. Eine gut angebrachte Hebevorrichtung gestattet das Abheben der Schneidezeuge bei Herannahen der Verbindungsnaht zweier Stücke.

Um die sauber geputzte und geschorene Ware sowie den Arbeitsraum von Flugstaub usw. freizuhalten, wird die Maschine mit einer Entstaubung versehen, die sowohl alle abgeputzten Teile aus dem Putzkasten als auch den abgeschnittenen Flaum, die Fadenenden usw. vermittels eines gemeinsamen Hauptrohres und der entsprechenden Zahl von Einzelrohren durch einen Exhaustor absaugt und die mit den Abfällen durchsetzte Luft zwecks Reinigung in einen Staubabscheider bläst.

Die Warengeschwindigkeit beträgt im Mittel 16,5 m pro Minute.

F. Die Imprägnierung der Schwergewebe.

Von Dr. **Herm. Schreiber,** Berlin-Charlottenburg.

Nach dem Scheren kommt die Ware, sofern sie nicht in rohem Zustand Verwendung findet, in die Imprägniererei.

Unter einem imprägnierten Segeltuch versteht man allgemein eine Ware mit einer Eigenschaft, die verhindert, daß Wasser durch das Gewebe hindurchtritt. Man spricht von einer „wasserdicht imprägnierten" Ware.

Außer der wasserdichten Imprägnierung in den verschiedensten Ausführungen und Zweckmäßigkeiten gibt es noch eine flammensichere Imprägnierung, die sowohl bei rohen Geweben wie auch in Verbindung mit wasserdichter Imprägnierung Verwendung findet.

Sehr dicht geschlagenes Segeltuch aus Bastfasermaterial kann durchfeuchtet unter Umständen fast vollständig wasserdicht sein. Die Bastfasern quellen bei der Durchfeuchtung sehr stark, so daß dadurch die offenstehenden Poren geschlossen werden.

Ganz abgesehen davon, daß nach dem Trocknen die Quellung wieder zurückgeht und die Poren sich wieder öffnen, sind in einem solchen Segeltuch die Fasern selbst ungeschützt und der Einwirkung der Atmosphärilien ausgesetzt, so daß es keine lange Lebensdauer haben würde. Aus diesem Grunde ist eine Imprägnierung geboten.

Der Zweck der Imprägnierung ist also auch, die Fasern gegen äußere Einflüsse zu schützen. Zur Wetterbeständigkeit gehört im allgemeinen auch, daß die Stoffe Schutz gegen durchdringendes Wasser bieten.

1. Wasserdichtheit.

Die Bezeichnung „wasserdicht" bietet immer wieder Gelegenheit zu Meinungsverschiedenheiten. Aus diesem Grunde soll hier eine genauere Definition dieses Begriffes in handelsüblichem Sinne gegeben werden. Hiernach versteht man unter wasserdichten Geweben solche, die imprägniert sind, d. h. bei denen die Faden durch geeignete Tränkung wasserabstoßend gemacht wurden, bzw. bei denen die Räume zwischen den sich kreuzenden Faden durch Tränkung und Auftragen zweckentsprechender Mittel geschlossen sind.

Der Grad der Wasserdichtheit von Segeltuchen ist nur ein relativer, er ist abhängig von der Qualität des Gewebes. Bei Geweben geringerer Güte kann im allgemeinen verlangt werden, daß sie eine Wassersäule von etwa 5 cm Höhe in ruhendem Zustand einige Stunden aushalten, ohne daß Wasser durchtropft. Bessere Qualitäten müssen unter gleichen Umständen einer Wassersäule von 10 cm mehrere Stunden Widerstand leisten, während ganz gute Qualitäten bei 20 cm Wassersäule und mehr tagelang vollständig dicht halten.

Die Qualität des Gewebes ist weiter von überaus großem Einfluß auf die Dauerhaftigkeit der Imprägnierung bei dauerndem Gebrauch einer Ware.

Eine unbedingte Wasserdichtheit auch bei hohem Druck gibt es bei gewöhnlich imprägnierten Segeltuchen nicht, nur Gummiimprägnierungen gewähren in frischem Zustande einen völligen Abschluß.

Der Grad der Wasserdichtheit läßt sich jederzeit an einer fertigen Ware, wie auch mit Leichtigkeit an einer vernähten Wagen- oder Zeltdecke feststellen; daher handelt es sich nicht um einen versteckten Mangel. Die Prüfung muß sofort vorgenommen werden; denn das Ergebnis einer späteren Untersuchung darf der Lieferant beanstanden, da dann nicht feststeht, welchen Beanspruchungen der Stoff inzwischen ausgesetzt war. Daher hat eine Mängelrüge nach § 377 HGB. sofort zu erfolgen.

Damit sei gezeigt, daß die übliche Bezeichnung „wasserdicht" nur relativ zu verstehen ist.

Die Ansprüche an den Grad der Widerstandsfestigkeit gegen Wasser sind verschieden je nach dem Zwecke, den die Stoffe erfüllen sollen. So werden an einen Segeltuchvorhang, der in frei hängendem Zustand als Abschluß eines Raumes dient, nicht die hohen Anforderungen gestellt, die z. B. eine Plane auf einem Güterwagen oder Segeltuche bei der Marine erfüllen müssen, wo der Stoff oft und lange gegen die Einwirkungen von Regen und Wind sowie Seewasser Schutz bieten soll.

Die Wasserdichtheit kann erreicht werden durch:

I. Imprägnierung ohne Veränderung der Farbe des Stoffes,
a) nur wasserabstoßend,
b) wasserzurückhaltend und luftdurchlässig,
c) wasser- und luftundurchlässig.

II. Imprägnierung mit Veränderung der Farbe des Stoffes,
a) wasser- und luftundurchlässig bzw. wasserzurückhaltend und luftdurchlässig, dabei moderecht,
b) getränkt mit Bitumen- oder Bleiweißmasse,
c) geteert,
d) gestrichen,
e) kautschukiert.

ad I a. Wasserabstoßend können die Stoffe hergestellt werden, indem man sie mit gewissen chemischen Mitteln behandelt. Es ist möglich, ein ganz grobes Gewebe mit großen Poren wasserabstoßend herzustellen, so daß Wasser auf demselben bewegt werden kann, ohne daß der Stoff benetzt wird. Hierzu bedarf es nur, die Fasern mit einem Überzug zu versehen, der wasserabstoßend wirkt, z. B. Öl, Paraffin, Leder in Ätzkali gelöst usw. Wird auf ein derartiges Gewebe, das große Poren hat, Wasser gegossen, so kann dies längere Zeit stehen, ohne daß es durchsickert.

Um dies deutlich vor Augen zu führen, wird auf folgende bekannte Tatsache hingewiesen:

Wenn in einem dickwandigen Gefäß eine gewisse Wassermenge enthalten ist, und man macht eine feine Öffnung in der Nähe des Bodens, so fließt das

Wasser in feinem Strahl, dessen Bogenweite mit der Höhe der Wassersäule sich ändert, aus. Bestreicht man aber diese Öffnung vorher mit einem wasserabstoßenden Material, wie z. B. Paraffin, so drückt sich wohl eine kleine Wassersäule in die Öffnung hinein, aber die Oberflächenspannung ist so groß, daß sie das Austreten des Wassers verhindert (Abb. 28).

Überträgt man dies nun auf das Gewebe, so ist die Folge der Tränkung, daß trotz der sehr zahlreichen Poren das Wasser nicht durchläuft. Stört man nun aber die Oberflächenspannung des Wassers zu den paraffinierten Wandungen, z. B. durch Aufschütten ganz feinen Staubes oder anderer Partikelchen, so wird die Oberflächenspannung beseitigt und der vorher völlig wasserabstoßende, nicht netzbare Stoff läßt das Wasser ungehindert passieren. Ein gleiches geschieht, wenn man die Oberflächenspannung durch Druck aufhebt, worauf an den betreffenden Stellen das Wasser ebenso abläuft, als sei der Stoff nicht geschützt.

Diese Art, dem Stoff wasserabstoßende Eigenschaften zu verleihen, hat daher für die Praxis nur in ganz wenigen Fällen Bedeutung, z. B. für Emballagen, die nur einmal gebraucht werden. Liegt ein derartig imprägniertes Gewebestück im Freien, so tritt sehr bald eine Verstaubung ein und der vorher wasserabstoßende Stoff verhält sich wie ein nicht imprägnierter.

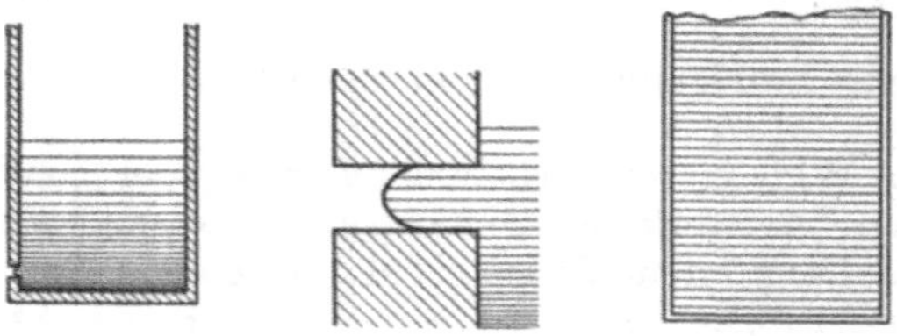

Abb. 28.

ad I b. In vielen Fällen muß Wert darauf gelegt werden, daß die Stoffe wasserabstoßend, aber luftdurchlässig sind, z. B. bei den Decken, welche über frische Futtermittel, Gras, Heu, Stroh usw. gelegt werden. Die frischen, teilweise noch feuchten Pflanzenteile kommen in den unteren Lagen, wo sie stark zusammengepreßt sind, bald in eine gewisse Gärung, die mit einer Temperatursteigerung verbunden ist. Letztere bewirkt eine Verdunstung des Wassers der Pflanzenteile. Der Dunst steigt empor und würde sich an der schützenden Decke kondensieren, wenn letztere nicht luftdurchlässig wäre. Dies würde weiter zu einer starken Durchnässung der oberen Lage der Ladung führen, die nach kurzer Zeit verderben würde. Gleichzeitig steigert die durch die Kondensation des Wassers freiwerdende und durch die Gärung entstehende Wärme die Temperatur der Ladung, wodurch die Erhitzung so weit gesteigert werden kann, daß eine Selbstentzündung der Heu- oder Strohladung usw. zu befürchten ist. Hierdurch entsteht eine große Gefahr für die Transporte.

Bei den für diesen Zweck verwendeten Stoffen dürfen die Poren also nicht vollständig geschlossen, sondern müssen vielmehr luftdurchlässig sein, damit der an den Decken sich bildende Niederschlag durch die hinzutretende bewegte Luft verdunsten kann. Voraussetzung ist natürlich, daß derartige Gewebe in der Einstellung entsprechend loser gehalten sind. Durch die Imprägnierung werden wohl wasserabstoßende Eigenschaften auf dem Gewebe erzeugt, da, wie unter I a. gezeigt, die Oberflächenspannung das Eindringen von Wasser erschwert; aber es darf nicht Wunder nehmen, wenn diese Decken, zumal wenn sie beschmutzt oder berußt sind, keinem starken Anprall von Wasser, besonders bei heftigem Wind, standhalten.

ad I c. Wasser- und luftundurchlässige Stoffe.

Bei diesen müssen die Poren des Gewebes vollständig geschlossen sein und dauernd in diesem Zustande bleiben. Zu diesem Zwecke sind die Poren des Gewebes zu füllen, was durch Auftragen von Paraffin, Wachsen, Asphalt, Anstrich usw. erreicht wird.

Um völlige Undurchlässigkeit zu erreichen, müssen die Stoffe in Gummilösung getränkt oder mit Gummi überzogen werden, oder es muß durch Verkleben zweier Schichten Stoff mit einer Gummilösung der Zweck der Imprägnierung erreicht werden.

ad II a. Moderechtheit.

Die zum Schutze gegen Regen verwendeten Segeltuche werden nach Gebrauch bzw. nach Eintreten besserer Witterung häufig in feuchtem Zustande zusammengerollt und verweilen oft längere Zeit in diesem Zustande. Besonders ungünstig wirkt sich eine Lagerung derartig feuchter Planen in warmen und dumpfigen Räumen bei unbewegter, stagnierender Luft aus. Hierbei haben die Pilzsporen, deren in der warmen Jahreszeit unendlich viele in der Luft herumschwirren und an der rauhen Oberfläche der Tuche haften bleiben, Gelegenheit zur Entwicklung. Diese führt dazu, daß mehr oder weniger große Stellen oder ganze Decken davon befallen werden, was schließlich zur vollständigen Vermoderung Veranlassung gibt. Es bilden sich die graugrünen Flecken der Pilzarten Aspergillus und die bis blutroten des Prodigiosum und unendlich vieler anderer Pilze. Ganz besonders werden solche Gewebe davon heimgesucht, bei denen zur Imprägnierung oder Ausrüstung Stärke oder Leim verwendet wurden. Solange diese Pilzkulturen in der das Gewebe bzw. die Faser einhüllenden Imprägnierschicht noch genügend Nährboden finden, lassen sich diese Erscheinungen noch beseitigen durch Abbürsten mit einer warmen 1% igen Borsäurelösung. Sobald sich aber der zerstörende Einfluß dieser Pilze auf die Faser selbst auswirkt, wird der bereits erwähnte Zustand akut, das Gewebe vermodert und verrottet und fällt schließlich buchstäblich auseinander. Hieraus ergibt sich, daß für gewisse Verwendungszwecke der Segeltuche Vorkehrungen gegen diese Schädlinge getroffen werden müssen.

Neben dem Gebrauch verschiedener antiseptischer Mittel, die noch keine Veränderung der Naturfarbe des Gewebes hervorrufen und die lediglich der Imprägnierflotte zugefügt werden, hat sich besonders die Verwendung von gewissen Kupferverbindungen bewährt, die je nach Anwendung einen vollkommenen Schutz gegen jede Pilzentwicklung bieten.

ad II b. Für gewisse Zwecke, z. B. für die Bedachung von geschlossenen Eisenbahnwagen, Möbelwagen usw. werden die hierzu verwendeten Stoffe mit bituminösen bzw. bleiweißhaltigen Massen getränkt.

ad II c. Für das Eindecken von Schiffsladungen begnügt man sich teilweise damit, Stoffe mit einem Anstrich von Teer zu verwenden, der sowohl Wasserschutz bietet, als auch moderecht ist, aber wegen seines eigenartigen starken Geruches und des schmutzigen Aussehens nur beschränkte Verwendung findet.

ad II d. Vielfach werden die Stoffe auch nur mit einem Anstrich aus Öl versehen; in diesem Falle findet meist vorher eine Durchtränkung mit gekochtem Leinöl statt. Da durch das Tränken und den Anstrich eine Füllung der Gewebeporen erfolgt, wird eine gute Wasserdichtheit erzielt.

ad II e. Die kautschukierten Stoffe werden entweder durch Tränkung mit einer Lösung von Gummimasse oder durch Aufwalzen von Gummimasse behandelt, oder es erfolgt eine Verklebung zweier Stoffschichten mit einer Gummimasse.

2. Imprägnier-Verfahren.

Wie bereits erwähnt, gibt es keine einheitlichen Vorschriften für die Imprägnierung, was sicherlich ein Mangel ist. Es wäre dankenswert, wenn eine Verständigung hierüber herbeigeführt werden könnte.

Sehr fördernd könnten die großen Verbraucher, Eisenbahn, Post, Heer und Marine usw., wirken, wenn sie einfach für ihre Zwecke geeignete und erprobte Verfahren vorschreiben würden. Dem steht aber entgegen, daß viel an der Ausführung der Vorschriften liegt und bei nicht sorgfältiger und nicht sachgemäßer Arbeit der gewünschte Effekt ausbleibt. Eine mangelhafte Arbeit läßt sich nicht immer leicht an der fertigen Ware feststellen. Bei einem Versagen kann sich jedoch der Lieferant immer darauf berufen, die Vorschriften bei der Imprägnierung befolgt zu haben. Um diesem Übelstand zu begegnen, lassen die Großverbraucher das Verfahren der Imprägnierung frei, schreiben dafür aber ganz genaue Prüfungsmethoden vor.

Einige Imprägnierverfahren, die sich bewährt haben bzw. die regelmäßig ausgeführt werden, sollen der Vollständigkeit halber hier beschrieben werden:

a) Wasserabstoßende Imprägnierung.

Sollen Gewebe, z. B. solche, die nur eine einmalige Verwendung finden, wasserabstoßend gemacht werden, so kann dieser Zweck durch einfaches Tränken mit einer Öl- oder Paraffinlösung, auch bei ganz lockeren Geweben, erreicht werden.

Dieser Schutz ist jedoch nicht von langer Dauer, da, wie bereits ausgeführt, die Oberflächenspannung des Wassers auf getränktem Stoff schon bei geringer Verstaubung aufgehoben wird. Sehr wirksam hat sich für derartige Imprägnierung wegen der geringen Kosten und der einfachen Behandlung eine Lederlösung erwiesen. Zur Herstellung dieser Imprägnierflüssigkeit werden Lederabfälle in Ätzalkalien gelöst und die erhaltene Masse zur Tränkung verwendet.

b) Wasserabstoßende und luftdurchlässige Imprägnierung.

Sollen die Stoffe einem häufigeren Gebrauch dienen und dabei möglichst wasserabstoßend und luftdurchlässig sein, wie z. B. die Waggondecken für Landwirtschaftsprodukte, so wird meist das Aluminiumazetatverfahren angewandt.

Aus der Mischung der beiden Lösungen: 1. 45 kg eisenfreies Aluminiumsulfat in 500 l Wasser, 2. 70 kg farbloses Bleiazetat in 500 l Wasser wird nach Niederschlag des Bleisulfates die klare Aluminiumazetatlösung entfernt.

Das Mengenverhältnis zwischen den beiden Chemikalien muß je nach dem Grad der Reinheit derselben etwas modifiziert werden. Wenn man eine kleine Menge der klaren Flüssigkeit auf einem Uhrglas verdampft, so muß der verbleibende Rückstand durchsichtig und etwas zäher sein. Ein milchiger, sehr brüchiger Rückstand zeigt an, daß ein Überschuß von Aluminiumsulfat vorliegt.

Das so erhaltene Aluminiumazetat bzw. die essigsaure Tonerdelösung wird für den Gebrauch zu einer 7° Bé spindelnden Lösung verdünnt. Unter Berücksichtigung des vorerwähnten Umstandes, daß ein Überschuß von Aluminiumsulfat vorhanden sein kann, muß darauf geachtet werden, daß die genannte Grädigkeit hauptsächlich durch das allein wirksame Aluminiumazetat erreicht wird. Bei der Passage durch diese Tonerdelösung soll eine vollkommene Netzung des Gewebes erreicht werden.

Die Trocknung erfolgt bei gelinder Wärme in der Trockenhänge bei Vermeidung von direktem Sonnenlicht.

Bei diesem Verfahren bleibt die ursprüngliche Farbe des Stoffes bestehen, und die Stoffe bewahren ihre Luftdurchlässigkeit.

Durch Nachbehandlung auf einem Jigger mit einer Seifenlösung wird durch die Fettsäure der Seife ein Niederschlag von fettsaurem Aluminium bzw.

Aluminiumseife erhalten. Die Poren des Gewebes werden zum Teil gefüllt, und durch die wasserabstoßende Eigenschaft der Metallseife wird eine erhöhte Wasserdichtheit und Widerstandsfähigkeit gegen die atmosphärischen Einflüsse erreicht.

Hierbei wird je nach der Dichte des Stoffes die Luftdurchlässigkeit teilweise oder ganz bewahrt.

Die Trocknung erfolgt, wie schon erwähnt, in der Trockenhänge. Die Ware wird dabei so aufgehängt, daß die einzelnen Stücke in Längen von 12 bis 15 m über Querriegel durchhängen, während die heiße Luft, die von den unterhalb angeordneten Heizkörpern zwischen den einzelnen Bahnen hochsteigt, die Stücke trocknet. Der Trockeneffekt wird noch beschleunigt, wenn durch eine besondere Gebläseeinrichtung trockene und evtl. vorgewärmte Luft eingeführt und dadurch die feuchte Innenluft abgedrückt wird.

Einen Hängetrockner der Firma Maschinenfabrik Friedr. Haas G. m. b. H. in Lennep (Rheinland), dem die nasse Ware mechanisch zugeführt wird und der die Ware in kontinuierlichem Betrieb trocknet, zeigt die Abb. 29.

Abb. 29. Hängetrockner.

Bei einer stündlichen Wasserverdunstung von 300 kg verbraucht der Hängetrockner nur 450 kg Dampf je Stunde.

Außer diesen beiden Trockenverfahren werden auch Zylindertrockenmaschinen verwendet. Die feuchte Ware kommt dabei direkt mit der heißen Trommeloberfläche in Berührung, was sich aber häufig recht ungünstig auf die Art der Imprägnierung auswirkt.

Um diesem Übelstand zu begegnen, werden die Anordnungen der Trockenhänge und der Zylindertrockenmaschine kombiniert, indem man der Zylindertrockenmaschine noch eine Lufttrockenhänge vorbaut. Die Ware kommt dann bereits vorgetrocknet auf die heißen Zylinderwalzen, wodurch ein erheblich besserer Ausfall erreicht wird.

c) Wasser- und luftundurchlässige Imprägnierung.

Zur Erlangung dieser Imprägnierung dienen die mannigfaltigsten Verfahren. Bei dichteren Stoffen führt schon das Aluminiumazetatverfahren mit nachfolgender Seifenbehandlung zu guten Resultaten.

Andererseits kommen Emulsionen, die Bienenwachs, Paraffin, Japanwachs, Zeresin, Candelillawachs oder ähnliches enthalten, zur Verwendung.

Diese Imprägnierungen geben je nach der Qualität und Dichte der Rohware sehr gute Ergebnisse in bezug auf Wasserdichtheit und Luftundurchlässigkeit. Stärke, Leim, Dextrin und ähnliche Materialien sollten keine Verwendung finden, weil diese für die den Stoff zerstörenden Pilze und Bakterien in feuchtem Zustande guten Nährboden abgeben und dabei Gärungserscheinungen verursachen, deren Produkte sich sehr nachteilig auf die Gewebefasern auswirken müssen.

Wasserdichte Imprägnierungen sind auch durch Anwendung von Zelluloselösungen der verschiedensten Art gemacht worden. Die so präparierten Stoffe sind aber nur für ganz bestimmte Zwecke verwendbar, wo der Stoff völlig ruhig liegen bleiben kann. Durch diese Imprägnierung wird der Stoff hart und brüchig und daher leicht schadhaft, wobei dann die Wasserdichtheit verlorengeht.

d) Moder-echt imprägnierte Stoffe.

Durch Zusatz von gewissen antiseptischen Mitteln, wie Salizylsäure, verschiedener Metallsalze wie Chlorzink, Chlorkalzium usw., den neuerdings in den Handel gebrachten Mitteln, wie Zellappret I. G. und anderen, läßt sich der Schimmelbildung und dem Stockigwerden entgegenarbeiten, doch bieten alle diese Verfahren, besonders bei ungünstigen Verhältnissen, keinen unbedingten Schutz gegen ein Vermodern der Ware.

Ganz gute Erfolge erhält man durch Verwendung kupferhaltiger Verbindungen.

Eine bewährte englische Vorschrift verwendet drei Lösungen:

Aus einer Kupfersulfatlösung von 29 kg in Wasser wird durch eine Sodalösung von 32 kg in Wasser das Kupferkarbonat ausgefällt und letzteres mit 12,5 kg Ameisensäure versetzt. Diese Lösung wird auf 900 kg verdünnt. Mit dieser Flüssigkeit wird der Stoff getränkt und dann auf einer Zylindertrockenmaschine getrocknet. Hierauf folgt eine Behandlung mit Ammoniak und abermaliges Trocknen, worauf der Stoff durch ein paraffin- und seifenhaltiges Bad genommen wird, um dann endgültig getrocknet zu werden. Für gewisse Zwecke erhält das letzte Bad einen Zusatz von neutralem Teer. Das Verfahren, das 0,3 g Kupfer auf den Quadratmeter Stoff bringt, ist zeitraubend, bedingt dreimalige Behandlung und Trocknung, so daß es sich wesentlich teurer stellt als die übrigen Imprägnierungen. Der Stoff wird dabei grünlich gefärbt.

Eine außerordentlich wirksame moder-echte Imprägnierung wird mit in organischen Lösungsmitteln gelösten Kupferseifen erzielt. Zum Unterschied von anderen Verfahren durchdringt hier die wirksame Kupferverbindung den Faden vollständig bis in seine Einzelfasern, so daß der Schutz gegen Verstocken nicht nur oberflächlich an dem Gewebe haftet, sondern dasselbe durch und durch schützt, gleichzeitig mit den zum Imprägnieren verwendeten Materialien. Der Schutz ist also hier ein vollkommener. Nach dem Verdunsten des Lösungsmittels bleibt die wirksame Kupferverbindung wasserunlöslich in dem Gewebe. Die Ware wird dabei grün gefärbt. Wenn auch bei langem Gebrauch in Wind und Wetter die grüne Farbe etwas verblaßt, so wird dadurch der wirksame Bestandteil für die moder-echte Imprägnierung, der ja unlöslich an der Faser gebunden ist, nicht beeinflußt. Derartig behandelte Gewebe zeigen nach einem Eingraben in feuchte Erde und einem mehrmonatlichen Verbleiben in derselben keinerlei schädlichen Einfluß auf das Gewebe bzw. die Imprägnierung, während in derselben Zeit andere, nicht in solcher Weise geschützte Gewebe die bereits erwähnten schädigenden Einwirkungen aufweisen.

Eine andere Methode der Herstellung von Kupferimprägnierung beruht darauf, daß man das Quellungsvermögen von Kupferoxydammoniak auf Zellulose benutzt. Der Stoff wird durch eine Lösung von Kupferoxydammoniak gezogen und dabei stark erhitzt. Das Kupferoxydammoniak löst die Zellulose in den oberen Schichten des Gewebes, bzw. bringt die Fasern zum Quellen; dabei bildet sich bei der Nachbehandlung ein filmartiger Überzug auf dem Gewebe, der gleichzeitig die Poren mit schließt. Diese glänzende blaugrüne Oberfläche ist zwar von großer Widerstandsfähigkeit gegen Wasser und Pilzbildung, wird aber vom Sonnenlichte stark gebleicht und zerstört, so daß sie dabei ihre Wasserdichtheit bzw. Wasserbeständigkeit verliert.

Um Kupferoxydammoniak zu erhalten, werden Kupferdrehspäne mit konzentriertem Ammoniak übergossen, wobei sich bei stetig wiederholter Lufteinwirkung Kupferoxydammoniak bildet. Das Kupfer oxydiert sich dabei zu Kupferhydroxyd und ergibt mit Ammoniak Kupferoxydammoniak $Cu(OH)_2 4 NH_3$.

e) Eisenbahndecken-Imprägnierungen.

Mit Bitumen- bzw. Bleiweißmasse getränkte Segeltuche oder Doppeldrelle werden sehr verschieden hergestellt.

Einige besonders interessante Methoden seien hier erwähnt:

Für englische Decken für Eisenbahn- und Transportwagen wird folgendes Verfahren gebraucht:

Leinöl wird auf 1000 l mit 7,5 kg Mennige auf 290° 1 bis 2 Stunden erhitzt. Soll sehr schnelles Trocknen eintreten, werden noch 2 kg Kobaltnitrat hinzugegeben.

Der Stoff wird durch dieses Imprägnierbad geführt und abgequetscht in einem offenen Raum ohne Erwärmung aufgehängt. Die Überführung des Leinöls in Linoxyn vollzieht sich je nach der Beschaffenheit des Öls, der Temperatur und Feuchtigkeit der Luft in 1 bis 4 Tagen. Durch Aufbürsten der Imprägniermasse auf beiden Seiten und sonst gleicher Behandlung wird die Auflage verstärkt und zum Schluß die Oberseite auf gleiche Weise nochmals behandelt.

Für französische Eisenbahnwagen erhalten die Decken einen Überzug von kochend heißem Kreosotteer, der mit Bürsten eingerieben wird. Alsdann wird der Stoff auf dem Boden ausgebreitet und mit feinem Sand bestreut. Durch Bürsten wird der Sand in bessere Verbindung mit der Decke gebracht. Diese Decken sind sehr roh und unansehnlich; sie finden aber trotzdem die Anerkennung der französischen Militärbehörde.

Das amerikanische Verfahren verwendet für die Eisenbahn- und Transportdecken eine Mischung, die enthält:

gekochtes Leinöl . . .	50 Gewichtsteile	Wasser.	5 Gewichtsteile
Kohlenschwarz	10 „	Ammoniakflüssigkeit. .	1 „
Türkischrotöl	10 „	Solventnaphtha	24 „

Diese Mengen werden zu einer dicken Auftragsmasse zusammengerührt und mit einer Auftragsmaschine beiderseits in den Stoff gepreßt. Nach dem Trocknen in zweckmäßig erwärmten Räumen wird der Prozeß nochmals wiederholt, worauf die Imprägnierung fertig ist.

Das Verfahren der Deutschen Reichsbahn.

Bis in die Nachkriegszeit wurden die Decken aus Doppeldrell (Segeltuch) für Eisenbahnwagen, Omnibusse, Transportwagen aufgeklebt. Hierzu wurde eine Masse verwendet, die bestand aus:

Leinölfirnis	43 Gewichtsteile	gebrannte Umbra . . .	7 Gewichtsteile
gemahlene Kreide . . .	28 „	Silberglätte	1 „
Ocker	7 „	Burgunderharz	14 „

Diese Masse wurde 5 mm dick auf das Dach aufgetragen, hierauf die rohe, nicht imprägnierte Decke aufgelegt und die Decke mit geeigneten Hölzern so lange bearbeitet, bis die Masse gleichmäßig an die Oberfläche durch die Ware hindurch trat, was an der gleichmäßigen Farbe der durchgedrungenen Masse erkannt wurde. Alsdann nagelte man die überstehenden Ränder an oder unter die Kanten des Daches. Nachdem der Oxydationsprozeß des Leinöls vollzogen war, wozu mehrere Tage benötigt sind, wurde das Dach mit Leinölfirnis getränkt und dies nach dem Trocknen wiederholt, wozu wieder jeweils mehrere Tage erforderlich waren. Zum Abschluß erhielten die Dächer einen Anstrich von Leinöllackfarbe.

Dieser Schutz hat sich viele Jahrzehnte als ganz vorzüglich bewährt und hielt meist, bis der Wagen außer Dienst gestellt wurde, so daß das Verfahren von vielen Auslandsstaaten übernommen wurde, besonders von denen, die ihre Eisenbahnwagen auch aus Deutschland bezogen. Dabei legte man ganz besonderen Wert darauf, daß nur ein völlig ausgetrocknetes Holz für die Dächer zur Verwendung gelangte. In der Nachkriegszeit, als dieser Vorschrift nicht mehr die nötige Beachtung geschenkt wurde, trockneten die Bretter des Dachbelages nachträglich ein, es entstanden Schwund und offene Fugen. Da durch die innige Verklebung des Stoffes mit dem Holz der Stoff nicht nachgeben konnte, wurde dieser an den Fugen auseinander gezerrt, er verlor seine wasserabhaltenden Eigenschaften gerade an den offenen Stellen des Daches, und so konnte das Regenwasser ungehindert durch das Dach in den Wagen eindringen. Hierdurch wurden die Güter verdorben, und die Eisenbahn mußte große Entschädigungen bezahlen. Aus diesem Grunde wurde eine Erneuerung der Dächer notwendig, und diese mußten mit frischen Decken versehen werden. Zur Vermeidung ähnlicher Übelstände ging man dann dazu über, die Decken lose über das Dach zu legen, wie es in Süddeutschland schon früher geschehen war, und nagelte die straff gezogene Decke seitlich oder unter die Dachränder.

Durch die Imprägnierung der Decken auf dem Dache wurde jedesmal der betreffende Wagen mindestens 14 Tage dem Verkehr entzogen, und die Behandlung verlangte sehr viel Arbeitszeit. Aus diesem Grunde ging man dazu über, die Decken in fertig imprägniertem Zustand zu verwenden, und kam dadurch in die Lage, notfalls den Wagen mit einer neuen Decke in wenigen Stunden fertigzustellen.

Für die fertigen Decken kommen folgende drei Sorten zur Verwendung:

1. Bitumendecken.

Diese sind hergestellt aus sogenanntem Doppeldrell, einem köperartigen Gewebe, bei dem immer 2 Kettfäden über 3mal 2 Schußfäden und unter 1mal 2 Schußfäden binden. Durch diese Bindung wird der Stoff elastischer gegenüber der starreren Segeltuchbindung. Es handelt sich also bei dem Doppeldrell um eine 4bindige Ware, in der sowohl die Kette als auch der Schuß doppelfädig angeordnet ist, der Schuß wird dabei nicht gezwirnt. Die Rohware hat ein Gewicht von mindestens 800 g je Quadratmeter und eine Festigkeit von mindestens 150 kg bei einem Versuchsstreifen von 50 mm Breite und einer Einspannlänge von 360 mm zwischen den Klemmbacken der Reißmaschine.

Der Doppeldrell wird in einer Breite von 324 bis 375 cm getränkt in einer Auflösung von gleichen Teilen mexikanischem Bitumen und Stearinpech, von dem mindestens 600 g je Quadratmeter aufgenommen werden müssen. Der getrocknete Stoff wird alsdann an der Oberfläche mit einem Lack gestrichen, der aus 63 bis 68 Gewichtsteilen Leinölfirnis und 7 bis 10 Gewichtsteilen Verdünnungsmittel und im Rest aus Ocker besteht.

Nach Oxydation dieses Überzuges wird der Anstrich wiederholt und gleichzeitig die Unterfläche mit einem Firnis versehen, der aus Rabenschwarz und Leinölfirnis zu gleichen Teilen besteht. Der beiderseitige Anstrich darf sich beim Zusammenrollen der Decken nicht vom Stoff lösen. Durch Aufstreuen von Talkpulver wird vermieden, daß die einzelnen Lagen beim Aufrollen aneinander haften. Nach Beendigung der Trocknung — Oxydation des Leinöls — werden die Decken auf genaues Maß für die einzelnen Wagentypen zugeschnitten und einzeln auf 75-mm-∅-Rohre, die an beiden Enden einen vierkantigen Abschluß von Holz haben, aufgerollt. Dadurch wird beim Aufschichten der einzelnen aufgerollten Decken ein gegenseitiges Berühren verhindert. Aus der Abb. 30 ist die Anordnung dieser Rohre ersichtlich.

Durch Aufnageln der Ränder dieser Decken an die Kanten des Wagendaches erhält dieses einen nahtlosen glatten Überzug. Um etwaige Verletzungen der oberen Lackschicht beim Aufspannen nachher zu beseitigen, erhält das fertige Dach noch einen Anstrich mit der vorgenannten Ölfarbe: Ein Versuchsstück dieser Decke muß einer Wassersäule von 100 mm Höhe während einer Zeit von 24 Stunden standhalten.

2. Dietze-Decken (Hersteller Rich. Dietze, Pirna).

Diese werden je nach der Breite der fertigen Decke aus 102, 108, 112, 125 und 130 cm breiten Segeltuchbahnen zusammengenäht. Die Rohware hat ein Gewicht von mindestens 730 g je Quadratmeter. Ein Versuchsstreifen von 40 mm Breite und 360 mm freier Einspannlänge muß eine Festigkeit von mindestens 125 kg sowohl für die Kette wie auch für den Schuß besitzen. Die fertige Ware muß mindestens 1250 g Tränkungs- und Anstrichmaterial pro m^2 enthalten.

Die Tränkung erfolgt mit Bleiseifen, und die weitere Behandlung geschieht in analoger Weise wie bei den Bitumendecken.

Die Prüfung auf Wasserdichtheit erfolgt wie bei der Bitumendecke.

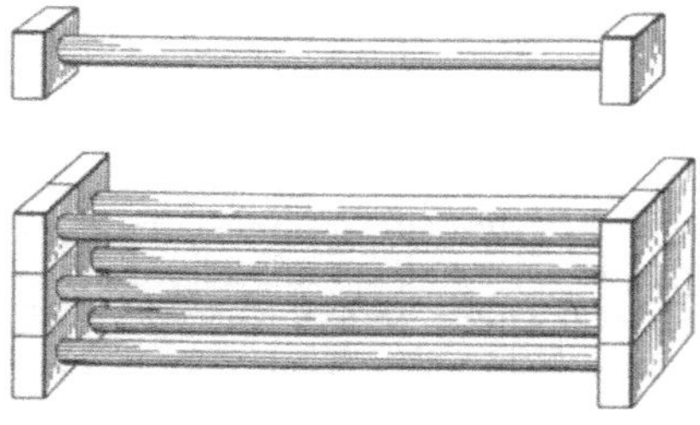

Abb. 30. Aufwicklungsvorrichtung für Eisenbahndecken.

3. Wefa-Decken (Weber-Falkenberg in Zernsdorf bei Berlin).

Diese sind aus einem Doppelköper hergestellt mit einem Quadratmetergewicht von mindestens 730 g und einer Mindestfestigkeit von 130 kg für Kette und Schuß bei einem Versuchsstreifen von 40 mm Breite und 360 mm freier Einspannlänge.

Die Tränkung erfolgt in einer dextrin- und leimartigen Stärkelösung. Der Überzug wird mit einer bleiweißhaltigen Masse bewirkt, die nicht mehr als 7% Schwerspat enthalten darf. Die so getränkten Decken erhalten analog den Bitumendecken beiderseits einen zweimaligen Anstrich von Eisenglimmer-Aluminiumfarbe. Der Quadratmeter fertige Ware muß mindestens 2800 g wiegen.

f) Kautschukierte Gewebe.

Zur Erzielung vollkommen wasserdichter Gewebe dient die Behandlung mit Kautschuk.

Die einfachste Art ist die Imprägnierung mit Kautschuklösung, sei es mit Hilfe einer Lösung von Kautschukmasse in einem geeigneten Lösungsmittel oder durch Behandlung mit Latex.

Latex kann durch Ammoniakflüssigkeit in flüssigem Zustand erhalten werden. Diese Flüssigkeit hat eine sehr geringe Viskosität, da eine 20%ige Latexlösung die gleiche Viskosität besitzt wie eine etwa 1%ige Kautschukbenzollösung. Diesem günstigen Verhalten der Latexlösung steht die geringe Benetzbarkeit nicht vorbehandelter Stoffe gegenüber. Um das Gewebe, z. B. Segeltuch, aufnahmefähig für Latexlösung zu machen, wird es „gebeucht", d. h. 4 Stunden lang in Autoklaven mit einer 1%igen Natronlauge und etwas sulfonierter Seife erhitzt, gewaschen, ausgespannt und längere Zeit bei 70° C getrocknet, alsdann zur Aufnahme der Luftfeuchtigkeit offen hingelegt. Das so behandelte Segeltuch nimmt z. B. 12% einer 18%igen Latexlösung auf, während der unbehandelte Stoff von dieser Lösung nur ca. 6% aufzunehmen vermag. Durch den Beuchprozeß wird ein geringer Gewichtsverlust des Stoffes eintreten, auch schrumpft beispielsweise Baumwollsegeltuch um etwa 4% in der Kettrichtung ein, ohne daß dadurch die Reißkraft vermindert wird. Die Bruchdehnung wird hingegen sogar noch erhöht.

An Stelle der Latexlösung kann auch eine Lösung von Gummimasse verwendet werden. Zur Imprägnierung der Stoffe wird Kautschukmasse in Lösung gebracht. Hierzu eignet sich Benzin, Benzol C_6H_6 oder Schwefelkohlenstoff CS_2. Diese Stoffe sind aber sehr leicht entzündbar und daher nur mit größten Vorsichtsmaßregeln zu gebrauchen. Zur Vermeidung dieser Gefahr kann Tetrachlorkohlenstoff CCl_4, Trichlorätylen $CCl_2 : CHCl$, Monochlorbenzol C_6H_5Cl, Methylenchlorid CH_2Cl_2 usw. verwendet werden, deren zum Teil giftige Eigenschaften jedoch besondere Vorsicht beim Gebrauch bedingen, was im großen durch Arbeiten in verschlossenen Gefäßen geschieht, bei denen auch eine Rückgewinnung der verdunsteten Lösungsmittel möglich ist. Beim Arbeiten in offenen Arbeitsräumen ist stets für gute Lüftung zu sorgen.

Die reinen Gummilösungen haben sich wegen geringer Haltbarkeit nicht bewährt. Um sie für die Praxis verwendbar zu machen, auch um ihre Masse zu strecken, werden der Gummimasse Füllmittel zugesetzt, deren Auswahl und Mengenverhältnis vom Zweck, dem der Stoff dienen soll, abhängig sind. Als solche Füllmittel kommt vor allem Faktis zur Verwendung.

Die so erhaltenen Massen sind ebenso wie die reinen Gummilösungen in der Kälte brüchig und in der Hitze klebrig. Zur Beseitigung dieser Mängel und zur Gewinnung einer auch bei großen Temperaturschwankungen gleichbleibenden Geschmeidigkeit werden die behandelten Stoffe vulkanisiert. Durch die Vulkanisation wird die Verwendbarkeit des Kautschuks außerordentlich gesteigert, und hierbei wird die Masse für gewöhnliche Lösungsmittel unlöslich gemacht.

g) Heiß- und Kaltvulkanisierung.

Die Kaltvulkanisation geschieht in sogenannten Vulkanisierkesseln, wo die Stoffe den Dämpfen des Chlorschwefels S_2Cl_2 bei etwa 50 bis 60° ausgesetzt werden.

Die Heißvulkanisation erfolgt durch Erhitzen mit Schwefel auf 130 bis 140° unter erhöhtem Druck.

Eine in England gebräuchliche Art der Vulkanisierung ist die mit Schwefel in statu nascendi. Hier wird der Stoff zuerst mit Schwefeldioxydgas getränkt und dann Schwefelwasserstoffgas ausgesetzt. Durch die Einwirkung dieser beiden Gase wird Schwefel ausgeschieden, der die Vulkanisierung bewirkt.

Die Kaltvulkanisierung ist für gewisse Zwecke hinreichend, sie erreicht aber nicht die große Verwendbarkeit der in der Erhitzung gewonnenen Vulkanisierung; vor allem wird durch letztere und durch Beigabe von Füllmitteln die Quellbarkeit der Gummimasse im Wasser herabgesetzt.

Eine vereinfachte Methode der Imprägnierung mit vulkanisierter Latexmasse ist die von Philipp Schidrowitz, nach dem Latexmasse in Verbindung mit Schutzkolloiden (Kasein) bei der Erhitzung mit Schwefel vulkanisiert wird, ohne äußerlich erkennbare Veränderungen der Latexlösung hervorzurufen. Diese Masse, „Vultex“ benannt, kann im Vakuum bei 70 bis 80° eingetrocknet und mit Farb- und Füllmaterial verarbeitet werden. Zur Imprägnierung der Gewebe wird die erhaltene Masse aufgestrichen und über Heizflächen gezogen, wo neben der Verdunstung des Wassers die Vulkanisierung stattfindet. Dieses Verfahren hat den Vorzug, daß die Bereitung des Rohgummis, die viel Kraft benötigende Durcharbeitung, die Feuersgefahr bzw. gesundheitsschädigende und teure Lösung und sonst erforderliche Anlagen erspart bleiben. Dabei ist das

Produkt von besonderer Dehnbarkeit und Festigkeit, was wohl auf die Anwesenheit größerer Mengen der im Latex enthaltenen Serumbestandteile zurückzuführen ist. Diese Bestandteile haben aber auch die nachteilige Wirkung, daß die Gummimasse größere Aufnahmefähigkeit für Wasser hat, auch läßt sich der Vultex nicht mit den organischen Füllstoffen, wie Faktis, verarbeiten, die der Gummimasse die große Geschmeidigkeit und Wasserdichtigkeit verleihen. Dieser Nachteil wird reichlich aufgewogen durch die unverhältnismäßig größere Billigkeit des Vultexverfahrens gegenüber den anderen Verwendungsarten der Gummimasse.

Die Verwendung des Latex hat den Nachteil, daß 65 bis 70% Wasser mit transportiert werden müssen, und daß zum Transport schwere sowie teurere Gefäße erforderlich sind. Durch vorsichtiges Erwärmen im Vakuum in Gegenwart von Schutzkolloiden kann aber neuerdings der Latex verdichtet werden, so daß er 80 bis 85% Kautschukmasse enthält. Diese Masse kommt als „Revertex" in den Handel, während der vulkanisierte Revertex als „Revultex" gehandelt wird. Am Verbrauchsorte kann man diese Konzentration wieder auf irgendwelche beliebige Lösung verdünnen.

h) Französische Vulkanisierung.

Eine französische Vorschrift für schwarz kautschukierte Gewebe ist folgende:

3 couches de la composition suivante:

noir de fumée	50 g
huile de lin naturelle	200 g
huile de lin cuite	600 g
idem caoutchoutée	130 g
siccatif liquide	20 g

composition de l'huile de lin cuite caoutchoutée:

huile de lin cuite	900 g
caoutchouc de faible densité	100 g

i) Elektroplattierung mit Kautschuk.

Der Vollständigkeit halber wäre noch zu erwähnen, daß in neuester Zeit die Elektroplattierung bekannt geworden ist. Diese beruht auf der elektrostatischen Entladung der negativ geladenen Kautschukteilchen der Latex- oder der künstlichen Kautschukemulsion an der Anode einer galvanischen Zersetzungszelle. Obgleich Kautschuk ein typischer Isolator ist, ermöglichen es die äußerst feinen Kapillaren in dem schwammigen Niederschlag, daß eine Stromleitung auch nach dem ersten Niederschlag erfolgt, so daß es gelingt, einen bis zu 6 mm starken Niederschlag zur Abscheidung zu bringen. Dieses Verfahren ist besonders für Drahtnetze, Kabel, Rohre usw. geeignet. Soll Kautschuklösung elektrisch auf Gewebe, Papier oder andere nicht leitende Materialien gebracht werden, so sind diese vorher leitend zu machen. Es ist jedoch noch nicht genügend erprobt, ob dieses Verfahren vor der Latexbehandlung zur Herstellung wasserdichter Imprägnierung irgendwelche Vorteile bietet.

Schutz der Stoffe durch Teeren oder Anstrich findet häufig Anwendung. Das Teeren macht den Stoff jedoch klebrig, weshalb die so behandelten Gewebe vielfach noch besandet werden.

Sollen Textilerzeugnisse einen Anstrich mit einer Lackfarbe erhalten, so empfiehlt es sich, sie vorher ein- bzw. zweimal mit gekochtem Leinöl zu tränken und den Anstrich erst aufzutragen, wenn das zur Vorbereitung verwendete Öl völlig oxydiert ist, da sonst die Lackschicht leicht abgelöst werden kann und die dann ungeschützten Fasern dem Verderben preisgegeben sind. Beim bloßen Anstrich bleibt auch die untere Seite ungeschützt und ist diese dann besonders gefährdet, weil Feuchtigkeit, die unter die Decke gelangt, infolge der luftundurchlässigen oberen Schicht zurückgehalten wird und das Zerstörungswerk beginnt, das durch pflanzliche Parasiten und chemische Einflüsse bald vollendet wird.

k) Wirkung der Imprägnierung auf Gewebe.

Alle Imprägnierungen sind nicht ohne Wirkung auf die Haltbarkeit der Gewebe. Die atmosphärischen Einflüsse sind aber sehr verschieden bei den diversen Behandlungen, auch spielen die verwendeten Farben eine besondere Rolle. Vor allem wirkt das direkte Sonnenlicht nachteilig ein. Eingehende Versuche von Jarret und Holman haben ergeben, daß nicht imprägnierte Segeltuche, dem Sonnenlicht und atmosphärischen Einflüssen 6 Monate ausgesetzt, ca. 40% an Festigkeit gegenüber den auf Lager gehaltenen Waren eingebüßt hatten, und daß sich die verschiedenen Farben, die zum Anstrich verwendet waren, sehr verschieden verhielten, wie aus der folgenden Zusammenstellung hervorgeht; hiernach zeigte der Stoff mit einer Reißfestigkeit von 62 kg bei 1 inch breiten Versuchsstreifen nach sechsmonatigem Aufenthalt im Freien:

Es bedeuten: 1. Reißfestigkeit vor dem Versuch. 2. Reißfestigkeit nach einem sechsmonatigen Aufenthalt im Freien, jeweils bei 1 inch breiten Streifen. 3. Verlust an Festigkeit in Kilogramm. 4. Verlust an Festigkeit in Prozent.

Art des Baumwollsegeltuches	1	2	3	4
nicht behandelt	62	38	24	38,6
mit gelbem Ocker in Leinöl	62	49	13	12,1
mit Venetianischrot in Leinöl	62	37	25	40,0
mit gebr. Siena	62	39	23	38,7
mit gebr. Umbra	62	39	23	38,7
mit Lampenschwarz	62	47	25	40,3
mit Zinkoxyd	62	32	30	48,4
mit Indischrot	62	31	31	50,0
mit Chromgelb	62	18	53	71,0
mit Petrolasphalt	62	16	46	74,2
mit Kaolin	62	11	51	82,2

Hieraus würde sich ergeben, daß die gelbe Ockerfarbe nur mit 12,1% Festigkeitsverlust die günstigste ist, die rötlichen, braunen und schwarzen einander ziemlich gleichwertig mit ca. 40 bis 50% Verlust dastehen, während sich Chromgelb und Petrolasphalt und erst recht Kaolin besonders ungünstig verhalten. Bei den drei letzten müssen wohl noch chemische Einflüsse mitgespielt haben, wobei aber der so starke Verlust des chemisch doch wenig wirksamen Kaolin besonders auffällig ist.

Diese Feststellungen sind in New York gemacht; wie weit sie auf unsere Verhältnisse übertragbar sind, muß noch festgestellt werden, ebenso ob und wieweit klimatische oder örtliche oder evtl. chemische Einflüsse die Wirkung beeinflußt haben. Klimatische Einflüsse können sehr verschieden sein; so wird ein Stoff fraglos mehr angegriffen, wenn er häufig durchnäßt und dann wieder stark von der Sonne bestrahlt wird, als wenn er dauernd längere Zeit in nassem Zustand kein direktes Sonnenlicht erhält oder dauernd in trockenem Zustande intensiv bestrahlt wird. Ebenso beeinflussen große Temperaturdifferenzen die Wirkung. Lokale Einflüsse können sehr stark sein, z. B. in industriereichen Gegenden, in denen die Luft stets größere Mengen schwefliger Säure enthält, die durch Verfeuerung schwefelhaltiger Kohlen in die Luft gelangt und vom ersten Regenniederschlag bzw. Tau begierig aufgenommen wird. Diese Säure wirkt ebenso wie auf Metallgegenstände, z. B. Denkmäler, zerstörend auf die betroffenen Gewebe, und ist hier die Baumwolle besonders empfindlich. Aus diesem Grunde sollten Baumwolldecken nicht in industriereichen Gegenden gebraucht werden, da sie unverhältnismäßig stärkeren Angriffen ausgesetzt sind, zumal wenn die Säurewirkung durch nachfolgende Sonnenbestrahlung noch gefördert wird. Da

Flachs und Hanf viel weniger empfindlich gegen diese Einwirkungen sind, werden zweckmäßig nur Decken aus diesen Fasern in solchen Gegenden verwendet.

Baumwolle ist auch empfindlicher gegen Reibung, da die Fasern, die einem zusammengepreßten Schlauch ähneln, also zwei schärfere Ränder haben, bei der Reibung mehr Angriffspunkte gegeneinander bieten, als die fast runden Flachs- und Hanffasern.

Neben den allgemein als wasserdicht bezeichneten Imprägnierungen soll hier auch noch die flammensichere Imprägnierung erwähnt werden.

l) Flammensichere Imprägnierungen.

Für verschiedene Verwendungszwecke ist es notwendig, auch die Gewebe der Schwerweberei flammensicher zu imprägnieren bzw. schwer entflammbar zu machen, z. B. die Schutzbalgen an D-Zug-Wagen. Ein derartig behandeltes Gewebe soll, in die Flamme gehalten, nur zum Glimmen kommen und darf nur langsam verkohlen.

Für die flammensichere Imprägnierung gibt es eine ganze Anzahl von Verfahren, die ihren Zweck mehr oder weniger vollständig erfüllen. Man unterscheidet dabei solche, deren Wirkung rein chemisch ist, indem die zur flammensicheren Imprägnierung verwendeten Chemikalien in der Hitze Gase, z. B. Kohlensäure oder Ammoniak, erzeugen, die eine Flamme zum sofortigen Ersticken bringen würden und weiter solche, die rein mechanisch wirken, indem dort die verwendeten Chemikalien durch die Hitze schmelzen und den Faden dadurch schützend umschließen.

Es ist weiter von besonderer Bedeutung, ob die flammensichere Imprägnierung lediglich für ein rohes Gewebe zur Verwendung kommen, oder ob diese gleichzeitig mit einer wasserdichten Imprägnierung kombiniert angewandt werden soll. Sehr viele von den für die flammensichere Imprägnierung verwendeten Chemikalien ergeben keine wasserfesten Imprägnierungen, da diese durch den Einfluß von Regenwasser leicht wieder ausgewaschen werden.

Durch die Verwendung von Ammoniumsalzen, wie:

Kohlensaures Ammoniak: $(NH_4)_2CO_3$,
Phosphorsaures Ammoniak: $(NH_4)_3PO_4$,
Schwefelsaures Ammoniak: $(NH_4)_2SO_4$,
Chlorammonium: NH_4Cl;

ferner:

Wolframsaures Natron: Na_2WO_4,
Schwefelsaure Magnesia: $MgSO_4 \cdot 7\,H_2O$,
Borsäure: H_3BO_3,
Wasserglas: $Na_2Si_4O_9$,
Alaun: $Al_2(So_4)_3K_2SO_4 + 24\,H_2O$,
Pottasche: $K_2CO_3 + 2\,H_2O$,
Borax: $Na_2B_4O_7 + 10\,H_2O$,
Chlorkalzium: $CaCl_2$,
Chlorzink: $ZnCl_2$,

und andere in verschiedenen Kombinationen lassen sich ganz gute Resultate erreichen.

Ein gemischtes Verfahren, das das unlösliche Zinnoxyd auf die Faser fest verankert, das aber ein mehrmaliges Trocknen erfordert, ist das folgende:

Die Ware wird mit einer Lösung von zinnsaurem Natron (Natriumstannat) getränkt und getrocknet und dann durch eine zweite Lösung von Ammoniumsulfat passiert. Ein nachfolgendes Wässern entfernt das sich bildende Natriumsulfat.

G. Das Färben.

Von **Max Kaulfuß**, Zillertal, Riesengebirge.

Das Färben erfolgt gewöhnlich im Stück, seltener im Garn und wird im allgemeinen mit substantiven Farben ausgeführt.

Besondere Echtheitseigenschaften werden für die Gewebe der Schwerweberei nur in Ausnahmefällen gestellt, weshalb auch schon aus Billigkeitsgründen fast ausschließlich substantive Farben verwendet werden. Es kommen dabei die Farben und Tönungen in Schwarz, Feldgrau bis Olivgrün, Braun bis Rot, Khaki und Gelb in Anwendung, und zwar wird auf rohgarnige Ware gefärbt.

Baumwollstückware muß vor dem Färben auf dem Jigger mit einem Zusatz von kalz. Soda bzw. einem besonderen Netzmittel ausgekocht werden. Die verwendeten rohen Baumwollgarne sind durch die an der Oberfläche der Fasern befindliche Kutikula außerordentlich schwer netzbar.

Rohe Waren aus Leinen und Hanf werden vor dem Färben auf dem Jigger mit einer 5 bis 10%igen kalz. Sodalösung ausgekocht.

Jute selbst ist eine Faser, die sehr gut zu netzen ist; es genügt daher eine Vorbehandlung mit heißem Wasser.

Gefärbt wird auf dem Jigger in heißer Flotte unter Zusatz von Chlornatrium Natriumsulfat bzw. Natriumkarbonat nach den besonderen Färbevorschriften und je nach dem verwendeten Farbstoff.

Um die Echtheitseigenschaften zu erhöhen, wird teils mit Kupfervitriol oder (bei Baumwolle) Formaldehyd und Essigsäure nachbehandelt.

Zur Erzielung noch größerer Echtheiten auf substantiven Farben werden diese noch besonders diazotiert.

Man versteht darunter die Behandlung der vorgefärbten Ware in kaltem Bade, das Natriumnitrit und Salzsäure bzw. Schwefelsäure enthält, und die Weiterbehandlung in kaltem Entwicklungsbad.

H. Nachbehandlung der Schwergewebe.

1. Das Fertigmachen der Gewebe der Schwerweberei.

Je nach dem Verwendungszwecke der erzeugten Stoffe der Schwerweberei bedürfen dieselben noch einer Nach- bzw. Schlußbehandlung. Dadurch sollen die Gewebe für den Verkauf ansehnlicher gemacht werden, indem die noch rauhe Oberfläche der Ware geglättet bzw. die durch das Imprägnierverfahren oder das Färben in der Fadenverbindung gequollenen und gelockerten Gewebe wieder entsprechend geschlossen werden.

Mit nur wenig Ausnahmen werden alle Stoffe einer derartigen Nachbehandlung unterworfen, dabei unterscheidet man einerseits das Mangeln, andererseits das Kalandern der Ware.

a) Das Mangeln.

Dabei wird die Ware erst auf besondere Mangelwalzen bzw. Kaulen aufgebäumt und dann in dieser Aufmachung dem Druck zweier Walzen ausgesetzt. Durch abwechselnden Vorwärts- und Rückwärtslauf der Mangelwalze werden die übereinander liegenden Lagen der Ware zunächst durch den Druck gestreckt und gleiten durch den sich immer wieder ändernden Vorwärts- und Rückwärtsgang dauernd aneinander ab. Durch die dabei eintretende Verschiebung der Fadenverkreuzungen wird ein besonders guter Schluß des Gewebes erreicht. Die Art des dabei angewandten Druckes, der immer eine Stoffbahn in die andere preßt, wird ein kräftiges Korn der Ware ergeben. Ein Mangeln wird man demnach vorwiegend bei einer rohen Ware vornehmen, um dieser ein gutes Korn zu geben, während dabei gleichzeitig die Ware einen besonderen Glanz erhält.

b) Das Kalandern.

Im Gegensatz zum Mangeln wird beim Kalandern der Stoff nur in einer einzigen Lage zwischen den Walzen hindurchgeführt und wird je nach dem Druck, unter dem die Walzen stehen, mehr oder weniger zusammengepreßt.

Dabei wird das Volumen des Fadens in die Poren bzw. die Zwischenräume zwischen den einzelnen Fadenverkreuzungen hineingepreßt. Die Ware erhält dadurch einen verstärkten Schluß; durch den Druck auf die einzelnen Stofflagen wird allerdings das natürliche Korn der Ware ziemlich verlorengehen. Man wird aus diesem Grunde hauptsächlich die imprägnierte Ware über den Kalander gehen lassen. Die in der Imprägnierflotte enthaltenen, in kolloidaler Lösung auf die Ware gebrachten Ingredienzen, wie Japanwachs, Bienenwachs, Zeresin, Paraffin usw., deren Schmelzpunkte bei ca. 50 bis 60° liegen, werden durch die heiße Stahlwalze des Kalanders erneut geschmolzen, finden dadurch einen engeren Zusammenhalt mit dem Faden und werden durch den Walzendruck in die Zwischenräume zwischen den einzelnen Fadenverkreuzungen hineingepreßt.

Es ist natürlich, daß ein gut kalandertes Gewebe jeder mechanischen äußeren Einwirkung größeren Widerstand entgegenzusetzen vermag. Die durch das Kalandern erhaltene glatte Oberfläche des Gewebes wird dem Regenwasser ein schnelleres und leichteres Ablaufen gestatten.

2. Das Einlaufen, bzw. Zusammenschrumpfen von Geweben.

Bei der Verwendung von Segeltuchen zu Planen und Zelten macht sich der Übelstand häufig recht unangenehm bemerkbar, daß die Gewebe beim Gebrauch im Wechsel von Regen, Licht und Sonne bis zu einem gewissen Prozentsatz eingehen.

Bei glatten Planen, die an keine bestimmte Form oder Größe gebunden sind, ist diese Eigenschaft nicht von der Bedeutung, wie bei solchen Konfektionsstücken, die sich in genau gleichbleibender Größe an ein ganz bestimmtes Maß anpassen müssen. Es muß deshalb darauf geachtet werden, daß beim Zuschnitt die nach der Erfahrung notwendigen Einlaufsprozente zugegeben werden. Bestimmte Normen über das Eingehen der Schwergewebe sind bis jetzt noch nicht festgelegt.

Dieses Eingehen oder Verkürzen des Gewebes bzw. des einzelnen Fadens wird sich bei der Verwendung von Baumwolle, Flachs oder Hanf nicht ganz vermeiden lassen. Es handelt sich hier um die Auswirkung einer Naturkraft, um das Quellen des Fadens bei Aufnahme von Feuchtigkeit.

Ein Zusammenschrumpfen wird nicht eintreten bei einem Faserbündel, dessen einzelne Fasern bzw. Fibrillen in ungedrehtem Zustand parallel zueinander liegen. Das Faserbündel wird durch die Aufnahme von Feuchtigkeit nur dicker, es erleidet aber keine Verkürzung. Anders liegt der Fall, wenn dieses Faserbündel zu einem Faden zusammengedreht ist, die einzelnen Fibrillen also schraubenlinienförmig aneinanderliegen, und Feuchtigkeit dringt in die Zwischenräume der Fibrillen ein. Es erfolgt ein Aufquellen des Fadens, wobei die in Schraubenlinien liegenden Fibrillen, die an sich keine nennenswerte Dehnbarkeit besitzen, durch ihre schräge Lage auf Zug beansprucht werden, sich im Faden nachziehen und so eine Verkürzung desselben herbeiführen.

Durch die radiale Ausdehnung des Fadens müssen die in schraubenförmigen Windungen liegenden Fibrillen seitwärts ausweichen, die einzelne Fibrille hat dabei das Bestreben, einen Ausgleich in axialer Richtung zu suchen, der Faden wird kürzer, er schrumpft ein.

In den Abb. 31a bis f ist diese Verkürzung schematisch dargestellt:

a zeigt ein Faserbündel, in dem die Fibrillen nicht gedreht, sondern parallel zueinander liegen, und zwar in trockenem Zustande.

b zeigt dasselbe Faserbündel unter der Einwirkung von Feuchtigkeit. Ein derartiges

Faserbündel kann durch die Feuchtigkeit bis zu 20% zunehmen; es hat sich dabei nur der Durchmesser, nicht aber die Länge geändert.

c zeigt ein gedrehtes Faserbündel in trockenem Zustand, während

d dasselbe Faserbündel unter der Einwirkung von Feuchtigkeit zeigt, dabei ist das Bündel nicht nur im Durchmesser größer, sondern auch in der Länge kürzer geworden. Durch den Drall ist ein Kräfteausgleich eingetreten, der auf die Länge verkürzend wirken mußte. In Skizze

e ist versucht worden, unter Gegenüberstellung von

f diese Auswirkung rein geometrisch zu erfassen: a und a_1 sind in ihrer Länge gleich, $b_1 > b$. Diese Vergrößerung bzw. Quellung bewirkt eine Verkürzung von c_1

$$a^2 - b^2 = c^2 \quad c = \sqrt{a^2 - b^2}\,,$$

$$a_1^2 - b_1^2 = c_1^2 \quad c_1 = \sqrt{a_1^2 - b_1^2}\,,$$

$$b_1 > b\,, \quad \text{dann ist} \quad c_1 < c\,.$$

Diese Verkürzung ist um so größer, je stärker der Faden gedreht ist, d. h. also ein Kettfaden, der im allgemeinen einen schärferen Draht hat, wird mehr, ein Schußfaden, der geringeren Draht hat, wird weniger einlaufen. Wird also ein Gewebe naß, so wird ein Schrumpfen sowohl in der Kett- wie auch in der Schußrichtung bis zu dem Ausgleich der Zugkräfte eintreten. Je mehr nun eine Kette beim Schären, Bäumen und Weben gespannt wird, desto mehr wird dann die Ware in der Kettrichtung eingehen, da der auf Dehnung beanspruchte Faden zunächst in seine ursprüngliche Lage zurückzugehen bestrebt ist und darüber hinaus durch die Quellung eine weitere Verkürzung erleidet.

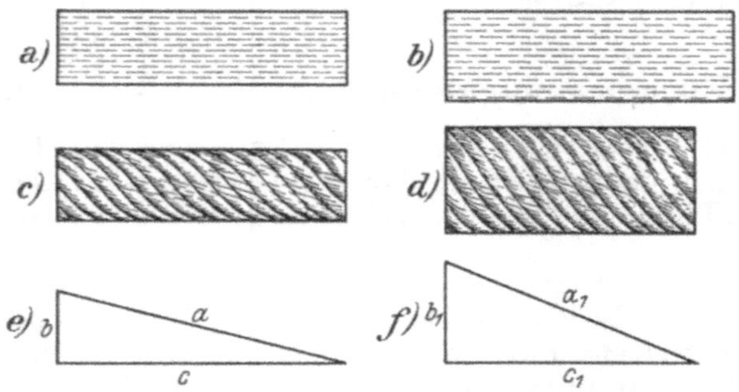

Abb. 31. Fadenverkürzung durch Wasseraufnahme.

Da das Segeltuch beim Imprägnieren durch verschiedene Flotten genetzt wird, so ist dadurch praktisch eine Verkürzung bis zu dem vorerwähnten Kräfteausgleich eingetreten, die in diesem Zustand ein weiteres Zusammenschrumpfen, wenn nicht ganz unmöglich, so doch auf ein ganz geringfügiges Maß reduzieren würde. Anders wird die Sachlage, sobald die Ware durch das nachfolgende Mangeln oder Kalandern eine neue Streckung erfährt. Zunächst werden die durch die Quellung in einem verkürzten Bogen um die Schußfaden liegenden Kettfaden durch den Druck zusammengepreßt, der Bogen verflacht, die Bogensehne und damit das Gewebe wird länger. Dazu kommt noch der beim Kalandern unvermeidliche Zug, der ein weiteres Anspannen und damit resultierendes Verlängern erzeugt. Dieses Strecken wird durch den mechanischen Druck und durch die in der Ware enthaltenen und eingepreßten Imprägnierbestandteile mehr oder weniger festgehalten. Durch eine Befeuchtung der Ware wird dieser Zusammenhang gelockert, und das Gewebe muß wieder zusammenschrumpfen, und zwar um so mehr, als die in der Ware enthaltene Imprägnierung der eindringenden Feuchtigkeit nicht genügend Widerstand entgegensetzen kann.

Eine Milderung des angeführten Übelstandes, soweit dies praktisch möglich ist, kann nur erreicht werden:

1. indem bei der Nachbehandlung nach dem Imprägnieren die Ware so wenig wie möglich auf Zug beansprucht wird, also beim Mangeln, Kalandern und Wickeln der Stücke. Voraussetzung dabei ist, daß die Kette beim Schären,

Bäumen und Abweben eine unbedingt gleichmäßige Spannung erhält und die Ware mit genau gleichmäßig strammen Rändern auf den Warenbaum kommt. Jede Ungleichmäßigkeit gibt Veranlassung, das Gewebe beim späteren Kalandern unnötig stark anzuspannen und damit übermäßig auf Zug zu beanspruchen. Wenn z. B. der eine Rand der Ware beutelt, d. h. also Falten wirft oder aber bei zu strammen Rändern die Mitte beutelt, muß durch ein übermäßiges Anspannen beim Kalandern ein Ausgleich geschaffen werden.

2. Weiter, indem die Imprägnierung bzw. die Füllung des Fadens möglichst tiefgehend in dem Faden verankert wird und damit auch die Zwischenräume zwischen den einzelnen Fasern ausgefüllt werden, um dadurch der eindringenden Feuchtigkeit einen größeren Widerstand entgegenzusetzen.

Abb. 32. Feuchteinrichtung für Gewebe.

Besondere Einrichtungen sind vorgesehen, um der fertiggestellten Ware durch Passieren durch feuchte Kammern möglichst viel natürliche Luftfeuchtigkeit zuzuführen. Der einzelne Faden hat trotz Imprägnierung immer noch eine gewisse Hygroskopizität bewahrt und sucht aus der umgebenden feuchten Luft, entsprechend seiner natürlichen Aufnahmefähigkeit, Feuchtigkeit aufzunehmen.

Die Ware wird dabei unmittelbar an feuchten Gewebebahnen vorbeigeführt, die Luft in den Feuchtkammern ist mit Feuchtigkeit weitestgehend gesättigt. Die Feuchtigkeitsaufnahme ist je nach der Dauer der Einwirkung verschieden.

Durch die Feuchtigkeitsaufnahme quillt der Faden auf, sein Volumen vergrößert sich. Die Raumverteilung innerhalb des Gewebes sucht nach einem Kräfteausgleich, der vorher durch Zug und Druck eingetretene Verzug innerhalb des Gewebes wird mehr oder weniger ausgeglichen.

Abb. 32 zeigt eine derartige Maschine der Firma Friedr. Haas G. m. b. H., Lennep im Rheinland.

Sachverzeichnis.

GPSR Compliance

The European Union's (EU) General Product Safety Regulation (GPSR) is a set of rules that requires consumer products to be safe and our obligations to ensure this.

If you have any concerns about our products, you can contact us on ProductSafety@springernature.com

In case Publisher is established outside the EU, the EU authorized representative is:

Springer Nature Customer Service Center GmbH
Europaplatz 3
69115 Heidelberg, Germany

Batch number: 10683525

Printed by Printforce, the Netherlands